10	11	12	13	14	15	
	1B	2B	3B	4B	5B	

							$(1s)^2$
							₂He
							4.003
	$(2s)^2 (2p)^1$	$(2s)^2 (2p)^2$	$(2s)^2 (2p)^3$	$(2s)^2 (2p)^4$	$(2s)^2 (2p)^5$	$(2s)^2 (2p)^6$
	₅B	₆C	₇N	₈O	₉F	₁₀Ne
	10.81	12.01	14.01	16.00	19.00	20.18
	$(3s)^2 (3p)^1$	$(3s)^2 (3p)^2$	$(3s)^2 (3p)^3$	$(3s)^2 (3p)^4$	$(3s)^2 (3p)^5$	$(3s)^2 (3p)^6$
	₁₃Al	₁₄Si	₁₅P	₁₆S	₁₇Cl	₁₈Ar
	26.98	28.09	30.97	32.07	35.45	39.95

$(3d)^8 (4s)^2$	$(3d)^{10} (4s)^1$	$(3d)^{10} (4s)^2$	$(4s)^2 (4p)^1$	$(4s)^2 (4p)^2$	$(4s)^2 (4p)^3$	$(4s)^2 (4p)^4$	$(4s)^2 (4p)^5$	$(4s)^2 (4p)^6$
₂₈Ni	₂₉Cu	₃₀Zn	₃₁Ga	₃₂Ge	₃₃As	₃₄Se	₃₅Br	₃₆Kr
58.69	63.55	65.38	69.72	72.63	74.92	78.96	79.90	83.80
$(4d)^{10}$	$(4d)^{10} (5s)^1$	$(4d)^{10} (5s)^2$	$(5s)^2 (5p)^1$	$(5s)^2 (5p)^2$	$(5s)^2 (5p)^3$	$(5s)^2 (5p)^4$	$(5s)^2 (5p)^5$	$(5s)^2 (5p)^6$
₄₆Pd	₄₇Ag	₄₈Cd	₄₉In	₅₀Sn	₅₁Sb	₅₂Te	₅₃I	₅₄Xe
106.4	107.9	112.4	114.8	118.7	121.8	127.6	126.9	131.3
$(5d)^9 (6s)^1$	$(5d)^{10} (6s)^1$	$(5d)^{10} (6s)^2$	$(6s)^2 (6p)^1$	$(6s)^2 (6p)^2$	$(6s)^2 (6p)^3$	$(6s)^2 (6p)^4$	$(6s)^2 (6p)^5$	$(6s)^2 (6p)^6$
₇₈Pt	₇₉Au	₈₀Hg	₈₁Tl	₈₂Pb	₈₃Bi	₈₄Po	₈₅At	₈₆Rn
195.1	197.0	200.6	204.4	207.2	209.0	(210)	(210)	(222)
₁₁₀Ds	₁₁₁Rg	₁₁₂Cn	₁₁₃Uut	₁₁₄Uuq	₁₁₅Uup	₁₁₆Uuh		₁₁₈Uuo
(281)	(280)	(285)	(284)	(289)	(288)	(293)		(294)

$(5d)^1 (6s)^2$	$(4f)^9 (6s)^2$	$(4f)^{10} (6s)^2$	$(4f)^{11} (6s)^2$	$(4f)^{12} (6s)^2$	$(4f)^{13} (6s)^2$	$(4f)^{14} (6s)^2$	$(4f)^{14} (5d)^1 (6s)^2$
₆₄Gd	₆₅Tb	₆₆Dy	₆₇Ho	₆₈Er	₆₉Tm	₇₀Yb	₇₁Lu
157.3	158.9	162.5	164.9	167.3	168.9	173.1	175.0
₉₆Cm	₉₇Bk	₉₈Cf	₉₉Es	₁₀₀Fm	₁₀₁Md	₁₀₂No	₁₀₃Lr
(247)	(247)	(252)	(252)	(257)	(258)	(259)	(262)

(* 新 IUPAC による族名)
(** 従来の族名)

2族 (Zn, Cd, Hg) については，これを遷移元素とみなすか典型元素とみなすか，
化学者の間でまだ完全に一致していない。

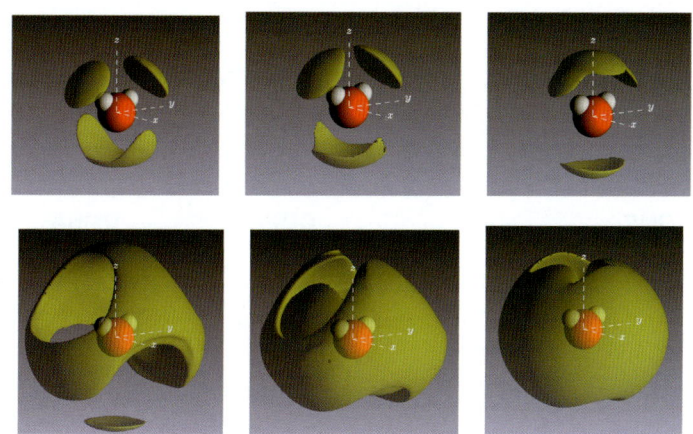

EPSR 計算から得られた液体水の三次元構造（1章2節参照）
中心水分子（赤：O，白：H）の周りの水分子の分布
上図：第一配位殻（1.0～3.3 Å）の水分子の分布（緑色部分）
下図：第二配位殻（3.3～4.9 Å）の水分子の分布（緑色部分）
（左）25 ℃，0.1 MPa （中）200 ℃，30 MPa （右）300 ℃，30 MPa

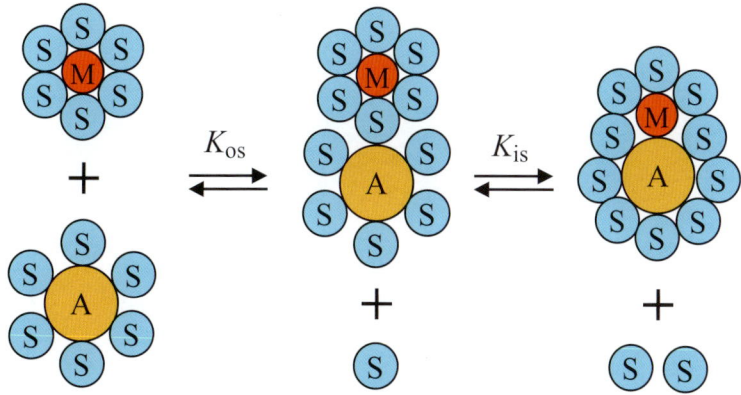

錯形成反応に対する Eigen 機構の模式図
M：金属イオン，A：配位子分子あるいはイオン，S：溶媒分子
第一段階（左→中）：外圏錯体（外圏イオン対；非接触イオン対）形成
第二段階（中→右）：内圏錯体（内圏イオン対；接触イオン対）形成
（3章2節，4章2節・3節，6章3節，7章2節 参照）

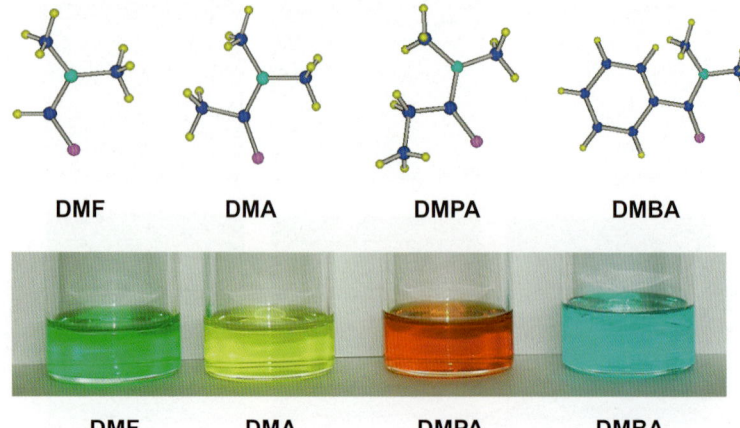

アミド系溶媒の分子構造とニッケル(II)イオンのソルバトクロミズム
[Ni(amide)$_n$](ClO$_4$)$_2$: $n = 6$(DMF), 6(DMA), 5(DMPA), 〜4(DMBA)
DMF 中では正八面体, DMA 中では歪んだ八面体
(1章, 2章, 5章5節 参照)　　　　　　　(資料提供：石黒慎一氏)

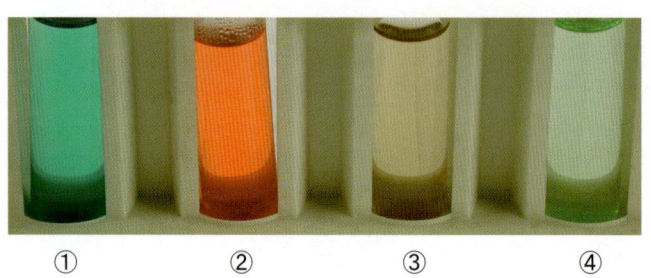

[Ni(acac)(tmen)]X のソルバトクロミズム (5章5節参照)
①：X = NO$_3$　　②〜④：X = ClO$_4$
溶媒：① DCE, ② DCE, ③ アセトン, ④ DMF (略号は巻末の付表1参照)
① [Ni(NO$_3$)(acac)(tmen)] (八面体 6 配位, NO$_3^-$ が二座で配位) を生成
② [Ni(acac)(tmen)]$^+$ (平面 4 配位) として存在
③ [Ni(acac)(tmen)]$^+$ と [Ni(acac)(tmen)(acetone)$_2$]$^+$ (八面体 6 配位) が共存
④ [Ni(acac)(tmen)(dmf)$_2$]$^+$ (八面体 6 配位) を生成

(資料提供：福田豊氏・宮本恵子氏)

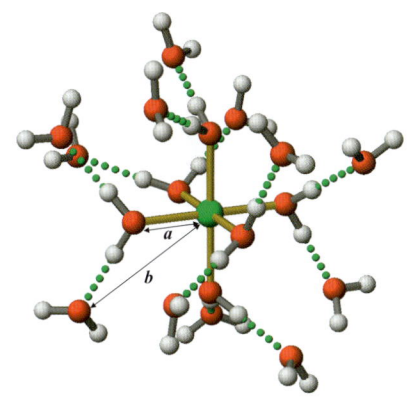

コバルト(II)イオンの水和構造（2章3節参照）
丸：Co^{2+}（緑），O（赤），H（白）　点線：水素結合（緑）
Co^{2+}から酸素原子までの距離：$a = 2.10$ Å（第一水和殻水分子(6個)），
$b = 4.2 \sim 4.3$ Å（第二水和殻水分子(～12個)）

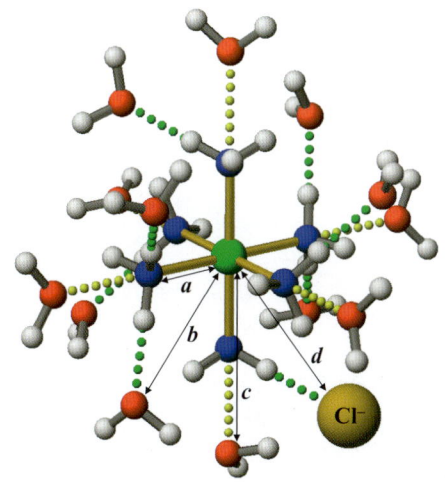

水溶液中の $[M(NH_3)_6]^{3+}$（M = Ir, Rh）の第二配位圏の構造（5章1節参照）
丸：M（緑），N（青），O（赤），H（白）
点線：水素結合（緑），M−N 結合軸の延長線（黄）
$a = 2.11$ Å（N），$b = 4.06 \sim 4.07$ Å（O_A），$c = 4.56 \sim 4.59$ Å（O_B），$d = 4.33$ Å（Cl^-）
第二配位圏の水分子数：H_2O_A 8個，H_2O_B 6個（イオン会合がないとき）
Cl^- は1個の H_2O_A と置き換わって NH_3 と水素結合（イオン会合）

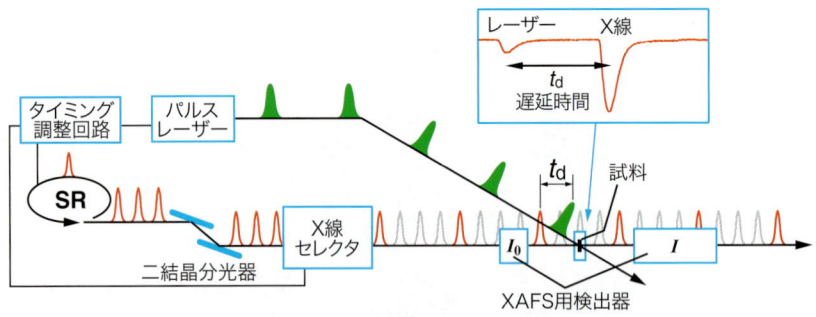

放射光源のパルス X 線特性を利用する超高速時間分解 XAFS 法（7 章 5 節参照）

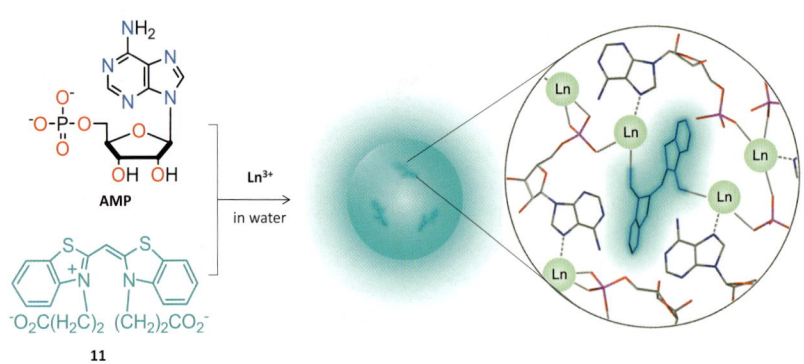

水中におけるヌクレオチド・ランタノイドの配位ネットワークとナノ粒子の形成，ならびにゲスト分子 **11** の包接現象（8 章 2 節参照）

錯体化学会選書 8
JSCC

錯体の溶液化学

横山　晴彦・田端　正明　編著

三共出版

巻 頭 言

　1968年に「無機溶液化学」(山崎一雄,松浦二郎,田中信行,玉虫伶太 共編,南江堂)という書籍が刊行された。この書籍を持っている人は今やあまりいないと思われるが,これは錯体の溶液化学を総合的に取り上げた我が国で最初の本である。今回刊行された「錯体の溶液化学」(以下本書)はほぼ同一の分野を総合的・総括的に取り上げた2番目の,そして久々の書籍である。「無機溶液化学」と本書を読み比べてみると,この間の溶液化学の大きな変貌振りに驚かされる。

　「無機溶液化学」には錯体の溶存構造について実質上記載がない。一方,本書では錯体の溶存構造やダイナミックスが分子レベルで詳細に明らかにされつつあることを知ることができる。これは溶液系に対するX線回折法の適用やEXAFSなどのX線吸収分光法の開発により溶存錯体の第二配位圏を含めた構造が見えるようになったこと,さらにはコンピュータの発展や新しい解析法の開発により,溶存化学種の溶液内挙動をシミュレートできるようになったことによる。

　錯体を溶存させる媒体にも新たな展開が見られる。すなわち,超臨界二酸化炭素を代表例とする超臨界流体およびイオン液体の登場である。いずれも本書の7章に取り上げられているが,溶液化学の研究に新たな場を提供している。研究を行う領域も,光励起状態における錯体の溶液内挙動,溶液界面での錯体化学,さらにはミセルや液晶の構造形成などにも広がっている。

　ここに例示したように,錯体の溶液化学が装いを新たにしたことが分かる。錯体の溶液化学の発展により,この化学と周辺の分析化学,生物無機化学,さらには生命科学などとの相互作用がますます強まっている。このような他分野との相互作用については本書の8章で取り上げられている。最後の9章では錯体の溶液化学の将来展望についても触れられている。先にも述べたように本書は錯体の溶液化学を総合的・総括的に取り上げた最新の書籍である。この分野を鳥瞰するのに役立つ本書の出版を歓迎したい。

2012年4月

東北大学名誉教授・放送大学名誉教授
荻野　博

はじめに

　溶液中の金属錯体や金属イオンは，固相中とは異なり，溶液の主たる構成物質である溶媒に取り囲まれ，また，共存物質とも相互作用するため，その溶液は複雑系の一つと見なすことができる。錯体が溶媒に溶けたとき，固体状態における種々の特性に加え，溶媒との相互作用により新たな特性や反応性が発現することから，溶媒は単なる錯体の可溶化剤と見なしたのでは，溶液中の錯体の性質，反応，構造等を正しく理解することはできない。また，近年の溶液化学の発展により，多くの溶媒および錯体溶液の構造が明らかにされ，溶媒の構造も溶液中の錯体や金属イオンの反応，平衡，相互作用を支配する重要な要素であることも明らかになってきた。

　本書「錯体の溶液化学」では，溶媒の性質・構造・相互作用と役割，錯体や金属イオンの溶存状態と溶存構造，錯体が関与する反応・平衡・相互作用，測定法等についての基礎的事項から最先端課題・境界領域課題まで解説する。本書を通じて，読者が，その知識や情報を吸収するとともに，溶液に興味を持ち，溶液中の錯体の諸反応・諸現象を正しく理解する力と応用力を獲得されることを期待する。更に，本書の内容は，無機化学，物理化学，分析化学，溶液化学，生命科学，超分子化学，その他多くの分野とも関係していることから，視野を広げ，錯体をより幅広い視点から捉えることができるようになると思う。

　錯体の溶液内の反応・平衡・構造に関する研究は，20世紀初め頃に始まり，20世紀半ばからこの分野の研究が盛んに行なわれるようになった。日本では，1960年代後半，錯体化学分野の主要メンバーが中心となり，溶液中の錯体の生成反応・平衡，溶媒や共存化学種との反応・平衡・溶媒和・会合，構造・構造変化・異性化，分析化学的応用など錯体化学と溶液化学の境界領域に関わる研究課題を含む総合研究（旧文部省）を立ち上げ，現在の"溶液錯体化学分野"の基礎をつくった。その多くは錯体化学的立場からの研究であったが，物理化学的・分析化学的知識，解釈，研究手法を必要としたことから，物理化学の溶液分野の研究者も加わり，新たな総合研究が幾つか立ち上げられた。"溶液化学"あるいは"Solution Chemistry"の言葉は，当時発行された「無機溶液化学」（山崎一雄，松浦二郎，田中信行，玉虫伶太 共編，南江堂，1968年）や「Journal of Solution Chemistry」(1972年, 創刊)に見られる。溶液化学は, 無機化学, 物理化学, 錯体化学, 分析化学, 電気化学などの分野融合領域の化学で, "溶液錯体化学"は, 溶液化学と錯体化学の融合領域の化学と位置付けることができよう。当時の知見は,「無機化学全書, XV-2, 錯塩」(山崎一雄, 井上敏 編, 丸善, 1959年),「Mechanisms of Inorganic Reactions」(F. Basolo, R. G. Pearson, 2nd ed., John Wiley and Sons, 1967年),「無機溶液化学」(前出),「無機化学全書, 別巻, 錯体(下)」(山崎一雄, 山寺秀雄 編, 丸善, 1981年)に集約され, その後の総合研究や溶液錯体化学分野の研究に大きな影響を及ぼした。

　本書「錯体の溶液化学」は, 上記の研究に携わった先人達の業績を踏まえ, その後あらたに発展した溶液化学の視点から錯体化学を捉え, 溶液錯体化学分野の研究成果・知見を次世代へ継承する必要性から企画された。本書がこの分野の今後の発展と新しい飛躍への礎石となるだけでなく, 錯体化学の他分野の発展・深化にとっても有用かつ重要な書となり, また, 境界領域分野の発展にも寄与することが期待される。

　最後に, 本書中に不備な点が多々あろうかと思われるが, ご教示ご叱正いただければ幸甚である。本書をまとめるにあたり, 三共出版の高崎久明氏に終始適切な助言を頂いたことに対し厚く御礼申し上げる。

　本書「錯体の溶液化学」を, 日本の錯体化学と溶液化学に多大なる貢献をされた故大瀧仁志先生に捧げる。

2012年4月

編　者

目次

巻頭言
はじめに

1章　溶媒の性質と構造

　　　　はじめに ……………………………………………………………… 1
1-1　**溶媒の性質** ……………………………………………澤田　清……… 1
　　1-1-1　溶媒の物性・特性 ……………………………………………… 1
　　1-1-2　溶媒の種類 …………………………………………………… 1
　　1-1-3　水の特性と異常性 ……………………………………………… 2
　　1-1-4　イオン液体 …………………………………………………… 3
　　1-1-5　溶媒パラメータ ……………………………………………… 4
　　1-1-6　溶媒パラメータの具体例 ……………………………………… 6
1-2　**溶媒の構造** ……………………………………………山口　敏男… 11
　　1-2-1　水 …………………………………………………………… 11
　　1-2-2　アルコールおよびアルコール―水混合溶媒 …………………… 14
　　1-2-3　アミド系溶媒 ………………………………………………… 16
　　1-2-4　非プロトン性極性溶媒 ……………………………………… 18
　　1-2-5　低極性溶媒 …………………………………………………… 21
　　1-2-6　イオン液体 …………………………………………………… 22

2章　金属イオンの溶媒和

　　　　はじめに ……………………………………………………………… 26
2-1　**金属イオンの溶媒和と溶媒和エネルギー** ……………石黒　慎一… 26
　　2-1-1　溶媒和エネルギーと溶解度 …………………………………… 26
　　2-1-2　溶媒のドナー・アクセプター性 ……………………………… 29
　　2-1-3　錯形成反応の溶媒効果 ……………………………………… 30
　　2-1-4　溶媒交換速度 ………………………………………………… 33
　　2-1-5　錯形成反応と溶媒の液体構造 ………………………………… 34
2-2　**金属イオンの選択的溶媒和** ……………………………石黒　慎一… 35

v

	2-2-1	選択的溶媒和の測定法 ……………………………………	36
	2-2-2	選択的溶媒和の熱力学 ……………………………………	38
	2-2-3	錯形成反応と選択的溶媒和 ………………………………	40
2-3	金属イオンの水和構造 ……………………………………横山　晴彦…	42
	2-3-1	イオンの水和の熱力学 ……………………………………	43
	2-3-2	イオン周辺の水構造の変化と水和モデル ………………	45
	2-3-3	X線回折法等から解明された金属イオンの水和構造 …	46
2-4	非水溶媒・混合溶媒中の金属イオンの溶媒和構造………梅林　泰宏…	52
	2-4-1	結合長変化則 ………………………………………………	52
	2-4-2	配位子円錐角 ………………………………………………	53
	2-4-3	Hammett則と立体因子 ……………………………………	54
	2-4-4	非水溶媒中の金属イオンの溶媒和構造 …………………	55
	2-4-5	混合溶媒中の金属イオンの溶媒和構造 …………………	58

3章　金属イオンと溶質間の相互作用

	はじめに ………………………………………………………………		63
3-1	イオン間相互作用と活量係数 ……………………………横山　晴彦…		63
3-2	イオン会合とイオン会合定数 ……………………………横山　晴彦…		67
	3-2-1	イオン会合の理論と概念 …………………………………	67
	3-2-2	外圏イオン対と内圏イオン対 ……………………………	71
3-3	錯体形成の安定度 ……………………………………………………		73
	3-3-1	安定度を支配する要因 …………………………澤田　清…	73
	3-3-2	混合配位子錯体の安定度定数 ………………田端 正明・小谷 明…	84

4章　金属錯体の溶液内諸反応

	はじめに ………………………………………………………………		95
4-1	錯体の溶液内反応全体を通して …………………………石原　浩二…		95
4-2	錯形成反応 ……………………………………………………………		100
	4-2-1	アクア金属イオン（M^{n+}）とヒドロキソ金属イオン（$MOH^{(n-1)+}$）の錯形成反応 ……………………………………石原　浩二…	102
	4-2-2	二座配位子との錯形成反応 ……………………石原　浩二…	106
	4-2-3	ポルフィリンの錯形成反応 …………………稲毛 正彦・田端 正明…	107

4-3 配位子置換反応 ……………………………………………………… 稲毛　正彦 … 113
　4-3-1 配位子置換反応の機構 …………………………………………………… 113
　4-3-2 溶媒交換反応 ……………………………………………………………… 114
　4-3-3 配位子置換反応の機構と反応速度式 ………………………………… 118
4-4 電子移動反応 ………………………………………………………… 高木　秀夫 … 121
　4-4-1 溶液内で起こる電子移動反応の種類 ………………………………… 122
　4-4-2 Marcus-Hush 理論とその半古典的拡張 …………………………… 123
　4-4-3 二状態理論と逆転領域 ………………………………………………… 127
　4-4-4 交差関係 …………………………………………………………………… 129

5章　金属錯体の溶液内相互作用

　はじめに ……………………………………………………………………………… 134
5-1 金属錯体の溶媒和・イオン会合と第二配位圏の構造 …………… 横山　晴彦 … 134
　5-1-1 金属錯体の溶媒和 ……………………………………………………… 134
　5-1-2 金属錯体のイオン会合 ………………………………………………… 136
　5-1-3 金属錯体の第二配位圏の構造 ………………………………………… 143
5-2 金属錯体の立体・光学選択的相互作用 ……………………………… 田浦　俊明 … 150
　5-2-1 イオン会合における立体・光学選択性 ……………………………… 150
　5-2-2 電子移動反応における立体選択性 …………………………………… 153
　5-2-3 タンパク質と金属錯体 ………………………………………………… 155
　5-2-4 DNA と金属錯体 ……………………………………………………… 156
5-3 金属錯体の疎水性相互作用 ………………………………………… 藤原　照文 … 157
　5-3-1 疎水性水和と疎水性相互作用 ………………………………………… 158
　5-3-2 無極性キレート錯体の疎水性 ………………………………………… 160
　5-3-3 疎水性キレート錯イオンの疎水性相互作用 ………………………… 161
　5-3-4 疎水性相互作用によるキレート錯体の光学分割 …………………… 164
5-4 金属錯体の自己集合―ミセル・液晶などの超分子形成 ………… 飯田　雅康 … 165
　5-4-1 溶液内の自己集合に関するいくつかの一般的な概念と規則 ……… 167
　5-4-2 金属錯体の溶液内自己集合の特徴的な例 …………………………… 170
5-5 金属錯体のソルバトクロミズム ……………………………………… 福田　豊 … 176
　5-5-1 錯体の色と溶媒 ………………………………………………………… 176
　5-5-2 クロモトロピズム ……………………………………………………… 179

5-5-3　ソルバトクロミズム各論 …………………………………………… 180

6章　測定法と解析法および計算化学

　　はじめに ……………………………………………………………………… 194
6-1　X線を用いた溶存錯体の構造解析 …………………… 栗崎　敏・脇田 久伸 … 194
　　　6-1-1　溶液X線回折法 …………………………………………………… 195
　　　6-1-2　X線吸収微細構造（XAFS）とその解析法 ……………………… 203
　　　6-1-3　おわりに …………………………………………………………… 209
6-2　熱力学測定 ………………………………………………………………… 210
　　　6-2-1　錯形成反応の定量的解析の基礎 ……………………… 梅林　泰宏 … 210
　　　6-2-2　電位差滴定 ……………………………………………… 梅林　泰宏 … 212
　　　6-2-3　分光測定 ………………………………………………… 梅林　泰宏 … 215
　　　6-2-4　熱測定 …………………………………………………… 梅林　泰宏 … 216
　　　6-2-5　電気伝導度測定 ………………………………………… 横山　晴彦 … 218
　　　6-2-6　溶媒抽出 ………………………………………………… 澤田　清 …… 224
6-3　迅速反応測定 ………………………………………………… 稲田　康宏 …… 227
　　　6-3-1　迅速混合法 ………………………………………………………… 227
　　　6-3-2　化学緩和法 ………………………………………………………… 227
　　　6-3-3　NMR法 …………………………………………………………… 232
6-4　計算化学によるアプローチ …………………………… 佐藤　啓文・井内　哲 … 237
　　　6-4-1　量子化学の方法 …………………………………………………… 237
　　　6-4-2　分子シミュレーション法と統計力学 …………………………… 239
　　　6-4-3　溶液内の錯体分子を扱うための方法論 ………………………… 242
　　　6-4-4　より進んだ理論と実際の計算事例 ……………………………… 243

7章　特殊環境下の溶液錯体化学

　　はじめに ……………………………………………………………………… 249
7-1　超臨界流体中における金属錯体の挙動 ……………… 金久保 光央・梅木 辰也 … 249
7-2　金属錯体の反応と平衡に対する圧力効果 …………………… 石原　浩二 …… 257
　　　7-2-1　反応体積と活性化体積 …………………………………………… 258
　　　7-2-2　反応体積と活性化体積のデータ ………………………………… 260
　　　7-2-3　溶液内反応の体積変化 …………………………………………… 264

7-3	イオン液体中における金属錯体の反応と錯形成 …………… 飯田 雅康 …	265
	7-3-1 反応溶媒としてのイオン液体 …………………………………	266
	7-3-2 金属錯体をアニオンとする非プロトン性イオン液体（AIL）……	270
	7-3-3 金属錯体をカチオンとするイオン液体 ………………………	271
7-4	光励起状態における金属錯体の溶媒和と反応性 ………… 篠﨑 一英 …	273
	7-4-1 電子の局在化 ………………………………………………………	274
	7-4-2 励起状態での酸塩基平衡 …………………………………………	276
	7-4-3 発光消光機構 ………………………………………………………	278
	7-4-4 酸化的・還元的消光およびエネルギー移動消光 ………………	280
	7-4-5 プロトン移動消光 …………………………………………………	281
7-5	反応中間体・短寿命種の構造 ……………………………… 稲田 康宏 …	283
	7-5-1 時間分解 XAFS 法 …………………………………………………	283
	7-5-2 反応中間体：ヘテロ 2 核ポルフィリンの構造 …………………	286
	7-5-3 反応中間体：ペルオキソクロム化学種の構造 …………………	288
	7-5-4 超高速時間分解 XAFS 法 …………………………………………	290
7-6	溶液界面の錯体化学 ………………………………………… 渡辺 巌 …	292
	7-6-1 溶液界面 ……………………………………………………………	292
	7-6-2 溶液界面のイオン濃度 ……………………………………………	293
	7-6-3 NaCl などの単純な無機塩の界面濃度 …………………………	294
	7-6-4 ハロゲン化物イオンの表面吸着 …………………………………	294
	7-6-5 ハロゲン化物イオン表面吸着の実験的証拠 ……………………	296
	7-6-6 界面活性イオンの表面濃度定量 …………………………………	296
	7-6-7 陰イオンの Hofmeister 序列 ……………………………………	298
	7-6-8 溶液表面の金属錯体 ………………………………………………	299

8章 溶液錯体化学と他分野の接点

	はじめに ………………………………………………………………………	304
8-1	錯体合成化学と溶液錯体化学の接点 ……………………… 海崎 純男 …	304
	8-1-1 置換活性錯体の合成と錯形成平衡 ………………………………	305
	8-1-2 置換不活性錯体の合成と錯形成反応 ……………………………	306
8-2	超分子化学と溶液錯体化学の接点 ………………………… 君塚 信夫 …	314
	8-2-1 水中おける金属錯体の自己組織化 ………………………………	314

    8-2-2 有機媒体中おける金属錯体の自己組織化―超分子錯体と溶媒効果 318
    8-2-3 金属錯体ナノ粒子の化学 322
    8-2-4 今後の展望 325
8-3 生物無機化学と溶液錯体化学の接点 小谷 明 325
    8-3-1 物質認識に重要な弱い相互作用の研究 326
    8-3-2 血液中の平衡系に関する研究 329
    8-3-3 反応中間体の研究 330
    8-3-4 核酸-カチオン相互作用 332
8-4 分析化学と溶液錯体化学の接点 田端 正明 332
    8-4-1 分析化学と錯体化学 333
    8-4-2 イオン・分子認識と分析化学 333
    8-4-3 分子認識の最前線 336
    8-4-4 分離化学 342

9章 溶液錯体化学の将来展望

    はじめに 348
9-1 溶液錯体化学のこれまでと今後への期待 立屋敷 哲 348
9-2 専門分野から見た将来展望と今後への期待 352
    9-2-1 複雑な錯体化学反応に対して溶液錯体化学の手法が
        どこまで迫れるか 篠﨑 一英 352
    9-2-2 溶液内錯体の理論・計算―現状と展望 佐藤 啓文・井内 哲 353
    9-2-3 極端条件下の溶液錯体化学 金久保 光央 354
    9-2-4 イオン液体と錯体化学 梅林 泰宏 354
    9-2-5 組織体溶液と溶液錯体化学 飯田 雅康 355
    9-2-6 生命科学に対する溶液錯体化学の寄与 小谷 明 356

付　表 358
索　引 361

1 溶媒の性質と構造

はじめに

　溶媒は溶液に欠かせない主要な物質であり，溶液の性質・構造・機能を説明するには溶質だけでなく溶媒に対する知識が必要である．錯体化学で，溶媒は合成・反応・平衡・相互作用の場として広く用いられるが，得られる結果は溶媒によってしばしば異なる．溶媒の関わりを理解するには，その巨視的・微視的性質を知っておくことが望まれる．溶媒は，また，その性質と切り離して考えることはできない固有の液体構造を持つ．本章では，本書の理解および溶液錯体化学に必要な溶媒の性質に関する一般的説明を行い，よく用いられる溶媒に対しては，その特徴と液体構造について解説する．

1-1 溶媒の性質

1-1-1 溶媒の物性・特性

　溶液とは言うまでもなく，溶媒と溶質から成り立っている．したがって，溶液中の相互作用は，溶媒-溶媒間，溶媒-溶質間，溶質-溶質間に大きく分けられる．溶媒-溶媒相互作用は，純溶媒の物理的性質に反映され，反応の媒体や器としての性質に関係している．溶媒の特性を表す物理的性質には，沸点，融点，密度，粘度，屈折率，誘電率，比熱，蒸発熱，凝固熱，蒸発エントロピー，光吸収（可視・紫外・赤外）などがある．さらに，直接的には反応に関係しなくとも，実験的に取り扱う際に重要な性質がある．臭いや，毒性，揮発性，可燃性などの他にも，純度，均一性，分解性，価格，さらには生分解性など合成や廃棄において環境に優しいことも要求される．

1-1-2 溶媒の種類

　固溶体のような特殊な場合を除いて，通常溶媒は液体である．一般的には水が液体状態をとる温度領域（0〜100℃，1気圧（0.1013 MPa））で，液体であ

る媒体を溶媒と称する場合が多く，本章においては，おもにこの範疇に入る溶媒について解説する．しかし，実際の反応においてはもっと広範囲の物質が溶媒として用いられている．常温・常圧では気体である SO_2 や NH_3 なども，低温もしくは高圧下で液化し，滴定や反応の溶媒として用いられている．逆に，分析化学では，炭酸ナトリウムなどのイオン結晶を高温で液化して溶融塩（融点 851 ℃）とすることにより，溶媒として用いることがある．特に，溶融塩化アルミニウム（融点 170.9 ℃）や低融点水和塩を溶媒とする化学反応について，詳しい研究がなされている．さらには，常温で 100 気圧以上の二酸化炭素や 374 ℃，218 気圧以上での水なども，液体ではなく超臨界流体ではあるが，溶媒としての利用がなされている．特殊な反応の媒体として，超臨界アルゴンや低融点金属なども用いられる．

常温で用いられる殆どの溶媒は溶媒自身がイオン化する程度が非常に小さい分子性の溶媒である．例えば，水は電解質等を解離させるが，自己解離はごく僅かである（$[H^+][OH^-] = 10^{-14} \, mol^2 \, dm^{-6}$）．一方，常温で液体となりイオン解離する塩はイオン液体と呼ばれ，近年，その溶媒特性の研究が進んでいる．

1-1-3　水の特性と異常性

生体内の反応をはじめとして，一般的な錯形成反応は水溶液中で行われることが多い．合成は別として，非水溶媒中での平衡や反応は特殊な分野と思われることも多いが，溶媒の特性から見ると水が特異的な溶媒といえる．各種溶媒の特性について解説を始める前に，まず水の異常な性質について触れておく．

最もよく知られているように，水の融点（0 ℃），沸点（100 ℃）が類似化合物に比べ異常に高い．例えば，16 族の水素化物（H_2Te, H_2Se, H_2S）の沸点の変化から推測される H_2O の沸点はおよそ -70 ℃である．さらに，水（H_2O）と同程度の分子量を持つ水素化物であるメタンの沸点 -162 ℃と比べるとはるかに高い．水とメタンを比べることは，あまりにもかけ離れているように感じられるかも知れないが，n-ペンタン（C_2H_5-CH_2-C_2H_5）と，そのメチレン基（-CH_2-）を酸素（-O-）で置き換えたジエチルエーテル（C_2H_5-O-C_2H_5）の沸点は，それぞれ 36 ℃および 35 ℃であり，お互いの沸点は大きく異ならない．このように，特別な相互作用がない場合は H_2O と CH_4 の物性はそれほど大き

くは異ならないはずである。

　その他，水は蒸発熱が非常に大きい（H_2O：〜 44 kJ mol^{-1}，CH_4：〜 8 kJ mol^{-1}），比誘電率が非常に高い（H_2O：〜 78），液体の水の密度（〜 1.00 g cm^{-3}）が氷の密度（〜 0.92 g cm^{-3}）より大きく，また，4 ℃で最も大きくなるなどの特異性があり，さらに，蒸発エントロピーや比熱も異常に大きい。これらの性質は水分子間の水素結合とそれにより形成される水の高次会合構造（1-2-1 項参照）によると推測される。

　D_2O（重水）が H_2O（軽水）の代わりに用いられることがある。例えば，NMR 測定において，溶質の ^1H が最も重要な測定核種であるが，水を始めとして，ほとんどの溶媒には，水素 ^1H が含まれており，溶質の測定に大きな妨げとなる。このため，水溶液の場合は溶媒として D_2O を用いる。しかしながら，^2D は ^1H の同位体であっても，重水と軽水では，溶媒として用いたとき，pK_a や pH を始めとして計測される物性値がかなり異なるため，厳密な平衡や反応の解析においては注意を要する。

1-1-4　イオン液体

　1-1-2 項で述べたように，常温では，水，有機溶媒のいずれも溶媒自身はほとんど電離していない。これに対して，イオンのみから構成され，融点が低い（100 ℃以下）溶媒であるイオン液体は，一般の溶媒と異なるため，ここでその特性等について簡単に解説する。

　イオン液体の種類にもよるが，代表的な特徴として，イオン解離溶媒であるため，高いイオン伝導性を示し，広い酸化還元のウインドー（電位窓）を有する。また，蒸気圧が非常に低く引火性も低い。これらの性質により，イオン液体は電気化学や物理化学の分野などでよく用いられている。さらに，蒸気圧が低いため，環境に優しい素材としても位置付けられている。イオン液体は，水だけでなく，エーテル，エステル等に混じりにくいものが多い一方，ベンゼン，アルカン，アルキル化芳香族化合物などを溶かす性質があるため，溶媒抽出などの分析化学や，錯体化学，有機合成化学などで広く用いられている。

　いろいろな種類の有機塩類がイオン液体となることが知られている。イオン液体開発の発端（1992 年）となった 1-エチル-3-メチルイミダゾリウムテトラ

フルオロボレート[C_2mim][BF_4]の陽イオンの構造を図 1-1 に示す。現在でも，いろいろな鎖長のアルキル基(C_nH_{2n+1}-)を持つイミダゾリウム塩[$C_n$mim][X]がよく用いられる。近年，さらに複雑な官能基を導入したものも開発されている。陰イオン X^- としては，BF_4^-，PF_6^-，$(CF_3SO_2)_2N^-$ がよく用いられる（詳しくは 7-3 節参照）。

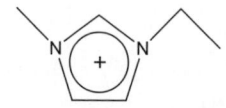

図 1-1　C_2mim イオンの構造式

1-1-5　溶媒パラメータ

上で述べた，溶媒-溶媒相互作用に関わる誘電率や粘度など溶媒自身の性質が化学平衡や化学反応に作用するが，溶媒が最も大きく関与するのは，溶質-溶媒相互作用である。錯形成などの通常の溶液内平衡や溶液内反応は溶質-溶質間の相互作用であるが，反応物，生成物いずれも溶媒和されており，反応への溶媒効果において各溶質の溶媒和が大きく関与する。通常よく用いられる溶媒でも，その構造，物理的性質，化学的性質等に依存して，溶質との相互作用はさらに複雑である。

溶媒は，いろいろな特性に基づいて分類される。分類法は研究者によって異なり，また，同じ相互作用や特性に対しても，測定法や算出法の違いにより異なる溶媒パラメータが提案されていることも多い。以下に，比較的よく用いられている代表的な溶媒の分類法と溶媒パラメータについて示す[1~5]。

(1)　官能基

古くより溶媒分子の持つ官能基や構成元素により，大きく分類されてきた。たとえば，脂肪族炭化水素，芳香族炭化水素，OH 基を持つ溶媒，そのほかの酸素原子を含む基を持つ溶媒，ハロゲンを持つ溶媒などに分けられ，溶媒の特性が分類されてきた。

(2)　誘電率

誘電率は，溶質-溶媒および溶質-溶質間の静電相互作用を見積もる上で最も

基礎となるパラメータである．活量係数，イオン対形成（イオン会合）などのイオン間相互作用や，イオンの溶媒和エネルギー等，溶液内の熱力学をこの誘電率を用いることによりかなり理論的に取り扱うことができる（3-1 節および 3-2 節参照）．

(3) 配位力

溶媒の配位力は，溶媒が溶質に溶媒和する能力を示すパラメータで，錯形成平衡における溶媒効果を説明する場合に，最も多く用いられるパラメータの 1 つである（3-3-1 項参照）．溶媒の配位力について，大きくは，ドナー性とアクセプター性に分けられる．ドナー性は溶媒の孤立電子対により陽イオンに配位する（ルイス塩基性）能力であり，アクセプター性は，溶媒が陰イオンや孤立電子対などに配位される（ルイス酸性）程度を示す．プローブとして用いられる化合物や，用いる物性（反応熱，NMR 化学シフト，吸光スペクトル等）により多くのパラメータが提案されてきたが，ドナー性，アクセプター性それぞれにおいて他のパラメータと良い相関があることが多い．これらのパラメータの中で，ドナー数（DN）およびアクセプター数（AN）が最もよく引用されている．

(4) 極　性

極性溶媒，無極性溶媒という言葉として"極性"という表現がよく用いられる．極性溶媒は，電解質や無極性溶媒には溶けない多くの物質を溶かす性質を持つ．これは溶質との間に強いイオン-双極子間力，双極子-双極子間力，水素結合などが働くためである．"極性"は双極子モーメント，誘電率，ドナー性，アクセプター性などを総合して考える必要があるが，有機化学反応において，しばしば，"極性"の影響を表す溶媒パラメータとして，E_T 値，Z 値，Y 値，X 値などのパラメータが提案され使用されている．これらのパラメータは相互にかなり高い相関性がある．E_T 値については，錯形成における溶媒の極性もしくはアクセプター性の尺度としてよく用いられる．

(5) 分子間力

配位結合，静電相互作用，水素結合などの比較的強い相互作用が無視できるような系では，分子間の分散力（London 力）がおもな相互作用となる．この分子間力を定量的に説明したのが正則溶液論であり，提案されている溶解パラメータにより分配平衡などはかなり定量的に説明できる．

(6) プロトン性・非プロトン性溶媒および酸性・塩基性溶媒

プロトンとして放出される水素原子を持つ溶媒がプロトン性溶媒である。この水素原子を持たない溶媒が非プロトン性溶媒である。プロトン供与性（もしくは水素結合性の水素原子を持つ）溶媒もしくは孤立電子対を受け取る溶媒が酸性溶媒であり，プロトン受容性もしくは孤立電子対供与性の基を持つ溶媒が塩基性溶媒である。水やアルコールは酸塩基両方の性質を有し，両性溶媒と呼ばれる。水の酸性および塩基性を基準として，種々の溶媒の酸性および塩基性が決定されている。

水，酢酸，アルコールはプロトン性溶媒，ベンゼン，クロロホルム，ヘキサンは非プロトン性溶媒，酢酸，2,2,2-トリフルオロエタノールは酸性溶媒，ピリジン，液体アンモニアは塩基性溶媒に分類できる。

(7) 硬さ，軟らかさ

ルイスの酸・塩基に対する硬さ・軟らかさ（HSAB）の概念を溶媒に適用した分類法で，硬い酸であるプロトン性溶媒や硬い金属イオンと強く相互作用する溶媒が硬い溶媒である。例えば，水，アルコールは硬い溶媒，二硫化炭素，N,N-ジメチルホルムチオアミドは軟らかい溶媒に分類できる。

(8) イオン化力

極性が高くて溶質をイオン化する能力を持つ溶媒をイオン化溶媒と呼び，持たない溶媒を非イオン化溶媒もしくは不活性溶媒と呼ぶ。水の場合は溶質をイオン化し，電離させるイオン化溶媒である。水，N,N-ジメチルホルムアミドはイオン化溶媒で，ベンゼン，1,2-ジクロロエタンは非イオン化溶媒（不活性溶媒）に分類できる。

(9) 親水性・疎水性

水に対する混じり易さ，もしくは溶解度を基準とする。メタノール，エタノール，酢酸は親水性の溶媒で，ベンゼン，1,2-ジクロロエタンは疎水性の溶媒に分類できる。

1-1-6 溶媒パラメータの具体例

前項では，これまでに提案された溶媒パラメータ全体について説明した。様々なパラメータが提案されているが，これらすべてが錯形成反応を理解するため

に用いられている訳ではない。ここでは，錯形成反応に関係する溶媒効果を実際に説明する上で，最もよく用いられ，重要と考えられる溶媒パラメータについて解説する。代表的な溶媒の溶媒パラメータの値は巻末の付表1に示してある。具体的な用い方については，本書の中で示されている。

(1) 比誘電率（誘電率）

誘電率は，イオンや双極子などが関与する静電相互作用を見積もる上で最も基礎的な物性である。真空の誘電率は $\varepsilon_0 = 8.854 \times 10^{-12}\,\mathrm{F\,m^{-1}}$ であり，これに対する溶媒の誘電率 ε の比が比誘電率 $\varepsilon_r = \varepsilon/\varepsilon_0$ である。比誘電率を単に誘電率と記述されていることがあるので注意を要する。電極間を真空（近似的には空気）で満たしたコンデンサーの静電容量に対して，溶媒で満たした静電容量の比が比誘電率に相当する。

比誘電率 ε_r の溶媒中で，距離 r 離れた2つのイオン（電荷数 z_+ と z_-）間に働く力 F は次式で表される。

$$F = \frac{z_+ z_- e^2}{4\pi\varepsilon_0 \varepsilon_r r^2} \qquad (1\text{-}1)$$

すなわち，この静電引力は，電荷に比例し，距離の2乗および比誘電率に反比例する。このように，比誘電率 ε_r の溶媒ではイオン間に働く静電引力が $1/\varepsilon_r$ に比例して減少することがわかる。一方，電荷数 z_i，半径 r のイオンが真空中から比誘電率 ε_r の溶媒中に移行するときの1モル当たりのギブズ自由エネルギー変化 $\Delta_{\mathrm{solv}} G^\circ$（安定化）は，次の Born 式によって見積もることができる。

$$\Delta_{\mathrm{solv}} G^\circ = -\frac{N_A z_i^2 e^2}{8\pi\varepsilon_0 r}\left(1 - \frac{1}{\varepsilon_r}\right) \qquad (1\text{-}2)$$

ここで，溶媒は均一な連続体で，イオンは剛体球とし，純粋に静電的な相互作用のみが働いているとしている。この式により計算された1価イオンの1モル当たりの溶媒和自由エネルギーを表1-1に示した。この表から，イオンは小さくて電荷数は大きい方が，また溶媒の比誘電率は高い方が，溶媒和はより安定になることがわかる。Born 式による値（$-\Delta_{\mathrm{solv}} G^\circ$）は，$r$ に結晶イオン半径を仮定すると実測値より若干大きくなる傾向がある（2-3-1項参照）。

ここでは詳しく触れないが，電解質の活量係数やイオン対形成（イオン会合）にも誘電率は大きく関わっている。特に，水の比誘電率は 78（25 ℃）と非常

表 1-1　1価イオンの溶媒和自由エネルギー $\Delta_{solv}G°$ におよぼすイオン半径 r および比誘電率 ε_r の影響（25.0℃）

r/Å	ε_r	$-\Delta_{solv}G°$/kJ mol^{-1}					
		2	5	10	20	40	80
1		348	556	626	660	678	686
2		174	278	313	330	339	343
5		70	111	125	132	136	137

$^a\ \Delta_{solv}G°$/kJ mol$^{-1}=-695z^2r^{-1}(1-\varepsilon_r^{-1})$　（r の単位は Å）（1Å = 10^{-10}m = 100 pm）

に大きいため活量係数の低下やイオン対形成の効果は小さい。例えば，Debye-Hückel 理論（3-1 節参照）によれば，1 価-1 価の電解質では，0.01 mol dm^{-3} 以下の濃度の水溶液では，イオンの活量係数は 0.9〜1 であり，厳密さを求めない測定では活量係数の補正を要しない。また，この場合，イオン対形成も無視できる。しかし，低誘電率溶媒中ではイオン対形成も無視できなくなり，イオン会合理論（3-2 節参照）によれば，比誘電率が 10 程度の溶媒中では，10^{-5} mol dm^{-3} と低濃度の 1 価-1 価電解質でも，ほぼ半分のイオンがイオン対となる。

(2) ドナー数 (*DN*)，アクセプター数 (*AN*)

　金属イオンを始めとする陽イオンへの溶媒の配位性（ドナー性）は，錯形成において最も基本的な溶媒の性質である。このため，溶媒のイオン化エネルギー，バナジウム錯体の配位子場分裂のエネルギー，赤外や NMR などの分光学的エネルギー，エンタルピー変化などの熱力学的パラメータなど，種々の反応や物性に基づいたドナー性を表すためのパラメータが提案されている。

　溶媒のドナー性（ルイス塩基性）の強さの尺度として，多くのパラメータの中で，Gutmann のドナー数 (*DN*) が代表的なパラメータである。ドナー数 (*DN*) は，次式で表されるような，1,2-ジクロロエタン (DCE) 中で，五塩化アンチモン（SbCl$_5$：アクセプター）に溶媒（S）が配位する反応のエンタルピー（$-\Delta H_{SbCl_5}$）を kcal mol^{-1} 単位で求め，無名数として表した値である。DCE 中の SbCl$_5$ の構造については，DCE 分子が弱く配位した八面体構造や三方両錐構造も考えられるため ΔH_{SbCl_5} には構造変化等によるエンタルピーも含まれる可能性があるが，*DN* は相対的な量であるので本質的な問題はない[3b]。

1 溶媒の性質と構造

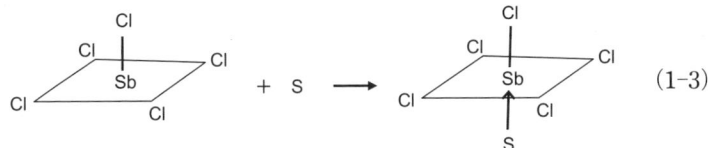

　DN の値は，ドナー–アクセプター反応の反応熱の測定から直接得られ，複雑な相互作用をすべて含んでいることから，実際の反応系とよく対応する。また，多くの溶媒についてドナー数 (DN) が求められているため，ドナー性の尺度として最もよく用いられている。ただし，反応式からわかるように，1個の溶媒分子としての配位性を反映していてバルクの溶媒の性質そのものではない。また，1,2-ジクロロエタンは配位性がないと考え $DN = 0$ としていることにも注意を要する。ドナー数については，2-1-2 項にも述べられている。

　一方，溶媒のアクセプター性（ルイス酸性）は電子対受容性のパラメータである。この値としてよく用いられるアクセプター数 (AN) は，Gutmann と Mayer によって提唱された値である。種々の溶媒中でのトリエチルホスフィンオキシド (Et_3PO) の ^{31}P–NMR の化学シフトから得られるパラメータである。

$$Et-\underset{\underset{Et}{|}}{\overset{\overset{Et}{|}}{P}}=O + S \rightarrow Et-\underset{\underset{Et}{|}}{\overset{\overset{Et}{|}}{P}}=O\rightarrow S \qquad (1\text{-}4)$$

　Et_3PO の O 原子の溶媒 S への配位により，P 原子上の電荷密度が減少し，^{31}P の化学シフトが変化する。n-ヘキサン中と各種溶媒中との化学シフトの違いを，n-ヘキサンを 0，$SbCl_5$ を 100 として規格化した値がアクセプター数 (AN) である。アクセプター数 (AN) は，陰イオンや配位子への溶媒効果を説明するために有用である。溶媒のドナー性とアクセプター性は必ずしも逆相関にあるのではなく，基本的には独立したパラメータである。錯形成の自由エネルギー変化に対する溶媒の効果を AN と DN に振り分ける手法も提案されている。

(3) E_T 値

　種々の有機反応に対する極性の影響を表す値として，様々な溶媒パラメータが提案されているが，Dimroth-Reichardt によって提案された E_T 値が最もよく用いられている[6]。この値は，ピリジニウム-N-フェノールベタインの種々の

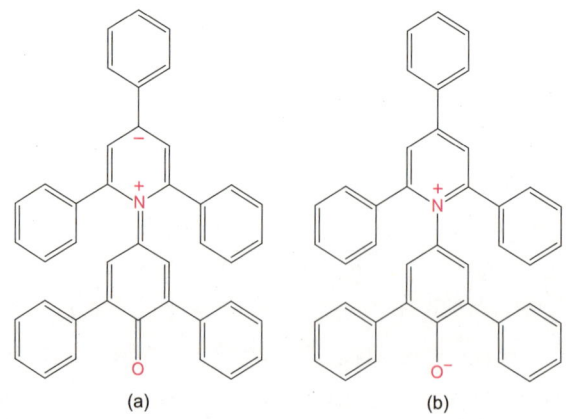

図 1-2 E_T 測定用のベタイン色素の構造式

溶媒中の可視吸収スペクトルの吸収極大波長 λ_{max} から $E_T = 28590$ kcal mol^{-1} nm/λ_{max} (nm) で見積もった溶媒パラメータである。図 1-2 の色素を用いて得られた値が最もよく用いられ，特に $E_T(30)$ と示すこともある。この分子は図 1-2 に示されるような共鳴構造をしておりアクセプター性の高い溶媒中では，電子は右方向 (b)（局在化）へ向かい，吸収スペクトルはブルーシフトする。この吸収極大のエネルギーを溶媒のアクセプター性の指標としたのが，E_T 値である。この構造からわかるように，分極したベタイン分子 (b) に溶媒分子が作用するのはおもに (b) における O$^-$ の負電荷部分である。電子対受容性（アクセプター性）の強い溶媒中ほど，ベタイン分子は分極し，高い E_T 値を示すことになる。

(4) 溶解パラメータ δ

分子間の分散力（London 力）がおもな相互作用となるような系を定量的に取り扱った理論として正則溶液論がある。この理論では，溶媒-溶質間の凝集エネルギー（分子間力に対応）を，溶媒-溶媒間および溶質-溶質間のそれぞれのエネルギーの幾何平均と仮定している。ただし，ここで，溶媒と溶質を区別する必要はなく，溶媒 (1)-溶媒 (2) として取り扱うことができる。溶媒 (1) を例にとると，モル体積 (V_1) による効果を補正した溶媒 (1) の凝集エネルギー

(ΔE_1) の平方根が溶解パラメータ δ_1 である。

$$\delta_1 = (\Delta E_1/V_1)^{1/2} \tag{1-5}$$

ここで，ΔE_1 は蒸発エンタルピー ΔH_1 と $\Delta E_1 = \Delta H_1 - RT$ の関係があり，慣用的に cal mol^{-1} で表し，δ_1 の単位は（cal cm^{-3}）$^{1/2}$ で表される。

この溶解パラメータにより 2 相関分配の熱力学などが定量的に説明できる。他の相互作用がある場合でも，目的の反応において，その相互作用の変化が反応前後で無視できるときは，弱い相互作用である正則溶液論を適用できる。

1-2　溶媒の構造

溶媒の持つ物理化学特性はその微視的構造の反映である。溶液中で進行する錯形成反応のギブズ自由エネルギー変化，エンタルピー変化，エントロピー変化は，溶媒-溶媒間，溶媒-溶質間，溶質-溶質間相互作用の協同効果に支配される。したがって，錯形成反応を理解し目的に応じて制御するには，溶液の微視的構造を理解しておくことが必要である。また，安定な溶存錯体の種々の溶液内相互作用を考える場合にも重要である。ここでは，錯体化学で比較的よく用いられる溶媒を取り上げ，その微視的構造を解説する。

1-2-1　水

錯体化学で使用される最も一般的な溶媒は水である。水は，0.1013 MPa（1 気圧），0 ℃で六方晶系の氷（I_h）になる。氷 I_h 中では，中心水分子は周りの 4 個の水分子と水素結合し，四面体構造ユニットが三次元状に連なっている。この 0 ℃の氷を同温度の液体水にするために必要な融解熱は 6.01 kJ mol^{-1} である。1 個の水素結合を切るエネルギーは約 17.5 kJ mol^{-1} であるから，氷から 0 ℃の液体水になるときに切断される氷中の水素結合はわずか 17％に過ぎない。融解に伴う水分子自身のエネルギー変化を考慮しても，0 ℃の水中には約 70％の水素結合が残っており，任意の水分子からおよそ 10 Å（1 Å = 10^{-10} m = 100 pm）以内では時間平均構造として氷類似の構造が残っている。X 線回折実験と Empirical Potential Structure Refinement（EPSR）計算から得られた 25 ℃，0.1 MPa における水の三次元構造を図 1-3（左）に示す。中心水分子の周りの第

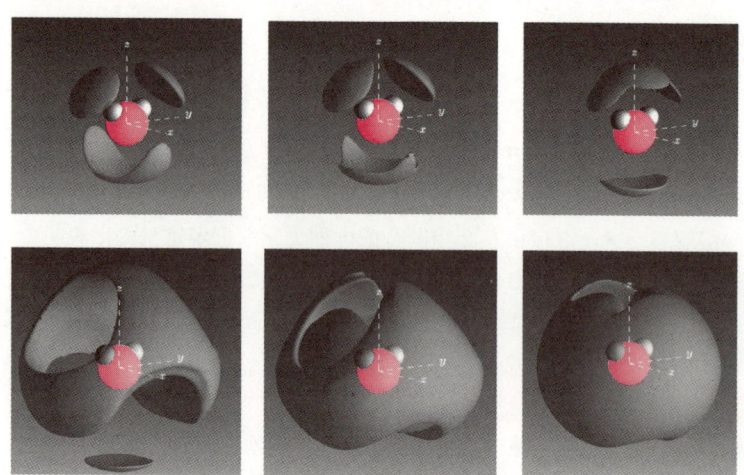

図1-3 液体水の三次元構造。(左) 25 ℃, 0.1 MPa, (中) 200 ℃, 30 MPa, (右) 300 ℃, 30 MPa。中心水分子の赤は酸素原子を, 白は水素原子を, 灰色は隣接水分子を示す。上図は第一配位殻 (1.0〜3.3 Å), 下図は第二配位殻 (3.3〜4.9 Å) における隣接水分子の分布を示す

一配位殻中に隣接水分子が四面体状に結合している。それらの水分子に水素結合した水分子が第二配位殻を構成している。

0 ℃から温度が上昇すると, 水素結合が切断された水分子が氷類似構造の隙間に貫入することにより水の密度が上昇して4 ℃で最大密度をとる。このため, 液体の水の平均配位数は, 氷の4に比べて, わずかに多い4.4程度になる。水分子は, H–O結合距離0.96 Å (96 pm), H–O–H結合角104.5°の骨格構造を持ち, その体積はO原子を中心とする半径1.4 Åの球の体積 (約11.5 Å^3) に近似できる。一方, 水分子1個を含む水の平均体積は30 Å^{3}であるので, 液体水内部の約62%が分子間空隙ということになり, 氷の場合 (約65%) ほどではないが, 隙間の多い構造を持つということができ, 上述の構造解析の結果と矛盾しない。

水分子は, 小さな分子の割に, その双極子モーメントは1.85 D (1D(デバイ) = 3.3356×10^{-30} C m) と大きく, しかも, 水素結合による分極効果と方向性を持ったネットワーク構造の存在により大きな比誘電率 ($\varepsilon_r = 78.3$) を持つ。

1-1 節の式 (1-1) からわかるように, 水中では結晶中のイオン間力はおよそ 80 分の 1 に弱まるので, 電荷を持つ金属錯体や無電荷でも極性が大きい金属錯体の溶解性は増加する.

温度や圧力を上昇させていくと, 水素結合は徐々に切断・変形されるため, 比誘電率 (ε_r) やイオン積 (25 ℃, 1 気圧のとき $[H^+][OH^-] = 10^{-14}\ mol^2\ dm^{-6}$) は大きく変化する. 温度・圧力を気液平衡線に沿って増加させていくと, 水の臨界点 (374.1 ℃, 22.1 MPa) 以上では 1 相になり, 気体でも液体でもない超臨界流体 (水の場合は超臨界水という) になる. たとえば, 比誘電率 (ε_r) は, 400 ℃, 30 MPa では約 6 と極性の低い有機溶媒と同程度になる. したがって, 超臨界水中では塩類の溶解度は低く, 水は酸素やメタンのような無極性気体と完全に混合するようになる. 水のイオン積は, 臨界点前 (亜臨界), たとえば, 250 ℃, 30 MPa になると $10^{-11}\ mol^2\ dm^{-6}$ まで上昇することから, 亜臨界水中では酸触媒反応が促進される. エネルギー分散 X 線回折と EPSR 計算から明らかになった, 200 ℃, 30 MPa, および, 300 ℃, 30 MPa における水の三次元構造を, それぞれ, 図 1-3 (中), (右) に示す. この図から, より高温になると第二配位殻の構造が壊れていくことがわかる. すなわち, 水素結合が曲がるか, 切断されて, 小さなオリゴマー状の水が増えることが亜臨界水の特性の要因と考えられる. 超臨界状態では, 圧力を下げ, 密度を減少させることにより, 高温液体様状態から高温気体様状態へ変化させることができる. 高温高圧水中ではイオン反応が, 高温低圧水中ではラジカル反応が進行しやすい. 亜臨界水や超臨界水は, 近年, フロンや PCB など難分解性塩素化合物の酸化分解, 廃プラスチックの分解・回収, 金属酸化物ナノ粒子生成, 水熱合成などナノテクノロジーにおける反応場として注目されている[7]. 超臨界流体に関する一般的な解説については 7-1 節を参照されたい.

一方, 水の温度を下げて過冷却状態にしたとき, メタンハイドレートの結晶構造中に見られるような正五角形水素結合を基本骨格とするクラスレート様構造が形成されるということが, −15 ℃までの過冷却水に対する X 線回折の実験から報告されている[8]. 類似の水分子の水素結合ネットワーク構造は, ナノチューブ空間を持つ金属錯体の結晶構造中にも見出されている[9].

1-2-2　アルコールおよびアルコール-水混合溶媒

アルコール類は水に次いで重要な水素結合性溶媒である。アルコールのアルキル基は水素結合を形成できないので，水に比べて分子間相互作用が弱い。そのため低分子量のアルコールの沸点や融点は水に比べて低い。第一級アルコールは水酸基同士が水素結合を形成して，鎖状会合構造をとる。アルコールは親水性の水酸基と親油性のアルキル基を持つ両親媒性溶媒である。したがって，アルキル基の鎖長を変化させるか，水を加え，その混合比を変化させることにより，溶液の親水性と親油性のバランスを連続的に変えることができるので，錯体の極性や疎水性の強さに応じて溶解度を調節することができる。

メタノールでは，中性子同位体置換実験と EPSR 計算の研究[10, 11]から，平均水素結合数と平均鎖状会合分子数は，それぞれ，$-80\ {}^\circ\mathrm{C}$ で 1.95 ± 0.07 と 6.27 ± 0.7 分子，$+25\ {}^\circ\mathrm{C}$ で，1.77 ± 0.07 と 5.5 ± 1.0 分子と報告されている。その鎖状会合構造は直線ではなく，ジグザグ状である。メタノールの臨界点は，$239.4\ {}^\circ\mathrm{C}$，$8.1\ \mathrm{MPa}$ であるが，常温常圧と同じ密度（$0.700\ \mathrm{g\ cm}^{-3}$）を持つ亜臨界（$202\ {}^\circ\mathrm{C}$，$73.7\ \mathrm{MPa}$）および超臨界（$253\ {}^\circ\mathrm{C}$，$117.7\ \mathrm{MPa}$）条件下では，平均水素結合数は 1.6 ± 0.1 に，平均鎖状会合分子数は 3.1 ± 0.4 分子に減少する。さらに，低密度（$0.453\ \mathrm{g\ cm}^{-3}$）の超臨界（$253\ {}^\circ\mathrm{C}$，$14.3\ \mathrm{MPa}$）条件下では，平均水素結合数 1.0 ± 0.1，平均鎖状会合分子数 1.8 ± 0.2 分子となる（2 量体を形成していると見なせる）。

エタノールもメタノールとほぼ同じ鎖状会合構造をとる。X 線回折の研究から，エチル基は鎖状の水素結合鎖に対して同じ側に配置した *cis* 構造をとるモデルが実験値をよく再現する。

1-プロパノールは，X 線回折の研究[12]から分子内で 1-プロピル基は gauche 構造を取り，分子間で 1-プロピル基が *cis* 構造をとる鎖状会合モデルの方が *trans* 構造より実験値をよく説明できる（図 1-4）。2-プロパノールの場合も *cis* 構造モデルが示唆されることから，プロピル基同士の相互作用が鎖状会合構造を安定化させていると考えられている。

プロパノールまでの直鎖状アルコールは，常温において水とすべての割合で混合する。1-ブタノールは水と混合しない組成領域があるが，第三級ブタノール（tertiary butanol: TBA）にはない。X 線や中性子回折実験から各種のアルコー

1 溶媒の性質と構造

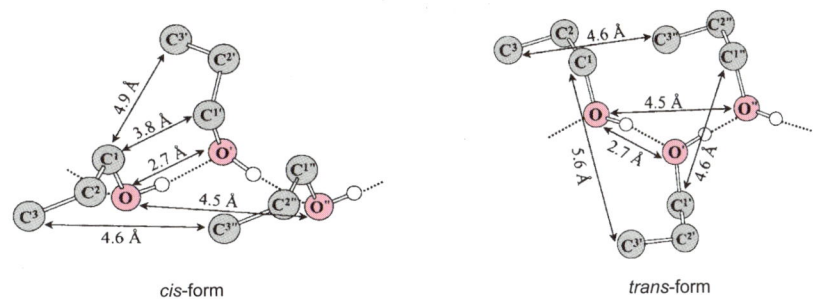

図 1-4 液体 1-プロパノールの構造モデル。cis 型が X 線回折データをよく再現する[12]

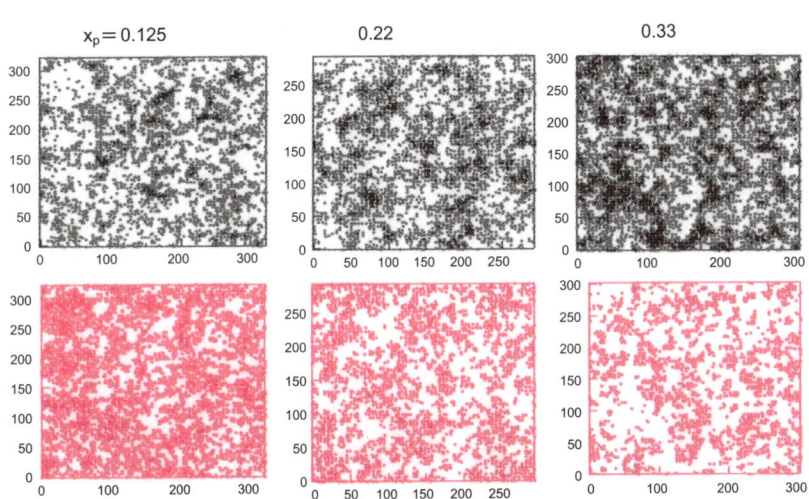

図 1-5 1-プロパノール-水混合溶液のメゾスコピック構造（1辺の長さは約 300 Å）[13]。上図：1-プロパノール分子疎水部の分布図。下図：水分子の分布図。色が濃い部分はそれぞれの分子が集合している部分。横軸と縦軸の目盛は距離（Å）。x_p は 1-プロパノールのモル分率を示す

ル-水混合溶媒の構造が研究されている。その結果，アルコールと水は均一に混合しているように見えるが，アルコール分子が集合したドメインと水分子が集合したドメインからなる微視的相分離構造をとることが明らかになっている。アルコールのモル分率が増加していくと，それぞれのアルコールに特有の

15

モル分率において，四面体ネットワークを持つ水クラスター主体の構造から，鎖状会合したアルコールクラスター主体の構造へ変化する。メタノール，エタノール，1-プロパノール，あるいは，2-プロパノールと水の混合溶媒において，アルコールのモル分率が，それぞれ，～0.3，～0.2，～0.1，～0.1の組成でこの構造変化は起こる。小角中性子散乱実験と Reverse Monte Carlo（RMC）計算を併用した研究[13]から得られた1-プロパノール-水混合溶媒の構造を図1-5に示す。構造変化が起こる組成で，混合エンタルピー，部分モル体積，NMR化学シフトなど種々の熱力学的・物理化学的諸量に極値が現れることから，一種の構造転移ということができる。生命科学の研究から，水溶液中のたんぱく質にアルコールを添加すると，この溶液組成で α-ヘリックス構造転移が起こることも明らかにされている。

1-2-3　アミド系溶媒

アミド系溶媒には，代表的溶媒として，ホルムアミド（FA），アミノ基の1つのH原子（アルデヒド基のO原子に対し *cis* 位）をメチル基に置換した *N*-メチルホルムアミド（NMF），さらにもう1つのH原子もメチル基に置換した *N,N*-ジメチルホルムアミド（DMF）がある（図1-6）。ホルムアミドでは，アミノ基のNHとアルデヒド基のO原子間にN-H…O水素結合が分子間に形成される。このとき，N-O原子間距離は～3Åである。この水素結合のため10Å付近でも秩序構造が存在する。一方，NMFにおいてもこの水素結合は存在するが，NH水素原子は1個しかないため，長距離にわたる構造相関はFAに比べて小さい。水素結合を形成しにくいDMFにはほとんど長距離の構造性は存在しない。

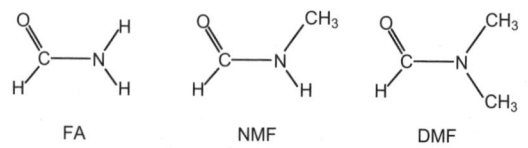

図1-6　ホルムアミド（FA），*N*-メチルホルムアミド（NMF），および，*N,N*-ジメチルホルムアミド（DMF）の構造式

1 溶媒の性質と構造

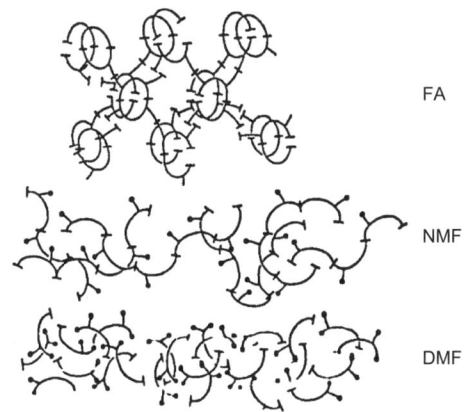

図1-7 ホルムアミド (FA), N-メチルホルムアミド (NMF), および, N,N-ジメチルホルムアミド (DMF) の液体構造モデル[15]。記号 (●―) はメチル基, 記号 (～) は水素結合 (-NH⋯O=CH-)

3つのアミド液体について, X線回折による動径分布関数を説明する液体構造モデルが提唱されている[14～16]。ホルムアミドに対しては, 図1-7（上）のように, N-H⋯O水素結合により形成された環状2量体構造と鎖状会合構造が三次元的に組み合わされた液体構造が提唱されている。このような発達した水素結合ネットワークが存在するため, ホルムアミドは分子量が小さいにもかかわらず他のアミド液体に比べて高い沸点 (210.5 ℃) や融点 (2.55 ℃), 大きな粘性率 (3.30 mPa s, 25 ℃) を持ち, また, 高い比誘電率 (ε_r = 111.0, 20 ℃) を持つと解釈される。一方, NMFでは, 図1-6に示されるような分子構造を持つため環状2量体形成は困難であり, 一次元鎖状会合構造がおもに形成されると考えられている（図1-7（中））。NMFがFAに比べより大きな比誘電率 (ε_r = 182.4, 25 ℃) を持つのは, 環状2量体を形成しないことによる（双極子モーメントの相殺が起こらない）。ホルムアミドに比べ融点 (-3.8 ℃) や粘性率 (1.65 mPa s, 25 ℃) が低いのは, 会合性が相対的に低いことによる。分子間に弱い双極子相互作用が働いているが, 水素結合しにくいDMFでは, FAやNMFのような構造性はほとんど見られない（図1-7（下））。DMFの双極子モーメント (3.82 D) は, FA (3.73 D) やNMF (3.83 D) と同程度であるのに, その

17

比誘電率（$\varepsilon_r = 36.7$, 25 ℃）が低いのはこの理由による。このため，DMF は 3 種のアミド液体の中で最も大きな分子量を持つにも関わらず，最も低い沸点（158 ℃），融点（-61 ℃），粘性率（0.796 mPa s, 25 ℃）を持つ。これらのことから，有電荷あるいは水素結合能がある金属錯体の溶解には，FA や NMF が適し，極性が低い錯体に対しては DMF が適しているということができる。

1-2-4　非プロトン性極性溶媒

非プロトン性溶媒は，溶媒分子間で水素結合を形成することができなく，液体構造はおもに双極子－双極子相互作用に支配されている。

(1)　ジメチルスルホキシド（DMSO；$(CH_3)_2SO$）

DMSO は，錯体化学のみならず，工業，生物学，有機化学，薬学，生命科学の分野で幅広く用いられている溶媒である。DMSO 分子は，S 原子を頂点とし 2 個のメチル基と 1 個の O 原子を他の頂点とする三角錐構造（Cs 対称）を取り，S 原子には孤立電子対が存在する。DMSO 分子は多く金属イオンに対して通常 O 原子で配位するが，軟らかいルイス酸に分類される金属イオンに対しては S 原子で配位することがある。

DMSO は大きな双極子モーメント（3.96 D），比較的高い比誘電率（$\varepsilon_r = 46.6$, 25 ℃）を持ち，その沸点（189.0 ℃）や融点（18.55 ℃）は高い。中性子回折実験と EPSR 計算の研究[17]から，隣接する DMSO 分子は互いに双極子が逆平行になるように配列し，長距離では双極子の向きが揃った head to tail 構造が提唱されている。

DMSO は水とあらゆる組成で混合し，DMSO：水 = 1：2（モル比）で凝固点は-70 ℃まで下がることから，DMSO-水混合溶媒は冷媒として用いられる。また，この混合組成で，混合エンタルピーは最小値をとり，誘電緩和時間は増大する。DMSO：水 = 1：20（モル比）では，水の四面体ネットワーク構造は純水の場合と大きく変わらない[18]。一方，1：2 の混合組成では，第一配位殻は四面体配置を保っているが，水の第二配位殻はわずかに壊れ，水分子間水素結合の数は純粋の水に比べて 30%程度減少する。

(2)　アセトニトリル（AN；CH_3CN）

アセトニトリル（AN）は DMF に近い大きな双極子モーメント（3.92 D）を

持つ。液体中で，アセトニトリル分子は結晶中と同様互いに逆並行に並んでいる。アセトニトリルは DMSO と似て，双極子-双極子相互作用により長距離構造を持つ。アセトニトリルは比較的高い比誘電率（$\varepsilon_r = 36.0$, 25 ℃）を持ち，多くの無機化合物や有機化合物をよく溶解し，電気化学的安定性が高いため，錯体化学では電気化学測定の溶媒としてよく用いられる。アセトニトリル中の塩類のイオン会合定数は，イオン会合理論（3-2-1 項）からの予想と大きくは異ならないが，酸（HCl 等）の pK_a は同等の比誘電率を持つ DMF 中や比誘電率が低いエタノール（$\varepsilon_r = 24.5$, 25 ℃）中に比べ著しく大きくなる。これはアセトニトリルの塩基性が低くプロトン受容能力が劣ることによる。

また，アセトニトリルは，常温では，DMSO やアセトンなどの有機溶媒と同様，水とあらゆる組成で混合する。X 線回折，IR 測定から，アセトニトリル-水混合溶媒中でアセトニトリルと水分子は均一に混合しているのではなく，水分子からなるクラスターとアセトニトリル分子からなるクラスターに分かれて存在し，微視的相分離していることが明らかにされている[19]。アセトニトリルのモル分率が 0.38 の混合溶媒は 0 ℃に冷却されたとき 2 液相に分離する。これは，クラスター界面の水分子が低温で成長した水分子クラスター中に取り込まれるために起こると考えられている。

(3) アセトン（$(CH_3)_2CO$）

アセトンの化学式は DMSO の化学式と似ているが，中心原子が異なるため，化学的性質や分子構造は異なる。アセトン分子は平面三角形（C_{2v}）構造をとり，双極子モーメントは 2.88 D と比較的大きく，カルボニルの酸素原子は水などのプロトン性溶媒と水素結合を形成することができる。中性子回折実験の研究[17]から，DMSO と同様の短距離構造と長距離構造が提唱されている。アセトン-水混合溶媒についても，DMSO の場合と同様，モル比 1:2 での中性子散乱実験[18]が行われ，微視的相分離が生じていることが明らかにされている。

(4) クロロホルム（$CHCl_3$）

クロロホルムの液体構造が X 線・中性子回折データと RMC 計算を組み合わせた研究[20]から提案されている。隣接する 2 つの四面体形状の分子の相互配向は Ray によれば 6 種類に分けられる（図 1-8(a)）[21]。分子間（中心炭素原子間）距離が 4 Å 以上の場合は，edge-to-edge (2:2) 配向をとり，なかでも（H,

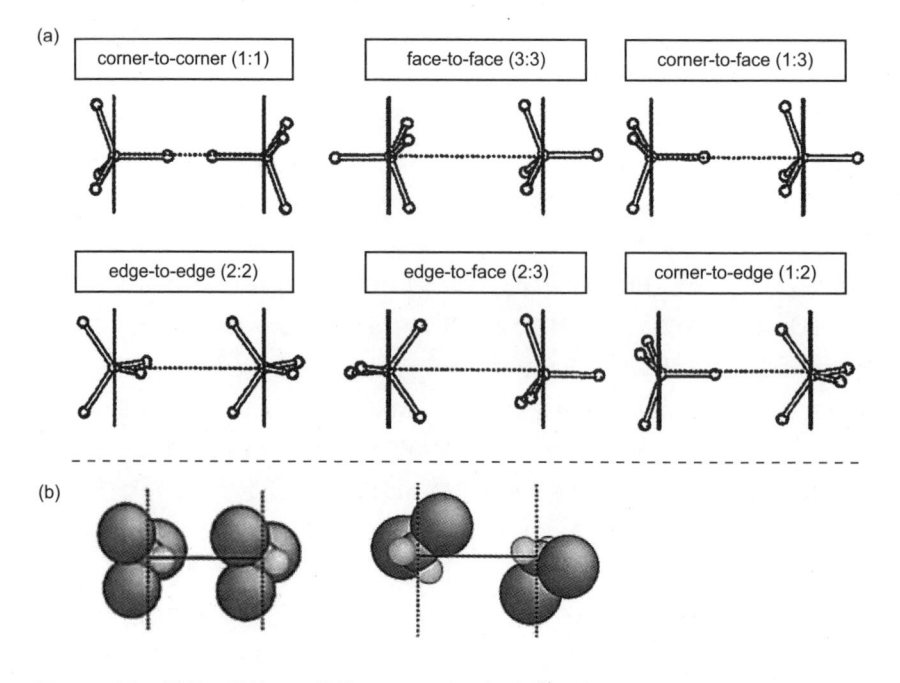

図 1-8 (a) 6 種類の隣接四面体状分子間の相互配向[21]。液体 CCl_4 では edge-to-edge((Cl, Cl)−(Cl, Cl))[25] が支配的である。(b) 液体 $CHCl_3$ では edge-to-edge((H, Cl)−(Cl, Cl))[20](左)が,液体 CH_2Cl_2 では edge-to-edge((H, Cl)−(H, Cl))[22](右)

Cl)−(Cl, Cl)(H 原子と Cl 原子が作る辺と Cl 原子と Cl 原子が作る辺が向かい合った配向)が最も頻度が高い(図 1-8(b,左))。一方,分子間距離が 4 Å 以下の場合,edge-to-face(2:3)配向をとり,なかでも(H, Cl)−(H, Cl, Cl)配置が頻出する。

(5) ジクロロメタン (CH_2Cl_2)

ジクロロメタンは,有機化学や錯体化学における合成によく使用される溶媒で,その液体構造が X 線・中性子回折データと RMC 計算を組み合わせた研究[22]から提案されている。液体における分子間配向は edge-to-edge(2:2)であり,特に(H, Cl)−(H, Cl)が最も頻出する(図 1-8(b,右))。

(6) 環状エーテル: ジオキサン（$(CH_2)_4O_2$）とテトラヒドロフラン（THF; $(CH_2)_4O$）

X線回折，小角中性子散乱，NMR緩和測定から，1,4-ジオキサン-水，1,3-ジオキサン-水，テトラヒドロフラン-水の各混合溶媒の液体構造が決定されている[23]。環状エーテルのモル分率が0.1以下では水の四面体ネットワーク構造が支配的であり，0.3以上では環状エーテル自身の秩序構造が支配的になる。モル分率0.1～0.2では水構造と環状エーテルの秩序構造は壊れている。水分子の集合体ドメインと環状エーテル集合体ドメインの濃度ゆらぎはモル分率0.3付近で最大になる。この濃度ゆらぎは（THF-水）＞（1,3-ジオキサン-水）＞（1,4-ジオキサン-水）の順に小さくなる。またNMR緩和時間の測定では，モル分率0.3付近で水分子の回転運動は最も制限される。これは，この組成において水分子間の水素結合がもっとも強固になるためと解釈されている。

1-2-5 低極性溶媒
(1) ベンゼン（C_6H_6）とトルエン（$C_6H_5CH_3$）

ベンゼンやトルエンは芳香環を持っており，分子間 π-π 相互作用を持つ液体として最も単純な液体である。この相互作用により形成される2量体の相互配向には図1-9に示されるような4種類が考えられる。中性子回折とEPSRモデリングの研究[24]から，芳香環中心間の平均距離は5.75 Åであり，中心分子周りに約12個の隣接分子が存在する。分子間の相互配向は，分子間距離が5Å以内では芳香環の中心がずれたPD配向構造をとり，グラファイト構造に似ている。一方，分子間距離が5Å以上ではY配向構造をとり，分子中の2つ

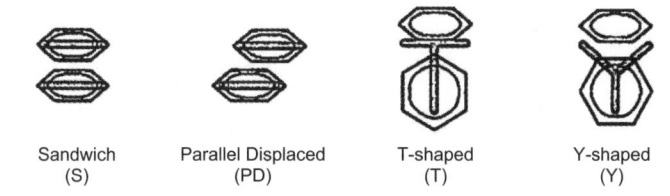

Sandwich (S)　　Parallel Displaced (PD)　　T-shaped (T)　　Y-shaped (Y)

図1-9 ベンゼン2量体に対して考えられる4種類の分子間配向。液体ベンゼンは，分子間距離が5Å以内ではPD配向構造，それ以上離れているときはY配向構造が優勢になる[24]

の水素原子が受容体のπ軌道に向いた配向構造が優先的になる。従来，分子軌道計算から推定されていたT配向構造は鞍点（saddle point）として存在する。以上の構造性はトルエンよりベンゼンの方が高い。

(2) 四塩化炭素（CCl_4）

融点近傍から気液平衡線に沿って160℃までの中性子回折実験が報告されている[25]。液体CCl_4は分子間距離が20Å離れた位置でも構造性を有している。隣接分子間の相互配向は，最近のX線・中性子回折実験とRMC計算[26]で解析した結果，図1-8(a)におけるedge-to-edge（2:2）構造が支配的である。従来提案されていたcorner-to-face（1:3）やcorner-to-edge（1:2）の構造もわずかに存在する。このように無極性分子間にも特定の配向相関が存在するが，その液体構造は，CCl_4分子を有効直径が約5Åの剛体球とみなした立方最密充填構造に近いモデルで実験値を説明できる。CCl_4分子の分子量は，アセトニトリルに比べて4倍近いが，沸点や融点はあまり変わらない。これは，CCl_4分子間にはファンデルワールス力のような弱い相互作用しか働いていないためである。

1-2-6　イオン液体

イオン液体（イオン液体の種類，構造式，特徴と性質については1-1-4項および7-3節参照）の液体構造について，X線・中性子回折，分子動力学シミュレーション，ラマン散乱などの手法を用いた多くの研究がある[27]。イオン液体の構造の特徴は，陽イオンと陰イオン間のクーロン相互作用が働く近距離秩序と，極性基と非極性基が関与する相互作用が働く長距離秩序の織りなす構造が存在することと，アルキル基を持つ陽イオン同士，あるいは，陰イオン同士の会合による著しい構造の不均一性が存在することにある[28]。小角X線散乱に現れる0.2～0.5Å^{-1}のプレピークはこの構造不均一性を示唆している。X線散乱とMolecular Dynamics（MD）シミュレーションの研究[28]から，構造不均一性を反映する相関長は，[bmim]PF_6（bmim = 1-ブチル-3-メチルイミダゾリウムイオン）では14Å，[C_{10}mim]BF_4（C_{10}mim = 1-デシル-3-メチルイミダゾリウムイオン）では26Åであり，いずれも微視的相分離挙動を示す（図1-10）。

1 溶媒の性質と構造

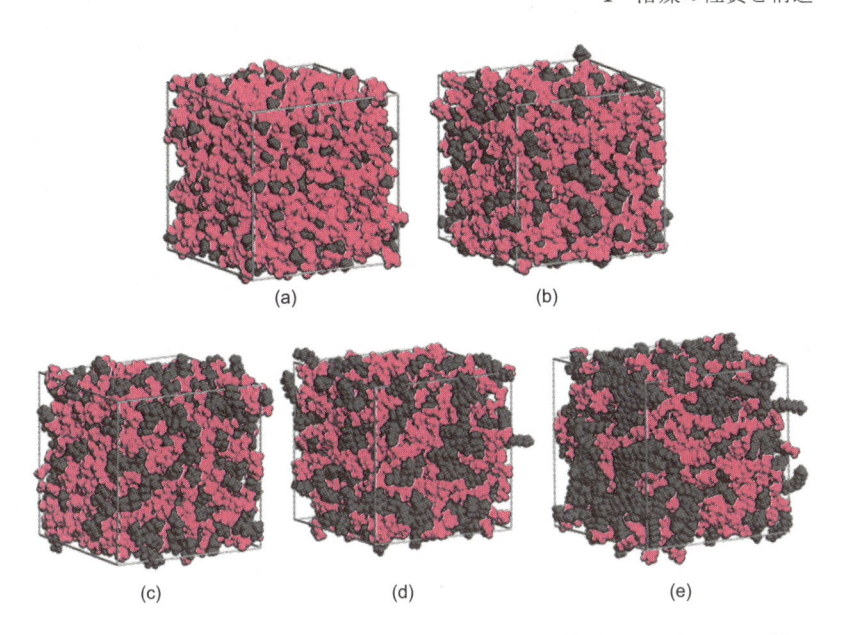

図 1-10 [$C_n$mim][PF_6] イオン群を含む MD シミュレーション箱のスナップショット[28]。(a) [C_2mim][PF_6]；(b) [C_4mim][PF_6]；(c) [C_6mim][PF_6]；(d) [C_8mim][PF_6]；(e) [C_{12}mim][PF_6]。赤は極性基を，黒は非極性基を示す。C_2 から C_{12} と非極性アルキル基が長くなるにつれて，極性ドメイン（赤）が非極性ドメイン（黒）により浸潤されて微視的相分離構造になる。各ドメインは分子同士が会合している

参考文献

1) 妹尾学，荒井健著，浅原照三編，『溶媒効果』産業図書 (1970)．
2) J. A. Riddick, W. B. Bunger, T. K. Sakano, "Organic solvents", 4th Ed., Wiley (1986)．
3) a) K. ブルゲル著，大瀧仁志，山田真吉訳，『非水溶液の化学』学会出版センター (1988)．
   b) 大瀧仁志，『溶液化学』裳華房 (1985)．
4) B. P. Whim, P. G. Johnson (edited), "Directory of solvents", Blackie A & P (1996)．
5) Y. Marcus, "The properties of solvents", Wiley (1998)．
6) C. Reichardt, "Solvents and solvent effects in organic chemistry", 3rd, Updated

and England Ed., Wiley-VCH (2003).
7) 佐古　猛,『超臨界流体』アグネ承風社 (2001).
8) H. Yokoyama, M. Kannami, H. Kanno, *Chem. Phys. Lett.*, **463**, 99-102 (2008).
9) M. Tadokoro, C. Iida, T. Saitoh, T. Suda, and Y. Miyazato, *Chem. Lett.*, **39**, 186 (2010).
10) T. Yamaguchi, K. Hidaka, A. K. Soper, *Mol. Phys.*, **96**(8), 1159-1168 (1999); Erratum, *ibid.*, **97**(4), 603-605 (1999).
11) T. Yamaguchi, C. J. Benmore, A. K. Soper, *J. Chem. Phys.*, **112**, 8976-8987 (2000).
12) T. Takamuku, H. Maruyama, K. Watanabe, T. Yamaguchi, *J. Solution Chem.*, **33**, 641-660 (2004).
13) M. Misawa, I. Dairoku, A. Honma, Y. Yamada, T. Sato, K. Maruyama, K. Mori, S. Suzuki, T. Otomo, *J. Chem. Phys.*, **121**, 4716-4723 (2004).
14) H. Ohtaki, A. Funaki, B. M. Rode, G. J. Reibnegger, *Bull. Chem. Soc. Jpn.*, **56**, 2116 (1983).
15) H. Ohtaki, S. Itoh, B. M. Rode, *Bull. Chem. Soc. Jpn.*, **59**, 271 (1986).
16) H. Ohtaki, S. Itoh, T. Yamaguchi, S. Ishiguro, B. M. Rode, *Bull. Chem. Soc. Jpn.*, **56**, 3406 (1983).
17) S. E. MacLain, A. K. Soper, A. Luzar, *J. Chem. Phys.*, **124**, 074502 (2006).
18) S. E. McLain, A. K. Soper, A. Luzar, *J. Chem. Phys.*, **127**, 174515 (2007).
19) T. Takamuku, M. Tabata, A. Yamaguchi, J. Nishimoto, M. Kumamoto, H. Wakita, T. Yamaguchi, *J. Phys. Chem. B*, **102**, 8880-8888 (1998).
20) S. Pothoczki, L. Temleitner, L. Pusztai, *J. Chem. Phys.*, **134**, 044521 (2011).
21) R. Ray, *J. Chem. Phys.*, **126**, 164506 (2007).
22) S. Pothoczki, L. Temleitner, L. Pusztai, *J. Chem. Phys.*, **132**, 164511 (2010).
23) T. Takamuku, A. Nakamizo, M. Tabata, K. Yoshida, T. Yamaguchi, T. Otomo, *J. Mol. Liq.*, **103-104**, 143-159 (2003).
24) T. F. Headen, C. A. Howard, N. T. Skipper, M. A. Wilkinson, D. T. Bowron, A. K. Soper, *J. Am. Chem. Soc.*, **132**, 5735-5742 (2010).
25) M. Misawa, *J. Chem. Phys.*, **91**, 5648 (1989); *ibid.*, **93**, 6774 (1990).
26) Sz. Pothoczki, L. Temleitner, P. Jóvári, S. Kohara, L. Pusztai, *J. Chem. Phys.*, **130**, 064503 (2009).

27) E. W. Castner, Jr., J. F. Wishart, *J. Chem. Phys.*, **132**, 120901 (2010).
28) J. N. A. C. Lopes, A. A. H. Pàdua, *J. Phys. Chem. B*, **110**, 3330-3335 (2006).

2 金属イオンの溶媒和

はじめに

　金属塩の多くは溶媒に溶解したときイオンに解離する。正負イオン間のクーロン引力に打ち勝って解離できるのは，イオンと溶媒の相互作用，すなわち，溶媒和によりクーロン引力が弱められることによる。この章では，水，非水溶媒，混合溶媒中の金属イオンの溶媒和を，熱力学的・速度論的・構造論的観点から解説する。遷移金属イオンでは，溶媒和イオンを溶媒分子が配位した溶媒和錯体と見なすことができ，錯形成反応の多くは，配位溶媒分子とバルクの配位子分子の間の置換反応として捉えることができることから，錯形成反応の速度や錯体の安定度は金属イオンの溶媒和と切り離して考えることはできない。

2-1 金属イオンの溶媒和と溶媒和エネルギー

2-1-1 溶媒和エネルギーと溶解度

　格子エネルギーとは，気相中のイオンが結晶格子を形成するときのエネルギー（エンタルピー）であり，おもにイオン間のクーロン相互作用で決まる。一方，溶媒和エネルギー（エンタルピー）は，気相中で解離しているイオンが溶液中へ導入され，溶媒和イオンを形成するときに獲得するエネルギーである。金属イオンの溶媒和エネルギーは，1価イオンが数 100 kJ mol^{-1}，2価イオンが 2000 kJ mol^{-1}，3価イオンが 5000 kJ mol^{-1} 程であり，化学反応のエネルギーに比べてかなり大きい。一方，溶媒和に際してのエントロピーの変化はエンタルピーに比較して小さいので，ギブズエネルギー（ギブズ自由エネルギー）とエンタルピー変化は，実際上，同程度と見なすことができる。

　金属塩の格子エネルギー（$\Delta_L H°$）と溶媒和エネルギー（$\Delta_{solv} H°$）の差 $\Delta_{soln} H°$（$= \Delta_{solv} H° - \Delta_L H°$）は溶解のエンタルピー変化を与える。金属塩結晶の溶解とは，塩が溶媒分子と反応してイオンに解離する現象である。格子エネルギーは溶媒とは無関係であるから，溶媒による溶解度の違いは，溶媒和の違

いによる。$\Delta_L H°$ と $\Delta_{solv} H°$ は共に大きい負の値を持ち，それらの差である $\Delta_{soln} H°$ は正，負のいずれの場合もある。その絶対値は $\Delta_L H°$ と $\Delta_{solv} H°$ に比べて小さくなるので，溶解においてエントロピー変化は無視できない。

難溶性金属塩の溶解度は溶解度積で与えられ，電気化学的に測定できる。例えば，AgCl の溶解度積 K_{sp} は金属塩結晶と平衡にある溶液中の Ag^+ と Cl^- イオンの濃度を用いて $K_{sp} = [Ag^+][Cl^-]$ で与えられる。また，反応 $Ag^+ + e^- = Ag$ および $AgCl + e^- = Ag + Cl^-$ の標準酸化還元電位（redox potential），$E_{Ag+/Ag}°$ および $E_{AgCl/Ag}°$ から $\ln K_{sp} = (F/RT)(E_{AgCl/Ag}° - E_{Ag+/Ag}°)$ で与えられる。標準酸化還元電位は溶媒に依存するが，水溶液中 298 K で $E_{Ag+/Ag}°$ および $E_{AgCl/Ag}°$ の値はそれぞれ 0.80 V および 0.22 V であり，これを用いると $K_{sp} = 10^{-9.8}$ mol^2 dm^{-6} となる。また，溶解のギブズエネルギーは $\Delta_{soln} G° = -RT \ln K_{sp}$ で与えられる。したがって，溶解度積の温度依存性，$\ln K_{sp} = -\Delta_{soln} H°/RT + \Delta_{soln} S°/R$，から溶解のエンタルピー $\Delta_{soln} H°$ およびエントロピー $\Delta_{soln} S°$ を決定することができる。図 2-1 には，水溶液中 AgCl の溶解度積を絶対温度の逆数に対してプロットした例を示す。この直線の傾きは $-\Delta_{soln} H°/R$ を，また切片は $\Delta_{soln} S°/R$ を与える。負の傾きは $\Delta_{soln} H° > 0$，すなわち吸熱を示し，AgCl が難溶性であることのおもな理由である。

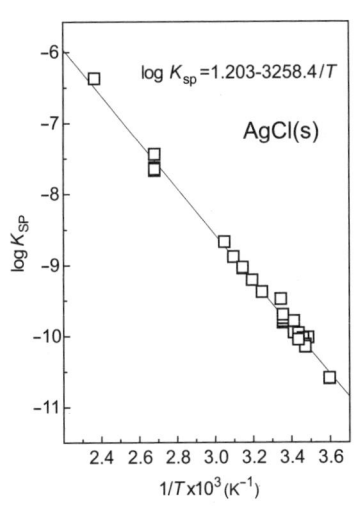

図 2-1 AgCl の溶解度積の温度依存性

金属塩の溶解度は溶媒に依存する。溶解度の違いは溶媒間移行のギブズエネルギー，すなわち，溶媒 S1 と溶媒 S2 の溶解のギブズエネルギーの差，$\Delta_t G°$ (S1 → S2) $= \Delta_{soln} G_2° - \Delta_{soln} G_1°$ で与えられる。金属塩の溶媒間移行ギブズエネルギーは，さらに，金属塩を構成するイオンの移行ギブズエネルギーに分けられる。例えば，水から溶媒 S への AgCl の移行ギブズエネルギー $\Delta_t G°$(AgCl) は，$\Delta_t G°$(Ag$^+$) と $\Delta_t G°$(Cl$^-$) の和であり，$\Delta_t G°$(AgCl) < 0 であっても構成イオンが溶媒 S 中で共に安定であることを意味しない。一方が正であっても，他方の負性がより大きければ $\Delta_t G°$(AgCl) < 0 となる。それぞれのイオンの溶媒間移行ギブズエネルギーを厳密に熱力学の原理に基づいて決定することはできないが，超熱力学的近似を用いて便宜的に決めることが可能である。現在，最も信頼性の高い近似は TATB 仮定であり，AsPh$_4^+$（テトラフェニルアルソニウムイオン）と BPh$_4^-$（テトラフェニルホウ酸イオン）に対して，$\Delta_t G°$(AsPh$_4^+$) $= \Delta_t G°$(BPh$_4^-$) が成立すると仮定する。AsPh$_4^+$ と BPh$_4^-$ イオンはともに 4 つのフェニル基が中心原子を取り囲んだ嵩高いイオンで，溶媒和エネルギーは 40 kJ mol^{-1} 程度で，1 価単原子イオンに比べてかなり小さい。また，AsPh$_4^+$ と BPh$_4^-$ イオンのフェニル基と溶媒分子間の近距離相互作用は類似していると考えられ，実際，この近似は数 kJ mol^{-1} の誤差内で妥当である。

　対応する溶解エンタルピーやエントロピーについても同様である。溶解度の高い金属塩に対しては溶解熱の測定の方が容易なこともあり，移行エンタルピーが比較的多く研究されている。溶媒 S1 と S2 への溶解熱 $\Delta_{soln} H°$(MX) を測定すると，溶媒 S1 から溶媒 S2 への金属塩 MX の溶媒間移行エンタルピー $\Delta_t H°$(MX, S1 → S2) は，$\Delta_t H°$(MX, S1 → S2) $= \Delta_{soln} H°$(MX, S2) $- \Delta_{soln} H°$(MX, S1) で与えられる。また，$\Delta_t H°$(MX, S1 → S2) は構成イオンの移行エンタルピーである $\Delta_t H°$(M$^+$, S1 → S2) と $\Delta_t H°$(X$^-$, S1 → S2) の和に等しい。$\Delta_t H°$(AsPh$_4^+$) $= \Delta_t H°$(BPh$_4^-$) と仮定し，イオンの寄与に分割すると，金属イオンの移行エンタルピー $\Delta_t H°$(M$^+$, S1 → S2) が決定できる。$\Delta_t H°$(M$^+$, S1 → S2) は溶媒 S1 と S2 の溶媒和エンタルピーの差であり，$\Delta_t H°$(M$^+$, S1 → S2) $= \Delta_{solv} H°$(M$^+$, S2) $- \Delta_{solv} H°$(M$^+$, S1) で与えられる。したがって，金属イオンの移行エンタルピーは溶媒和イオンの結合や配位構造の違いを探る手がかりを与える。ただし，金属イオンには複数の溶媒分子が配位しているので，溶媒 1 分子の結合エネル

ギーではないことを忘れてはならない。

2-1-2 溶媒のドナー・アクセプター性

　金属イオンはルイス酸であり，溶媒はルイス塩基である。溶媒のルイス塩基性は，おもにその電子対供与性（ドナー性）に依存する。一般に，N,N-ジメチルホルムアミド（DMF）やジメチルスルホキシド（DMSO）などは強いドナー性を示し，一方，アセトニトリル（AN）のドナー性は弱い。溶媒のドナー性の違いは，金属イオンの反応性の違いをもたらす。

　溶媒のドナー性の違いを反映する溶媒パラメータは幾つかあるが，その1つが Gutmann のドナー数（DN）である（1-1-6 項参照）。ドナー数とは，1,2-ジクロロエタン中で中性分子 $SbCl_5$ と溶媒 S が反応し，分子アダクト $SbCl_5 \cdot S$ を生成する際のエンタルピー変化（$\Delta H°/\text{kcal mol}^{-1}$）を用いるものである。$SbCl_5$ は電子対受容体（v(vacant)-アクセプター）であり，したがって，ドナー数は溶媒 S の電子対供与性（n(non-bonding)-ドナー性）の強さを反映する。実際，ドナー数は溶媒分子の n-ドナー性が支配的に働く場合の溶媒効果を良く説明する。ただし，適用できる溶媒は，O, N ドナーに限られ，S ドナーなど，ソフトな配位原子には使えない。さらに溶媒分子の n-ドナー性以外の特異な相互作用，例えば，π-アクセプター性や立体効果などが働く場合には適用できない。例えば，2-1-3 項で述べる DMF と DMA（N,N-ジメチルアセトアミド）溶媒中の溶媒効果は，それらの n-ドナー性の違いでは説明できない。また，Cu^+ は水溶液中では不安定であるが，アセトニトリル中では安定に存在する。これも水とアセトニトリルの n-ドナー性の違いでは説明できない。溶媒の n-ドナー性に加えて，前者では DMA の溶媒和の立体障害が，後者ではアセトニトリルの π-アクセプター性が相互作用に強く関与している結果である。

　溶媒分子は金属イオンに対してドナーとして振舞うが，配位子に対してはアクセプターとして振舞う。また，金属錯体は中心金属イオンだけでなく，配位子を通して溶媒和しているので錯形成反応には溶媒のアクセプター性も関係する。溶媒のアクセプター性の強さは，アクセプター数（AN）や $E_T(30)$ 値（以下，E_T 値と表す）で比較することができる（1-1-6 項参照）。アクセプター数は Et_3PO の ^{31}P NMR 化学シフトをプローブとし，ヘキサン溶液に対する溶媒

表 2-1 溶媒のドナー数（DN），アクセプター数（AN）および E_T 値

	H_2O	AN^a	$DMSO^b$	TFE^c	NB^d	DMF^e	DMA^f	DI^g	$HMPA^h$
DN	18	14.1	29.8	～0	4.4	26.6	27.8	14.8	38.8
AN	54.8	19.3	19.3	53.3	14.8	16.0	13.6	10.8	10.6
E_T	63.1	45.6	45.1	59.8	41.2	43.2	42.9	36.0	40.9

[a]Acetonitirile, [b]dimethyl sulfoxide, [c]2,2,2-trifluoroethanol, [d]nitrobenzene, [e]N,N-dimethylformamide, [f]N,N-dimethylacetamide, [g]1,4-dioxane, [h]hexamethylphosphoricamide

中の化学シフト δ_{corr} から，$AN = 100\, \delta_{corr}/\delta_{corr}° = 2.348\, \delta_{corr}$ で与えられる。ここで $\delta_{corr}°$ は 1,2-ジクロロエタン中の $Et_3PO \cdot SnCl_5$ アダクトに対する δ_{corr} 値である。言い換えれば，ヘキサンの AN を 0，$SnCl_5$ の AN を 100 として表した溶媒パラメータである。一方，E_T 値は，色素（pyridium-N-phenolbetaine）の電子スペクトルの最大吸収波長 λ_{max} から見積もった溶媒パラメータであるが，この色素は，基底状態で電荷が局在化しており，負電荷部位が比較的強く溶媒和する。したがって，アクセプター性が強い溶媒中ほど安定化される。これに対して励起状態では，電荷は非局在化しているので溶媒和が弱く，ほとんど溶媒効果を受けない。したがって，基底状態で色素と強く相互作用する溶媒ほど λ_{max} は短波長シフトする。代表的な溶媒の DN, AN, E_T 値を表 2-1 に示す（巻末の付表 1 参照）。

2-1-3 錯形成反応の溶媒効果

次に金属イオンが単核錯体を生成する反応の溶媒効果を考えてみよう。金属イオン M（電荷省略）は複数の配位子 L と反応することができる。金属イオンは n 個の溶媒分子 S と結合しているので，配位子濃度が上昇するにしたがって，配位子は溶媒分子と逐次置換し，$MS_n + L \rightleftharpoons MLS_{n-1} + S$，$MLS_{n-1} + L \rightleftharpoons ML_2S_{n-2} + S, \ldots, ML_{m-1}S + L \rightleftharpoons ML_m + S$，の反応により，一連の錯体が生成する。簡単のために，モノ錯体 MLS_{n-1} の生成に限って，その溶媒効果を考えてみよう。通常，溶媒の活量は 1 として取り扱うので，モノ錯体の生成定数は $K_1 = [ML]/[M][L]$ で表され，K_1 は反応のギブズエネルギーと $\Delta G° = -RT \ln K_1$ の関係にある。水溶液と溶媒 S 中での $\Delta G°$ をそれぞれを $\Delta G°(W)$ および $\Delta G°(S)$ とすると，溶媒効果は実験的に $\Delta \Delta G° = \Delta G°(S) - \Delta G°(W)$ で見積もることが

できる．もし，$\Delta\Delta G° < 0$ であれば溶媒 S 中で反応は促進され，逆に $\Delta\Delta G° > 0$ であれば抑制される．ただ，$\Delta\Delta G°$ の値からだけでは，溶媒効果が何に起因しているのかはわからない．$\Delta\Delta G°$ は反応に関わる化学種の溶媒和エネルギーに関係している．では，どのような関係にあるのか，次の Born-Harber サイクルから導いてみよう．

水溶液中の反応：$\mathrm{M(W) + L(W) \rightleftarrows ML(W)}$; $\Delta G°(\mathrm{W})$ (2-1)

溶媒 S 中の反応：$\mathrm{M(S) + L(S) \rightleftarrows ML(S)}$; $\Delta G°(\mathrm{S})$ (2-2)

$$\Delta\Delta G° = \Delta G°(\mathrm{S}) - \Delta G°(\mathrm{W}) \\ = \Delta_t G°(\mathrm{ML, W \to S}) - \Delta_t G°(\mathrm{M, W \to S}) - \Delta_t G°(\mathrm{L, W \to S}) \quad (2\text{-}3)$$

ここで，水溶液中の化学種 M(W) と L(W) から溶媒 S 中の錯体 ML(S) を得る反応過程を考えると，

① 水溶液中で M と L から ML が生成し，これが溶媒 S に移行する経路
② 水溶液中の M と L が溶媒 S に移行した後，溶媒 S 中で ML(S) が生成する経路

の二通りが考えられる．熱力学的には，初期状態と終状態が同じならば，2 つの経路のエネルギーは等しい．すなわち，$\Delta G°(\mathrm{W}) + \Delta_t G°(\mathrm{ML, W \to S}) = \Delta_t G°(\mathrm{M, W \to S}) + \Delta_t G°(\mathrm{L, W \to S}) + \Delta G°(\mathrm{S})$ である．ここで，$\Delta G°(\mathrm{W})$ と $\Delta G°(\mathrm{S})$ の差をとると，$\Delta\Delta G°$ は式 (2-3) で表される．式 (2-3) の右辺は，すべて反応に関わる化学種の移行のギブズエネルギーであり，溶媒効果は金属イオンの溶媒和だけでなく，配位子および生成する錯体の溶媒和の変化にも依存することがわかるであろう．$\Delta\Delta G°$，$\Delta_t G°(\mathrm{M, W \to S})$ および $\Delta_t G°(\mathrm{L, W \to S})$ を超熱力学的近似から見積もると，錯体の移行ギブズエネルギーは，$\Delta_t G°(\mathrm{ML, W \to S}) = \Delta\Delta G° + \Delta_t G°(\mathrm{M, W \to S}) + \Delta_t G°(\mathrm{L, W \to S})$ によって決定できることになる．ただ，金属イオンや配位子の移行のギブズエネルギーの見積りは難溶性塩に限られるので，錯体の移行ギブズエネルギーを見積もることは難しい．一方，溶解エンタルピーの測定は比較的に容易である．反応エンタルピーと移行エンタルピーを用いると，錯体の移行エンタルピーは同様の関係式，$\Delta_t H°(\mathrm{ML,}$

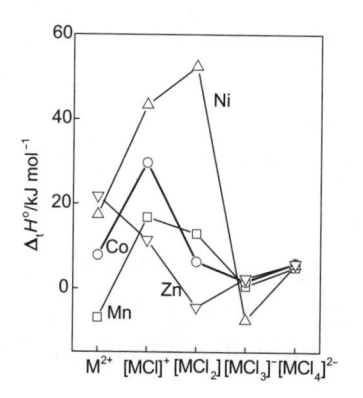

図 2-2 2 価遷移金属イオンおよびそのクロロ錯体の DMF から DMA への移行エンタルピー

$W \rightarrow S) = \Delta\Delta H° + \Delta_t H°(M, W \rightarrow S) + \Delta_t H°(L, W \rightarrow S)$，で見積もることができる．

　一例として，このようにして見積もられた 2 価遷移金属イオンのクロロ錯体の N,N-ジメチルホルムアミド（DMF）から N,N-ジメチルアセトアミド（DMA）への移行エンタルピーを図 2-2 に示す．クロロ錯体の安定度を比較すると，これら金属イオンの錯形成反応はすべて DMA 中で強く促進される，すなわち，錯形成に対しては $\Delta\Delta G° = \Delta G°(DMA) - \Delta G°(DMF) < 0$ である．

　DMF と DMA はアミド溶媒であり，いずれもカルボニル酸素原子で金属イオンに強く配位する．ドナー性は DMA がわずかに強い．実際，Mn^{2+} は DMA 中のほうが DMF 中より強く溶媒和している（$\Delta_t H°(Mn) < 0$）．しかし，他のイオンに対しては，$\Delta_t H°(M)$ は $0 <$ Co $<$ Ni $<$ Zn であり，これらのイオンは DMF から DMA に移ると溶媒和が弱まることを示している．この理由は溶媒のドナー性では説明ができない．一方，$\Delta_t H°(MCl_4)$ は，金属イオンに依存せず，すべてが $\Delta_t H°(Cl^-)$ と同程度の小さな正の値を示している．このことは，溶媒がテトラクロロ錯体の中心金属イオンを認識していないこと，すなわち，溶媒が金属イオンに配位していないことを示している．テトラクロロ錯体が 4 配位四面体構造を持ち，溶媒分子が中心金属イオンに結合していないことを考えると合理的な結果である．また，モノクロロ，ジクロロ錯体の $\Delta_t H°$ は金属イオンに強く依存した振る舞いを示す．$\Delta_t H°$ が大きいほど，錯体は DMF に

比べて DMA 中で不安定化される。この理由も溶媒のドナー性では説明ができない。溶媒和構造を詳しく調べると，DMA がカルボニル酸素で金属イオンに配位するとき，カルボニル炭素に結合している CH_3 が立体障害を引き起こすことがわかる。不安定化は，金属イオンに配位している溶媒分子間の立体障害による構造の歪みに起因するのである。これらアミド溶媒中で金属イオンは 6 つの溶媒分子が配位しているが，テトラクロロ錯体では 4 配位である。$\Delta_t H°$ の複雑な金属依存性は，配位数の低下が金属イオンにより異なるクロロ錯体生成の段階で起こることを示唆している。

2-1-4 溶媒交換速度

溶液中でイオンは溶媒分子と強く結合している。ところが，多くのイオンは溶液中で速やかに反応し錯体を生成する。これは，イオンに結合した溶媒分子がバルク中の溶媒分子と入れ替わっているからである。これを溶媒交換反応という。室温における水溶液中の溶媒交換速度，すなわち，イオンに結合している水分子が単位時間に入れ替わる回数（k_{ex}）は良く調べられており（6-3 節の表 6-3 参照），25 ℃における水溶液中での k_{ex} 値はイオン半径，電荷，ならびに電子状態に強く依存する。一般に，表面電荷密度が小さいイオンほど大きな k_{ex} 値を示す。すなわち価数が同じイオンを比較するとイオン半径の大きなイオンが，一方，イオン半径が同じイオンを比較すると価数が低いほど k_{ex} 値は大きくなる。アルカリ金属イオンは交換が最も速い部類に属し，$10^9 \sim 10^{10}/s^{-1}$ の k_{ex} 値を持つ。2 族金属イオンでは，イオン半径の小さな Be^{2+} イオンの k_{ex} 値が約 $10^3/s^{-1}$ と小さい。Mg^{2+} イオンは $10^6/s^{-1}$ 程度，Ca^{2+}，Sr^{2+}，Ba^{2+} イオンは $10^8 \sim 10^9/s^{-1}$ とかなり大きな k_{ex} 値を持っている。2 価遷移金属イオンでは，Ru^{2+} と Pt^{2+} イオンの k_{ex} 値が $10^{-2} \sim 10^{-4}/s^{-1}$ と著しく小さい。その他のイオンの k_{ex} 値は，$V^{2+} (10^2/s^{-1}) < Pd^{2+} (10^3/s^{-1}) < Ni^{2+} (10^5/s^{-1}) < Co^{2+}$，$Fe^{2+}$，$Mn^{2+}$，$Zn^{2+} (10^6 \sim 10^8/s^{-1}) < Cd^{2+}$，$Cr^{2+}$，$Hg^{2+}$，$Cu^{2+} (> 10^8/s^{-1})$，の順に大きくなる。特に Cu^{2+} イオンは，Jahn-Teller 効果により軸方向の水分子の結合が弱いため k_{ex} 値が大きい。3 価イオンでは，Ir^{3+}，$Rh^{3+} (< 10^{-9}/s^{-1})$ および Cr^{3+}，Ru^{3+} $(10^{-5} \sim 10^{-6}/s^{-1})$ の k_{ex} 値が著しく小さい。Al^{3+} イオンでは，ほぼ 1 秒間に 1 回，水分子が交換している。Fe^{3+}，Ga^{3+}，V^{3+} イオンの k_{ex}/s^{-1} 値は $10^2 \sim 10^3/s^{-1}$，

Ti^{3+}イオンは約 $10^5/s^{-1}$, In^{3+}イオンは約 $10^6/s^{-1}$ である。また, イオン半径の大きなランタノイドイオンの k_{ex} 値は $10^7 \sim 10^9/s^{-1}$ で, 3価イオンでも水分子の交換は速い。

溶媒交換速度は, 温度・圧力に依存する。溶媒交換速度の温度依存性（ln $k_{ex} = -\Delta^{\neq}H/RT + \Delta^{\neq}S/R$）から活性化エンタルピー $\Delta^{\neq}H$ および活性化エントロピー $\Delta^{\neq}S$, また圧力依存性（$\partial \ln k_{ex}/\partial p = -\Delta^{\neq}V/RT$）から, 活性化体積 $\Delta^{\neq}V$ に関する情報が得られる。これら活性化パラメータは溶媒和の基底状態に対する溶媒交換の活性化状態のエネルギーや構造の変化に関する知見を与える。活性化エントロピーと活性化体積は一般に, 同じ符号を示す傾向がある。それらが正の値を示す場合, 基底状態に比べ活性化状態で溶媒和数が低下, 逆に負の場合は溶媒和数が増加すると考えられる。前者のような溶媒交換を解離機構, 後者を会合機構と呼ぶ（4-3-1 項参照）。実際, 水溶液中で Ni^{2+} イオンの溶媒交換機構は典型的な解離機構であり, 水分子の解離が錯形成反応の律速であり, Ni^{2+} イオンと中性配位子との反応速度は配位子の結合の強さには依存しない。

非水溶液中の溶媒交換速度や機構は溶媒の配位原子の電子対供与性や分子構造に依存するが, 調べられている溶媒は限られている。基底状態で水和イオンと同じ溶媒和数の O 原子ドナー溶媒であっても, 水分子と比べて嵩高い有機溶媒分子は, 溶媒和分子間の立体障害のため, 活性化状態でより解離的になる傾向が強まる。

2-1-5　錯形成反応と溶媒の液体構造

溶液中で金属イオンは溶媒和しており, 錯形成反応にともない, 金属イオンや配位子と結合している溶媒分子の一部が脱離する（脱溶媒和という）。そこで溶媒 S を考慮すると, 反応は一般に次のように記述できる。

$$\mathrm{MS}_p + \mathrm{LS}_q \rightleftharpoons \mathrm{MLS}_r + (p+q-r)\mathrm{S} \tag{2-4}$$

この反応では, 溶媒和した金属イオン MS$_p$ と配位子 LS$_q$ が錯体 MLS$_r$ を形成し, この際, $p+q-r$ 個の溶媒分子が脱離している。通常, 溶媒和数も脱溶媒和数もわからないので溶媒を無視し, M + L $\rightleftharpoons$ ML と表現している。溶媒分子の

運動の自由度は溶媒和すると凍結され,エントロピーは低い状態にある。逆に,溶媒分子は脱離すると運動の自由度が増加し,反応のエントロピーは増大する。一方,脱離した溶媒分子は,再びバルク溶媒の液体構造に取り込まれる。バルク溶媒の分子間相互作用が弱ければ脱離した溶媒分子の運動の自由度は高いままに維持されるが,分子間相互作用が強ければ失われ,エントロピーは低下する。このように,バルク溶媒の分子間相互作用（液体構造）は反応のエントロピーに強く影響するのである。

　プロトン性溶媒と非プロトン性溶媒は溶媒分子間相互作用に大きな違いがある。プロトン性溶媒は,代表的な水でよく知られているように,溶媒分子間水素結合による強い液体構造を形成し,このため分子量が低いにも関わらず沸点が高い。一方,非プロトン性溶媒は水素結合性プロトンを持たないので通常,液体構造は弱い。ただ,非プロトン性でも,液体構造が強い溶媒はある。分子間相互作用の起源が何であれ,液体構造が形成されている溶媒では,通常,反応は抑制される。一般に,「自発的反応は発熱的であり,吸熱反応は非自発的である」といわれている。しかし,この考えは熱力学的に間違っている。エントロピーが無視されており,この常識は,水溶液のような強い構造性液体中の反応にしか適用できない。実際,非プロトン性溶媒中では,吸熱反応が自発的に進行することが少なくない。例えば,遷移金属塩化物は6水和物が安定に存在し,塩化物イオンの配位能は弱いと考えられている。しかし,N,N-ジメチルホルムアミド中で,高い安定度を持つクロロ錯体が容易に生成する。N,N-ジメチルホルムアミドは非プロトン性であり,水よりも金属イオンに強く溶媒和するが,液体構造の形成が弱い溶媒である。実際,この反応は吸熱であり,エントロピー駆動で反応が進行する。

2-2　金属イオンの選択的溶媒和

　混合溶媒は元の溶媒とは異なる新たな溶媒であり,その物理化学的性質は,組成に依存する。混合溶媒中の金属イオンの反応性を支配している第一の要因は単一溶媒と同じく金属イオンの溶媒和である。しかし,単一溶媒と違って混合溶媒中では,溶媒和分子が1種類であるとは限らない。

混合溶媒中の金属イオンの溶媒和を考える上で，溶媒の配位能の違いが重要である。2-1-2項で述べたように溶媒の配位能は，おもにその電子対供与性（ドナー性）に依存する。N,N-ジメチルホルムアミド（DMF）やジメチルスルホキシド（DMSO）などは強いドナー性を示し，一方アセトニトリル（AN）は弱い。これら純溶媒中では，溶媒和の強さに違いがあっても1種類の溶媒分子が金属イオンに溶媒和している。一方，混合溶媒中では，配位能の高い溶媒が優先的に金属イオンに配位する。これを選択的溶媒和といい，この結果，イオン周りとバルクでは溶媒組成に違いが生じる。

2-2-1 選択的溶媒和の測定法

選択的溶媒和を実験的に捉える方法についていくつか紹介し，その特徴を述べる。

(1) X線散乱法

溶液構造は結晶構造と違って等方的であり，散乱実験からは溶液中に存在する原子対の数と原子間距離に関する情報が得られる。溶媒和金属イオンに関しては，平均配位数と配位原子の平均結合距離が構造情報として得られる。原子間距離は金属イオンのイオン半径と配位原子のvan der Waals半径の和に近く，溶媒がいずれもOドナーである場合，溶媒による結合距離の違いは小さく，結合距離から溶媒を区別することは難しい。したがって，混合溶媒中の全配位数は決定できるが，個別配位数を正確に見積もることは難しい。ただ，金属イオンと配位原子の平均結合距離は溶媒和数が低下すると短縮するので，平均結合距離が溶媒組成に依存する場合，溶媒和数が組成に依存して変化している可能性が高い。

(2) NMR法

金属イオンのNMR化学シフトは溶媒のドナー性が強くなると高磁場へシフトする。したがって，混合溶媒では，溶媒和金属イオンの化学シフトは溶媒分子の電子供与性と溶媒和数の積で決まり，溶媒和数や組成の変化に敏感である。溶媒和数が低下すると大きく低磁場シフトする。

(3) 振動分光法

Ramanや赤外振動分光法などを用いる方法である。配位能に大きな違いが

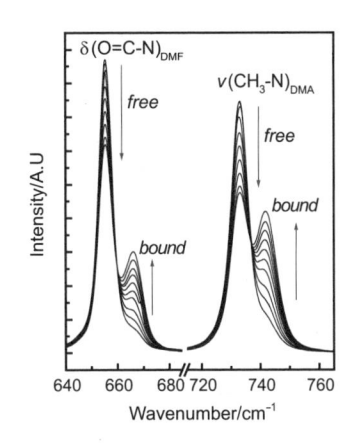

図 2-3　DMF と DMA のラマンバンド

ない 2 種類の溶媒の混合溶媒中では，金属イオンは 2 種類の溶媒分子が同時に配位するのが一般的である．溶媒 S1 と S2 の混合溶媒（溶媒 S2 のモル分率を $x_{2,\text{bulk}}$）中で金属イオンに配位している溶媒 S1 および S2 の数（個別溶媒和数）をそれぞれ n_1, n_2 とすると，イオン周りの溶媒 S2 のモル分率は $x_{2,\text{solv}} = n_2/(n_1+n_2)$ で表される．ここで，n_1+n_2 は全溶媒和数 n である．$x_{2,\text{bulk}}$ が 0 および 1 の場合，単一溶媒 S1 と S2 に対応するので，$x_{2,\text{solv}}$ も同じ値，すなわち 0 および 1 である．ただし，全溶媒和数は溶媒 S1 と S2 で必ずしも同じとは限らない．混合溶媒中の個別溶媒和数 n_1, n_2 は，$x_{2,\text{bulk}}$ の関数である．

　溶媒分子が金属イオンに配位すると分子内電荷分布が変化し，振動子の振動数がシフトする．したがって，大きくシフトする振動子の振動子強度の金属イオン濃度依存性を解析すると個別溶媒和数を見積もることができる．一例として，図 2-3 に DMF の O-C-N 変角振動と DMA の N-CH$_3$ 伸縮振動の振動スペクトルを示す．金属イオン濃度が増すと，バルク溶媒（free）の強度が低下し，金属イオンに結合している溶媒（bound）の強度が増加する．このラマンバンドの詳しい解析法は参考文献 1) を参照していただきたい．

2-2-2 選択的溶媒和の熱力学

2-1-3 項で述べたように,異なる溶媒への金属塩の溶解熱 ($\Delta_{\text{soln}} H°$) の違いは,金属イオンと対アニオンの溶媒間移行エンタルピーの和である。これは単一溶媒でも混合溶媒についても変わらない。ある溶媒 S1 から溶媒 S1 と S2 の混合溶媒 mix (溶媒 S2 のモル分率を x_2) への金属塩 MX の溶媒間移行エンタルピー $\Delta_t H°(\text{MX, S1} \to \text{mix})$ は,$\Delta_t H°(\text{MX, S1} \to \text{mix}) = \Delta_{\text{soln}} H°(\text{MX, mix}) - \Delta_{\text{soln}} H°(\text{MX, S1})$ である。さらに,$\Delta_t H°(\text{MX, S1} \to \text{mix}) = \Delta_t H°(\text{M}^+, \text{S1} \to \text{mix}) + \Delta_t H°(\text{X}^-, \text{S1} \to \text{mix})$ であり,TATB 仮定 (2-1-1 項) を使って,イオンの寄与に分割すると,$\Delta_t H°(\text{M}^+, \text{S1} \to \text{mix}) = \Delta_{\text{solv}} H°(\text{M}^+, \text{mix}) - \Delta_{\text{solv}} H°(\text{M}^+, \text{S1})$ の関係から,混合溶媒中の金属イオンの溶媒和エネルギーをモル分率 x_2 の関数として比較することができる。

一例として,水から 0.2 モル分率ジオキサン-水混合溶媒への移行エンタルピーを見積もった結果を紹介する。$\text{AsPh}_4{}^+\text{BPh}_4{}^-$ 塩は多くの溶媒に難溶性で溶解熱を直接決定することはできない。このため,実際には溶解度の高い AsPh_4Cl や NaBPh_4 を用いて間接的に決定する。2 つの溶媒で,AsPh_4Cl,NaBPh_4 および NaCl の溶解熱の $\Delta H°$ を測定すると,各塩の溶媒間移行エンタルピー $\Delta_t H°(\text{AsPh}_4\text{Cl})$,$\Delta_t H°(\text{NaBPh}_4)$,$\Delta_t H°(\text{NaCl})$ は,塩 M^+X^- に対して,$\Delta_t H°(\text{MX}) = \Delta_{\text{soln}} H°(\text{MX, mix}) - \Delta_{\text{soln}} H°(\text{MX, W})$ により見積もることができる。金属塩の移行エンタルピーは構成イオンの移行エンタルピーの和であるから,$\text{AsPh}_4{}^+\text{BPh}_4{}^-$ 塩の移行エンタルピーは式 (2-5) で計算できる。

$$\Delta_t H°(\text{AsPh}_4{}^+\text{BPh}_4{}^-) = \Delta_t H°(\text{AsPh}_4\text{Cl}) + \Delta_t H°(\text{NaBPh}_4) - \Delta_t H°(\text{NaCl}) \tag{2-5}$$

$\Delta_t H°(\text{AsPh}_4{}^+\text{BPh}_4{}^-)$ は各イオンの移行エンタルピーの和であるから,超熱力学的仮定を導入すると,各イオンの移行エンタルピーは式 (2-6) により,

$$\Delta_t H°(\text{AsPh}_4{}^+) = \Delta_t H°(\text{BPh}_4{}^-) = (1/2) \Delta_t H°(\text{AsPh}_4{}^+\text{BPh}_4{}^-) \tag{2-6}$$

また,Na^+Cl^- イオンの移行エンタルピーは,それぞれ $\Delta_t H°(\text{Na}^+) = \Delta_t H°(\text{NaBPh}_4) - \Delta_t H°(\text{BPh}_4{}^-)$ および $\Delta_t H°(\text{Cl}^-) = \Delta_t H°(\text{AsPh}_4\text{Cl}) - \Delta_t H°(\text{AsPh}_4{}^+)$ により見積もることができる。同様にして見積もった水から 0.1 モル分率トリ

2 金属イオンの溶媒和

表 2-2 塩の溶解熱 $\Delta_{soln}H°$/kJ mol^{-1} とイオンの溶媒間移行エンタルピー $\Delta_{t}H°$/kJ mol^{-1}

	$\Delta_{soln}H°$(W)	$\Delta_{soln}H°$(DI-W)	$\Delta_{soln}H°$(TFE-W)	$\Delta_{t}H°$(DI-W)	$\Delta_{t}H°$(TFE-W)
NaBPh$_4$	−20.0	−39.4	13.8	−19.4	33.8
AsPh$_4$Cl	−10.2	5.7	−9.7	15.9	0.5
NaCl	4.4	0.2	8.2	−4.2	3.8
AsPh$_4^+$, BPh$_4^-$				0.4	15.2
Na$^+$				−19.8	18.6
Cl$^-$				15.5	−14.7

W：water，DI-W：1,4-dioxane-water mixture（ジオキサンモル分率 = 0.2），
TFE-W：trifluoroethanol-water（トリフロロエタノールモル分率 = 0.1）

フロロエタノール-水混合溶媒への移行エンタルピーをまとめて表 2-2 に示す。

表 2-1（2-1 節）に示したように，水に比べて 1,4-ジオキサン（DI）およびトリフロロエタノール（TFE）のドナー性は小さい。すなわち，金属イオンは混合溶媒中でも水分子が選択的に配位していると考えられる。既に述べたように，移行エンタルピーは，2 つの溶媒でのイオンの溶媒和エンタルピーの差であり，$\Delta_{t}H° < 0$ は混合溶媒中で溶媒和が強まることを，一方，$\Delta_{t}H° > 0$ は弱まること意味している。表 2-2 を見ると，水溶液中に比べ DI-W 混合溶媒中では Na$^+$ イオンの水和が強まり，TFE-W 混合溶媒中では弱まる。移行のギブズエネルギー（$\Delta_{t}G°$）は移行のエンタルピーおよびエントロピー（$\Delta_{t}S°$）と $\Delta_{t}G° = \Delta_{t}H° - T\Delta_{t}S°$ の関係がある。Na$^+$ イオンの $\Delta_{t}G°$(DI-W) は −2 kJ mol^{-1} であり，表 2-2 の $\Delta_{t}H°$(DI-W) = −19.8 kJ mol^{-1} と比べると，負性が小さい。これは移行のエンタルピーとエントロピーが強く相殺していることを示している。すなわち，DI-W 混合溶媒中で Na$^+$ イオンの水和構造は強化されるが，その結果，水分子の運動の自由度が強く束縛されるようになる。TFE-W 混合溶媒中の Na$^+$ イオンに対しては，DI-W 混合溶媒中とは逆の変化が生じていると考えられる。一方，水に比べて DI のアクセプター数は小さく，TFE は同程度である。溶媒組成（0.1 モル分率 TFE）を考えると Cl$^-$ イオンには，金属イオンと同様に，水分子が選択的に配位していると考えられる。表 2-2 の結果は，水溶液中に比べ DI-W 混合溶媒中では Cl$^-$ イオンの水和は弱まり，TFE-W 混合溶媒中では強まることを示している。

さて，これら混合溶媒中で Na$^+$ と Cl$^-$ イオンに直接溶媒和しているのは，いずれも水分子である。それにも関わらず，溶媒和エネルギーが変化したことは，

二次溶媒和の存在を示唆している。すなわち，希薄水溶液中では，水分子が直接配位したイオンの一次水和殻（第一水和殻）だけでなく，高次の水和殻が存在しており，イオンの溶媒和エネルギーの変化は高次の溶媒和殻で発生しているのである。言い換えれば，水溶液中ではイオンを中心に水分子が球対称に集合した巨大な水和クラスターが形成されており，この水和クラスター構造が，混合溶媒で変化するのである。電解質が水に溶解し，水和イオンの周りに水和クラスターが形成されるとき，水の液体構造は逆に破壊される。移行エンタルピーの結果は，水和クラスター構造が溶媒の液体構造に強く依存することも示唆している。

　非水混合溶媒への移行の熱力学的パラメータも同様に塩の溶解度と溶解熱を測定し，超熱力学的仮定を用いて見積もることができる。

2-2-3　錯形成反応と選択的溶媒和

　ドナー性が大きく異なる2つの非プロトン性溶媒の混合溶媒中では，ドナー性の高い溶媒が金属イオンに強く選択的に溶媒和する。例えば，N,N-ジメチルホルムアミド（DMF）とアセトニトリル（AN）のドナー数は，それぞれ26.6と14.1であり，混合溶媒中で金属イオンにはDMFが強く選択的に配位する。一方，プロトン性と非プロトン性溶媒の混合溶媒では，プロトン性溶媒が金属イオンと同様に強いアクセプター性を持つため，非プロトン性溶媒はプロトン性溶媒と結合し，金属イオンへの配位が抑制される。プロトン性溶媒は強い構造性液体であることが多いので，混合溶媒では，混合する溶媒がプロトン性，非プロトン性を問わず，液体構造が変化する。この項では，非プロトン性とプロトン性混合溶媒について，その特徴を述べる。

　非プロトン性溶媒は非水素結合性であり，プロトン性溶媒に比べて溶媒分子間相互作用が弱く，また，配位子分子やイオンとの相互作用も弱い。このため，混合溶媒では，溶媒のドナー性の違いがおもに金属イオンの溶媒和を決定する。一例として，N,N-ジメチルホルムアミド（DMF）とアセトニトリル（AN）およびジメチルスルホキシド（DMSO）とアセトニトリル混合溶媒中のCu^{2+}イオンのクロロ錯体生成について見てみよう。DMFはANに比べてドナー数が大きく，混合溶媒中では，DMFのモル分率xが0.025と低くてもDMFが選択

表 2-3 DMF-AN および DMSO-AN 混合溶媒中の $Cu^{2+} + 4Cl^- = CuCl_4^{2-}$ の生成熱力学パラメータ, $\Delta_{\beta 4}G°$/kJ mol^{-1}, $\Delta_{\beta 4}H°$/kJ mol^{-1}, $\Delta_{\beta 4}S°$/J K^{-1} mol^{-1}

DMF-AN[a]	$x = 0$ (AN)	0.025	0.05	0.1	0.5	1 (DMF)
$\Delta_{\beta 4}G°$	−145.1	−122.1	−112.5	−105.3	−98.8	−96.2
$\Delta_{\beta 4}H°$	−55.4	18.7	18.8	20.9	23.5	19.2
$\Delta_{\beta 4}S°$	300	473	441	423	410	387
DMSO-AN[b]	$x = 0$ (AN)	0.025	0.05	0.1	0.5	1 (DMSO)
$\Delta_{\beta 4}G°$	−145.1	−105.2	−98.4	−86.9	−64.5	−54.6
$\Delta_{\beta 4}H°$	−55.4	—	23.5	25.7	—	23.5
$\Delta_{\beta 4}S°$	300	—	409	377	—	263

a：参考文献 2)　　b：参考文献 3)

的に金属イオンに配位する。DMF 中ではモノクロロ錯体からテトラクロロ錯体まで 4 種類の錯体が生成し，$0.025 < x < 1$ の混合溶媒中でも生成種とその配位構造は純 DMF 中と同じである。DMSO のドナー性は DMF よりもわずかであるが強いので，DMF と同様に選択的に金属イオンに配位する。また，室温で DMF は AN と同様に非構造性液体と見なすことができるが，融点が 19 ℃の DMSO は，弱いながら構造性液体である。表 2-3 にテトラクロロ錯体の生成熱力学パラメータを示す。

まず，純 DMF と DMSO 中の値の違いに注目しよう。これら純溶媒中で $\Delta_{\beta 4}G°$ は DMF でより負性が強く安定な錯体を生成している。$\Delta_{\beta 4}H°$ はあまり違いはないが，ドナー性が高い，すなわち金属イオンに強く結合する DMSO の $\Delta_{\beta 4}H°$ のほうが少し大きな値を示す。$\Delta_{\beta 4}S°$ は大きな違いがあり，DMF に比べ DMSO はかなり小さくなっている。これが $\Delta_{\beta 4}G°$ の違いをもたらしている。エントロピーは液体構造に関係することを 2-1-5 項で述べた。非構造性の DMF に比べて構造性の DMSO では反応で脱溶媒和した溶媒分子が再びバルク液体構造に取り込まれて運動の自由度を失う結果，エントロピーの増大が抑制される。

一方，混合溶媒 $x = 0.05$ での $\Delta_{\beta 4}H°$ 値を見ると，DMF-AN, DMSO-AN 系のいずれも $x = 1$ の値とほぼ同じである。$\Delta_{\beta 4}H°$ は結合の変化をおもに反映するパラメータである。この結果は $x = 0.05$ の混合溶媒中でも Cu^{2+} イオンが純溶媒中と同じ溶媒和錯体として存在していることを示している。$\Delta_{\beta 4}G°$ 値を見

ると，いずれの系でも x が小さくなるにつれて負性が増している。これは生成錯体の安定度が増していることを示す。この原因は，$\Delta_{\beta 4} S°$ 値の増加による。DMF-AN 系では，溶媒和錯体 $[Cu(dmf)_6]^{2+}$ から脱溶媒和した DMF 分子は，ほとんどが AN からなるバルク溶媒へ移行する。脱溶媒和した DMF は運動の自由度を獲得し，エントロピーを増大させるが，その程度は x が小さい程大きい。ここで，同じ組成での DMF-AN と DMSO-AN 系の $\Delta_{\beta 4} G°$ の差は x が小さくなると縮小する傾向がある。これは，構造性液体である DMSO に非構造性の AN を混合すると，DMSO の液体構造が破壊される結果である。

　プロトン性溶媒は水素結合能があり，その結果，強い液体構造を形成し，溶存アニオンや分子を安定化する性質がある。水が代表的なプロトン性溶媒であるが，ここでは非プロトン性溶媒 DMF とプロトン性溶媒 N-メチルホルムアミド（NMF）の混合溶媒を一例として取り上げる。NMF のドナー性は DMF とほとんど差がなく，NMF は金属イオンに強く結合する。しかし，非プロトン性の DMF とプロトン性の NMF の溶媒和構造には，高次殻の存在の有無の点で大きな違いがある。すなわち，非プロトン性の DMF 溶媒和は第一溶媒和殻に限られるが，プロトン性の NMF の場合，水溶液中と同様，第一溶媒和殻の外には水素結合した NMF が存在し，第二溶媒和殻を形成する。このように，プロトン性溶媒中の溶媒和クラスター構造は非プロトン性に比べて複雑である。DMF と NMF は同程度のドナー性を持つので，前節で述べた DMF-AN 混合溶媒中のように一方の溶媒分子のみが選択的に配位することはない。すなわち，バルク溶媒の溶媒組成とほぼ同じである。ただ，混合溶媒の液体構造は溶媒組成と共に複雑に変化するので，これが DMF 過剰の混合溶媒中では，DMF の選択性を多少強める傾向がある[4]。しかし，溶媒の選択性におよぼす液体構造の影響は少ない。

2-3　金属イオンの水和構造

　多くの金属塩が水によく溶けるのは，金属イオンと水の親和性が高いことによる。この水との相互作用を水和（hydration）といい，水和したイオンを水和イオン（hydrated ion）と呼ぶ。また，遷移金属イオン等では，水分子を配位子と見なし，水和金属イオンをアクア錯体（aqua complex）と呼ぶことがある。

金属イオンに接触した水和水分子（配位水分子）で構成される水和殻を第一水和殻（第一配位圏の水分子で構成される領域に相当）と呼び，次の水和殻を第二水和殻と呼ぶ。金属イオンの錯形成は第一水和殻の水分子を配位子で置換することが必要であるため，錯体の安定度には金属-水分子間相互作用も影響してくる（3-3-1項参照）。また，錯形成反応の速度は，第一水和殻の水分子が脱離する速度（水分子交換速度に関係）に依存することが多い（4-2節参照）。金属イオンの水和水分子交換速度については，2-1-4項および6-3-3項で詳しく述べられているので，ここでは言及しない。本節では，常温常圧における金属イオンの水和構造，および，その予備知識として必要なイオンの水和について解説する。

2-3-1 イオンの水和の熱力学

表2-4に金属イオン（代表的な陰イオンも含む）の水和に関係する各種パラメータを示す[5〜7]。$\Delta_h G°$，$\Delta_h H°$，$\Delta_h S°$は，仮想的な1気圧の気体状態のイオン1モルを水中に移すときの（水和の）ギブズ自由エネルギー（ギブズエネルギー）変化，エンタルピー変化，エントロピー変化である。ここで，$T\Delta_h S°/\Delta_h H° = 0.04 \sim 0.09$であることから，$\Delta_h G°$はおもに$\Delta_h H°$に支配されている。熱力学的には$-\Delta_h G°$の値が大きいほど水和は強いといえる。周期表の同じ族のイオン（アルカリ金属イオン，ハロゲン化物イオンなど）同士を比較したとき，$-\Delta_h G°$の値は結晶イオン半径r_cが小さいほど大きい。また，r_cが互いに類似しているNa^+とCa^{2+}，および，Sr^{2+}とLa^{3+}を比較すると，$-\Delta_h G°$の値は，およそ電荷数の2乗に比例して大きくなるといえる。Bornによれば，電荷数z_i，半径rのイオンが真空中から比誘電率ε_rの溶媒中に移行するときの1モル当たりのギブズ自由エネルギー変化は式（1-2）（Born式）で与えられ，25℃の水（$\varepsilon_r = 78.3$）の場合には，rの単位にÅ（$1\,\text{Å} = 10^{-10}\,\text{m} = 100\,\text{pm}$）を用いると，次式で表すことができる[5]。

$$\Delta_h G° = -686(z_i^2/r) \quad \text{kJ mol}^{-1} \tag{2-7}$$

ここで，表2-4の$\Delta_h G°$の値をできるだけ再現するには，$r \approx r_c + 0.85$（陽イオン），$r \approx r_c + 0.25$（陰イオン）とおく必要がある。

表 2-4 イオンの水和のパラメータ（25 ℃）[5, 6]：結晶イオン半径 r_c(Å)，水和のギブズ自由エネルギー変化 $\Delta_h G°$(kJ mol^{-1})，エンタルピー変化 $\Delta_h H°$(kJ mol^{-1})，エントロピー変化 $\Delta_h S°$(J K^{-1} mol^{-1})，水構造変化によるエントロピー変化 $\Delta_{h(str)} S°$(J K^{-1} mol^{-1})，部分モル体積 $V_i°$(cm^3 mol^{-1})，B-係数(dm^3 mol^{-1})，ストークス半径 r_S(Å)/r_c(Å)

イオン	r_c	$\Delta_h G°$	$\Delta_h H°$	$\Delta_h S°$	$\Delta_{h(str)} S°$	$V_i°$	B	r_S/r_c
Li$^+$	0.67^a	−481	−522	−138	−96	−6.3	0.150	3.55
Na$^+$	1.02	−375	−407	−107	−16	−6.6	0.086	1.80
K$^+$	1.38	−304	−324	−67	20	3.6	−0.007	0.91
Rb$^+$	1.49	−281	−299	−60	29	8.7	−0.030	0.79
Cs$^+$	1.70	−258	−274	−54	34	15.9	−0.045	0.70
Ag$^+$	1.02	−440	−474	−114	−23	−6.1	0.091	1.46
Mg^{2+}	0.72	−1838	−1931	−312	−82	−32.0	0.385	4.85
Ca^{2+}	1.00	−1515	−1584	−231	−108	−28.7	0.285	3.08
Sr^{2+}	1.25	−1386	−1452	−221	−100	−29.0	0.265	2.47
Ba^{2+}	1.42	−1258	−1314	−188	−65	−23.3	0.220	2.04
Ni^{2+}	0.69	−1998	−2101	−346	−219	−34.8	0.375	5.04
Zn^{2+}	0.75	−1963	−2052	−299	−172	−32.4	0.361	4.56
Cd^{2+}	0.95	−1736	−1815	−265	−142	−30.8	0.36	3.67
Pb^{2+}	1.18	−1434	−1491	−191	−68	−26.3	0.233	2.25
Al^{3+}	0.53	−4531	−4688	−527	−332	−58.4	0.67	8.3
La^{3+}	1.20	−3155	−3285	−436	−262	−55.0	0.575	3.30
OH$^-$	1.22^b	−489	−529	−134		1.4	0.120	—
F$^-$	1.36	−472	−519	−158	−50	4.2	0.096	1.22
Cl$^-$	1.81	−347	−376	−97	12	23.2	−0.007	0.67
Br$^-$	1.95	−321	−345	−81	29	30.1	−0.042	0.61
I$^-$	2.16	−283	−300	−57	51	41.6	−0.069	0.56
NO$_3^-$	2.05^b	−306	−329	−77	21	34.4	−0.047	0.63
ClO$_4^-$	2.30^b	−214	−232	−60	38	49.5	−0.056	0.60
SO$_4^{2-}$	2.33^b	−1090	−1138	−161	−69	24.8	0.209	0.99

a：4 配位と 6 配位の平均値
b：式（6-43）により得られる有効イオン半径 r_{ef}（6-2-5 項および 5-1-1 項参照）

　無限希釈水溶液におけるイオンの部分モル体積 $V_i°$（表 2-4）は，1 モルのイオンが無限大量の水に加えられたときの液体の体積変化に相当する。表 2-4 から，$V_i°$ はイオンの結晶イオン半径 r_c が小さいほど，また，電荷数 z_i が大きいほど小さくなることが分かる。$V_i°$ の r_c および z_i との関係は，$\Delta_h G°$ の場合と類似していることから，体積変化と水和の強さの間に相関性があることが示唆される。経験的に $V_i°$ はイオン半径を r_i とすると，$-(z_i^2/r_i)$ に一次の関数として表せるので（式（5-1）参照），z_i^2/r_i の値が増大するにつれて減少する。この体積減少は，イオンの電場による溶媒の体積収縮（電縮：electrostriction）に

よるもので，r_c が小さい場合や z_i が大きい場合には，イオン固有の体積を上回るため，表 2-4 に示されるように $V_i°$ の値が負になることがある[5]。これは，隙間の多い水の構造（1-2-1 項参照）がイオン周辺で大きな変化を受けていることを示唆している。

2-3-2 イオン周辺の水構造の変化と水和モデル

水和水分子はイオンに束縛されるため系全体としての秩序性が増す。このため $\Delta_h S°$ は負の値となる（表 2-4）。$\Delta_h S°$ には気相中から液相中への移動による体積変化や Born 式と関係する静電相互作用によるエントロピー変化が含まれるが，Y. Marcus[6] は水の構造変化による部分 $\Delta_{h(str)} S°$（表 2-4）を見積もった。水和が強いイオンは負の $\Delta_{h(str)} S°$ の値を持ち，K^+, Rb^+, Cs^+, Cl^-, Br^-, I^-, NO_3^-, ClO_4^- など水和が弱いイオンは正の値を持つ。$\Delta_{h(str)} S°$ が正になる場合はイオン周辺の水の水素結合構造が乱れていることを意味する。表 2-4 の B は，溶液の粘性率 η の濃度依存性に対する Jones-Dole 式（式 (5-14)）の B-係数に相当し，イオン-溶媒間相互作用に関係するパラメータである（5-3-3 項参照）。溶液の粘性率は，B-係数が正のとき，イオン濃度増大に伴い増大し，負の場合は減少する。B-係数が正のとき（水和が強い場合），イオン周辺の水分子は純水中に比べ動きにくくなっており，負のとき（水和が弱い場合），動きやすくなっている。$\Delta_{h(str)} S°$ が正の値を持つ上記のイオンの B-係数はいずれも負であることから，水素結合構造の乱れが水分子の動きを活発にしているといえる。また，これらのイオンでは，表 2-4 のストークス半径 r_S（5-1-1 項，6-2-5 項参照）と結晶イオン半径 r_c の比（r_S/r_c）は 1 より小さい。この r_S が r_c より小さいという非現実性は，r_S を求める際に純水の粘性率を用いていることによるもので，イオン周辺の水の微視的粘性が低下していることを示唆しており，B-係数が負になることとも対応している[5]。

Samoilov[8] は，このようなイオンの動きや周辺の水分子の動きが変化することに着目し，水和に対し，"正の水和"，"負の水和" の概念を提唱した。これに従えば，$\Delta_{h(str)} S° > 0$，$B < 0$，$r_S/r_c < 1$ となるイオンは "負の水和" をしていることになる。一方，Frank と Wen[9] は，図 2-4 に示されるような水和モデルを提唱した。この図で，A 領域は水分子がイオンに強く束縛され一定の配向

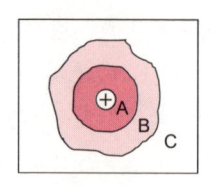

図 2-4　Frank-Wen の水和モデル

構造を持ち，水分子の動きが純水中より悪くなっている領域，C 領域はイオンからの影響がなく純水に近い水構造を持つバルク領域，その中間に位置する B 領域は，C 領域における純水の構造と A 領域におけるイオンに対する配向構造を連絡する領域で，水素結合に乱れが起こり水分子の動きが活発化している。$\Delta_{h(str)}S° < 0$，$B > 0$，$r_S/r_c > 1$ となる（正の水和をしている）イオンは，A 領域が B 領域より優っていて，"構造形成イオン" と呼ばれる。これに対して，$\Delta_{h(str)}S° > 0$，$B < 0$，$r_S/r_c < 1$ となる（負の水和をしている）イオンは，B 領域が A 領域より優っていて，"構造破壊イオン" と呼ばれる。

2-3-3　X 線回折法等から解明された金属イオンの水和構造

溶液 X 線回折法は溶液構造の解明に対し有力な方法であり，特に，同形置換法が適用できる場合には，金属イオンから見た水分子の分布に関する詳しい情報が得られる。溶液 X 線回折法，同形置換法，動径分布関数についての一般的説明は 6-1-1 項に詳しく述べられている。以下では，X 線回折法により得られる動径分布関数からイオンの水和構造について概観した後，金属イオンの具体的な水和構造について解説する。

(1)　動径分布関数から見たイオンの水和構造

図 2-5 に，$Co(ClO_4)_2$ と $Mg(ClO_4)_2$ および $Er(ClO_4)_3$ と $Y(ClO_4)_3$ のそれぞれ同一組成の水溶液に対し同形置換法を適用して得られた金属イオンを原点とする動径分布関数 $D^M(r)$ を示す。いずれの $D^M(r)$ にも 5 Å までに 2 つの大きなピークが存在する。第一ピークは第一水和殻，第二ピークは第二水和殻の水分子の酸素原子（第二水和殻の水分子の酸素原子は O(2) と表す）によるものである。この 2 つのピークが明瞭であることは，Co^{2+} および Er^{3+} が強く水和しており，明確な水和構造を持つ構造形成イオンであることを意味する。

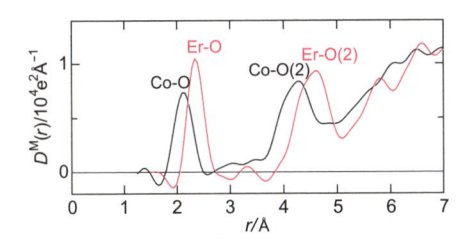

図 2-5　Co^{2+}（黒）および Er^{3+}（赤）を中心とする動径分布関数（25°C），それぞれ，$Co(ClO_4)_2$–$Mg(ClO_4)_2$ 水溶液（0.45 ～ 0.79 M）（M ＝ mol dm^{-3}），$Er(ClO_4)_3$–$Y(ClO_4)_3$ 水溶液（0.99 M）[9]に同形置換法を適用して得られた。Er^{3+} の $D^M(r)$ は 1/3 に縮尺されている。Co–O と Er–O と記したピークは第一水和殻の水分子の O 原子，Co–O(2) と Er–O(2) は第二水和殻の水分子の O 原子による

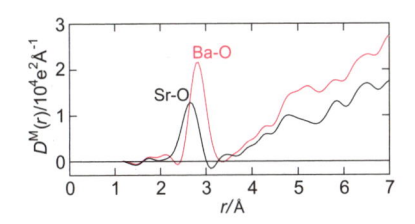

図 2-6　Sr^{2+}（黒）および Ba^{2+}（赤）を中心とする動径分布関数（25°C）[7, 10]。それぞれ，$Sr(ClO_4)_2$（0.82 M）水溶液と $Ba(ClO_4)_2$（0.82 M）水溶液の動径分布関数から導かれた。Sr–O および Ba–O と記したピークは第一水和殻の水分子の O 原子による

　一方，Mg^{2+} や Co^{2+} に比べ結晶イオン半径 r_c がかなり大きい Sr^{2+} や Ba^{2+} の場合には，図 2-6 のように，明確なピークは第一水和殻水分子によるものしか見られない。図 2-5 の第二ピークに相当するピークは，Sr^{2+} では 4.8 Å，Ba^{2+} では 4.9 Å 付近に存在するが，他の水分子の分布と重なっておりあまり明瞭ではない[7, 10]。これは，Sr^{2+} や Ba^{2+} の場合，Co^{2+} や Er^{3+} より水和が弱いため，第二水和殻の構造が一様でなく乱雑さが大きいことを意味している。すなわち，Sr^{2+} や Ba^{2+} は，Co^{2+} や Er^{3+} に比べ，相対的に図 2-4 の A 領域が狭く B 領域が広いといえる。

　図 2-7 に，塩化物イオンと臭化物イオンを中心とする動径分布関数 $D^A(r)$ を比較として示す。Cl^- の 3.2 ～ 3.3 Å のピーク，Br^- の 3.3 ～ 3.4 Å のピークは，

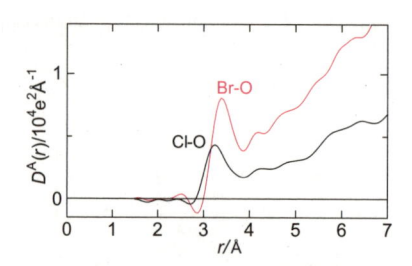

図 2-7 Cl⁻（黒）および Br⁻（赤）を中心とする動径分布関数（25℃）。参考文献7）に記述された方法により，それぞれ ErCl₃(0.84 M) -LiCl (6.0 M) 水溶液と ErBr₃(0.84 M) -LiBr (6.0 M) 水溶液の動径分布関数 [9] から導かれた [5, 7]

第一水和殻の水分子によるものであるが，いずれも金属イオンのときのように独立したピークではなく，外側の連続した水分子の分布との重なりが見られる。この描像は，これらの陰イオンが構造破壊イオン（B 領域が A 領域より優る）として分類されることと矛盾しない。

(2) 金属イオンの第一水和殻の構造 [7]

X 線回折法等から得られた金属イオンの第一水和殻の水分子に関する金属-酸素原子間距離 r_{M-O} と水分子数（配位数）n_{H_2O} を表 2-5 に示す [5, 7, 11, 12]。Y. Marcus [13] の方法により，水分子の半径を 1.39 Å と仮定して r_{M-O} から差し引きイオン半径を求めると，Shannon と Prewitt [14] による Pauling 型の結晶イオン半径 r_c（表 2-4 の r_c）との良い一致が見られる [7]。すなわち，r_{M-O} と r_c の間に次式の関係が成立する。

$$r_{M-O} \approx r_c + 1.39 \, (\text{Å}) \tag{2-8}$$

この一致は，水が硬い溶媒（1-1-5 項）であり，静電的な相互作用が支配的なイオン結晶中とイオンの周辺環境が類似していることを示唆している。

第一水和殻の水分子数 n_{H_2O} は金属イオンの配位数に相当し，4，6，8，9 のいずれかであることが多い。$n_{H_2O} = 4$ の Be^{2+} は正四面体構造，Pd^{2+}，Pt^{2+} は平面四角形構造，Mg^{2+}，Co^{2+}，Ni^{2+}，Al^{3+}，Fe^{3+}，Rh^{3+} など $n_{H_2O} = 6$ の金属イオンの多くは正八面体構造をとる。ランタノイドイオンの場合，$n_{H_2O} = 8$ のとき正方ねじれプリズムか三角十二面体構造，$n_{H_2O} = 9$ のとき三面冠三方柱構造をと

2 金属イオンの溶媒和

表 2-5 第一水和殻水分子に関する金属-酸素原子間距離 r_{M-O} (Å), 金属-水素原子間距離 r_{M-H} (Å), チルト角 θ(°), 水分子数 n_{H_2O} (25 °C)[5, 7]

イオン	r_{M-O}	n_{H_2O}	r_{M-H}	θ	イオン	r_{M-O}	n_{H_2O}	r_{M-H}	θ
Li^+	2.06	4~6	2.50~2.61	34~51	Ti^{3+}	2.12			
Na^+	2.44	6			V^{3+}	2.03			
K^+	2.81	~6			Cr^{3+}	1.98	6	2.60	38
Cs^+	3.07	6~8			Fe^{3+}	2.02	6	2.68	25
Ag^+	2.41[a]	4	2.97	38	Rh^{3+}	2.04	6		
Be^{2+}	1.67	4			$Bi^{3+\,[b]}$	2.41	8		
Mg^{2+}	2.09	6			Y^{3+}	2.37	8		
Ca^{2+}	2.40	6~7	2.93~3.07	31~50	La^{3+}	2.53	9		
Sr^{2+}	2.64	8			$Ce^{3+\,[b]}$	2.54	9		
Ba^{2+}	2.82	8			Pr^{3+}	2.51	9	3.14	23
V^{2+}	2.18				Nd^{3+}	2.49	9	3.14~3.15	25~27
Cr^{2+} (eq)	2.01	4			Sm^{3+}	2.46	8.9	3.11	21
(ax)	2.39	2			Eu^{3+}	2.44	8.5		
Mn^{2+}	2.19	6			Gd^{3+}	2.39	8		
Fe^{2+}	2.16	6	2.75	36	Tb^{3+}	2.40	8	3.08	11
Co^{2+}	2.10	6			Dy^{3+}	2.38	8	3.03~3.04	20~26
Ni^{2+}	2.07	6	2.67~2.68	37~41	$Ho^{3+\,b}$	2.36			
Cu^{2+} (eq)	1.98	4	2.60	36	Er^{3+}	2.36	8		
(ax)	2.33	2			Tm^{3+}	2.34	8	3.02	12
Zn^{2+}	2.11	6	2.69	40	Yb^{3+}	2.33	8	2.98	27
$Pd^{2+\,[b]}$	2.01	4			Lu^{3+}	2.33	8		
$Pt^{2+\,[b]}$	2.01	4			$Pu^{3+\,[b]}$	2.48	9		
Cd^{2+}	2.30	6			$Am^{3+\,[b]}$	2.48	9		
Hg^{2+}	2.41	6			$Cm^{3+\,[b]}$	2.45	9		
Sn^{2+}	2.31	3~4			$Zr^{3+\,[b]}$	2.19	8		
$Pb^{2+\,[b]}$	2.54	6			$Hf^{3+\,[b]}$	2.16	8		
Al^{3+}	1.89	6			$Ce^{4+\,[b]}$	2.41	8		
$Ga^{3+\,[b]}$	1.96	6			$Th^{4+\,[b]}$	2.45	9		
In^{3+}	2.15	6			$U^{4+\,[b]}$	2.42	9		
$Tl^{3+\,[b]}$	2.22	6			$Np^{4+\,[b]}$	2.40	9		
Sc^{3+}	2.18				$Pu^{4+\,[b]}$	2.39	9		

a:歪んだ四面体構造を持つ 2 種類の r_{M-O} が含まれているという報告[12]もある
b:参考文献 12) に基づく値

ると考えられる。金属イオンの配位数(水分子数 n_{H_2O})と金属-酸素原子間距離 r_{M-O} ($\approx r_c + 1.39$) の間には一定の幾何学的制約がある。すなわち,金属イオンに配位した水分子間の反発により,水分子は互いに〜2.7 Å 以内に接近することは難しいため,その構造は,4 配位正四面体では $r_c \geq 0.27$ Å, 4 配位正方形および 6 配位正八面体では $r_c \geq 0.52$ Å, 8 配位立方体では $r_c \geq 0.95$ Å,

8配位正方ねじれプリズムでは$r_c \geq 0.83$ Å,9配位ではおよそ$r_c \geq 1.06$ Åを満たす必要がある。Be^{2+}が6配位構造をとれないのは,r_cが0.27 Åであることによる。Al^{3+}の6配位構造はr_cが0.53 Åであることからかなり窮屈な状態といえる。Sr^{2+}やBa^{2+}は8配位構造をとるのに対しMg^{2+}が6配位構造であるのもこの幾何学的制約によるところが大きい。

第一水和殻には結晶イオン半径r_cが大きいほどより多くの水分子を収容できるが,実際には水分子間の反発による制約がある。電荷数z_Mが大きい金属イオンは,水分子との相互作用が強くなるため,水分子間の反発に抗して幾何学的に可能な範囲でより多くの水分子を収容する傾向がある。ランタノイドイオンはランタノイド収縮のため原子番号が大きいほどr_cの値は小さくなる。La^{3+}のr_cは1.20 Åで,その構造として9配位は可能であるが,Lu^{3+}のr_cは0.97 Åであるため8配位が限界である。Eu^{3+}のn_{H_2O}の値が8.5であるのは,そのr_cが1.07 Åのため9配位も可能であるが,水分子間の反発との兼ね合いで8配位と9配位の平衡混合物として存在するためと考えられる。Li^+,Cs^+,Ca^{2+}についても,n_{H_2O}の値に幅が見られることから複数の配位数をとっている可能性がある。

第一水和殻の配位水分子数n_{H_2O}とV_i°の間には次のような相関がみられる。金属イオンをr_cが増大する順に並べたとき,V_i°の大きさの関係は,アルカリ金属イオンでは,$Li^+ > Na^+ < K^+ < Rb^+ < Cs^+$(表2-4),2族金属イオンでは,$Mg^{2+} < Ca^{2+} > Sr^{2+} < Ba^{2+}$(表2-4),ランタノイドイオンでは,$Lu^{3+} < Yb^{3+} < Tm^{3+} < Er^{3+} < Ho^{3+} < Dy^{3+} < Tb^{3+} \geq Gd^{3+} > Eu^{3+} > Sm^{3+} > Nd^{3+} < Pr^{3+} < La^{3+}$となる[7]。一般に,$r_c$が増大するにつれ$V_i^\circ$は大きくなるが,配位数が変化し配位水分子数が増えると水分子間の隙間が埋まるため体積が減少し,この効果がr_cの増大による体積増大を上回るときV_i°が減少すると考えられる。これは,$Li^+ \to Na^+$,$Ca^{2+} \to Sr^{2+}$,$Tb^{3+} \to \cdots\cdots \to Nd^{3+}$(途中のイオンの平均配位数は順次増大)において見られる。

金属イオンと第一水和殻の水分子間の相互作用の大きさと構造の秩序性は,配位水分子の配向状態や結合距離の二乗平均偏差(動径分布関数のピーク幅に関係)に反映される。図2-5,図2-6に示された金属イオンの相互作用の強さの順は,ピーク幅の順(Sr^{2+},$Ba^{2+} > Co^{2+} > Er^{3+}$)と反対の順になると考え

2 金属イオンの溶媒和

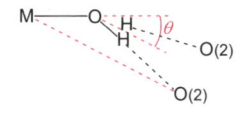

図 2-8 水和が強い金属イオンの第一水和殻の水分子の配向状態と第二水和殻の水分子の酸素原子 O(2) との間の水素結合のイメージ

られる。配位水分子の配向状態を知るには，水分子の水素原子の位置に関する情報が必要である。水素原子の位置は，X 線回折法から求めるのは困難であるが，中性子回折法では溶媒に重水（^2H_2O）を用い，金属イオンに同位体を用いた同位体置換法を適用することにより知ることができる。その際，金属イオンを中心とする動径分布関数には，水分子の酸素原子の次に 2 つの水素原子が 1 本のピークとして現れる。これは，図 2-8 に示されるように，2 つの水素原子が M-O 軸に対して対称になる配置をとっていることを意味する。表 2-5 に，中性子回折法により得られた金属イオンに対する M-H 間距離 r_{M-H}，M-O 軸と H-O-H 角の二等分線（双極子軸）が成すチルト角（tilt angle）θ が示されている。θ の値は 10～50°の範囲にあるが，電荷の増大につれ金属イオンの位置が静電相互作用に有利な水分子の双極子軸方向（$\theta = 0°$）に漸近して行く傾向が見られる。K^+ や Sr^{2+} では水素原子のピークが観測されないことから，水分子の配向状態に乱れがあると考えられる[7]。

(3) 金属イオンの第二水和殻の水分子[7]

X 線回折法により得られた第二水和殻の水分子と金属イオン間の距離 $r_{M-O(2)}$ を表 2-6 に示す。第二水和殻の水分子数については，一般に不確かさが大きいが，Li^+ ではおよそ 12，Ag^+ では 7～9，6 配位の 2 価および 3 価金属イオンでは 10～14，ランタノイドイオンでは 14～18 と考えられる。表 2-6 の α は，$r_{M-O(2)}$，r_{M-O}（表 2-5），および，第一水和殻と第二水和殻の水分子の酸素原子間距離（$r_{O-O(2)} = 2.67～2.84$ Å）[7] を用いて見積もられる M-O-O(2) 角である。α は 115～128°であるが，チルト角 θ（表 2-5）から見積もられる M-O-H 角（113～127°）[7] に近い値であることから，第二水和殻の水分子（表 2-6）の多くは第一水和殻の水分子と図 2-8 のように水素結合で結ばれていると考えられる（巻頭の口絵の X 線回折法から推定された Co^{2+} の水和構造参照）。

表 2-6　第二水和殻水分子に関する金属-酸素原子間距離 $r_{M-O(2)}$ (Å) と M-O-O(2)角 α (°)[7]

イオン	$r_{M-O(2)}$	α	イオン	$r_{M-O(2)}$	α	イオン	$r_{M-O(2)}$	α
Ag^+	4.3〜4.4	115[a]	Ni^{2+}	4.0〜4.3	119	Rh^{3+}	4.0〜4.1	117
Mg^{2+}	4.1〜4.3	119	Cu^{2+}	4.0〜4.2	119[a]	In^{3+}	4.2	121
Ca^{2+}	4.5〜4.6	124[a]	Zn^{2+}	4.0〜4.3	116	La^{3+}	4.7	126[a]
Sr^{2+}	4.7〜4.9	122	Cd^{2+}	4.3〜4.4	119	Sm^{3+}	4.6	124[a]
Ba^{2+}	4.9〜5.1	128[a]	Sn^{2+}	4.4	121[a]	Tb^{3+}	4.5〜4.6	124[a]
Mn^{2+}	4.2〜4.4	121	Al^{3+}	4.0〜4.1	123	Er^{3+}	4.5〜4.6	125[a]
Fe^{2+}	4.3〜4.4	124[a]	Cr^{3+}	4.0〜4.2	122	Th^{4+}	4.6	123[a]
Co^{2+}	4.2〜4.3	121	Y^{3+}	4.5	123[a]	U^{4+}	4.5	119[a]

a: $r_{O-O(2)} = 2.75$ Å と仮定

2-4　非水溶媒・混合溶媒中の金属イオンの溶媒和構造

　一般に水に比べ分子体積が大きい非水溶媒では，2-1 節や 2-2 節で述べられた溶媒の配位力のほかに，溶媒分子の嵩高さ，つまり立体因子が金属イオンの溶媒和構造と反応性を支配する大きな要因となる。金属イオンの溶媒和構造だけでなく，化合物の構造，すなわち結合距離や配位数といった構造パラメータを知ることは，その熱力学的性質や反応性の理解に役立つ。このことは，いくつかの経験則に基づいているが，本節では，金属イオンの溶媒和構造や反応性に溶媒分子の立体因子が重要であるという観点から，始めにこのような経験則について述べ，種々の非水溶媒中の金属イオンの溶媒和構造について解説する。

2-4-1　結合長変化則[15]

　1-1-6 項および 2-1-2 項で述べられたドナー数，アクセプター数を提案した Gutmann は，ドナー性とアクセプター性に関する考察をもとに，定性的ではあるものの，結合長に関して第一〜第三結合長変化則をまとめた。第一結合長変化則は，分子間のドナー・アクセプター相互作用と，それによって引き起こされる分子内の構造変化を関連付ける。すなわち，分子間相互作用しているドナー分子中のドナー原子 D とアクセプター分子中のアクセプター原子 A の間の距離が短いほど，それぞれの原子に結合（C−D → A−B）している原子 C および B との結合距離（C−D 間および A−B 間）が長くなる。

　結合長の変化は，ある分子間相互作用の作用中心に隣接する結合に関してだけではなく，分子間相互作用により分子内の電荷分布に再配列が起こると，そ

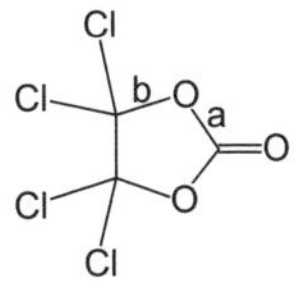

2 金属イオンの溶媒和

図2-9 炭酸テトラクロロエチレン (TCEC) の構造

れに伴って分子全体にわたって結合長が波及的に変化する。この変化は，第二結合長変化則としてまとめることができる。電子対受容体である $SbCl_5$（1-1-6項，2-1-2項）と炭酸テトラクロロエチレン（TCEC）の付加物を例にとると，TCEC（図2-9）のカルボニル基のO原子がSbに配位した付加物生成により，Sb-Cl結合は0.02〜0.05Å伸び，また，TCECのC＝O結合は1.15Åから1.22Åに，C-O(b)結合は1.40Åから1.47Åに伸びる。一方，C-O(a)結合は1.33Åから1.25Åへ，C-Cl結合は1.76Åから1.74Åと短くなり，分子全体に結合長の変化が波及する。これらのことは，溶媒分子が金属イオンに配位したとき，溶媒分子内の結合距離に変化を生じることを示唆している。

ドナー・アクセプターの概念を拡張して導かれる結合長変化則は，電子状態の変化に基盤を置いており，幾何学的な配置に関する問題も含まれる。ある付加物が生成するとドナー原子もアクセプター原子も結合数が増加する。したがって，第一結合長変化則によれば，新たな結合を生じた原子と元々結合している原子との結合距離は長くなる。これを配位数の変化に対して適用すると，配位数が増加すれば，配位中心に対する結合の長さは伸びることになる。これを第三結合長変化則という。この規則は，溶液中における金属イオンの配位数と金属イオン-溶媒分子間の結合距離の間の関係に限らず，Shannonの結晶イオン半径が配位数に依存することから明らかなように，結晶中でも成立する。

2-4-2 配位子円錐角[16]

C. A. Tolmanは，立体因子に関して，配位子円錐角（ligand cone angle）の概念を導入した。すなわち，ホスフィン系配位子について立体的要因を電子的要因から分離し，金属を頂点とするリン原子（供与原子）に結合している置換基に外接する円錐を考え，その頂角を配位子円錐角と定義した。配位子円錐角は，

3級ホスフィン配位子に関する値がよく知られているが，同様に他の配位子系でも求めることができる。配位子の大きさは中心金属の反応性に影響をおよぼし，配位子円錐角の概念は，均一系触媒で重要と考えられている。Tolman の配位子円錐角の概念は，円錐角という構造パラメータを導入しており，構造論的観点から溶媒和を理解する上で有用といえる。

2-4-3 Hammett 則と立体因子

Bell-Evans-Polanyi の原理 [17, 18] によれば，多くの類似した系の反応の活性化エネルギー E_a と反応のエンタルピー ΔH には，次の直線関係がある。

$$E_a = A + B\Delta H \qquad (2\text{-}9)$$

ここで，A と B は反応系に固有の定数である。具体的なものとして，多くの置換安息香酸の酸解離反応の平衡定数の対数値と，同じ置換基を持った分子の別の反応の速度定数の対数値の間に直線的な関係があり，Hammett 則として提案されている [19]。置換基が水素のときを基準とし，速度定数および平衡定数をそれぞれ k_H および K_H，置換基が X のときの速度定数と平衡定数をそれぞれ k_X および K_X とすると，次の関係が成立する。

$$\log(k_X/k_H) = \rho \log(K_X/K_H) = \rho\, \sigma_X \qquad (2\text{-}10)$$

ここで，ρ および σ_X は，それぞれ反応定数，置換基定数と呼ばれる。

　一方，R. W. Taft は，Hammett 則を脂肪族化合物に拡張する際，立体置換基定数 E_S を導入し [20]，M. Charton は，E_S が分子力学で用いられる van der Waals 半径で見積もられる立体的パラメータ v と直線的な関係があることを見出した [21]。種々の置換基に対する v 値がまとめられている [22]。立体反発は，Pauli の排他原理に基づく交換斥力であり，有機化学反応に限らず，溶媒分子が金属イオンに溶媒和するときにも働く。金属イオンの溶媒和構造の追究に，しばしば分子力学や分子シミュレーションが用いられるが，E_S が v と直線関係にあることは，金属イオンの第一溶媒和殻にある溶媒分子間の立体反発による不安定化や反応性増加を定量できることを示唆している。

2　金属イオンの溶媒和

2-4-4　非水溶媒中の金属イオンの溶媒和構造

非水溶媒中の金属イオンの溶媒和構造に関する情報は，総説などにまとめられている[23]。本項では，ハロゲノ錯体形成反応[24〜26]をモデル反応とし，溶媒和構造と反応性の関係，特に立体因子に焦点を絞り解説する。置換基を導入した一連のアミド系溶媒は，溶媒効果における立体因子を考察する良いモデル溶媒である。図2-10に，ここで用いられる溶媒がすべて同じスケールで示されているが，DMFからHMPAへ配位子円錐角が増すことがわかる。

(1)　第一遷移金属(II)イオン [23a, 24, 25]

表2-7に，EXAFS法（6-1-2項参照）により決定された種々のアミド系非水溶媒中の第一遷移金属(II)イオン（M^{2+}）の溶媒和構造の構造パラメータを示す。DMFでは，溶媒和数は同じであるものの，水に比べ（表2-5参照）M^{2+}-O間距離が短く，ドナー性が高い（DNの値が大きい）ことと一致している。一方，DMAは，DMFとドナー性がほぼ等しいものの（表2-1および巻末付表1参照），Zn^{2+}では溶媒和数が4.6に減少する。また，DMA中のCo^{2+}およびNi^{2+}は（電子スペクトルはそれぞれ青紫色，黄色），歪んだ6配位構造であることを強く示唆している。実際，同形置換法によるX線回折実験では，$[Co(dma)_6]^{2+}$のCo^{2+}-O-C角は，$[Co(dmf)_6]^{2+}$のそれよりも大きい[27]。DMAのカルボニル炭素に結合したメチル基は，配位溶媒分子間の立体障害を引き起こす。すなわち，溶液中の金属イオンを不安定化し，ハロゲノ錯体形成反応の反応性を高める。第一溶媒和殻内の溶媒分子間の立体障害は，溶媒分子が利用できる空間と関係があるため，金属イオンのイオン半径にも依存する。実際，比較的結晶イオン半径の大きいMn^{2+}は，他に比べ立体障害が小さくなり，ハ

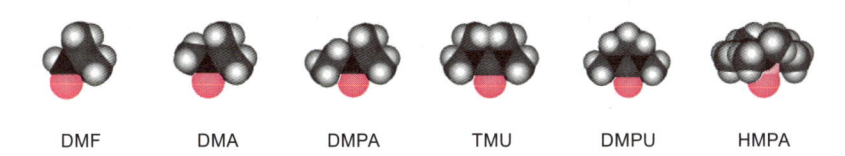

図2-10　種々の溶媒の分子構造。DMF：N,N-ジメチルホルムアミド，DMA：N,N-ジメチルアセトアミド，DMPA：N,N-ジメチルプロピオンアミド，TMU：1,1,3,3-テトラメチル尿素，DMPU：N,N'-ジメチルプロピオニル尿素，HMPA：ヘキサメチルホスホリックトリアミド

表 2-7　EXAFS 法によるアミド系非水溶媒中の第一遷移金属(II)イオンの第一溶媒和殻の構造に関する構造パラメータ[23a)]：M-O 間距離（Å）および平均配位数（カッコ内数値）

	Mn	Fe	Co	Ni	Cu	Zn
DMF	2.16(6)	2.10(6)	2.08(6)	2.01(6)	1.98(4), 2.26(2)	2.08(6)
DMA	2.16(6)		2.07(6)	2.05(6)	1.98(4), 2.27(2)	1.99(4.6)
DMPA[a]			2.02(4.3)	2.04(5.3)	1.96(3.8)	1.97(4.3)
TMU	2.09(5)	2.05(5)	2.00(4)	2.00(5)	1.92(4)	1.95(4)
HMPA	2.07(5)	1.98(4)	1.95(4)	1.97(4)	1.92(4)	1.93(4)

a: unpublished data

ログノ錯形成の反応性の増加が小さい。

　DMF や DMA より配位子円錐角が大きい DMPA, TMU は，第一遷移金属(II)イオンの最近接溶媒和数（金属イオンの第一溶媒和殻に存在する溶媒分子の数）を減少させる。d^7 の Co^{2+} は4配位構造をとるのに対し[脚注1]，d^8 の Ni^{2+} が5配位構造であることは，配位子場の寄与が大きいことを示している。TMU は，リジッドな構造であるのに対し，DMPA は，バルク溶媒中では，エチル基の末端メチル基がアミド平面（O＝C−N 平面）と同一平面上に位置する planar 体が最安定構造であり，アミド平面にほぼ垂直に位置する non-planar 体も平衡で存在する。DMPA 中の第一遷移金属(II)イオンの最近接溶媒和数は TMU 中と等しく溶媒和構造は類似しており，6-2-4 項に示されるように両溶媒中の $MnBr^+$ 錯体の生成定数はほぼ等しい。しかし，生成エンタルピーの符号については逆である。DMPA が Mn^{2+} に溶媒和すると，配位溶媒分子間の立体障害によりバルクで不安定な non-planar が，planar に比べ安定化されることが Raman 分光により示されている。一方，$MnBr^+$ 錯体の生成に伴い，配位溶媒分子間の立体障害が緩和され，planar 体が安定化する。錯形成反応に配位子である溶媒分子の配座異性が寄与することは興味深い。

　最も嵩高い HMPA では，Mn^{2+} を除く Fe^{2+}, Co^{2+}, Ni^{2+}, Cu^{2+} および Zn^{2+} のすべてが4配位構造をとる。HMPA は，現在知られている最も大きなドナー数を持つ（DN ＝ 38.8）溶媒で，非常にドナー性が高いため，TMU に比べ，M^{2+}-O 間距離が短くなる。また，HMPA 中の Mn^{2+} は5配位構造をとるものの，

[脚注1] 4配位構造と6配位構造の平衡混合物という報告[27)] もある。

単離された結晶中の溶媒和錯体は4配位構造をとる。このことは，結晶中では，金属イオンの溶媒和構造に溶媒和錯体の第一溶媒和殻の外側にある分子等との相互作用の寄与が大きいことを意味する。

(2) ランタノイド(III)イオン [26]

ランタノイドイオン（Ln^{3+}）は，ランタノイド収縮として知られるように原子番号の増加に伴いイオン半径が減少するが，これにSc^{3+}とY^{3+}を加えた希土類金属(III)イオンはイオン溶媒和における立体因子を考察するのに適している。表2-8に，EXAFS法により決定された水，DMF，DMAおよびDMPU中の溶媒和構造に対する構造パラメータを示す。2-3-3項にも示されているように，水中では，Nd^{3+}までの軽希土類は9配位，Sm^{3+}とEu^{3+}は9配位と8配位の平衡混合物，Tb^{3+}以降の重希土類は8配位と考えられている。

EXAFS法で得られる配位数は原子間距離に比べ正確さの点で劣るため，原子間距離に基づく考察から，DMF中のランタノイドイオンは8配位構造が主生成種と結論された。DMA中のLa^{3+}-O間距離はDMF中とほぼ等しく，DMA中のLa^{3+}はDMF中と同様，主として8配位と考えられる。原子番号の増加に伴い，DMA中とDMF中のLn^{3+}-O間距離の差が大きくなり，Lu^{3+}で最大となる。このことは，原子番号が大きなランタノイドイオンでは，DMA中で7配位構造やさらに低配位数の溶媒和錯体が生成することを示唆している。TMUの類縁体であるDMPU中のランタノイドイオンの溶媒和構造がEXAFS

表2-8 EXAFS法による水，DMF，DMA，DMPU中のランタノイド(III)イオンの第一溶媒和殻の構造に関する構造パラメータ：Ln-O間距離(Å)および平均配位数(カッコ内数値[a])

	La	Ce	Pr	Nd	Pm	Sm	Eu
H_2O	2.55(9)	254(9)	250(9)	2.49(9)		2.46(9)	2.42(8)
DMF	2.49(7.3)	2.47(8.1)	2.45(7.4)	2.44(7.4)		2.42(8.9)	2.39(7.7)
DMA	2.48(6.5)	2.45(6.6)	2.42(6.9)	2.40(6.1)		2.37(8.4)	2.35(7.7)
DMPU[b]	2.47	2.46	2.42	2.41	2.40	2.39	2.37
	Gd	Tb	Dy	Ho	Er	Tm	Yb	Lu
H_2O	2.42(8)	2.39(8)	2.37(8)	2.36(8)	2.35(8)	2.33(8)	2.32(8)	2.31(8)
DMF	2.39(7.5)	2.37(7.4)	2.36(7.7)	2.35(7.8)	2.34(7.2)	2.32(7.5)	2.31(7.5)	2.30(7.9)
DMA	2.33(7.2)	2.32(7.3)	2.31(7.0)	2.29(6.9)	2.27(7.6)	2.27(6.8)	2.24(6.3)	2.22(6.0)
DMPU	2.35	2.54	2.34	2.32	2.31	2.30	2.29	2.20

a: 配位数が大きいランタノイドイオンの場合，EXAFS法による配位数は回折法に比べ正確さが低い
b: 配位数を7配位と仮定

法により調べられ，Lu^{3+} は6配位構造，Lu^{3+} を除く他のランタノイドイオンは7配位構造と結論されている[28]。

　上述のように，DMA 中ではランタノイドイオンの最近接溶媒和数は，原子番号が増加するにつれ減少することから，錯形成反応は大きな影響を受ける。一連のブロモ錯体形成反応が精密カロリメトリーにより調べられ，反応ギブズ自由エネルギー $\Delta G°$ および反応エンタルピー $\Delta H°$，反応エントロピー $\Delta S°$ が決定されている。DMF 中の $\Delta H°$ と $\Delta S°$ は，いずれもランタノイドイオンの種類によらず正で小さな値であるのに対し，DMA 中ではいずれも正で大きな値であり，ランタノイドイオンの種類に大きく依存する。これは，DMF 中のブロモ錯体生成が脱溶媒和を伴わない外圏錯体（外圏イオン対あるいは非接触イオン対）を生成するのに対し，DMA 中では，内圏錯体（接触イオン対）を生成することを示唆している。DMA は，誘電率やドナー数・アクセプター数が DMF と事実上等しい（巻末の付表1参照）にも関わらず，供与原子であるカルボニル酸素の β 位メチル基による溶媒分子間の立体障害は，外圏型から内圏型へ，生成する錯体の構造変化を引き起こす。

2-4-5　混合溶媒中の金属イオンの溶媒和構造

　2種類以上の溶媒の混合は，単一成分にない性質を引き出すことから，混合溶媒は化学のあらゆる分野で利用される。水と非水溶媒の混合溶媒は，水素結合性や密度ゆらぎ，混ざりやすさ（混和性）など様々な観点で興味が持たれ，古くから多くの研究がなされている。水の特徴は，水素結合によるネットワーク構造が発達した高い液体構造性を持つ液体（1-2-1項参照）であると同時に，他の溶媒に比べ著しく小さな分子体積を持つことである。2-4-4項では，金属イオンの溶媒和は，金属イオン-溶媒分子間相互作用だけでなく，バルクや第一溶媒和殻内における溶媒分子間相互作用が重要な役割を果たすことをみてきた。混合溶媒中では，金属イオンの選択的溶媒和が予測されるが，ドナー・アクセプター性，立体因子，バルク液体構造など個々の要因を分離することは極めて困難である。上に述べたように，水は，著しく小さな分子体積のため立体因子がほぼ無視でき，この点で立体因子の関わりを一般化するのに適した溶媒とは言い難い。さらに，2-2-1項で述べられたように，実験的な困難も伴う。

2 金属イオンの溶媒和

　非水溶媒中の金属イオンの溶媒和構造と同様に，金属イオンの選択的溶媒和に関してもアミド系溶媒は良いモデル系である．置換基の導入により立体因子や水素結合による液体構造性を制御できるとともに，分子構造の変化はRaman/IR等における基準振動に影響し，個々の溶媒に特徴的な振動バンドを与える．このため，金属イオンの選択的溶媒和の研究には，Raman/IR振動分光が非常に有用となる．以下では，立体因子と液体構造性の点から，アミド系混合溶媒における金属イオンの選択的溶媒和について解説する．

(1) 立体因子による選択的溶媒和

　DMF-DMA混合溶媒中のMg^{2+}，Ca^{2+}，Sr^{2+}およびBa^{2+} [29]，ならびに，Mn^{2+}，Ni^{2+}，Cu^{2+}およびZn^{2+} [30]，さらに，Nd^{3+}，Gd^{3+}およびTm^{3+} [31]の選択的溶媒和が調べられている．図2-11には，バルクのDMFのモル分率（x_{DMF}）に対して金属イオンの第一溶媒和殻のDMFのモル分率（$x_{DMF, M^{n+}inner}$）がプロットされている．イオン半径の小さなMg^{2+}は6配位をとり，立体障害が小さなDMFがわずかに高い選択性を示す．一方，イオン半径が大きなCa^{2+}は7配位であるが，ドナー性の高いDMAが選択的に溶媒和する．さらにイオン半径が大きなSr^{2+}とBa^{2+}は8配位となり，ドナー性による選択性が低下する．第一遷移金属(II)イオンは，比較的イオン半径の大きなMn^{2+}を除き，Mg^{2+}に比べいずれもDMFの選択性が高い．また，Cu^{2+}については，Ramanスペクトルの解析から，Cu^{2+}-O間距離が短いエカトリアルでは，立体因子によりDMFが高い

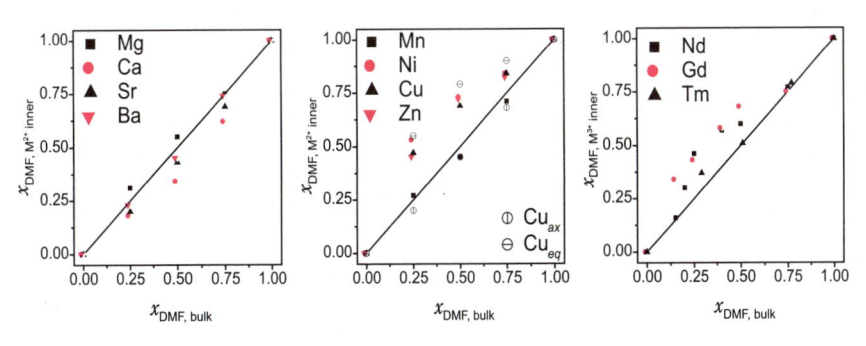

図2-11　DMF-DMA混合溶媒中の種々の金属イオンの選択的溶媒和．図中の対角線は横軸のバルクにおけるDMFのモル分率と縦軸の金属イオンの第一溶媒和殻におけるDMFのモル分率が等しいことを示す

選択性を示すのに対し,アキシャルではドナー性により DMA がわずかに高い選択性を示すことが明らかにされている。溶媒組成とともに最近接溶媒和数が変化する Nd^{3+},Gd^{3+} および Tm^{3+} でも,DMF が選択的に溶媒和する。DMF-DMA 混合溶媒中のブロモ錯体の生成反応では,金属イオンに依存せず,DMF のモル分率が 0.6 で外圏錯体-内圏錯体のスイッチングが起こる。溶媒和の選択性を注意深くみると,第一溶媒和殻中の DMA 分子数が 3 になるとスイッチングが起こることがわかる[26]。

(2) 液体構造性による選択的溶媒和[32]

DMF の N-メチル基が水素に置き換わった N-メチルホルムアミド(NMF)は,溶媒間の水素結合による鎖状ネットワーク構造という高い液体構造性[脚注2]を持つ(1-2-3 項および図 1-6 参照)。DMF-NMF 混合溶媒系において,DMF のモル分率の高い領域では,DMF 分子間には双極子-双極子相互作用が働くが,DMF-NMF 分子間および NMF-NMF 分子間の水素結合に比べ弱い。このため,DMF 分子は,バルクから金属イオンの第一溶媒和殻への移行においてエネルギー的に有利であり,金属イオンに選択的に溶媒和する(図 2-12)。

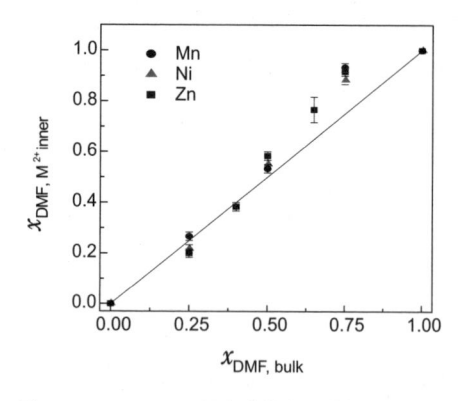

図 2-12 DMF-NMF 混合溶媒中の選択的溶媒和

[脚注2] エンタルピー,エントロピーいずれの観点からも,強い溶媒間相互作用について液体構造性(Liquid Structuredness)という概念が提案されている。

2 金属イオンの溶媒和

参考文献

1) Y. Umebayashi, K. Matsumoto, M. Watanabe, K. Katoh, S. Ishiguro, *Anal. Sci.*, **17**, 323-326 (2001).
2) S. Ishiguro, B. G. Jeliazkova, H. Ohtaki, *Bull. Chem. Soc. Jpn.* **59**, 1073 (1986).
3) S. Ishiguro, H. Suzuki, B. G. Jeliazkova, H. Ohtaki, *Bull. Chem. Soc. Jpn.* **62**, 39 (1989).
4) K. Fujii, T. Kumai, T. Takamuku, Y. Umebayashi, S. Ishiguro, *J. Phys. Chem.*, **110**, 1798 (2006).
5) 横山晴彦・大瀧仁志（共著），"水和現象"，『新しい水の科学と利用技術』（綿抜邦彦，久保田昌治監修）第1篇 第V章, 47-58, サイエンスフォーラム（1992）.
6) Y. Marcus, "Ion solvation", Wiley (1985).
7) 横山晴彦，"水和イオンの構造"，日本化学会編化学総説 No.25『溶液の分子論的描像』30-46, 学会出版センター（1995）.
8) O. Ya. Samoilov, 上平恒訳，『イオンの水和』（新訂増補），地人書館（1976）.
9) G. Johansson, H. Yokoyama, *Inorg. Chem.*, **29**, 2460-2466 (1990).
10) I. Persson, M. Sandström, H. Yokoyama, M. Chaudhry, *Z. Naturforsch.*, **50a**, 21-37 (1995).
11) H. Ohtaki, T. Radnai, *Chem. Rev.*, **93**, 1157-1204 (1993).
12) I. Persson, *Pure Appl. Chem.*, **82**, 1901-1917 (2010).
13) Y. Marcus, *Chem. Rev.*, **88**, 1475-1498 (1988).
14) R. D. Shannon, C. T. Prewitt, *Acta Cryst.*, **B25**, 925 (1969); **B26**, 1046 (1979).
15) V. Gutmann, 大瀧仁志・岡田勲訳，『ドナーとアクセプター 溶液反応の分子間相互作用』学会出版センター（1983）.
16) C. A. Tolman, *Chem. Rev.* **77**, 313-348 (1977).
17) R. P. Bell, *Proc. Roy. Soc. London*, **154A**, (1936).
18) M. G. Evans, M. Polanyi, *Trans. Faraday Soc.*, **34**, 11-24 (1938).
19) L. P. Hammett, *J. Am. Chem. Soc.* **59**, 96-103 (1937).
20) R. W. Taft, *J. Am. Chem. Soc.*, **74**, 2729 (1952); **74**, 3120 (1952); **75**, 4538 (1953).
21) M. Charton, *J. Am. Chem. Soc.*, **91**, 615, (1969).

22) M. Charton, *J. Am. Chem. Soc.*, **97**, 1552, (1975); *J. Org. Chem.*, **41**, 2217, (1976).

23) a) 小堤和彦, "溶液中の錯体の構造と反応", 日本化学会編化学総説 No.25『溶液の分子論的描像』47-62, 学会出版センター (1995).

 b) S. Funahashi, Y. Inada, *Trends in Inorg. Chem.*, **5**, 15-27 (1998).

 c) H. Ohtaki, *Monatshefte für Chemie*, **132**, 1237-1268 (2001).

 d) S. Funahashi, Y. Inada, *Bull. Chem. Soc. Jpn.*, **75**, 1901-1925 (2002).

24) H. Ohtaki, S. Ishiguro, "*Complexation in Nonaqueous Solvents*", 179-226, G. Mamantov, A. I. Popov Eds., "*Chemistry of Nonaqueous Solutions: Current Progress*", Wiley-VCH (1994).

25) S. Ishiguro, *Bull. Chem. Soc. Jpn.*, **70**, 1465-1477 (1997).

26) S. Ishiguro, Y. Umebayashi, M. Komiya, *Coord. Chem. Rev.*, **226**, 103-111 (2002).

27) H. Yokoyama, K. Nakajima, *J. Solution Chem.*, **33**, 607-629 (2004).

28) D. Lundberg, Doctoral Thesis, Swedish University of Agricultural Sciences, Uppsala (2006).

29) M. Asada, T. Fujimori, K. Fujii, R. Kanzaki, Y. Umebayashi, S. Ishiguro, *J. Raman Spectrosc.*, **38**, 417-426 (2007).

30) Y. Umebayashi, K. Matsumoto, M. Watanabe, S. Ishiguro, *Phys. Chem. Chem. Phys.*, **3**, 5475, (2001).

31) Y. Umebayashi, K. Matsumoto, I. Mekata, S. Ishiguro, *Phys. Chem. Chem. Phys.*, **4**, 5599, (2002).

32) K. Fujii, T. Kumai, T. Takamuku, Y. Umebayashi and S. Ishiguro, *J. Phys. Chem.*, **110**, 1798 (2006).

3 金属イオンと溶質間の相互作用

はじめに

　金属イオンは溶液中で共存物質と様々な相互作用を行い，錯体やイオン対等が形成される。溶液中でどのような相互作用が働き，生成定数や安定度定数は何によって支配されるか，また，溶媒はどのように関与しているかは溶液錯体化学における基本的問題である。本章では，これらを見据え，溶液中の金属イオンが関わる共存物質との相互作用と錯形成について，基本的知識や考え方が理解できるよう解説する。

3-1　イオン間相互作用と活量係数

　塩化ナトリウムなどアルカリ金属のハロゲン化物は，強電解質に分類され，水溶液中では完全に電離している。この電解質の電離の概念はArrhenius（1887年）により導入された。電離により生じたイオン種iのモル濃度C_iは，起電力測定等から求まる活量（activity）a_iとは等価ではなく，次のような関係にある。

$$a_i = C_i \gamma_i \tag{3-1}$$

ここで，γ_iは活量係数（activity coefficient）と呼ばれ，通常，0と1の間の値をとり，イオンの化学ポテンシャル（chemical potential）μ_iと次式の関係にある。

$$\begin{aligned}\mu_i &= \mu_i^\circ + RT \ln a_i \\ &= \mu_i^\circ + RT \ln C_i + RT \ln \gamma_i\end{aligned} \tag{3-2}$$

μ_i°は$C_i = 1$ mol dm^{-3}で，$\gamma_i = 1$とした仮想的な理想基準状態における標準化学ポテンシャルで，$RT \ln \gamma_i$は理想性からのずれに相当し，イオン間の相互作用による過剰エネルギー項と見なすことができる。DebyeとHückelは，強電解質におけるこの過剰エネルギーを以下に述べる理論により説明した[1]。

　1個の球状イオン（j）の中心に座標の原点をおき，中心から距離rにおける静

電ポテンシャルを $\Psi_j(r)$ とする。イオン種 i は，次の Boltzmann 分布式にしたがって j-イオンの周りに分布すると仮定する。

$$n_i(r) = n_i^\circ \exp\left(-\frac{z_i e \Psi_j(r)}{kT}\right) \tag{3-3}$$

ここで，k はボルツマン定数，$z_i e$ はイオン種 i の電荷，n_i° は単位体積中のその平均個数，$n_i(r)$ は距離 r での単位体積中の個数である。イオン種 i の電荷の符号が j-イオンと反対のとき，$n_i(r) > n_i^\circ$ となり，同符号のとき $n_i(r) < n_i^\circ$ となる。距離 r における電荷密度 $\rho_j(r)$ は，単位体積中の電荷の総和 $\sum z_i e n_i(r)$ に等しく，次式のように表すことができる。

$$\rho_j(r) = \sum z_i e n_i^\circ \exp\left(-\frac{z_i e \Psi_j(r)}{kT}\right) \tag{3-4}$$

ここで，指数部を冪級数展開し，$|z_i e \Psi_j(r)/kT| \ll 1$ の条件下で高次項を無視し，電気的中性の条件（$\sum z_i e n_i^\circ = 0$）を考慮し，次式のように近似する。

$$\rho_j(r) = -\frac{\sum z_i^2 e^2 n_i^\circ \Psi_j(r)}{kT} \tag{3-5}$$

$\Psi_j(r)$ は，Poisson 方程式 (3-6) を解くことにより，式 (3-7) として得られる。

$$\frac{1}{r^2}\frac{d\{r^2(d\Psi_j(r)/dr)\}}{dr} = -\frac{\rho_j(r)}{\varepsilon} \tag{3-6}$$

$$\Psi_j(r) = \frac{z_j e \exp(\kappa a - \kappa r)}{4\pi\varepsilon r(1+\kappa a)} \tag{3-7}$$

ここで，ε は溶媒の誘電率，a はイオン間最近接距離，κ は次式で表される。

$$\kappa = \sqrt{\left(\frac{2N_A e^2}{1000\varepsilon kT}\right)I} \tag{3-8}$$

$$I = \frac{1}{2}\sum z_i^2 C_i \tag{3-9}$$

I はイオン強度で，κ は I の平方根に比例し距離の逆数の次元を持つ。j-イオンに対する他のすべてのイオンによる静電ポテンシャルの Ψ_j^{cloud} は，$r = a$ における $\Psi_j(r)$ から j-イオン自身による静電ポテンシャル（$z_j e/4\pi\varepsilon r$）を差引いて得られる。

$$\Psi_j^{\text{cloud}} = -\frac{z_j e \kappa}{4\pi\varepsilon(1+\kappa a)} \tag{3-10}$$

Ψ_j^{cloud} は，j-イオンから距離（$\kappa^{-1}+a$）に位置するイオン雰囲気（$-z_j e$ の正味電荷を帯びたイオン雲）による静電ポテンシャルに相当する。電荷密度の動径分布関数 $4\pi r^2 \rho_j(r)$ はこの距離で極大になる。

式（3-10）をイオン種 i に一般化すると，その 1 モル当りのイオン間相互作用エネルギー E_i は次のようになる。

$$E_i = \frac{1}{2} N_A z_i e \Psi_i^{\text{cloud}} = -\frac{z_i^2 e^2 N_A \kappa}{8\pi\varepsilon(1+\kappa a)} \tag{3-11}$$

E_i が式（3-2）の右辺の $RT\ln\gamma_i$ に相当すると考えると次式が得られる。

$$\ln\gamma_i = -\frac{z_i^2 e^2 \kappa}{8\pi\varepsilon kT(1+\kappa a)} \tag{3-12}$$

通常，これを次のように書き換えて，Debye-Hückel の活量係数に対する理論式として用いられる。

$$\log\gamma_i = -\frac{Az_i^2\sqrt{I}}{1+Ba\sqrt{I}} \tag{3-13}$$

$$\begin{aligned}A &= \frac{1}{2.303}\sqrt{\frac{2\pi N_A}{1000}}\left(\frac{e^2}{4\pi\varepsilon_0\varepsilon_r kT}\right)^{\frac{3}{2}} \\ &= 1.8248\times 10^6 (\varepsilon_r T)^{-3/2}\,(\text{mol}^{-1/2}\,\text{dm}^{3/2})\end{aligned} \tag{3-14}$$

$$\begin{aligned}B &= \sqrt{\frac{2N_A e^2}{1000\varepsilon_0\varepsilon_r kT}} \\ &= 50.290 (\varepsilon_r T)^{-1/2}\,(\text{mol}^{-1/2}\,\text{dm}^{3/2}\,\text{Å}^{-1})\end{aligned} \tag{3-15}$$

ここで，ε_r は溶媒の比誘電率（真空の誘電率を ε_0 とすると，$\varepsilon_r = \varepsilon/\varepsilon_0$），イオン強度 I の単位は mol dm^{-3} で，B は a の単位にオングストローム（Å）（1 Å = 10^{-10} m = 100 pm）を用いた場合の表現である。溶媒が 25 ℃の水（$\varepsilon_r = 78.3$）のとき，$A = 0.5116$ mol$^{-1/2}$ dm$^{3/2}$, $B = 0.3291$ mol$^{-1/2}$ dm$^{3/2}$ Å^{-1} となる。A と B は $\varepsilon_r T$ の関数で温度に依存して変化する。水の場合，温度が上昇すると，$\varepsilon_r T$ が減少し，A と B の値はいずれも大きくなるが，$Az_i^2\sqrt{I}$ の部分の寄与が大

きいため，$\log \gamma_i$ はより大きな負の値となり，γ_i の値は小さくなる。溶液が非常に希薄で $Ba\sqrt{I} \ll 1$ の条件を満たすときは，次の Debye-Hückel の極限式が成立する。

$$\log \gamma_i = -Az_i^2\sqrt{I} \tag{3-16}$$

式（3-13）は，単一電解質，混合電解質に関係なく成立し，イオン強度 I がわかれば，それぞれのイオン種iの活量係数を理論的に求めることができる。イオン間に会合や錯形成が起こるときは，すべてのイオン種の平衡濃度からイオン強度を見積もる必要がある。イオン会合定数や安定度定数などに対し濃度を用いて表した濃度平衡定数は，活量係数に依存することから，イオン強度によって変化する。このため，実験により平衡定数を求めるときは，活量係数の補正を行なって解析するか，化学平衡に直接関係しない電解質（支持電解質）を大過剰に加えてイオン強度を一定に保った実験を行うことが必要となる。

イオン種iの活量 a_i は実験から単独に求めることはできないが，電解質 M_pA_q（濃度 C）の次の平均活量 $a_\pm$ は，熱力学的測定から求めることができる。

$$a_\pm = (a_M^p a_A^q)^{1/(p+q)} \tag{3-17}$$

対応する M_pA_q の平均活量係数 $\gamma_\pm$ は次式から求められる。

$$a_\pm = C(p^p q^q)^{1/(p+q)} \gamma_\pm \tag{3-18}$$

$$\gamma_\pm = (\gamma_M^p \gamma_A^q)^{1/(p+q)} \tag{3-19}$$

Debye-Hückel の理論式（3-13）を用いると，この平均活量係数 $\gamma_\pm$ は，

$$\log \gamma_\pm = -\frac{A|z_Mz_A|\sqrt{I}}{1+Ba\sqrt{I}} \tag{3-20}$$

と表すことができる。Debye-Hückel の理論は，式（3-5）の近似の条件（$|z_i e\Psi_j(r)/kT| \ll 1$）を満たす希薄溶液，すなわち，j-イオンの近傍に他のイオンがほとんど存在しない電解質濃度のとき成立する。実際に，$|z_Mz_A| = 1$ の強電解質の水溶液では，最近接距離 a の値を適当に選ぶことにより，イオン強度 0.01 mol dm^{-3} 付近まで式（3-20）を用いて平均活量係数 $\gamma_\pm$ の実測値を良く

再現でき，また，0.1 mol dm^{-3} 付近まで比較的実測値に近い値を与えることができる[2]。25 ℃水溶液中の $|z_\mathrm{M}z_\mathrm{A}| = 1$ の強電解質（$a = 5$ Åとする）の $\gamma_\pm$ の理論値は，イオン強度 0.0001, 0.001, 0.01, 0.1 mol dm^{-3} で，それぞれ，0.9885, 0.965, 0.904, 0.783 となる（極限式では，0.9883, 0.963, 0.889, 0.689 となり，イオン強度が高くなるとずれを生じる）。

強電解質に対して，Debye-Hückel の理論式に補正項を導入し，高濃度まで適用できるようにした経験式が提出されている。その代表的なものに次式がある。

$$\log \gamma_\pm = -\frac{A|z_\mathrm{M}z_\mathrm{A}|\sqrt{I}}{1+Ba\sqrt{I}} + C'I \qquad (3\text{-}21)$$

C' は電解質によって異なる経験的パラメータで，その値を適当に選ぶことにより，$|z_\mathrm{M}z_\mathrm{A}| = 1$ の電解質の水溶液では，イオン強度 0.5 mol dm^{-3} 付近まで $\gamma_\pm$ の実測値を良く再現できる。式（3-21）で，$Ba = 1$ と置いた式やさらに高次の補正項を含む経験式も提出されている[2,3]。誘電率が小さい溶媒や，$|z_\mathrm{M}z_\mathrm{A}|$ が大きい電解質では，このような補正項を導入するだけでは不十分で，3-2 節で述べるイオン会合を考慮することが必要になる。

3-2　イオン会合とイオン会合定数

3-2-1　イオン会合の理論と概念

3-1 節で述べられた Debye-Hückel 理論は，ほとんどのイオンが式（3-5）の近似の条件（$|z_i e \Psi_j(r)/kT| \ll 1$）を満たす希薄溶液において成立し，イオン間の長距離相互作用に対する理論的説明を可能にした。しかし，電荷数の積 $|z_\mathrm{M}z_\mathrm{A}|$ が大きい電解質や，イオン間最近接距離 a が小さい場合，あるいは，溶媒の誘電率が小さい場合は，電解質濃度増大につれ，この条件を満たさない近傍に存在するイオンの割合が増え，活量係数の実測値を十分説明できなくなる。Bjerrum[4] は，これを，Debye と Hückel が Boltzmann 分布式（式（3-3）および式（3-4））の指数部を展開したとき無視された高次項と関係があると考え，以下に述べるイオン会合（ion association）の概念を導入して説明した。

溶液が非常に希薄（$\kappa \to 0$）なとき，中心イオン（j）から距離 r における静電ポテンシャル（式（3-7））は，$\Psi_j(r) = z_j e/4\pi\varepsilon r$ と近似できるので，j-イオン

の周りのイオン種 i に対する動径分布関数は，式 (3-3) を用いて次のように表すことができる．

$$4\pi r^2 n_i(r) = 4\pi r^2 n_i^\circ \exp\left(-\frac{z_i z_j s}{r}\right) \quad (3\text{-}22)$$

$$s = \frac{e^2}{4\pi \varepsilon k T} \quad (3\text{-}23)$$

ここで，s は距離の次元を持つパラメータで，溶媒が 25 ℃の水のとき $s = 7.15$ Å である．図 3-1 に，式 (3-22) に基づくイオン種 i に対する動径分布関数を例示する．この図に見られるように，j-イオンに対し反対符号を持つイオンに対する動径分布関数は，特定の距離 ($r = q = |z_\mathrm{M} z_\mathrm{A}| s/2$) において極小となる．

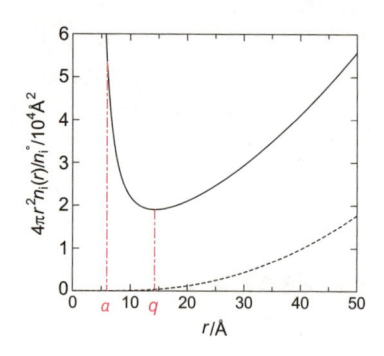

図 3-1　電解質 MA ($z_\mathrm{M} = +2$, $z_\mathrm{A} = -2$) の無限希釈水溶液中 (25 ℃) における 1 個の M^{2+} の周りの他イオン (実線：A^{2-}，破線：M^{2+}) の動径分布
a：イオン間最近接距離，q：イオン会合の限界距離 ($|z_\mathrm{M} z_\mathrm{A}| = 4$ のとき $q = 14.3$ Å)

Bjerrum は，距離 q において正負イオン間のクーロン相互作用エネルギー ($|z_\mathrm{M} z_\mathrm{A}| e^2/4\pi\varepsilon r$) が $2kT$ に等しくなり，$r < q$ では $2kT$ より大きくなることから，q (イオン会合の限界距離) より内部に接近したイオンを j-イオンとイオン会合 (イオン対形成) しているとみなした．イオン会合している割合 (会合度) は，式 (3-22) をイオン間最近接距離 a から q まで積分することにより求まる．イオン会合定数 K_A は，会合度と $n_i^\circ = N_\mathrm{A} C_i/1000$ の関係から得られ，次式のようになる[2,4,5]．

3 金属イオンと溶質間の相互作用

$$K_\mathrm{A} = \frac{4\pi N_\mathrm{A}}{1000}\int_a^q r^2 \exp\left(-\frac{z_\mathrm{i} z_\mathrm{j} s}{r}\right)\mathrm{d}r = \frac{4\pi N_\mathrm{A}}{1000}(|z_\mathrm{M} z_\mathrm{A}|s)^3 Q(b) \quad (3\text{-}24)$$

$$Q(b) = \int_2^b x^{-4}\exp(x)\,\mathrm{d}x \quad (3\text{-}25)$$

$$b = \frac{|z_\mathrm{M} z_\mathrm{A}|s}{a} \quad (3\text{-}26)$$

ここで，b は Bjerrum のパラメータと呼ばれ，その値が大きいほどイオン会合定数は大きくなる．例として，図 3-2 に，式（3-24）により得られる K_A の対数値を a の関数として示す．Bjerrum の理論は，a のほかに任意性のある距離 q を含み，相手イオンが q より内側に存在すれば，中心イオンとの相互作用の強さが異なっても会合イオンとして同等と見なしている．このため，a が q の値に近づく（b の値が 2 に近づく）につれ K_A の値の信頼性は低下し，また，$a \geq q$（$b \leq 2$）のとき $K_\mathrm{A} = 0$ となることに注意する必要がある．

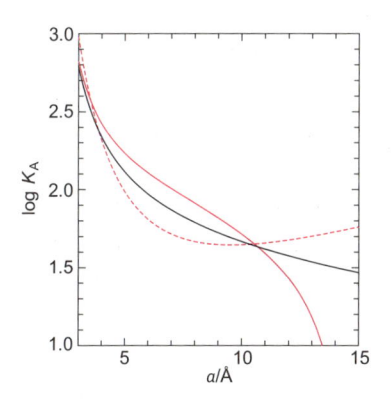

図 3-2　水溶液（25 ℃）中の電解質 MA（$z_\mathrm{M} = +2$, $z_\mathrm{A} = -2$）に対する $\log K_\mathrm{A}$ の理論値
実線（赤）：Bjerrum 理論[4]，破線（赤）：Fuoss 理論[6]，実線（黒）：Yokoyama-Yamatera 理論[5]

Fuoss[6] は，2 つの微粒子が体積 $4\pi a^3/3$ 中に同時に存在する平均確率にクーロンポテンシャル（$r = a$ における）による平均粒子密度の増加を加味し，イオン会合定数 K_A の理論式を次のように表した．

$$K_\mathrm{A} = \frac{4\pi N_\mathrm{A} a^3 \exp(b)}{3000} \tag{3-27}$$

Fuoss の理論では，Bjerrum 理論とは異なり，会合イオンはすべて距離 a の位置に接触して存在すると見なされる。式（3-27）は，簡単な計算により K_A が求まることなどから，錯形成反応の反応機構における外圏イオン対形成を考慮する際にしばしば引用される（式（3-52）や式（4-21）の K_os に対して式（3-27）を活量係数補正して用いる：$K_\mathrm{os} = K_\mathrm{A} \gamma_\mathrm{M} \gamma_\mathrm{A} / \gamma_\mathrm{MA}$）。Fuoss の理論で得られる K_A は図 3-2 に示されるように，a の値の増大に伴い一旦減少し，$a = 2q/3$ のとき極小となり，この距離を超えると増大するという特異性があり，また，無電荷（$b = 0$）の場合でも K_A は有限の値になるということに注意する必要がある。

Yokoyama-Yamatera[5] は，希薄溶液中の対称電解質について，j-イオンを中心とするイオンの分布を Boltzmann 分布式で表し，j-イオンに対する他のイオンからの静電ポテンシャル $\Psi_\mathrm{j}^\mathrm{cloud}$ を次式により表した。

$$\begin{aligned}\Psi_\mathrm{j}^\mathrm{cloud} &= \int_a^\infty \frac{r}{\varepsilon} \sum z_i e n_i^\circ \exp\left(-\frac{z_i e \Psi_j(r)}{kT}\right) \mathrm{d}r \\ &= -\frac{z_i e \kappa}{4\pi\varepsilon(1+\kappa a)} - (\kappa a)^2 \left(\frac{z_i e}{4\pi\varepsilon}\right) \sum_{n=1}^\infty \frac{b^{2n}}{(2n+2)!(2n-1)}\end{aligned} \tag{3-28}$$

ここで，$\Psi_j(r)$ には Debye-Hückel 理論における式（3-7）が用いられた。式（3-28）の右辺第一項は Debye-Hückel 理論の式（3-10）に相当し，第二項はその補正項に相当する。第一項は自由イオンによるイオン雰囲気との相互作用，第二項は近傍のイオンとの相互作用に帰せられる。この第二項に基づくイオン間相互作用エネルギーをイオン会合によると見なすと，次の K_A に対する理論式が得られる。

$$K_\mathrm{A} = \frac{8\pi N_\mathrm{A} a^3}{1000} \sum_{n=1}^\infty \frac{b^{2n+2}}{(2n+2)!(2n-1)} \tag{3-29}$$

ここで，無限級数は $n > b$ を満足する項まで考慮すれば実用的には十分である。この理論では，Bjerrum の理論と同様，会合イオンに対し Boltzmann 分布が仮定されているが，距離に応じた重みが自動的に取り込まれ，イオン会合の限界距離に相当するものは含まれない。このため，図 3-2 に示されるように，a の

増大（b の減少）に伴い K_A の値は単調に減少しゼロに漸近していく。式 (3-29) は対称電解質に対して導かれた式であるが，非対称電解質に対しても近似的適用ができると考えられる。

　K_A の値は電荷数の積 $|z_M z_A|$ に大きく依存性する。実際に，式 (3-29) を用いると，25 ℃ の水溶液（$a = 6$ Å のとき）では，$K_A(\text{mol}^{-1}\,\text{dm}^3) = 0.3(|z_M z_A| = 1)$, $93.7(|z_M z_A| = 4)$, $12850(|z_M z_A| = 9)$ となる。すなわち，$|z_M z_A|$ が大きくなると K_A は大きくなり弱電解質に近づく。また，$|z_M z_A| = 1$ のとき，水の中で強電解質であっても，極性が低い溶媒中，例えば，誘電率が水の 1/9 の溶媒中では，b の値は水の中の $|z_M z_A| = 9$ の電解質と同じ値になり，K_A の値は大きくなるため強電解質とはいえなくなる。

　Bjerrum のパラメータ b が大きくなると，式 (3-24) と式 (3-29) からの K_A は互いに近づき（$b > 14$ では，$\log K_A$ は小数点 2 桁まで同じになる），次式に漸近する[5]。

$$K_A = \frac{4\pi N_A a^3 \exp(b)}{1000\, b} \quad (b \to \infty) \quad (3\text{-}30)$$

このとき，$\log K_A$ は b あるいは誘電率の逆数と近似的に一次の関係になる。式 (3-30) あるいは式 (3-27) を用いると，イオン会合の標準エンタルピー変化 $\Delta H°$ は，

$$\Delta H° = -bRT^2\left(\frac{\mathrm{d}\ln\varepsilon}{\mathrm{d}T} + \frac{1}{T}\right) \quad (3\text{-}31)$$

と表すことができる。ここで，$\mathrm{d}\ln\varepsilon/\mathrm{d}T$ は一般に負であるため，$|\mathrm{d}\ln\varepsilon/\mathrm{d}T| > T^{-1}$ のとき $\Delta H°$ は正となる。実際に，溶媒が水の場合，$\Delta H°$ は正になり，イオン会合は吸熱的になるため，温度上昇に伴い K_A の値は増大すると予想される。このとき，イオン会合の標準エントロピー変化 $\Delta S°$ も正となる。イオン会合の $\Delta H°$ および $\Delta S°$ は，真空中では負であるが，水のような溶媒中で正になるのは，イオンの溶媒和の $\Delta H°$ および $\Delta S°$ が負の大きな値で，会合によって電荷が中和され溶媒和が弱められるためと考えることができる。

3-2-2　外圏イオン対と内圏イオン対

　溶液中の多くの金属イオンは，溶媒和金属イオン（あるいは溶媒和錯イオン）

として存在し，第一溶媒和殻（第一配位圏）の溶媒分子は金属イオンに強く束縛され，バルクの溶媒とは異なる状態にある。したがって，イオン会合理論が適用できるのは，通常，金属イオンの第一配位圏の外側までと考えるのが適切である。また，溶媒分子には大きさがあり，溶媒和構造も存在することから，会合イオンの分布は必ずしも連続的ではない。いま，金属イオンをM，陰イオンをA（いずれも電荷省略）とし，イオン対を，イオンが直接接触して会合した内圏イオン対（内圏錯体とも呼ぶ）MAと，溶媒1分子以上挟んで会合した外圏イオン対（外圏錯体とも呼ぶ）M・Aに分け，イオン会合平衡を次のように考える。

$$M + A \rightleftharpoons M \cdot A \rightleftharpoons MA \tag{3-32}$$

ここで，第一段目の会合（外圏会合）の平衡定数を $K_{os} = [M \cdot A]/([M][A])$，第二段目（内圏会合）の平衡定数を $K_{is} = [MA]/[M \cdot A]$ とすると，オーバーオールの平衡定数 K_{Σ} は次式のように表すことができる。

$$K_{\Sigma} = \frac{[M \cdot A] + [MA]}{[M][A]} = K_{os}(1 + K_{is}) \tag{3-33}$$

通常の実験で得られる平衡定数は K_{Σ} に相当し，K_{os} あるいは K_{is} を求めるには特別な工夫あるいは実験が必要となる。溶媒和金属イオンではないが，Taube らは，$[Co(NH_3)_5(H_2O)]^{3+}$ と SO_4^{2-} とのイオン会合において，外圏イオン対 $[Co(NH_3)_5(H_2O)]^{3+} \cdot SO_4^{2-}$ と内圏イオン対 $[Co(NH_3)_5SO_4]^+$ の間で SO_4^{2-} の出入りの速度が遅いことを利用して K_{is} を求めている[7]。しかし，このような系は例外的であり，一般には，イオン会合理論からの理論値 K_A を K_{os} の値（活量係数の補正は必要）と仮定して用いることが多い。

金属イオンが置換不活性な配位子 L を持つ金属錯イオン $[ML_n]$（電荷省略）の場合には，外圏イオン対 $[ML_n] \cdot A$ のみ形成される。しかし，実際には，陰イオン A が配位子 L と接触しているかいないか，配位子 L のどの部分に接触して相互作用しているかなどにより，様々な状態の外圏イオン対 $([ML_n] \cdot A)_i$ が存在すると考えられる。通常の実験で得られる外圏イオン対の生成定数は，これらのイオン対の総和 $\sum([ML_n] \cdot A)_i$ に対する平衡定数 $K_{\Sigma(os)} = \sum([ML_n] \cdot A)_i/([M][A])$ に相当する。実例をあげると，$[Co(NH_3)_6]^{3+}$ など

の金属錯体とヨウ化物イオンなどの陰イオンが外圏イオン対を形成したとき，紫外部にイオン間の電荷移動によるイオン会合吸収帯が出現するが，通常は，この吸収帯に直接関与しないイオン対も含んだ平衡定数 $K_{\Sigma(os)}$ が求まり，状態が異なる外圏イオン対に対する平衡定数を求めるには特別な工夫が必要となる[7,8]。

イオン強度を一定に保つため過塩素酸ナトリウムなどの支持電解質を加えた分光光度測定などにより得られたイオン会合定数が，支持電解質を含まない実験から得られた値に比べかなり小さくなることがある。これは，過塩素酸イオンとの外圏イオン対形成によりフリーの金属錯イオンの濃度が減少する効果を補正していないことが原因である場合が多いので，支持電解質存在下での実験結果には注意する必要がある[7]。

金属錯体の外圏錯体形成については，5-1節で「金属錯体の溶媒和・イオン会合と第二配位圏の構造」として具体的に説明される。

3-3　錯体形成の安定度

3-3-1　安定度を支配する要因

(1)　生成定数について

1)　錯形成と生成定数

金属 M に配位子 L が結合する最も単純な錯形成平衡は 1：1 錯体の形成である。金属イオンによっては，複核錯体や加水分解化学種などの複雑な錯体を形成するが，本節においては，単純な系のみを例にして解説する。また，式の単純化のため，特に必要な場合を除きイオンの電荷は省略する。

最も単純な錯体 ML の生成平衡は次式で表される。

$$M + L \rightleftharpoons ML \tag{3-34}$$

この錯体の生成定数（安定度定数）K_{ML} は次式で与えられる。

$$K_{ML} = \frac{[ML]}{[M][L]} \tag{3-35}$$

一般的に，L の濃度が高くなると，ML_2，ML_3，……，ML_n のように高次の錯体を生成する。錯体 ML_n の逐次生成定数は，

$$K_n = \frac{[ML_n]}{[ML_{n-1}][L]} \tag{3-36}$$

で表され，全生成定数（全安定度定数）は，

$$\beta_n = \frac{[ML_n]}{[M][L]^n} = K_1 K_2 \cdots K_n \tag{3-37}$$

で表される。

2) 溶媒の効果

通常，特に断らない場合は水溶液中の反応を示している。水溶液中の反応では，金属イオンは水和イオンである。6配位の金属イオンと単座配位子の錯形成を考えると，錯形成反応は次式で表される。

$$M(H_2O)_6 + nL \rightleftharpoons M(L)_n(H_2O)_{6-n} + nH_2O \tag{3-38}$$

このように，水和金属イオンの錯形成は溶媒である水分子と配位子との交換反応である。多座（n 座）配位子 Y の場合は，複数の水分子が置換される。

$$M(H_2O)_6 + Y \rightleftharpoons MY(H_2O)_{6-n} + n H_2O \tag{3-39}$$

したがって，生成する錯体の安定度は，金属イオンの水和の強さとの関係で決まる。

非水溶媒 S 中の金属イオン M の溶媒和イオンは，一般的に，$M(S)_m$ で表される。配位力の強い溶媒（例えばドナー数の大きな溶媒）中では，大きな溶媒和エネルギーにより金属の溶媒和イオンは安定に存在する。非水溶媒中の錯形成は，水中と同様，溶媒の置換反応である。

$$M(S)_m + n L \rightleftharpoons M(L)_n(S)_{m-i} + iS \tag{3-40}$$

したがって，配位力の弱い溶媒中では，溶媒和金属イオンの安定度が低いため，錯体の生成定数が大きくなる。

3) 多座配位子錯体の安定度の例

以下では，おもにいくつかの代表的な多座配位子の生成定数を用いて，錯体の安定度におよぼす種々の要因を解説する。ここではキレート配位子の例として，二座配位子である Hacac (acetylacetone)，四座配位子である H_3nta

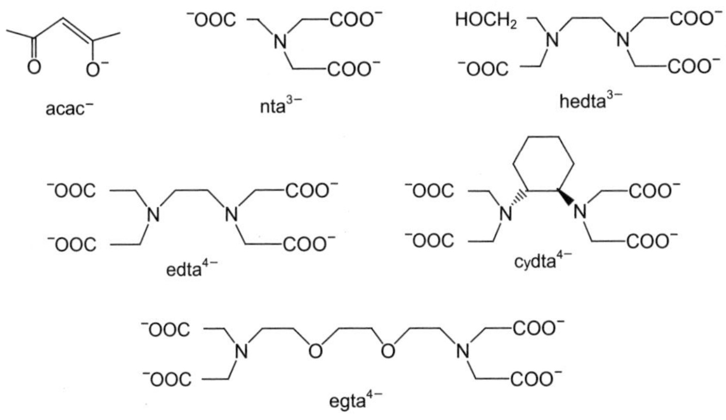

図3-3 キレート配位子の構造式

(nitrilotriacetic acid)，五座配位子である H_3hedta (N-(2-hydroxyethyl)ethylenediamine-N,N',N'-triacetic acid)，六座配位子である H_4edta (ethylenediamine-N,N,N',N'-tetraacetic acid)，H_4cydta ($trans$-1,2-diaminocyclohexane-N,N,N',N'-tetraacetic acid)，および六〜八座配位子である H_4egta (O,O'-bis(2-aminoethyl)ethyleneglycol-N,N,N',N'-tetraacetic acid) の配位子を用いる。これらのキレート配位子の構造式を図3-3に示した。また，これらの配位子の逐次プロトン付加定数（$\log K_n$）および種々の金属イオンとの錯形成の生成定数を表3-1に示した（以下，3-3-1項で示す生成定数はすべて25℃での値であり，濃度の単位はモル濃度である）。これらの配位子は，NもしくはO原子が金属イオンに孤立電子対を供与して配位する。これらのキレート配位子のほか，ベンゼン環やヘテロ環を有するものや，PやSなどを配位原子とする数多くの配位子がある。

表 3-1　代表的な配位子の金属錯体の生成定数（対数値）（25 ℃）

金属イオン	acac$^-$	nta^{3-}	hedta^{3-}	edta^{4-}	cydta^{4-}	egta^{4-}
H$^+$ (K_1)	8.91	9.81	9.81	10.34	11.78	9.54
H$^+$ (K_2)		2.57	5.41	6.24	6.20	8.93
H$^+$ (K_3)		1.97	2.72	2.75	3.60	2.73
H$^+$ (K_4)				2.07	2.51	2.08
Ag$^+$		4.67	6.71	7.32	8.41	7.06
Tl$^+$		4.74		6.53	6.7	4.0
Mg^{2+}	3.34	5.43	7.0	8.69	10.41	5.2
Ca^{2+}	2.32	6.45	8.14	10.73	12.3	11.0
Sr^{2+}	1.75		6.8	8.53		8.5
Ba^{2+}	1.70	4.85	5.54	7.63	8.64	8.41
Ra^{2+}			5.6	7.5	8.3	7.7
Mn^{2+}	3.91	7.15	10.7	14.05	16.78	12.3
Fe^{2+}		8.9	12.58	14.94		11.81
Co^{2+}	5.10	10.05	14.42	16.31	18.78	12.3
Ni^{2+}	5.71	11.54	17.1	18.66	20.2	13.6
Cu^{2+}	8.0	12.94	17.5	18.83	21.92	16.8
Zn^{2+}	4.7	10.66	14.42	16.3	18.6	14.5
Cd^{2+}	3.48	9.98	13.02	16.54	19.88	16.32
Hg^{2+}	12.9	14.31	20.1	22.02	23.28	23.8
Sn^{2+}				18.3	18.7	8.86
Pb^{2+}	6.32	11.34	14.83	17.88	20.24	14.6
Al^{3+}		10.53	14.4	6.5	18.9	13.9
Ga^{3+}			17.2	21.7	22.34	
In^{3+}	7.8	13.81	20.2	25.3	28.74	
Cr^{3+}		9.74		23.4		2.54
Mn^{3+}			22.7	24.8	28.9	
Fe^{3+}	8.4	15.9	19.8	25.1	28.1	20.5
Tl^{3+}	8.88			35.3	38.3	
Bi^{3+}		17.54	24.11	26.7	27.2	23.8
Sc^{3+}	8.3	12.7		23.1	25.4	
Y^{3+}	5.57	11.48	14.49	16.58	19.14	16.82
La^{3+}	4.89	9.68	13.22	15.25	16.35	15.79
Pr^{3+}	5.22	11.07	14.39	16.56	17.23	16.05
Er^{3+}	5.91	12.03	15.17	19.01	20.2	17.4
Ti^{4+}				21.3	18.23	
Zr^{4+}		18.93		19.9	20.64	

(2) 金属イオンのイオン半径と電荷

　錯体 ML 中では，金属イオンの結晶イオン半怪 r_c が大きくなるほど，金属イオンと配位原子間の距離が離れる。このため，錯形成を単純に金属イオンの正電荷と配位子の負電荷（部分電荷も含め）の静電的な相互作用によるものと

3 金属イオンと溶質間の相互作用

すると，金属イオンの電荷が同じ錯体では，r_c が大きくなるにつれ，安定度定数は減少することが予想される。実際に，フッ化物イオンの錯体では，金属イオン半径の増加と共に生成定数（カッコ内は $\log K_{ML}$ の値）は減少する。

Mg^{2+} (1.38) > Ca^{2+} (0.63) > Sr^{2+} (0.11) > Ba^{2+} (-0.15)

Al^{3+} (6.46) > Ga^{3+} (4.50) > In^{3+} (3.70)

表 3-1 に示した多座配位子との安定度も，$acac^-$ の場合を除いて Mg^{2+} と Ca^{2+} は逆転してはいるが，ほぼこの関係を示している。電荷が 3 価で，化学的性質が似ている一連のランタノイドイオンについて，キレート配位子錯体の生成定数の対数をイオン半径の逆数に対してプロットしたのが，図 3-4 である。いずれの配位子でも，生成定数はイオン半径の減少（$1/r_c$ の増加）と共におおむね増加し，EDTA の場合，$\log K_{MY}$ は $1/r_c$ と良い直線関係を示す。

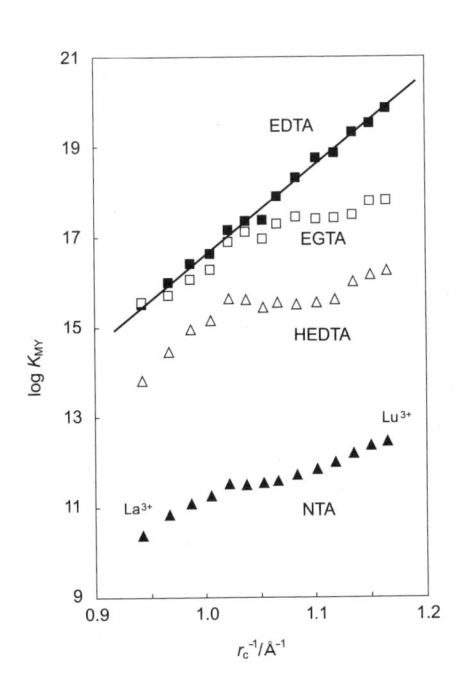

図 3-4 ランタノイド元素のキレート錯体の生成定数（$\log K_{MY}$）とイオン半径（r_c）との関係

一方，電荷の絶対値が大きくなるほど，静電相互作用は強くなるので，金属イオンの電荷が増すにつれ生成定数は増加する。ほぼ同じイオン半径を持つ金属イオンについて比較すると，

$$Na^+ < Ca^{2+} < Y^{3+}$$
$$K^+ < Sr^{2+} < La^{3+}$$

の関係が得られる。しかし，表3-1からわかるように，キレート配位子との錯体では安定度は $Al^{3+} < Ga^{3+} < In^{3+}$ の順（$1/r_c$ が増加する順とは逆の順）となっており，図3-4でも，EDTA以外は $1/r_c$ の増加に対して生成定数は単純に増加していない。このような場合，錯体の安定度にはイオン半径や電荷だけでなく，以下に解説するような要因が作用している。

(3) 金属イオンの電子構造

d電子やf電子を持つ金属イオンの場合は，配位原子（配位子場）により，これらの軌道のエネルギー準位は分裂する。例えば，第一遷移金属イオンの弱い配位子場中の d^1 (Sc^{2+}, Ti^{3+}) 〜 d^4 (Cr^{2+}, Mn^{3+})，および d^6 (Fe^{2+}, Co^{3+}) 〜 d^9 (Cu^{2+}) の基底項は重心を保ったまま，2つもしくは3つの準位に分裂する。d電子はエネルギーの低い準位から1個ずつ埋まって行くため，最低のエネルギー準位は重心のエネルギーより低くなる。このエネルギー差を配位子場の安定化エネルギー（LFSE : Ligand Field Stabilization Energy）という（もしくは結晶場の安定化エネルギー，CFSE）。したがって，d^0 (Ca^{2+}, Sc^{3+})，d^5 (Mn^{2+}, Fe^{3+})，d^{10} (Zn^{2+}, Ga^{3+}) のように各軌道が均等に埋まったイオンに比べ，結合が安定化する。代表的な例として，熱力学的エネルギーを用いて計算された各金属イオン（気体）の水和熱（水和エンタルピー）をd電子の数（d^n）に対してプロットしたのが図3-5である（正八面体水和構造を持つ場合）。原子番号増加に伴うイオン半径の減少による安定度の単純な増加を示したのが点線である。この点線と実測値の差がLFSEである。銅イオン，Cu^{2+} (d^9)，の場合はJahn-Teller効果により，予想値とかなり異なった値を示すことが多い。この $d^5 < d^6 < d^7 < d^8 < d^9 > d^{10}$ の安定度の順序は，同じ配位子を持つ一連の錯体に見られ，経験側としてIrving-Williams系列と呼ばれている。

ランタノイドイオンにおいても，イオン半径の減少に伴う安定度の変化は単純ではない（図3-4）。これらの変化は，4つの区間に分かれて曲線を示すこと

3 金属イオンと溶質間の相互作用

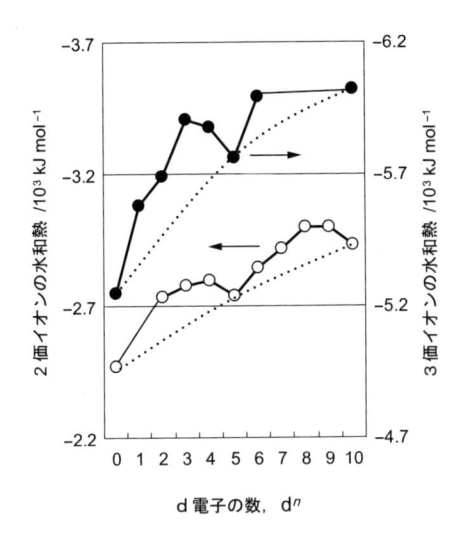

図 3-5 第一遷移金属イオンの水和熱（水和エンタルピー）

が多い。ランタノイド元素の天然での分布などでもこのようなパターンが見られ，理論的には十分に解明されていないが，テトラド効果などと呼ばれることがある。

(4) 配位原子数とキレート効果

図 3-4 に示すように，NTA（四座配位子）＜ HEDTA（五座配位子）＜ EDTA（六座配位子）の順で生成度定数が増加し，配位原子の数が多くなれば，錯体の安定度は増加する。この場合，単純に配位原子数（金属イオンとの結合の数）の増加による安定度の増加だけでなく，さらに，キレートを形成することによる安定度の増加が見られる。例えば，キレートを形成する亜鉛のエチレンジアミン（en：$NH_2CH_2CH_2NH_2$）錯体 $Zn(en)^{2+}$ の生成定数（$\log K_{MY} = 5.9$）は，同じ数の窒素が配位するジアミン錯体 $Zn(NH_3)_2^{2+}$ の全生成定数（$\log \beta_2 = 4.5$）より大きい。これをキレート効果と呼び，おもにエントロピー効果によるものである。キレート環の形成による電子の非局在化が，さらに安定度を高める場合もある。一般的には，5 員環キレートが最も安定であり，6 員環がついで安定である。EDTA のように 5 員環キレートを 5 つ作るような錯体は極めて安定

79

である。

(5) 立体構造の影響

キレートを作る場合,環の構造は安定度に大きく影響する。たとえば,非常に半径の小さな金属イオンとのキレート環の形成では,結合距離や結合角が安定な構造からずれてしまい不安定となる。表3-1に示すようにアルミニウム族金属の錯体では,3-3-1(2)目の説明とは逆に金属イオンのイオン半径の減少と共に安定度が減少する。また,Mg^{2+}錯体の安定度はCa^{2+}錯体より小さい。Al^{3+}やMg^{2+}などのイオン半径が非常に小さな金属イオンでは,錯形成に要する脱水和エネルギーが大きく,エンタルピー的にも不利である。錯形成においては数多くの水分子が放出され,これによるエントロピー効果で反応は促進される。

少々特殊な例ではあるが,ピリジン誘導体配位子のような場合,オルトの位置をメチル基などで置換すると,立体障害により錯体の安定度が大きく減少する。例えば,オキシン（8-ヒドロキシキノリン）はアルミニウムイオンと八面体型錯体を形成するが,2-メチルオキシンでは立体障害のため錯形成しない。また,ネオクプロイン（2,9-ジメチル-1,10-フェナントロリン）は立体障害が無視できる四面体錯体を形成する銅(I)と特異的に錯体を生成する。クラウンエーテル（環状ポリエチレンオキサイド）は,さらに,構造による選択性が高い。例えば,エチレンオキサイド基が6つの,18-クラウン-6ではアルカリ金属イオンとの錯体の安定度は,$Li^+ < Na^+ < K^+ > Rb^+ > Cs^+$の順序である。これはこのクラウンエーテルの中心にできるキャビティの大きさが,K^+のイオンサイズに最も近いからとされている。

(6) 金属イオンおよび配位子の硬さ・軟らかさ：HSAB

ルイスの酸塩基の定義により,錯形成において電子対を受容する金属イオンは酸であり,供与する配位子は塩基と定義される。HSAB（Hard and Soft Acids and Bases）則（硬い酸塩基と軟らかい酸塩基則）によれば,酸および塩基はそれぞれ硬さ,軟らかさの性質で分類される。例えば,Ca^{2+}やAl^{3+}などのハロゲノ錯体の生成定数は,$F^- > Cl^- > Br^- > I^-$の順に減少する。一方,Cu^+やAg^+などは,逆に$F^- < Cl^- < Br^- < I^-$の順に増加する。すなわち,前者の陽イオンは電荷が高くイオン半怪が小さいため分極しにくいので「硬い酸」と定義される。一方,後者の金属イオンは電荷が小さく半径が大きいため分極しや

すいので「軟らかい酸」と定義される。ハロゲン化物イオンでは，F^-はイオン半径が小さく，分極しにくいので「硬い塩基」であり，I^-は大きく分極しやすいので「軟らかい塩基」である。上で示した安定度定数の傾向より，硬い酸は硬い塩基と結合しやすく（イオン結合性），軟らかい酸は軟らかい塩基と結合しやすい（共有結合性）。したがって，始めに解説した（3-3-1(2)目）イオン半径が減少すると安定度が増す系列は，イオン結合性の硬いイオン同士の錯体に当てはまる。

このHSABを用いて，より安定な，もしくは選択性の高い錯形成を設計することができる。例えば，軟らかい酸であるAg^+は，オキシンの硬い酸素原子を軟らかい硫黄原子やセレン原子で置き換えたチオキシン，セレノオキシンとより安定な錯体を形成する。

(7) 直線自由エネルギー関係：LFER

平衡定数（K）は，標準ギブズ自由エネルギー変化 $\Delta G°$ で表すと次の関係になる。

$$RT \ln K = -\Delta G° \tag{3-41}$$

ここで気体定数 R の数値を代入し，自然対数を常用対数に変換すると，25 ℃においては次の関係となる。

$$-\Delta G° = 5.71 \log K \ (\text{kJ mol}^{-1}) \tag{3-42}$$

この式から，5.71 kJ mol^{-1} の自由エネルギーが減少することにより，平衡定数の対数値 $\log K$ は1単位増加することがわかる。このように，生成定数を対数値で表して議論するのは，単に数値を見やすくするためではなく，自由エネルギー変化を比較しているのである。

ハメット則（Hammett則）などで代表されるように，一連の塩基についての2種類の反応の平衡定数もしくは速度定数の間には直線関係が成立する。例えば，一連の安息香酸誘導体について，エタノール中の安息香酸エチルの加水分解反応の速度定数 k には，安息香酸の酸解離定数 K_a との間に，

$$\log k = 0.39 \log K_a - 1.54 \tag{3-43}$$

の直線関係が得られている。錯形成においても，このような直線関係が数多く得られている。例えば，一連の配位子において，ある金属イオンの錯体の生成定数の対数値は他の金属イオンの値と一次の相関関係がある。一例として，一連の多座アミノポリカルボン酸の亜鉛錯体の生成定数の対数値 $\log K_{ZnY}$ に対する他の金属錯体（M = Ca^{2+}, Cu^{2+}, Y^{3+}）の $\log K_{MY}$ のプロットを図 3-6 に示す。また，逆に一連の金属イオンにおいて，ある配位子の錯形成の生成定数の対数値は他の配位子の値と一次の相関関係がある。この例として，EDTA 錯体の生成定数の対数値，$\log K_{M(edta)}$，に対する他の配位子（Y = NTA, HEDTA, CyDTA, EGTA）の $\log K_{MY}$ のプロットを図 3-7 に示す。他とは異なった構造を持つ EGTA 以外は，いずれも良い直線関係を示す。EGTA では，N–N の原子間がかなり離れ，また間に配位可能な複数のエーテル基の酸素原子を有するため，金属イオンにより錯体の構造が異なることを示している。

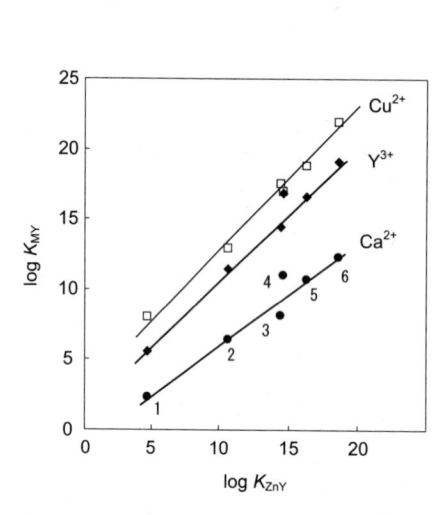

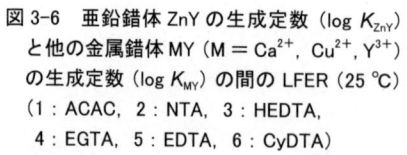

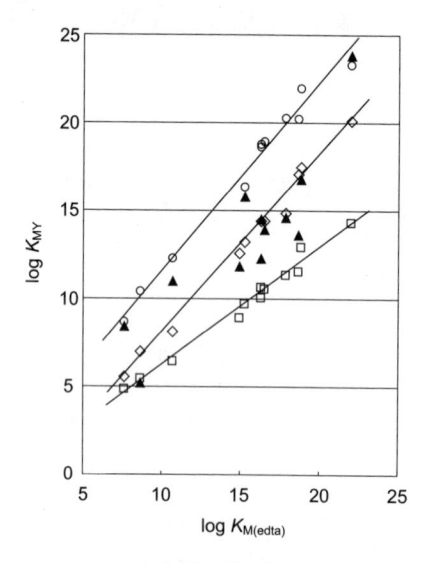

図 3-6 亜鉛錯体 ZnY の生成定数（$\log K_{ZnY}$）と他の金属錯体 MY（M = Ca^{2+}, Cu^{2+}, Y^{3+}）の生成定数（$\log K_{MY}$）の間の LFER（25 ℃）
(1：ACAC，2：NTA，3：HEDTA，4：EGTA，5：EDTA，6：CyDTA)

図 3-7 いろいろな金属イオン（表 3-1 参照）の EDTA 錯体の生成定数（$\log K_{M(edta)}$）と他の配位子錯体の生成定数（$\log K_{MY}$）との LFER（25 ℃）。
○：CyDTA，◇：HEDTA，□：NTA，▲：EGTA

(8) 実際の条件における錯体の安定度-副反応係数と条件生成定数

一般的に，金属-配位子溶液中では式（3-34）で表されるような目的の錯形成反応（主反応）だけでなく，金属イオンや配位子にその他の反応（副反応）が起こる。特別な配位子を加えなくても，水素イオン（H^+）もしくは水酸化物イオン（OH^-）によっても副反応が起こり，次に示すように実際の錯形成の生成定数（条件生成定数）は減少するので，定性的な取り扱いをする場合であっても注意を要する。

配位子には次のように，プロトンが付加する。

$$n\mathrm{H}^+ + \mathrm{Y}^{m-} \rightleftharpoons \mathrm{H}_n\mathrm{Y}^{(m-n)-} \tag{3-44}$$

pH の低下すなわち H^+ 濃度の増加と共に，プロトン付加化学種 H_nY の濃度および n の数は増加する。プロトン付加していない配位子の濃度を [Y] とし，プロトン付加した配位子の濃度の総和（$\sum[H_nY]$）に [Y] を加えた濃度を [Y']（錯形成していない配位子の総濃度）と表す。[Y] に対する [Y'] の比を副反応係数 α_Y と呼ぶ。

$$\alpha_Y = \frac{[\mathrm{Y'}]}{[\mathrm{Y}]} = \frac{[\mathrm{Y}] + \sum[\mathrm{H}_n\mathrm{Y}]}{[\mathrm{Y}]} \tag{3-45}$$

最もよく用いられる EDTA を例に，いろいろな pH における α_Y の対数値を表 3-2 に示す。

表 3-2　EDTA の副反応係数（25 ℃）

pH	0	1	2	3	4	5	6
$\log \alpha_Y$	21.4	17.4	13.7	10.8	8.6	6.6	4.8
pH	7	8	9	10	11	12	13
$\log \alpha_Y$	3.4	2.3	1.4	0.5	0.1	0.0	0.0

ここで，このような副反応が起こっている条件下での実際の錯体の生成定数（条件生成定数），K'_{MY}，は次のように表される。

$$K'_{MY} = \frac{[\mathrm{MY}]}{[\mathrm{M}][\mathrm{Y'}]} = \frac{[\mathrm{MY}]}{[\mathrm{M}][\mathrm{Y}]\,\alpha_Y} = \frac{K_{MY}}{\alpha_Y} \tag{3-46}$$

この定数，K'_{MY} は条件生成定数と呼ばれる。両辺の対数をとると，

$$\log K'_{MY} = \log K_{MY} - \log \alpha_Y \tag{3-47}$$

の関係が得られる。すなわち，$\log \alpha_Y$ だけ"実際の生成定数"は減少する。例えば，$\log K_{MY} = 10.7$ であるカルシウム錯体では，pH 3 においては条件生成定数の対数値は $\log K'_{MY} = 10.7 - 10.8 = -0.1$ となり，この pH ではほとんど錯体を生成しない。

一方，金属イオン M は水酸化物イオンとヒドロキソ錯体を形成する。

$$M^{m+} + nOH^- \rightleftarrows M(OH)_n^{(m-n)+} \tag{3-48}$$

このヒドロキソ錯体生成の副反応により，条件生成定数は減少する。この他，pH 調整のためのアンモニアなどによっても，条件生成定数は減少する。

3-1 節で述べたように，厳密には，錯形成の生成定数（のみならずすべての平衡定数）は活量で表した定数（熱力学的定数）の値が一定であり，濃度で表した生成定数はイオンの活量係数の変化（イオン強度の変化）により変化する。したがって，厳密に生成化学種の割合を計算する場合には活量係数の補正が必要となる。通常は，イオン強度を一定に保った条件で測定を行い，そのイオン強度での濃度定数を用いて解析する。

3-3-2 混合配位子錯体の安定度定数

1 つの金属イオン（M）に異なった配位子（A, B）が結合した化合物 MAB（電荷省略）は混合配位子錯体（mixed complex），または三元錯体（ternary complex）と呼ばれる。混合配位子錯体は生体内における酵素反応や金属輸送反応[9]，キレート滴定における終点での変色反応，金属錯体の配位子置換反応において[10]，反応中間体あるいは安定な化合物として生成する。さらには，結合した異なった配位子の特性を生かすために，混合配位子錯体を次の反応の出発原料としても用いる。例えば，Cu(bpy)(GlyCys)（bpy＝2,2'-ビピリジン，GlyCys＝グリシルシステイン）をアゾベンゼンと反応させて光応答の化合物を合成する[11]。このように，混合配位子錯体は，反応中間体としてだけでなく，反応活性種として，合成の出発原料として広く使われている。ここでは混合配位子錯体の溶液中での安定度定数（生成定数），特に混合配位子錯体内での結

合配位子間の相互作用と混合配位子の安定化要因について述べる。

(1) 混合配位子錯体の安定度定数の表し方

金属錯体 MA から混合配位子錯体 MAL（電荷省略，以下同様）が生成する反応と平衡定数は次のように表される。

$$\mathrm{MA} + \mathrm{L} \rightleftharpoons \mathrm{MAL} \qquad K_{\mathrm{MAL}}^{\mathrm{L}} = \frac{[\mathrm{MAL}]}{[\mathrm{MA}][\mathrm{L}]} \qquad (3\text{-}49)$$

$$\mathrm{M} + \mathrm{A} + \mathrm{L} \rightleftharpoons \mathrm{MAL} \qquad \beta = \frac{[\mathrm{MAL}]}{[\mathrm{M}][\mathrm{A}][\mathrm{L}]} \qquad (3\text{-}50)$$

$K_{\mathrm{MAL}}^{\mathrm{L}}$ および β をそれぞれ逐次生成定数，全生成定数という。式 (3-49) から 1:1 錯体 MA に対する配位子 L の結合のしやすさがわかり，式 (3-50) からは混合配位子錯体 MAL の全体の安定度がわかる。式 (3-49)，(3-50) は平衡が成立しているのでいずれの式を用いた表し方でもよい。1:1 金属錯体 MA の生成定数を $K_{\mathrm{MA}}^{\mathrm{A}}$ とすると $\beta = K_{\mathrm{MAL}}^{\mathrm{L}} K_{\mathrm{MA}}^{\mathrm{A}}$ となり両式は互いに関係付けられる。

(2) 混合配位子錯体の生成反応機構と安定度定数におよぼす因子[12]

錯体 MA と L から混合配位子錯体 MAL が生成する反応の反応機構は錯体 ML の生成反応と同様に，配位水分子を考慮したとき，

$$[\mathrm{MA}(\mathrm{H_2O})_n] + \mathrm{L} \underset{}{\overset{K_{\mathrm{os}(\mathrm{MA,L})}}{\rightleftharpoons}} [\mathrm{MA}(\mathrm{H_2O})_n] \cdot \mathrm{L} \xrightarrow{k_{\mathrm{MA}}^{-\mathrm{H_2O}}} [\mathrm{MAL}(\mathrm{H_2O})_m] + (n-m)\mathrm{H_2O} \qquad (3\text{-}51)$$

であり，測定される反応速度定数 $k_{\mathrm{MAL}}^{\mathrm{L}}$ は，

$$k_{\mathrm{MAL}}^{\mathrm{L}} = K_{\mathrm{os}(\mathrm{MA,L})} k_{\mathrm{MA}}^{-\mathrm{H_2O}} \qquad (3\text{-}52)$$

である（金属イオンおよび配位子の電荷は省略）。MA と L から外圏錯体 (MA·L) が生成し，MA から配位水分子が脱離する反応が律速段階である（4-2 節の Eigen 機構参照）。$K_{\mathrm{os}(\mathrm{MA,L})}$ は錯体 MA と配位子 L との外圏錯体の生成定数で，$k_{\mathrm{MA}}^{-\mathrm{H_2O}}$ は錯体 MA からの水分子の解離速度定数である。K_{os} の値は Fuoss の式 (3-27)（K_{A} を活量係数補正して用いる）などから評価でき，イオンの電荷，イオン間の最近接距離，溶媒の比誘電率および溶液のイオン強度を用いて計算することができる。したがって，MAL から L が脱離するときの速度定数を

$k_{\mathrm{MAL}}^{-\mathrm{L}}$ とすると，混合配位子錯体の生成定数 $K_{\mathrm{MAL}}^{\mathrm{L}}$ は次式で表すことができる．

$$K_{\mathrm{MAL}}^{\mathrm{L}} = \frac{[\mathrm{MAL}]}{[\mathrm{MA}][\mathrm{L}]} = K_{\mathrm{os(MA,L)}}(k_{\mathrm{MA}}^{-\mathrm{H_2O}}/k_{\mathrm{MAL}}^{-\mathrm{L}}) \qquad (3\text{-}53)$$

一方，錯体 ML の生成定数 $K_{\mathrm{ML}}^{\mathrm{L}}$ は，錯体 ML から配位子 L が解離する速度定数を $k_{\mathrm{ML}}^{-\mathrm{L}}$，アクア金属錯イオン M から水分子が解離するときの速度定数を $k_{\mathrm{M}}^{-\mathrm{H_2O}}$ とすれば次式が成立する．

$$K_{\mathrm{ML}}^{\mathrm{L}} = \frac{[\mathrm{ML}]}{[\mathrm{M}][\mathrm{L}]} = K_{\mathrm{os(M,L)}}(k_{\mathrm{M}}^{-\mathrm{H_2O}}/k_{\mathrm{ML}}^{-\mathrm{L}}) \qquad (3\text{-}54)$$

$K_{\mathrm{os(M,L)}}$ は金属イオン M と配位子 L との外圏錯体の生成定数である．

錯体 ML および混合配位子錯体 MAL から配位子 L が解離する速度は，実験結果より，

① 配位子 L の Brønsted の塩基性 $H(\mathrm{L})$ と電子供与性 $E(\mathrm{L})$ が大きいほど遅くなる

② 結合配位子 A の電子供与性 $E(\mathrm{A})$ が大きいほど速くなる

すなわち，以下の関係式で表すことができる．

$$\log(k_{\mathrm{MAL}}^{-\mathrm{L}}/k_{\mathrm{M}}^{-\mathrm{H_2O}}) = \gamma E(\mathrm{A}) - \alpha E(\mathrm{L}) - \beta H(\mathrm{L}) \qquad (3\text{-}55)$$

$$\log(k_{\mathrm{ML}}^{-\mathrm{L}}/k_{\mathrm{M}}^{-\mathrm{H_2O}}) = -\alpha E(\mathrm{L}) - \beta H(\mathrm{L}) \qquad (3\text{-}56)$$

$$\log(k_{\mathrm{MA}}^{-\mathrm{H_2O}}/k_{\mathrm{M}}^{-\mathrm{H_2O}}) = \gamma E(\mathrm{A}) \qquad (3\text{-}57)$$

ここで，α, β および γ は金属 M に固有の比例定数である．また，$H(\mathrm{L})$ と $E(\mathrm{L})$ は，それぞれ配位子の塩基性（pK_a）と電子供与性（E_n）に相当し，いずれも水を基準としている[12a, b]．さらに，後述する A と L の配位子間相互作用および錯形成において置換される水分子の統計的補正項は考慮していない．これらのことを前提とすれば，式（3-53）〜式（3-57）から次式が成立する．

$$\log K_{\mathrm{MAL}}^{\mathrm{L}} = \log K_{\mathrm{ML}}^{\mathrm{L}} + (\log K_{\mathrm{os(MA,L)}} - \log K_{\mathrm{os(M,L)}}) \qquad (3\text{-}58)$$

ここで，統計的観点から $k_{\mathrm{MA}}^{-\mathrm{H_2O}}$ は MA 中の水分子 $n_{\mathrm{H_2O(MA)}}$ に比例し，$k_{\mathrm{M}}^{-\mathrm{H_2O}}$ は M 中の水分子の数 $n_{\mathrm{H_2O(M)}}$ に比例することを考慮すると次式が成立する．

3 金属イオンと溶質間の相互作用

$$\log K_{MAL}^L = \log K_{ML}^L + (\log K_{os(MA,L)} - \log K_{os(M,L)}) \\ + \log(n_{H_2O(MA)}/n_{H_2O(M)}) \tag{3-59}$$

次に，錯体 MAL および ML の生成において，錯体 MAL 内の配位子 A と L の配位結合を通した供与原子間相互作用（配位子間相互作用）を考慮に入れると，式 (3-59) は次式のようになる。

$$\log K_{MAL}^L = \log K_{ML}^L + (\log K_{os(MA,L)} - \log K_{os(M,L)}) + \log(n_{H_2O(MA)}/n_{H_2O(M)}) \\ + \sum_{i<j}\sum \delta_{ij} X_i(A) Y_j(L) \tag{3-60}$$

ここで，$\delta_{ij} X_i(A) Y_j(L)$ が供与原子間相互作用に相当し，δ_{ij} は配位子 A 中の供与原子 X_i が配位子 L 中の供与原子 Y_j におよぼす影響で，$X_i(A)$，$Y_j(L)$ はそれぞれ A 中の供与原子 X_i の数と L 中の供与原子 Y_j の数を表す。また，錯体 ML_n の生成定数 $K_{ML_n}^L$ も同様に次のように表せる。

$$\log K_{ML_n}^L = \log K_{ML}^L + (\log K_{os(ML_{n-1},L)} - \log K_{os(M,L)}) + \log(n_{H_2O(MA)}/n_{H_2O(M)}) \\ + \sum_{i<j}\sum \delta_{ij} X_i(L) Y_j(L) - \log n \tag{3-61}$$

ここで，$\log n$ は ML と ML_n から L が解離する場合の統計的な違いの補正項である。

K_{os} の値は Fuoss の式 (3-27)（K_A を活量係数補正して用いる）によって計算でき，L または A が無電荷の場合は，式 (3-60) の右辺第二項の $\log K_{os(MA,L)}$ $-\log K_{os(M,L)}$ や式 (3-61) の右辺第二項の $\log K_{os(ML_{n-1},L)} - \log K_{os(M,L)}$ はほとんどゼロと見なせる。さらに注目すべき点は，平面 4 配位の銅錯体の場合は，ヤーンテラー効果により歪んだアキシャル位の水分子の解離が律速となるので，式 (3-60) および式 (3-61) において錯体とアクア金属錯イオンの水分子の数による違いは考慮しなくてよい。したがって，平面 4 配位の銅錯体の場合，式 (3-60) は次のように表せる。

$$\log K_{MAL}^L = \log K_{ML}^L + (\log K_{os(MA,L)} - \log K_{os(M,L)}) + \sum_{i<j}\sum \delta_{ij} X_i(A) Y_j(L) \tag{3-62}$$

配位子が無電荷の場合は，右辺第二項はゼロと見なせ次式で表せる．

$$\log K_{MAL}^{L} = \log K_{ML}^{L} + \sum_{i<j}\sum \delta_{ij} X_i(A) Y_j(L) \qquad (3\text{-}63)$$

　経験的に見積もられた供与原子間相互作用パラメータ（δ_{ij}）を用いて多くの混合配位子錯体 MAL および 1：2 錯体（ML_2）や 1：3 錯体（ML_3）の高次錯体の生成定数が銅(II)，ニッケル(II)，コバルト(II)について，測定値と計算値が比較された[12]．表 3-3 にその一部が示してあるが，式(3-62)あるいは式(3-63)を用いると，多くの銅(II)アンミン錯体の平衡定数の測定値と計算値（対数値）は 0.3 以内で一致した[12e]．立体障害がある錯体や 1：1 錯体（ML）の構造が混合配位子錯体 MAL や高次錯体 ML_n の構造と異なる場合は測定値が計算値より低くなる．逆に，錯体中の配位子間での疎水性相互作用や π-π 相互作用，あるいはスタッキングが起こる場合は，測定値は計算値より大きくなる．式(3-60)と式(3-61)は混合配位子錯体の生成定数の安定化の要因だけでなく，測定値と計算値の違いから錯体の立体障害や安定化，さらには，反応機構の変化などを考察することができ，また，誤った測定値を指摘することもできる．

表 3-3　銅(II)の混合配位子錯体の生成定数の測定値と計算値の比較（25 ℃水溶液）[12b]

配位子 L	配位子 A	$\log K_{MAL}^{L}$(obs)	$\log K_{MAL}^{L}$(calc)	Dif.
pn	en	8.10	8.23	-0.13
1,2-diaminopropane	en	9.27	9.16	0.11
pn	1,2-dimainopropane	8.12	8.23	-0.11
oxalate	en	4.60	4.70	-0.10
pyrocatecholate	en	13.20	12.92	0.28
glycinate	$(NH_3)_2$	7.10	7.11	-0.11
pyridine	diethylenetriamine	1.77	1.77	-0.00
en	bpy	9.15	9.44	-0.29
acetate	bpy	3.51	3.54	-0.03
glycinate	bpy	7.88	7.95	-0.07
alaninate	bpy	8.02	7.77	0.25
salicylate	bpy	10.91	11.00	-0.09
pyrocatecholate	bpy	13.10	13.10	-0.00
pyridine	tripyridine	1.82	1.35	-0.47
alaninate	phen	7.88	7.77	0.11
pyrocatecholate	phen	12.92	12.97	-0.05
sulfosalicylate	phen	9.95	9.66	0.29

en: 1,2-diaminoethane, pn: 1,3-diaminopropane, bpy: 2,2'-bipyridine, phen: 1,10-phenanthroline
Dif: $\log K_{MAL}^{L}$(obs) $- \log K_{MAL}^{L}$(calc)

3　金属イオンと溶質間の相互作用

　式 (3-62) を用いた銅(II)錯体の生成定数の計算値（表3-3）は測定値と良い一致を示している。詳細な供与原子間相互作用パラメータ δ_{ij} の値は関連論文[12]に記載されているが，ほとんどの δ_{ij} の値[12]は負である。しかし，銅(II)錯体の供与原子 O と N については，$\delta_{ON} = +0.11\ (-0.63\ \mathrm{kJ})$ とプラスになる。このことは供与原子 O を含む配位子と供与原子 N を含む配位子からなる銅(II)の混合配位子錯体は，同一の供与原子からなる銅(II)錯体よりも安定化することを示している。

(3) 疎水性相互作用による錯体の安定化

　混合配位子錯体 MAL や 1：2 錯体 (ML_2) の生成定数の実測値が上記の計算値より系統的に大きな値が得られることがある。図3-8には銅(II)の1,10-フェナントロリン(phen)や2,2'-ビピリジン(bpy)錯体 CuA と *para*-X-置換フェニルアラニン誘導体(L)との混合配位子錯体 CuAL（〇，□）および 1：2 銅(II)錯体 CuL_2（△）について，水溶液中の生成定数（K_{MAL}^L）の実測値と計算値の差，$\log K(\mathrm{obs}) - \log K(\mathrm{calc})$，を *para*-X-置換フェニルアラニン誘導体の疎水性パラメータ（アミノ酸側鎖の混合溶媒（水-エタノールまたは水-1,4-ジオキサン）から純水への移行自由エネルギー $\Delta_t G°$）との関係を示す。図3-8に示されるように，phen や bpy と *para*-X-置換フェニルアラニン誘導体との混合配位子錯体（〇，□）の $\log K(\mathrm{obs}) - \log K(\mathrm{calc})$ は後述する特別な相互作用（stacking）を除くと $\Delta_t G°$ と直線的に関係付けられる。最も大きい場合には 200 倍以上大きな値となり安定化する。同様に，CuL_2 錯体の安定化は図3-8の下方のように Nozaki-Tanford のアミノ酸側鎖の疎水性と直線的に関係付けられる[12d]。このことは結合配位子同士の疎水性相互作用によって混合配位子錯体の安定化が起こっていることを示している。しかし，Cu(phen)(NH_2-Phe) や Cu(phen)(tyr)（NH_2-Phe = *p*-amino-L-phenylalanine, tyr = tyrosine）においては，疎水性相互作用に加えて結合配位子間の π–π 相互作用（スタッキング）（図3-11参照）により一層安定化する[12e]。

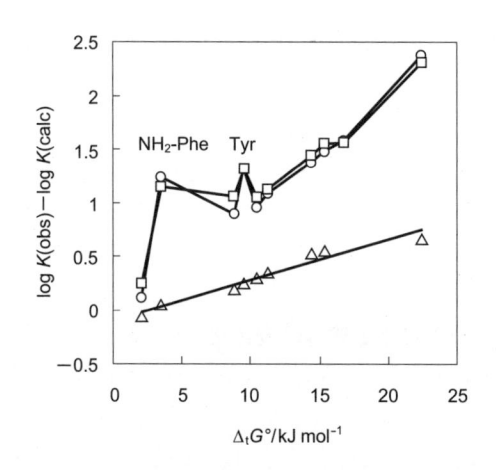

図3-8 25 ℃水溶液中における銅(II)の混合配位子錯体 CuAL(A = phen(○) または bpy(□),L = para-X-置換フェニルアラニン) および 1 : 2 錯体 CuL$_2$(△) の安定化(縦軸)とアミノ酸側鎖の疎水性(移行自由エネルギー, $\Delta_t G°$)の関係(KはK_{MAL}^L または$K_{ML_2}^L$ を示す)[12e]

(4) 非共有結合側鎖間の相互作用 [13, 14]

ほとんどのアミノ酸はグリシンのα位の炭素に側鎖を有している。その側鎖は中性のアルキル基やフェニル基だけでなく,極性や電荷を持つアミノ酸が多い。これらのアミノ酸が混合配位子錯体を形成すると,側鎖間には上述の疎水性相互作用の他,静電相互作用や水素結合が起こり混合配位子錯体は安定化する。ここでは,金属に結合していないアミノ酸側鎖間の相互作用による混合配位子錯体の安定化について述べる。

1) 電荷を有するアミノ酸側鎖間の相互作用

2種のアミノ酸 A, L が金属 M に結合した混合配位子錯体 MAL(電荷省略)を考える。図3-9に示すように異なるアミノ酸(アルギニン(Arg),リジン(Lys),アスパラギン酸(Asp),グルタミン酸(Glu)など)が金属イオンに同時に配位結合したとき,側鎖官能基間で静電相互作用と水素結合が起こり,混合配位子錯体は安定化する。

表3-4に,配位子 A, L のそれぞれの側鎖官能基 X, Y の違いによる混合配位子錯体の安定化が示されている。X と Y 間の相互作用が大きいほど($\Delta \log \beta_{MAL}$

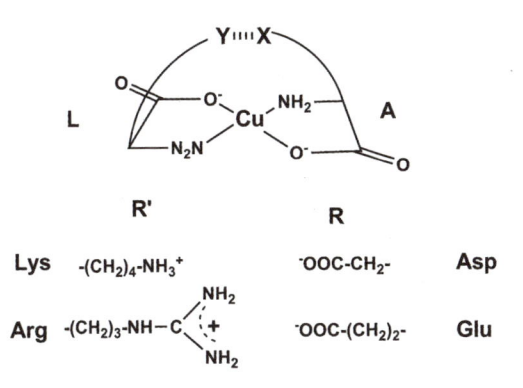

図 3-9　Cu(L-A)(L-L)錯体に配位結合したアミノ酸(A)の側鎖(R)官能基(X)とアミノ酸(L)の側鎖(R')官能基(Y)間の相互作用

表 3-4　CuAL 錯体における弱い相互作用による安定化（25 ℃，$I = 0.1$ mol dm^{-3}）[13]

A	L	X(A)	Y(L)	$\Delta \log \beta_{MAL}$*
L-Ptyr	L-Lys	$-C_6H_4OPO_3^{2-}$	$^+H_3N-$	0.73
L-Ptyr	L-Lys	$-C_6H_4OPO_3^{2-}$	$^+H_3N-$	0.40　($I = 1$)
L-His	L-Lys	$-COO^-$	$^+H_3N-$	0.18
D-His	L-Lys	$-COO^-$	$^+H_3N-$	0.08
L-His	L-Trp	$-C_3N_2H_3$	C_8H_5NH-	0.14
D-His	L-Trp	$-C_3N_2H_3$	C_8H_5NH-	0.60
histamine	L-TyrOH	$-C_3N_2H_3$	HOC_6H_4-	0.51
histamine	L-TyrO$^-$	$-C_3N_2H_3$	$^-OC_6H_4-$	0.11
histamine	L-Ptyr	$-C_3N_2H_3$	$^{2-}O_3POC_6H_4-$	-0.15

Ptyr ＝ O-phospho-tyrosine, His ＝ histidine, Lys ＝ lysine, Trp ＝ tryptophane, TyrOH ＝ tyrosine, histamine ＝ 4-imidazole ethylamine（$C_5H_9N_3$）

*$\Delta \log \beta_{MAL} = \log \beta_{CuAL} + \log \beta_{Cu(en\ or\ TyrOH)(Ala)} - \log \beta_{Cu(en\ or\ TyrOH)L} - \log \beta_{CuA(Ala)}$

の値が大きいほど）混合配位子錯体は安定化する．例えば，Cu(Ptyr)(Lys)においては，Ptyr の側鎖官能基（$-C_6H_4OPO_3^{2-}$）と Lys の側鎖官能基（$^+H_3N-$）の間の静電相互作用と水素結合によって混合配位子錯体の安定度定数は大きくな

る。静電相互作用が関係していることは，イオン強度(I)が大きくなると安定化が減少することからわかる（正負電荷間のクーロン引力が弱められるため）。また，側鎖官能基の電荷が大きいほど混合配位子錯体の安定度定数が大きくなる（例えば，リン酸基（Ptyr）＞カルボキシル基（His））。

2) 光学立体選択性

Cu(L-His)(L-Lys) と Cu(D-His)(L-Lys) の間で $\log \beta_{MAL}$ に差があり（表3-4），Cu(L-His)(L-Lys)の方がより安定で，側鎖間の相互作用に伴う光学立体選択性が存在する。この立体選択性は，金属に配位結合した2つの NH_2 基が互いに *cis* の異性体の方が *trans* の異性体より安定なためである（図3-10）。Cu(L-His)(L-Trp) と Cu(D-His)(L-Trp) の間では，芳香環スタッキングとカルボン酸の立体障害により逆の関係 Cu(D-His)(L-Trp) ＞ Cu(L-His)(L-Trp) になっている（表3-4）。

Cu(L-His)(L-Lys)　　　**Cu(D-His)(L-Lys)**

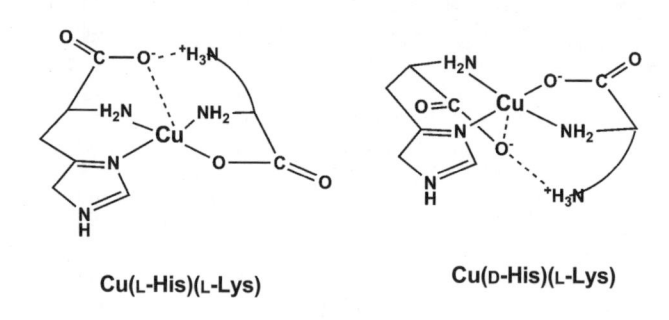

図 3-10　Cu(His)(Lys)錯体における立体選択性

3) スタッキング

図3-11に例示されるように，側鎖に芳香環を持つアミノ酸（L-TyrOH等）がbpy, phen, histamine 等と混合配位子錯体を形成するとき，配位子間の疎水性相互作用に加えて，スタッキング（π-π 相互作用（電荷移動相互作用））により錯体は安定化する[12e, 15]。ただし，表3-4のhistamineについて示されるように，TyrO$^-$ やPtyrなどの芳香環に電荷を持つ側鎖官能基が導入されると，官能基の水和が大きいため，芳香環スタッキングは弱くなり安定化は減少する。

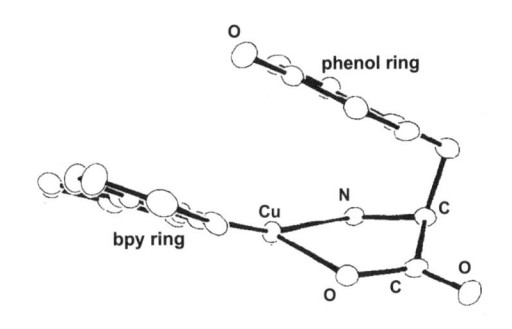

図 3-11 [Cu(bpy)(L-TyrOH)]$^+$錯体におけるスタッキング構造[15]

また，1,4-ジオキサンなどの有機溶媒が加えられてもスタッキングによる安定化は減少する。

1) ～ 3) に示されたように，アミノ酸の側鎖間の弱い相互作用は混合配位子錯体を安定化する要因として重要である。この混合配位子錯体の生成は生体中における金属イオンの輸送や酵素反応など生体機能に欠かせない現象でもある (8-3 節参照)。

(5) まとめ

混合配位子錯体 (MAL) の安定度定数およびこれを支配する要因は次のようにまとめることができる。

① 式 (3-60) に示したように，K_{MAL}^L は K_{ML}^L，錯体と配位子の電荷，MA および M に配位している水分子の数，L と A の配位結合を通じた供与原子間相互作用に依存する。A が無電荷の配位子の場合は，電荷による寄与は無視できる。さらに，銅(II) では 4 配位錯体の生成までは水分子数の項は無視できる

② 特別な安定化要因として，A-L 間の疎水性相互作用やアミノ酸側鎖間の弱い相互作用（静電相互作用，水素結合，スタッキング）がある

参考文献

1) P. Debye, E. Hückel, *Physik. Z.*, **24**, 185-206 (1923).
2) 藤代亮一，和田悟朗，玉虫伶太，『現代物理化学講座 8，溶液の性質 II』19-49，東京化学同人 (1968).
3) 大瀧仁志，田中元治，舟橋重信，『溶液反応の化学』7-23，学会出版センター (1982).
4) N. Bjerrum, *Kgl. Danske Videnskab. Selskab.*, **7**, 3-48, No.9 (1926).
5) H. Yokoyama, H. Yamatera, *Bull. Chem. Soc. Jpn.*, **48**, 1770-1776 (1975).
6) R. M. Fuoss, *J. Am. Chem. Soc.*, **80**, 5059-5061 (1958).
7) 日本化学会編，『新実験化学講座，**16**，反応と速度』125-146，丸善 (1978).
8) H. Yokoyama, H. Yamatera, *Bull. Chem. Soc. Jpn.*, **44**, 1725 (1971).
9) 山内脩，『生物無機化学』学会出版センター (1982).
10) 田中元治，『錯形成反応』丸善 (1974).
11) H. Prakash, A. Sodai, H. Yasui, H. Sakurai, S. Hirota, *Inorg. Chem.*, **47**, 5045 (2008).
12) a) M. Tanaka, *J. Inor. Nucl. Chem.*, **35**, 965 (1973).
    b) M. Tanaka, *J. Inorg. Nucl. Chem.*, **36**, 151 (1974).
    c) M. Tanaka, B. M. Rode, *Inorg. Chim. Acta*, **83**, L55 (1984).
    d) M. Tabata, M. Tanaka, *Inorg. Chem.*, **27**, 3190 (1988).
    e) M. Tanaka, M. Tabata, *Inorg. Chem.*, **46**, 9975 (2007).
    f) M. Tanaka, M. Tabata, *Bull. Chem. Soc. Jpn.*, **82**, 1258 (2009).
13) O. Yamauchi, A. Odani, M. Takani, *J. Chem. Soc., Dalton Trans.*, 3411-3421 (2002).
14) O. Yamauchi, A. Odani, S. Hirota, *Bull. Chem. Soc. Jpn.*, **74**, 1525-1545 (2001).
15) O. Yamauchi, A. Odani, H. Masuda, *Inorg. Chim. Acta*, **198-200**, 749-761 (1992).

4 金属錯体の溶液内諸反応

はじめに

溶媒和した金属イオンと共存する溶質が反応して錯体を形成する錯形成反応は，溶液錯体化学で扱う最も基本的な反応である。本章では，この錯形成反応のほか，溶液錯体化学が関わる金属錯体の種々の溶液内反応について解説する。

4-1 錯体の溶液内反応全体を通して

金属錯体の溶液内反応は，酸塩基反応，配位子置換反応，酸化還元反応，異性化反応などに分類される。金属錯体の酸解離反応（加水分解反応）は，式(4-1)で表される。配位子置換反応は，一般に式(4-2)で表されるが，配位子置換反応の特別な場合として，式(4-3)の溶媒交換反応，式(4-4)の錯形成反応，式(4-5)のアクア化反応，式(4-6)のアネーション，式(4-7)の配位子交換反応がある。酸化還元反応（電子移動反応）は，式(4-8)で表され，その反応機構として，内圏型機構と外圏型機構が提案されている。また，式(4-9)で表される異性化反応には，結合が切れることなく異性化が起こる場合と，結合の開裂を伴う場合とがある。これらの溶液内反応は，単独に起こるよりはむしろ，いくつかの反応が組み合わさって起こることの方が一般的である。これらの反応式を以下に示すが，式(4-1)〜式(4-8)の M^{n+} は電荷数が n の6配位の金属イオン，L，L'，L" はいずれも無電荷の単座配位子，S は単座配位の溶媒分子とする。

◎ 酸解離反応

$$[M(H_2O)_x(L)_y]^{n+} \rightarrow [M(OH)(H_2O)_{x-1}(L)_y]^{(n-1)+} + H^+ \tag{4-1}$$

例 $cis\text{-}[Co(H_2O)_2(NH_3)_4]^{3+} \rightarrow cis\text{-}[Co(OH)(H_2O)(NH_3)_4]^{2+} + H^+$

◎ 配位子置換反応

$$[ML_5L']^{n+} + L'' \rightarrow [ML_5L'']^{n+} + L' \tag{4-2}$$

例　$[Fe(CN)_5(NH_3)]^{3-} + py \rightarrow [Fe(CN)_5(py)]^{3-} + NH_3$

◎ 溶媒交換反応

$$[MS_6]^{n+} + {}^*S \rightarrow [MS_5{}^*S]^{n+} + S \qquad (4\text{-}3)$$

例　$[Ni(H_2O)_6]^{2+} + H_2O^* \rightarrow [Ni(H_2O)_5(H_2O^*)]^{2+} + H_2O$

◎ 錯形成反応

$$[MS_6]^{n+} + L \rightarrow [MS_5L]^{n+} + S \qquad (4\text{-}4)$$

例　$[Ni(H_2O)_6]^{2+} + Br^- \rightarrow [NiBr(H_2O)_5]^+ + H_2O$

◎ アクア化（酸加水分解）

$$[ML_5L']^{n+} + H_2O \rightarrow [ML_5(H_2O)]^{n+} + L' \qquad (4\text{-}5)$$

例　$[CoCl(NH_3)_5]^{2+} + H_2O \rightarrow [Co(H_2O)(NH_3)_5]^{3+} + Cl^-$

◎ アネーション

$$[ML_5S]^{n+} + X^- \rightarrow [ML_5X]^{(n-1)+} + S \qquad (4\text{-}6)$$

例　$[Co(H_2O)(NH_3)_5]^{3+} + Cl^- \rightarrow [CoCl(NH_3)_5]^{2+} + H_2O$

◎ 配位子交換反応

$$[ML_6]^{n+} + {}^*L \rightarrow [ML_5{}^*L]^{n+} + L \qquad (4\text{-}7)$$

例　$[Fe(CN)_6]^{4-} + {}^*CN^- \rightarrow [Fe(CN)_5({}^*CN)]^{4-} + CN^-$

◎ 酸化還元反応（電子移動反応）

$$[ML_6]^{n+} + [ML'_6]^{(n-1)+} \rightarrow [ML_6]^{(n-1)+} + [ML'_6]^{n+} \qquad (4\text{-}8)$$

例　$[Fe(phen)_3]^{3+} + [Fe(phen)_3]^{2+} \rightarrow [Fe(phen)_3]^{2+} + [Fe(phen)_3]^{3+}$

◎ 異性化反応

$$\begin{aligned}&\text{例 1}\quad \textit{cis-}[CoCl_2(en)_2]^+ \rightarrow \textit{trans-}[CoCl_2(en)_2]^+\\&\text{例 2}\quad [Co(ONO)(NH_3)_5]^{2+} \rightarrow [Co(NO_2)(NH_3)_5]^{2+}\end{aligned} \qquad (4\text{-}9)$$

ほとんどの読者は，キレート滴定を経験したことがあると思われることから，ここではまず，キレート滴定を例にとり，金属錯体の関与する溶液内諸反応に

触れ，次節以降でいくつかの反応についてより詳しく述べることにする．

亜鉛標準溶液を用いて EDTA 水溶液の濃度決定を行う場合，アンモニア緩衝液が用いられる．この水溶液中では次式で表されるような酸塩基反応が起こっている．

$$NH_3 + H^+ \rightleftarrows NH_4^+ \qquad (4\text{-}10)$$

$$H_2edta^{2-} \rightleftarrows Hedta^{3-} + H^+ \qquad (4\text{-}11)$$

これらの反応は，プロトン移動反応であり，表 4-1 に示されるように，非常に速い反応で大きな速度定数 k_r (25 ℃) を持つ．これらは，M. Eigen や E. M. Eyring ら，によって種々の緩和法を用いて測定されたものである（6-3 節参照）．H^+ と OH^- の反応は水溶液中で最も速く，拡散律速の反応である．表 4-1 にはこの反応に比べてかなり遅い反応も含まれているが，これらは，反応するプロトンが分子内水素結合を形成しているものや，プロトン付加が起こるときに構造変化を伴う反応である．

表 4-1 プロトン移動反応とその速度定数 (k_r)

	反 応 系	$k_r / M^{-1} s^{-1}$
1	$H^+ + OH^- \rightarrow H_2O$	1.4×10^{11}
2	$H^+ + HS^- \rightarrow H_2S$	7.5×10^{10}
3	$H^+ + CH_3COO^- \rightarrow CH_3COOH$	4.5×10^{10}
4	$H^+ + NH_3 \rightarrow NH_4^+$	4.3×10^{10}
5	$H^+ + AlOH^{2+} \rightarrow Al^{3+}$	4.4×10^9
6	$H^+ + CuOH^+ \rightarrow Cu^{2+}$	1×10^{10}
7	$H^+ + HCO_3^- \rightarrow CO_2 + H_2O$	5.6×10^4
8	$OH^- + NH_4^+ \rightarrow NH_3 + H_2O$	3.4×10^{10}
9	$OH^- + C_6H_5OH \rightarrow C_6H_5O^- + H_2O$	1×10^{10}
10	$OH^- + {}^+HN(CH_2COO^-)_3 \rightarrow N(CH_2COO^-)_3 + H_2O$	1.4×10^7

加水分解した化学種（例えば，$AlOH^{2+}$, $CuOH^+$）と H^+ との反応（式 (4-12)）も，拡散律速に近い反応である．その反応速度定数 (k_r) と，逆反応（酸解離反応あるいは加水分解反応）の速度定数 k_{OH} は，酸解離定数 K_a と $K_a = k_{OH}/k_r$ の関係にある．

$$[\mathrm{M(OH)(H_2O)}_{x-1}]^{(n-1)+} + \mathrm{H}^+ \underset{k_{\mathrm{OH}}}{\overset{k_{\mathrm{r}}}{\rightleftarrows}} [\mathrm{M(H_2O)}_x]^{n+} \qquad (4\text{-}12)$$

表 4-1 に示されるように，通常，$k_{\mathrm{r}} = 10^{10} \sim 10^{11}\,\mathrm{M^{-1}s^{-1}}\,(\mathrm{M = mol\,dm^{-3}})$ であり，加水分解化学種によって k_{r} は大きくは異ならないことから，酸解離定数 K_{a} の違いは，主として，k_{OH} の違いによるものということができる．たとえば，$\mathrm{M}^{n+} = \mathrm{Al}^{3+}$ の場合には，$\mathrm{p}K_{\mathrm{a}} = 5$ であるので，$k_{\mathrm{OH}} = 10^5\,\mathrm{s^{-1}}$ 程度となる．このように，加水分解反応（式 (4-12) の逆反応）の速度定数 k_{OH} の値は，プロトン付加反応の速度定数 k_{r} の値より小さいため，その反応速度はプロトン付加反応に比べれば遅いが，加水分解反応は単独で起こるわけではなく，正反応のプロトン付加反応といつも同時におこるため，金属イオンの加水分解反応は，溶媒交換反応，錯形成反応，配位子置換反応に比べれば十分に速い．しかし，加水分解がさらに進行し，多核の加水分解種（例えば，$\mathrm{Fe_3(OH)_4^{5+}}$ や $\mathrm{Pb_4(OH)_4^{4+}}$ など）が生成する系では，これらの加水分解化学種の生成速度は非常に遅く，平衡に達するのに数日以上かかる場合もあるので，金属錯体の溶液内反応や平衡を論じるとき注意する必要がある．

一方，亜鉛イオンは水和した $[\mathrm{Zn(H_2O)_6}]^{2+}$ として溶存しており，そこでは，配位水分子がバルクの水分子と置き換わる溶媒交換反応が起こっている．

$$[\mathrm{Zn(H_2O)_6}]^{2+} + \mathrm{H_2O}^* \rightleftarrows [\mathrm{Zn(H_2O)_5(H_2O^*)}]^{2+} + \mathrm{H_2O} \qquad (4\text{-}13)$$

水溶液中で金属イオンは図 4-1 の水和モデルで示されるような水和金属イオンとして存在している[1]．A の領域は，第一水和殻と呼ばれ，中心金属イオンとそれに配位している水分子を含む．B の領域は，第二水和殻と呼ばれ，ここではイオンの静電場と水分子の双極子とが相互作用している．C の領域は disordered region であり，バルク水はイオンの電荷の影響がおよんでいない普通の水である．ただし，水和が弱い金属イオンでは，B の領域が明確でないこともある．第一水和殻の水和水分子（配位水分子）は必ずしも動的には安定でなく，金属イオンに固有な速度で外側の水分子と交換している．すなわち，絶えず溶媒交換反応が起こっている．

また，水和亜鉛イオン $[\mathrm{Zn(H_2O)_6}]^{2+}$ は，$\mathrm{NH_3}$，edta^{4-}，金属指示薬（BT^{3-}）などの配位子と反応して金属錯体を生成する（錯形成反応）．

4　金属錯体の溶液内諸反応

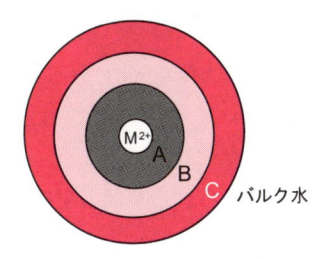

図 4-1　水溶液中の水和金属イオンのモデル
A: 第一水和殻　B: 第二水和殻　C: disordered region

$$[Zn(H_2O)_6]^{2+} + nNH_3 \rightleftarrows [Zn(NH_3)_n(H_2O)_{6-n}]^{2+} + nH_2O \quad (4\text{-}14)$$

$$[Zn(H_2O)_6]^{2+} + H_m\text{edta}^{(4-m)-} \rightleftarrows [Zn(\text{edta})]^{2-} + mH^+ + 6H_2O \quad (4\text{-}15)$$

$$[Zn(H_2O)_6]^{2+} + HBT^{2-} \rightleftarrows [Zn(BT)(H_2O)_3]^- + H^+ + 3H_2O \quad (4\text{-}16)$$

さらに，キレート滴定の終点付近では，Zn^{2+} に配位した金属指示薬（BT^{3-}）と EDTA との配位子置換反応が起こっている。

$$[Zn(BT)(H_2O)_3]^- + H\text{edta}^{3-} \rightleftarrows [Zn(\text{edta})]^{2-} + HBT^{2-} + 3H_2O \quad (4\text{-}17)$$

一方，亜鉛標準溶液を調製する際は，標準物質として用いられる高純度亜鉛を塩酸に溶解するが，この反応は酸化還元（電子移動）反応である。

$$Zn + 2H^+ + 6H_2O \rightleftarrows [Zn(H_2O)_6]^{2+} + H_2 \quad (4\text{-}18)$$

以上のように，キレート滴定のような一見単純そうな反応においても，何種類もの溶液内反応が複雑に絡み合って起こっている。しかし，金属イオンや配位子の総濃度，pH，平衡定数などがわかっていれば，どのような化学種がどのような濃度で存在するかを計算によって知ることができる。

4-2 錯形成反応

　溶液中において，金属イオンと配位子とが反応して金属錯体を生成する反応を錯形成反応という（式 (4-4)）。金属イオンは，溶媒中では溶媒分子が配位した溶媒和金属イオンとして存在しているため，錯形成反応は，配位溶媒分子が他の配位子によって置き換えられる一種の配位子置換反応と見なすことができる。

　水溶液中における 6 配位のアクア金属イオン（$[M(H_2O)_6]^{n+}$）と単座配位子（L^{m-}）との錯形成反応について考えてみる。金属イオンは水の中で図 4-1 のような状態で存在していると考えられている。$[M(H_2O)_6]^{n+}$ 中の配位水分子は，バルクの水分子と絶えず交換（溶媒交換反応）しており，その交換の速さは金属イオンの種類と価数に依存する（図 4-6 および 6-3 節の表 6-3 参照）。また，$[M(H_2O)_6]^{n+}$ は，その種類や価数によって強さが変わる Brønsted 酸であり，水溶液の pH に依存して，配位水分子からプロトン解離が起こる（酸解離反応，加水分解反応，プロトン移動反応）。一方，配位子は Lewis 塩基であるので，水溶液の pH に依存して，Lewis 酸である H^+ がその非共有電子対に付加する（プロトン付加反応）。金属イオンの加水分解反応と配位子へのプロトン付加反応が起こらないような条件では，$[M(H_2O)_6]^{n+}$ と L^{m-} との錯形成反応は一般に次式で表される。

$$[M(H_2O)_6]^{n+} + L^{m-} \underset{}{\overset{k_{os}}{\rightleftarrows}} [M(H_2O)_6]^{n+} L^{m-} \underset{}{\overset{k_{H_2O}}{\rightleftarrows}} [ML(H_2O)_5]^{(n-m)+} + H_2O \tag{4-19}$$

　$[M(H_2O)_6]^{n+} L^{m-}$ は，3-2 節で説明されている外圏錯体（配位子 L が負電荷を有する場合は外圏イオン対ともいう）に相当し，その生成反応過程は拡散律速の速い過程である。外圏錯体 $[M(H_2O)_6]^{n+} L^{m-}$ から内圏錯体 $[ML(H_2O)_5]^{(n-m)+}$（通常の錯体に相当）が生成する過程で，配位子 L による配位水分子の置換反応が起こる。

　金属イオンの総濃度 C_M に比べて配位子の総濃度 C_L が大過剰（$C_M << C_L$）のとき，生成物としてより高次な錯体 $[ML_2(H_2O)_4]^{(n-2m)+}$，$[ML_3(H_2O)_3]^{(n-3m)+}$，… が生成する可能性があるが，一般に，$[ML(H_2O)_5]^{(n-m)+}$ に，2 個目，3 個目の L^{m-} が配位する速度はもっと速く，高次錯体の生成が律速になることはない。

また，L^{m-}が多座配位子の場合，通常，キレートの閉環が律速となることは少ない。したがって，$[M(H_2O)_6]^{n+}$と配位子L^{m-}が反応して内圏錯体$[ML(H_2O)_5]^{(n-m)+}$を生成するときの実測の擬一次の反応速度定数k_{obs}は，外圏錯体の生成定数K_{os}と律速段階の速度定数k_{H_2O}を用いて式（4-20）で表される。

$$k_{obs} = \frac{K_{os}k_{H_2O}}{1+K_{os}C_L}C_L \tag{4-20}$$

$K_{os}C_L \gg 1$が成り立つ場合，配位子濃度に依存しない二次の反応速度定数k_fは，$k_{obs} = k_f C_L$の関係から，

$$k_f = K_{os}k_{H_2O} \tag{4-21}$$

となる。ここで，K_{os}の値は，Fuossの式（3-27）（K_Aを活量係数補正して用いる）により見積もられることが多い。

表4-2にNi^{2+}イオンの錯形成反応のk_f（25℃）の値を示す。k_fの値は，配位子の電荷の大きさに依存して変化しているが，これは，配位子の電荷によりK_{os}の値が変化するからである。電荷が同じであればk_fはほぼ一定の値であることがわかる。k_fの値とFuossの式により見積もられたK_{os}の値を用いて求めたk_{H_2O}の値を表4-3に示す。k_{H_2O}の値は配位子の種類によらずほぼ一定の値であることがわかる。このことは，Ni^{2+}イオンの錯形成では，$[Ni(H_2O)_6]^{2+}$の配

表4-2 ニッケル(II)錯体の生成速度定数 k_f（25℃）

配位子の電荷	配位子	$\log(k_f/M^{-1}s^{-1})$	配位子の電荷	配位子	$\log(k_f/M^{-1}s^{-1})$
0	NH_3	3.6	1−	$H_2NCH_2CO_2^-$	4.3
	NH_2NH_2	3.4		$HN(CH_2CO_2H)(CH_2CO_2^-)$	4.6
	imidazole	3.7		$N(CH_2CO_2H)_2(CH_2CO_2^-)$	4.6
	pyridine	3.7	2−	$C_2O_4^{2-}$	4.9
	1,10-phenanthroline	3.6		$CH_2(CO_2)_2^{2-}$	4.8
	2,2'-bipyridine	3.2		$HN(CH_2CO_2^-)_2$	4.9
	2,2':6',2''-terpyridine	3.1	3−	$HP_2O_7^{3-}$	6.3
1−	SCN^-	3.7		$Hedta^{3-}$	5.3
	$HC_2O_4^-$	3.7	4−	$HP_3O_{10}^{4-}$	6.8
	$HO_2CCH_2CO_2^-$	3.5			

表 4-3 ニッケル(II)の内圏錯体の生成速度定数 k_{H_2O}(25℃)

配位子	$k_{H_2O}/10^4\ s^{-1}$
H_2O	2.7
イミダゾール	1.6
SCN^-	0.6
$HC_2H_4^-$	0.9
$H_2NCH_2CO_2^-$	0.9
SO_4^{2-}	1.5
$C_2O_4^{2-}$	0.6
$HP_2O_7^{3-}$	1.2
$HP_3O_{10}^{4-}$	1.2

位水分子が解離する過程が律速であることを示す。したがって，Ni^{2+} イオンの錯形成の反応機構は，Langford と Gray の分類では I_d 機構に相当する（4-3-1 項参照）。式（4-19）で表される反応機構は Eigen 機構あるいは Eigen-Wilkins 機構と呼ばれ，一般に受け入れられている。

4-2-1　アクア金属イオン(M^{n+})とヒドロキソ金属イオン($MOH^{(n-1)+}$)の錯形成反応

4-3節で述べる Langford と Gray による反応機構の分類法にしたがうと，M^{n+} の錯形成は，Fe^{2+}，Co^{2+}，Ni^{2+}，Al^{3+}，Ga^{3+} などのイオンの場合のように，速度定数が配位子の種類に依存せずほぼ一定であり，解離的反応機構で起こると考えられるものと，Cr^{3+}，Mn^{2+}，Fe^{3+} などのイオンの場合のように，速度定数が配位子の種類によってかなり変化し，会合的機構で起こると考えられるものとがある。これに対し，共役塩基である $MOH^{(n-1)+}$ の錯形成反応の速度定数は，その共役酸の速度定数よりも数桁大きく，また，配位子の種類に依存せずほぼ一定の値である。すなわち，加水分解した金属イオンの錯形成は，解離的機構で進行する。

$MOH^{(n-1)+}$ の錯形成反応の速度定数が M^{n+} よりも数桁大きいということは，平衡論的には $MOH^{(n-1)+}$ の存在が無視できるような pH が低い条件においても，速度論的には $MOH^{(n-1)+}$ の関与する反応を無視できない可能性を示唆している。すなわち，実際に錯形成が M^{n+} とばかりでなく，$MOH^{(n-1)+}$ とも起こっている可能性がある。

4 金属錯体の溶液内諸反応

Fe^{3+} と $FeOH^{2+}$ を例にとり,錯形成反応の機構と反応経路を考えてみる[2]。Fe^{3+} は,$pK_a = 2.8$ のかなり強い酸であり,また,総濃度や pH が高い場合には縮合したポリマーや沈殿を生成しやすいため,Fe^{3+} イオンの錯形成反応は,酸性(例えば pH = 1)で総濃度 C_{Fe} を低くし,配位子の濃度 C_L が大過剰($C_{Fe} \ll C_L$)の擬一次の条件で測定される。このような条件の下では,平衡論的に考慮すべき化学種は Fe^{3+} のみであるが,速度論的には,存在量は寡少であるが活性度が数桁高い $FeOH^{2+}$ の反応も考慮する必要がある。配位子に関しても,当該の実験条件の下で酸解離が起こり,酸型と塩基型の両化学種が反応活性である可能性がある場合には,錯形成の反応経路は次式のように4種類が考えられる。(本実験条件の $C_L \gg C_{Fe}$ においては,より高次の錯体が生成し得るが,多くの場合それらの生成が律速になることはない。)ただし,ここでは話を簡単にするために,逆反応の寄与は無視できるものとする。

$$
\begin{array}{c}
\text{Fe}^{3+} + \begin{array}{c} \text{HL} \xrightarrow{k_1} \text{FeL}^{2+} + \text{H}^+ \\ \updownarrow K_a^L \\ \text{L}^- \xrightarrow{k_2} \text{FeL}^{2+} \end{array} \\
\updownarrow K_a^{Fe} \\
\text{FeOH}^{2+} + \begin{array}{c} \text{HL} \xrightarrow{k_3} \text{FeL}^{2+} + \text{H}_2\text{O} \\ \updownarrow K_a^L \\ \text{L}^- \xrightarrow{k_4} \text{FeL}^{2+} + \text{OH}^- \end{array}
\end{array} \quad (4\text{-}22)
$$

式(4-22)において,生成物(FeL^{2+})の生成速度は,式(4-23)で表される。

$$
\frac{d[\text{FeL}^{2+}]}{dt} = k_1[\text{Fe}^{3+}][\text{HL}] + k_2[\text{Fe}^{3+}][\text{L}^-] + k_3[\text{FeOH}^{2+}][\text{HL}] + k_4[\text{FeOH}^{2+}][\text{L}^-]
$$

$$
= (k_1[\text{HL}] + k_2[\text{L}^-])[\text{Fe}^{3+}] + (k_3[\text{HL}] + k_4[\text{L}^-])[\text{FeOH}^{2+}] \quad (4\text{-}23)
$$

ここで,

$$
C_{Fe} = [\text{Fe}^{3+}] + [\text{FeOH}^{2+}] + [\text{FeL}^{2+}] \quad (4\text{-}24)
$$

$$C_L = [HL] + [L^-] + [FeL^{2+}] \tag{4-25}$$

$$K_a^{Fe} = \frac{[FeOH^{2+}][H^+]}{[Fe^{3+}]} \tag{4-26}$$

$$K_a^{L} = \frac{[L^-][H^+]}{[HL]} \tag{4-27}$$

これらの式を式 (4-23) に代入すると，式 (4-28) が得られる．

$$\frac{d[FeL^{2+}]}{dt} = \frac{k_1 + k_2 K_a^L [H^+]^{-1} + k_3 K_a^{Fe}[H^+]^{-1} + k_4 K_a^L K_a^{Fe}[H^+]^{-2}}{(1+K_a^L[H^+]^{-1})(1+K_a^{Fe}[H^+]^{-1})}(C_L - [FeL^{2+}])(C_{Fe} - [FeL^{2+}]) \tag{4-28}$$

$C_{Fe} \ll C_L$ なので，

$$\frac{d[FeL^{2+}]}{dt} = \frac{k_1 + k_2 K_a^L [H^+]^{-1} + k_3 K_a^{Fe}[H^+]^{-1} + k_4 K_a^L K_a^{Fe}[H^+]^{-2}}{(1+K_a^L[H^+]^{-1})(1+K_a^{Fe}[H^+]^{-1})} C_L(C_{Fe} - [FeL^{2+}]) \tag{4-29}$$

一方，実際，$C_{Fe} \ll C_L$ の下で，錯体の生成速度は，錯体を形成していない鉄(III)イオンの総濃度 ($C_{Fe} - [FeL^{2+}] = [Fe^{3+}] + [FeOH^{2+}]$) に関して一次である．すなわち，

$$\frac{d[FeL^{2+}]}{dt} = k_{obs}(C_{Fe} - [FeL^{2+}]) \tag{4-30}$$

式 (4-29) と式 (4-30) より，式 (4-31) が得られる．

$$k_{obs} = \frac{k_1 + k_2 K_a^L [H^+]^{-1} + k_3 K_a^{Fe}[H^+]^{-1} + k_4 K_a^L K_a^{Fe}[H^+]^{-2}}{(1+K_a^L[H^+]^{-1})(1+K_a^{Fe}[H^+]^{-1})} C_L \tag{4-31}$$

$[H^+]$ が一定で，異なる C_L の下で実測された k_{obs} は，実際，原点を通る直線となり，直線の傾きを k_f とすると，

$$k_{obs} = k_f C_L \tag{4-32}$$

となる．したがって，式 (4-31) と式 (4-32) より次式が得られる．

$$(1+\frac{K_a^L}{[H^+]})(1+\frac{K_a^{Fe}}{[H^+]})k_f = k_1 + \frac{k_2 K_a^L}{[H^+]} + \frac{k_3 K_a^{Fe}}{[H^+]} + \frac{k_4 K_a^L K_a^{Fe}}{[H^+]^2} \tag{4-33}$$

異なる $[H^+]$ の下で同様の測定を行い，k_f を求め，式 (4-33) の左辺の値を計算し，それを $1/[H^+]$ に対してプロットすると，切片を持つ直線が得られる．このことは，k_4 の反応経路の寄与が無視できることを示す．直線の切片より

k_1 の値が，傾きより $k_2 K_a^L$ と $k_3 K_a^{Fe}$ の和が得られる。換言すれば，和だけが得られ，それぞれの値を単独に得ることはできない。これは，k_2 の経路と k_3 の経路の [H^+] に対する依存性が同じであるため，その依存性が金属イオンの酸塩基反応に由来するのか，配位子の酸塩基反応に由来するのかを速度論的に区別することができないためである。このことはしばしば "proton ambiguity" と呼ばれる[3]。しかしこのような場合でも，傾きがゼロでないことは，k_2 と k_3 の反応経路のうち少なくとも一方の経路が反応に関与していることを示すので，片方の経路のみが存在するとして，双方の経路の速度定数の上限値を求めることは可能であるし，また，得られた上限値から，化学的な考察により関与する経路を決定できる場合もある。

以上のようにして決定した Fe^{3+} と $FeOH^{2+}$ の錯形成反応の速度定数の値を表 4-4 に示す。この表中には，"proton ambiguity" の無い反応系の結果も含まれている。金属イオンに対する配位子 L^- の反応性は，プロトン付加することによって低下する（$L^- > HL$）ため，強酸の共役塩基（Br^-，Cl^-，SCN^- など）を配位子として用いれば，"proton ambiguity" を回避することができる。

Fe^{3+} の速度定数は配位子の種類によりかなり大きく変化しているが，$FeOH^{2+}$ の場合は変化がかなり小さいことがわかる。前者は I_a 機構で反応し，後者は I_d 機構で反応すると考えられる。

表 4-4 Fe^{3+} と $FeOH^{2+}$ の錯形成反応の速度定数（$k_f / M^{-1} s^{-1}$）（25 ℃）

配位子	$FeOH^{2+}$	Fe^{3+}
SO_4^{2-}	1.1×10^5	2.3×10^3
Cl^-	5.5×10^3	4.8
Br^-	2.8×10^3	1.6
NCS^-	5.1×10^3	9.0×10^1
$Cl_3CCO_2^-$	7.8×10^3	6.3×10^1
$Cl_2HCCO_2^-$	1.9×10^4	1.2×10^2
$ClH_2CCO_2^-$	4.1×10^4	1.5×10^3
H_3CCO_2H	$\leq 2.8 \times 10^3$	2.7×10^1
C_6H_5OH	1.5×10^3	
$C_{10}H_{12}(=O)(OH)$ *	6.3×10^3	2.2×10^1
$H_3CC(O)NH(OH)$	2.0×10^3	1.2
H_2O (in s^{-1})	1.2×10^5	1.6×10^2

* 4-isopropyltropolone

4-2-2　二座配位子との錯形成反応

次式で表される二座配位子によるキレートの生成反応を考える。

$$[M(H_2O)_6]^{n+} + \overset{\frown}{L\ L} \underset{}{\overset{K_{os}}{\rightleftharpoons}} [M(H_2O)_6]^{n+}\cdots \overset{\frown}{L\ L}$$

$$\overset{k^*}{\rightleftharpoons} [M(H_2O)_5\overset{\frown}{L]^{n+}L} + H_2O \rightleftharpoons [M(H_2O)_4(L-L)]^{n+} + 2H_2O \quad (4\text{-}34)$$

最初の過程は，式（4-19）の単座配位子との錯形成の場合と同様であり，まず，金属イオンは二座配位子と外圏錯体を生成し，次に，金属イオンの第一配位圏に配位している溶媒分子が二座配位子の配位原子により置換され，二座配位子が単座で配位する。その次の過程で，2 つ目の配位溶媒分子が，二座配位子の残りの配位原子により置換され，キレートの閉環が起こる。解離的機構で反応する金属イオンを例にとると，閉環の際には，2 つ目の溶媒分子が抜けた空の配位座を求めて，抜けた溶媒分子（あるいは別の溶媒分子）と二座配位子の残りの配位原子とが競合するが，Ni^{2+} イオンのように溶媒交換反応や錯形成反応が比較的遅い金属イオンの場合には，開いた配位座のすぐ近くに都合良くもう 1 個の配位原子があるため局所濃度が高く，結果として反応確率が高くなるため，キレートの閉環は律速にはならない。そのため，この場合，キレートの生成反応の速度は，類似の単座配位子の速度とほとんど変わらない。それに対し，Co^{2+} イオンのように溶媒交換反応がかなり速い金属イオンの場合や，大きなキレート環が生成するときのような閉環に支障がある場合には，溶媒分子の再結合の方がより有利になるため，キレートが閉環して生成物ができる速度は減少する。溶媒交換反応が極めて速い Cu^{2+} や Cr^{2+} イオンのような金属イオンの場合には，二座配位子の残りの配位原子がキレートの閉環が可能な位置まで移動するのに要する時間よりも，溶媒分子の再結合の時間の方がはるかに短くなるため，キレートの閉環が律速となる。この場合，二座配位子による錯形成の速度定数は，単座配位子との反応に比べてずっと小さくなり，その度合いは配位子の構造に著しく依存する。このように，キレートの閉環が律速になるような反応機構は，sterically controlled substitution（SCS）機構と呼ばれる。

4-2-3 ポルフィリンの錯形成反応

ポルフィリンは図 4-2 に示すように環状の四座配位子であり，芳香族性を持つため，一般に平面的な分子構造をとる。ポルフィリンの中央の 4 個の窒素原子のうち 2 個の窒素原子には水素原子が結合しているが，錯形成反応においてはこれらの水素原子はプロトンとして解離するため，金属錯体中でポルフィリンは -2 価の電荷を持つことになる。ポルフィリンの向かい合った 2 つの窒素原子の原子核間距離は約 4 Å（1 Å $= 10^{-10}$ m $= 100$ pm）であり[4]，Cu^{2+}（イオン半径 0.7 Å）のようなイオン半径の比較的小さな遷移金属イオンはこの中央の空孔に入ることができるが，Cd^{2+}（同 0.97 Å）や Hg^{2+}（同 1.1 Å）のように大きな金属イオンではその空孔に入りきることができず，金属イオンがポルフィリン平面から少し浮き上がった構造をとる。

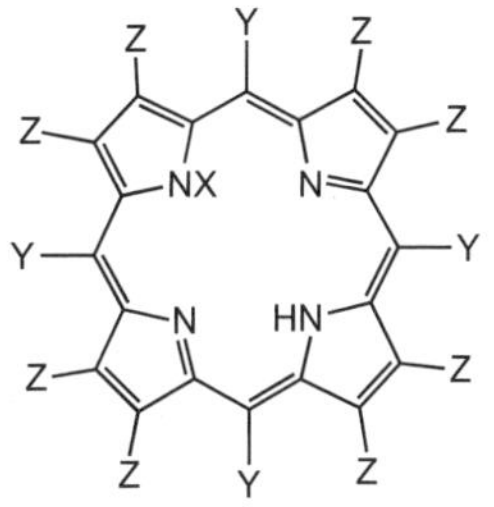

図 4-2 ポルフィリンの構造と略号．TPP（H_2tpp）：X ＝ H, Y ＝ phenyl, Z ＝ H; N–MeTPP: X ＝ CH_3, Y ＝ phenyl, Z ＝ H; TPPS（H_2tpps^{4-}）：X ＝ H, Y ＝ 4-sulfonatophenyl, Z ＝ H; TMPyP（H_2tmpyp^{4+}）：X ＝ H, Y ＝ N-methylpyridinium-4-yl, Z ＝ H; Br_8TMPyP: X ＝ H, Y ＝ N-methylpyridinium-4-yl, Z ＝ Br; Br_8TPPS: X ＝ H, Y ＝ 4-sulfonatophenyl, Z ＝ Br

ポルフィリンと金属イオンとの錯形成反応の速度は非環状の配位子の錯形成反応や溶媒交換反応に比べて非常に遅くなっている。図 4-3 に DMF 中でのテトラフェニルポルフィリン（TPP）の錯形成反応の速度定数（k_f）を示す。このように金属ポルフィリン錯体の生成反応が遅いのはポルフィリンが平面的な分子構造をとっているためであると考えられる。ポルフィリンの窒素原子上の孤立電子対はポルフィリンの中心方向を向いているが，錯形成の際に金属イオンと相互作用するためにはポルフィリン分子が歪み，孤立電子対がポルフィリンの面外に向かなければならず，このことがポルフィリンの錯形成反応におい

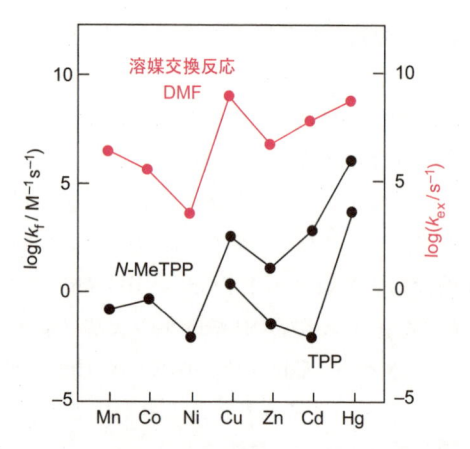

図 4-3 DMF 中における 2 価の金属イオンとポルフィリンとの錯形成反応の速度定数 (k_f) と溶媒交換反応の速度定数 (k_{ex}) の比較 (25℃)。ポルフィリンの構造と略号は図 4-2 参照

て速度論的に不利に作用していると考えられる。錯形成反応機構としては通常の Eigen-Wilkins 機構 (4-2 節参照) に加えて，反応の律速段階前にポルフィリン分子が平面構造から歪む平衡が想定される。ポルフィリン分子の変形の平衡定数を K_D ($K_D \ll 1$) とし，ポルフィリンの錯形成反応の律速段階が 1 つ目の窒素原子との結合形成の段階であり，水素イオンの解離やキレート環の生成過程はその後に起こるものとすると，式 (4-21) より，金属ポルフィリン錯体の生成反応の二次の速度定数 k_f は次式で与えられる。

$$k_f = K_D K_{os} k_s \tag{4-35}$$

ここで，k_s は金属イオンから溶媒分子が解離する反応の速度定数である。ポルフィリン分子が平面構造から歪む反応の平衡定数は非常に小さく ($K_D \ll 1$)，そのために錯形成反応が遅くなるものと考えられる。

一方，ポルフィリンのピロール窒素に結合した水素原子をメチル基で置換した N-MeTPP では，メチル基の立体障害のためにポルフィリン分子が平面から変形しており，窒素原子上の孤立電子対は面外を向くことになる。そのため，TPP に比べると金属イオンとの相互作用が起こりやすく，N-MeTPP の錯形成

反応が TPP より速くなっている。なお，いずれの場合においても金属イオンの溶媒交換反応速度とポルフィリンの錯形成反応の速度の間には比例関係がある。

(1) 水溶液中における錯形成反応

水溶液中におけるポルフィリン（例えば H_2tpps^{4-}）の錯形成反応は次式で表される。

$$H_2tpps^{4-} + M^{2+} \underset{k_b}{\overset{k_f}{\rightleftarrows}} M(tpps)^{4-} + 2H^+ \tag{4-36}$$

Zn^{2+}，Cd^{2+} との錯形成反応の正反応および逆反応の速度式は，それぞれ次のように表される[5]。

$$(正反応の速度) = k_f[H_2tpps^{4-}][M^{2+}] \tag{4-37}$$

$$(逆反応の速度) = k_b[M(tpps)^{4-}][H^+]^2 \tag{4-38}$$

正反応の二次の速度定数の大きさは 25 ℃において $k_f = 1.13\ M^{-1}\ s^{-1}\ (Zn^{2+})$, $5.21 \times 10^2\ M^{-1}\ s^{-1}\ (Cd^{2+})$ であり，通常の錯形成反応の速度定数に比べて桁違いに遅くなっている。逆反応の速度は水素イオン濃度に関して二次に依存する：$k_b = 9.37\ M^{-2}\ s^{-1}\ (Zn^{2+})$，$5.49 \times 10^{12}\ M^{-2}\ s^{-1}\ (Cd^{2+})$。これは逆反応では律速段階前にポルフィリン錯体に 2 個の水素イオンが結合することを示している。また，速度定数の値を用いて見積もった生成定数の値は Zn^{2+} では $K = 0.12\ M$，Cd^{2+} では $K = 9.5 \times 10^{-11}\ M$ であり，金属イオンが大きいためポルフィリンの中央の空孔に入り込めない Cd^{2+} では生成定数が桁違いに小さくなっている。この違いはおもに逆反応の速度の違いに帰することができ，Cd(II) 錯体では分子構造を反映して金属錯体と水素イオンとの反応性が非常に高くなっている。

(2) DMF 中での TPP, N-MeTPP の錯形成反応

ここでは DMF 中での TPP および N-MeTPP と Zn^{2+} および Cd^{2+} との錯形成反応について紹介する[6]。反応速度はポルフィリンに比べて金属イオンが大過剰に存在する擬一次の条件下で測定された。図 4-4 に擬一次の反応速度定数 (k_0) と金属イオンの濃度との関係を示す。Cd^{2+} については，TPP および N-MeTPP の双方とも反応は Cd^{2+} に関して一次であり，歪んだポルフィリン N-MeTPP の反応速度が TPP に比べて 5 桁程度大きな値となっている。

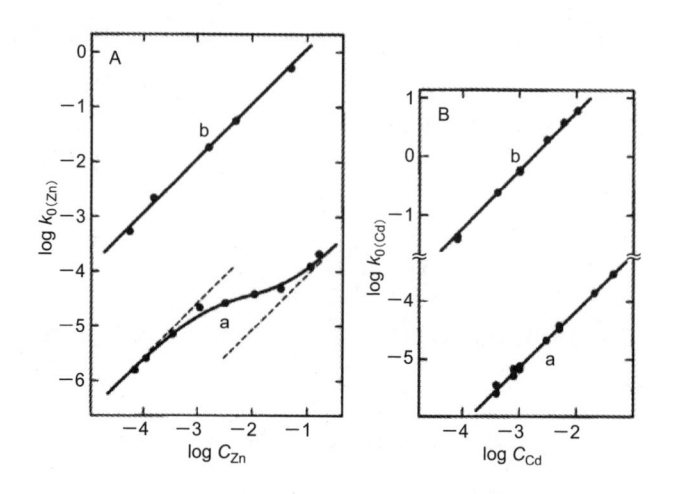

図 4-4　擬一次の反応速度定数の金属イオン濃度依存性 (25℃)
A: Zn^{2+}, B: Cd^{2+}, a: TPP, b: N-MeTPP

一方，Zn(II)-TPP の反応系では，その錯形成反応の速度は Zn^{2+} の濃度に複雑に依存している．この結果は次の反応機構で説明されている．

$$\left. \begin{array}{l} H_2tpp + Zn^{2+} \xrightleftharpoons{K} H_2tpp \cdots Zn^{2+} \\[4pt] H_2tpp \cdots Zn^{2+} \xrightarrow{k_1} [Zn(tpp)] + 2H^+ \\[4pt] H_2tpp \cdots Zn^{2+} + Zn^{2+} \xrightarrow{k_2} [Zn(tpp)] + Zn^{2+} + 2H^+ \end{array} \right\} \quad (4\text{-}39)$$

まず，Zn^{2+} とポルフィリンが弱く結合した反応中間体 $H_2tpp \cdots Zn^{2+}$ が生成する前平衡があり，その中間体の Zn^{2+} がポルフィンの空孔に直接入る経路，および，その中間体にさらにもう1つの Zn^{2+} が反応して錯体を与える経路の2つの経路が並行して存在する．このような機構から次の式が得られる．

$$k_{0(Zn)} = \frac{K[Zn^{2+}]}{1+K[Zn^{2+}]}(k_1 + k_2[Zn^{2+}]) \quad (4\text{-}40)$$

同様な式が Cu^{2+} との反応においても得られた．後者の反応経路は第二の金属イオンによる触媒的な機構であり，他の配位子の錯形成反応には見られない特

徴的な反応機構である。なお, N-MeTPP では反応は Zn^{2+} に関して一次であり, この場合も歪んだポルフィリンの反応が平面性のポルフィリンに比べてかなり速くなっている。

(3) 金属イオンによる触媒作用

金属ポルフィリン錯体の生成反応は通常の配位子の錯形成反応に比べて非常に遅いことを先に述べた。Mn^{2+} と TPPS との反応は2日間で25%しか進行しない。しかし, この反応は Hg^{2+}, Cd^{2+}, Pb^{2+} の存在下で約 10^4 倍促進され, 反応は60分で完了する（図4-5参照）。

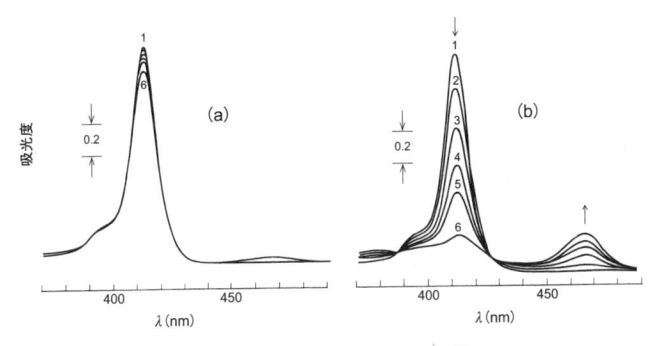

図 4-5 Mn^{2+} と TPPS の反応に対する Cd^{2+} の触媒作用
(a) $[Cd^{2+}] = 0$, (b) $[Cd^{2+}] = 4.88 \times 10^{-7}$ M, 反応時間（分）: (1) 0, (2) 3, (3) 10, (4) 20, (5) 30, (6) 60 (25°C)

Hg^{2+} が最も大きな触媒作用を示すが, Cd^{2+} の触媒作用が詳しく研究され, 次のスキームで反応が進むことが明らかにされている[7]。

$$\left. \begin{array}{l} Mn^{2+} + H_2tpps^{4-} \xrightarrow{k_1} Mn(tpps)^{4-} + 2H^+ \quad (slow) \\[4pt] Cd^{2+} + H_2tpps^{4-} \underset{k_{-2}}{\overset{k_2}{\rightleftarrows}} Cd(tpps)^{4-} + 2H^+ \\[4pt] Cd(tpps)^{4-} + Mn^{2+} \xrightarrow{k_3} Mn(tpps)^{4-} + Cd^{2+} \quad (fast) \end{array} \right\} \quad (4\text{-}41)$$

速度定数 (25°C, $I = 0.1$ M) は $k_1 = 2.50 \times 10^{-2}$ M^{-1}s^{-1}, $k_2 = 4.86 \times 10^{2}$ M^{-1}s^{-1}, $k_{-2} = 5.90 \times 10^{12}$ M^{-2}s^{-1}, $k_3 = 1.98 \times 10^{2}$ M^{-1}s^{-1} である。Cd^{2+} は Mn^{2+} よりも

20000倍速くTPPSと反応し，Mn^{2+}は直接TPPSと反応するよりも7900倍速くCd(tpps)$^{4-}$と反応する。Cd^{2+}による触媒作用は，速やかに生成したCd(tpps)$^{4-}$のCd^{2+}がポルフィリン面上にあり容易にMn^{2+}によって置換されるためである。この場合のCd^{2+}の触媒作用の速度定数k_{Cd}は，

$$k_{Cd} = \frac{k_2 k_3 [Mn^{2+}][Cd^{2+}]}{k_{-2}[H^+]^2 + k_3[Mn^{2+}]} \qquad (4\text{-}42)$$

となる。$k_{-2}[H^+]^2 \ll k_3[Mn^{2+}]$となるような高いpH領域では，$k_{Cd} = k_2[Cd^{2+}]$となり，$k_{Cd}$は$Cd^{2+}$の濃度に比例する。$Hg^{2+}$，$Pb^{2+}$による触媒作用も同様な反応機構である。

(4) 金属イオンによる触媒反応における反応中間体の構造

上述のように金属ポルフィリン錯体の生成反応は，Cd^{2+}，Hg^{2+}，Pb^{2+}，Cu^+によって促進される。これら大きな金属イオンは速やかにポルフィリンと反応するが，ポルフィリン環に入ることができないのでポルフィリン環を歪ませる。歪んだポルフィリン錯体は他の小さな金属イオン（たとえばCu^{2+}）と反応し，大きな金属イオンが放出されて安定な金属ポルフィリン錯体を生成する。

Hg-TPPSとCu^{2+}との反応は反応中間体としてヘテロ2核金属ポルフィリン錯体，[Hg(tpps)Cu]$^{2-}$，を経て進むと考えられた[8]。その反応中間体の銅(II)の配位構造がストップトフローEXAFS法を用いて明らかにされた[9]。その詳細な実験方法と結果が7-5節に記述されている。反応中間体において，Cu^{2+}とHg^{2+}は1分子のポルフィリンにそれぞれ2つの窒素原子で結合し，Cu^{2+}はポルフィリンの平均平面より0.4 Åほど離れていることが明らかになった。

(5) 歪んだポルフィリンの反応性

ポルフィリンの錯形成反応速度が遅いのは，ポルフィリンの歪みにくさが原因であると述べてきた。すなわち，金属イオンと反応するためには窒素原子の孤立電子対がポルフィリンの面外に向かなければならないので反応速度が遅い。一方，ポルフィリンのピロールの窒素原子上の水素をアルキル基で置換したN-アルキルポルフィリン（N-MeTPPSなど）やピロールのβ位の水素原子を全部臭素原子で置換したオクタブロモポルフィリン（Br_8TPPS，Br_8TMPyPなど）は歪んだ構造となるので，金属イオンのポルフィリンへの挿入反応が容易となる。Br_8TMPyPの金属イオン挿入反応速度は，TMPyPと比較すると

10000倍速い[10]。しかし，金属イオン間の速度定数k_fの違いは金属イオンの水分子の交換速度定数（k_{ex}）と相関関係がある（表4-5）。

表4-5 Br_8TMPyPと$TMPyP$の錯形成反応速度定数$k_f (M^{-1}s^{-1})$の比較（25℃）

	Cu^{2+}	Zn^{2+}	Co^{2+}	Ni^{2+}
$k_f(Br_8TMPyP)$	1.5×10^2	2.3×10^1	4.5×10^{-1}	9.1×10^{-3}
$k_f(TMPyP)$	1.9×10^{-2}	5.4×10^{-3}	2.6×10^{-4}	8.3×10^{-7}
$k_f(Br_8TMPyP)/k_{ex}$, M^{-1}	0.8×10^{-7}	3×10^{-7}	1.4×10^{-7}	2.8×10^{-7}
$k_f(TMPyP)/k_{ex}$, M^{-1}	1×10^{-11}	8×10^{-11}	8.1×10^{-11}	2.6×10^{-11}

オクタブロモポルフィリンは，他のポルフィリンに見られないもう1つの特徴を有する。8個の臭素原子の強い電子吸引性によって通常では観測されないピロールに結合した水素原子が中性から弱アルカリ性で解離して，陰イオンのポルフィリンを生成する。それぞれの酸解離定数はBr_8TMPyP: $pK_{a3} = 6.5$, $pK_{a4} = 10.2$; Br_8TPPS: $pK_{a3} = 10.02$, $pK_{a4} = \sim12$である。ピロールの2個のプロトンが解離したポルフィリン環は電荷が-2となり，Li^+と水溶液中で安定な錯体を生成する。リチウム錯体の生成定数（$K_{LiP} = [LiP^-]/[Li^+][P^{2-}]$）は，対数値でそれぞれ4.2（$Li(Br_8TPPS)$，0.1 M NaOH），2.98（$Li(Br_8TMPyP)$，0.1 M KOH）である[11,12]。ここでP^{2-}は脱プロトン化したポルフィリンである。

4-3 配位子置換反応

配位子置換反応は金属錯体の中心金属に結合した配位子が他の配位子により置換される反応であり，配位子による配位子の置換（式(4-2)，溶媒交換反応(4-3)を含む）や配位子による配位溶媒分子の置換（式(4-4)，錯形成反応），溶媒分子による配位子の置換（加溶媒分解反応，式(4-5)）などの反応の総称である。

4-3-1 配位子置換反応の機構

LangfordとGrayは金属錯体の配位子置換反応の基本的な3つの機構として，解離機構（dissociative mechanism，D機構），会合機構（associative mechanism，A機構），交替機構（interchange mechanism，I機構）を提案した[13]。

◎ 解離機構（D 機構）

$$[ML_n] \longrightarrow [ML_{n-1}] + L$$

$$[ML_{n-1}] + X \longrightarrow [ML_{n-1}X] \qquad (4\text{-}43)$$

◎ 会合機構（A 機構）

$$[ML_n] + X \longrightarrow [ML_nX]$$

$$[ML_nX] \longrightarrow [ML_{n-1}X] + L \qquad (4\text{-}44)$$

◎ 交替機構（I 機構）

$$[ML_n] + X \longrightarrow [X\cdots ML_{n-1}\cdots L]^\ddagger \longrightarrow [ML_{n-1}X] + L \qquad (4\text{-}45)$$

解離機構は脱離配位子が金属中心から解離して生じる配位数の減少した反応中間体を含む機構であり，会合機構は進入配位子が金属中心に結合した配位数の増加した反応中間体を含む機構である。いずれの反応機構でもその途中に反応中間体が存在することが共通の特徴となっている。一方，交替機構は金属中心から脱離配位子が解離すると同時に進入配位子が金属中心に結合する協奏的な反応であり，反応の途中に反応中間体は存在しない。なお，この機構をさらに細かく分類して，進入配位子の結合と脱離配位子の解離の程度の違いにより，金属中心と進入配位子の結合が優先的な会合的交替機構（associative interchange mechanism，I_a 機構）と脱離配位子の解離が優先的な解離的交替機構（dissociative interchange mechanism，I_d 機構）に区別することもある。これらの反応機構は有機化合物の炭素原子上での求核置換反応における S_N1 機構や S_N2 機構と類似しており，解離機構，交替機構はそれぞれ S_N1 機構，S_N2 機構に相当する。

4-3-2　溶媒交換反応

　溶液中で金属イオンの関与する最も基本的な配位子置換反応が溶媒交換反応である。溶媒交換反応は，金属イオンの第一配位圏の溶媒分子がバルクの溶媒

分子と交換する反応である（式(4-3)）。この反応は金属イオンの反応性を理解する上で，また，金属イオンと溶媒との相互作用を理解する上で重要であるとともに，錯形成反応や一般的な配位子置換反応とも密接に関連している。

溶媒交換反応では正味の化学変化はなく，その標準ギブズ自由エネルギー変化はゼロである。溶媒交換反応の速度の測定法としては同位体標識法やNMR法，超音波吸収法が用いられてきた。同位体標識法は溶媒交換反応の速度が遅い Cr^{3+} や Rh^{3+} などに用いられており，NMR法等は速度が比較的速い金属イオンに適用されてきた。NMR法では溶媒分子の観測核のシグナルを観測するが，中心金属イオンが常磁性金属イオンの場合，金属イオンに配位している溶媒分子の観測核の共鳴線は広幅化しているために観測が難しい場合が多い。この場合，常磁性金属イオンの影響でシフトし，広幅化したバルクの溶媒分子のシグナルを観測する。バルクの溶媒分子の観測核の横緩和時間と化学シフトをSwift-Connickの式を用いて解析して，溶媒交換反応の速度を決定することができる[14]。また，反磁性金属イオンの場合は，金属イオンに配位している溶媒分子とバルクの溶媒分子の両者の観測核のシグナルを観測して，速度を決定する。図4-6にこれまでに報告されている溶媒交換反応速度の例を示す。

溶媒交換反応の速度定数は20桁の範囲にまたがっており，その半減期は最も長い300年（$[Ir(H_2O)_6]^{3+}$）から200ps（$[Eu(H_2O)_7]^{2+}$）までさまざまである。溶媒交換反応速度は水溶液中だけでなく，各種の非水溶媒中においても測定されている。しかし，溶媒による溶媒交換反応速度の差はあまり大きくなく，おもに中心金属イオンの種類と電荷によってその速度が支配されている。また，錯形成反応の項でも述べられているように，錯形成反応の速度と溶媒交換反応の速度は類似しており，錯形成反応の律速段階が第一配位圏の溶媒分子の解離反応にあることを示唆している。

水溶液中における溶媒交換反応の速度定数と中心金属イオンの電子配置との関係を図4-7に示す。2価の第一遷移金属では V^{2+} ($t_{2g}^3 e_g^0$) と Ni^{2+} ($t_{2g}^6 e_g^2$) が比較的速度が遅く，Cr^{2+} ($t_{2g}^3 e_g^1$) や Cu^{2+} ($t_{2g}^6 e_g^3$) で速度が速くなっている。BasoloとPearsonは結晶場理論に基づいてこのような反応の反応性を考察し[15]，配位子置換反応の遷移状態として想定される分子構造に対して結晶場安定化エネルギーを求め，基底状態の結晶場安定化エネルギーとの差を結晶場

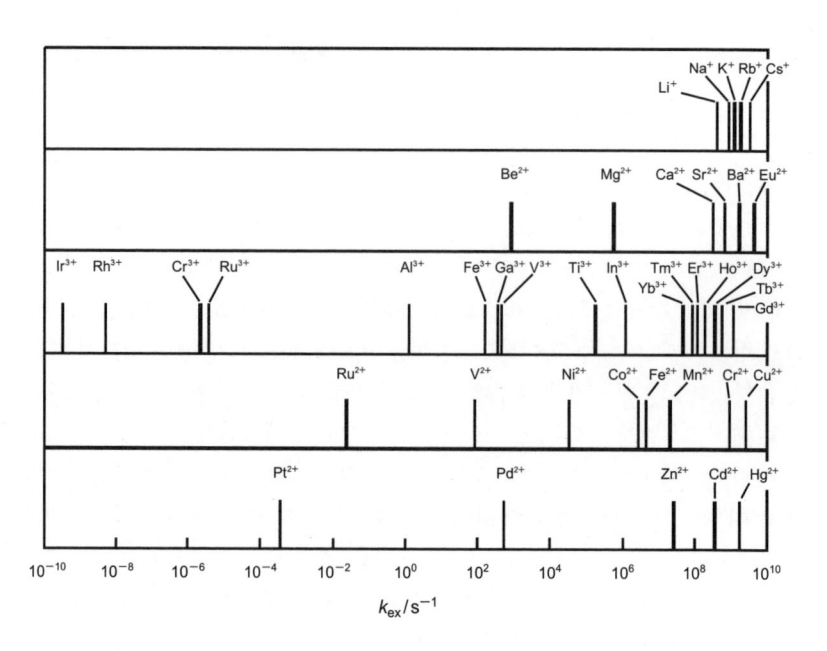

図 4-6 金属イオンの水交換反応の速度定数 k_{ex} の値（25℃）

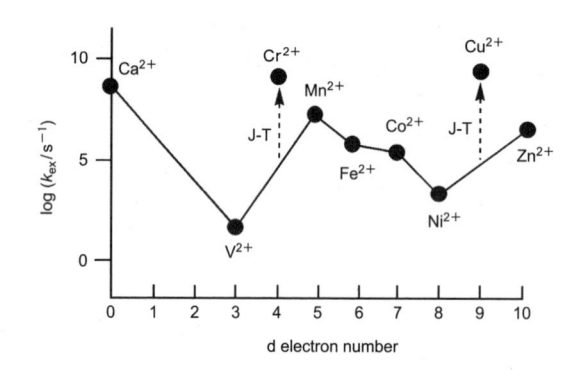

図 4-7 水溶液中における 2 価の金属イオンの溶媒交換反応の速度定数と中心金属イオンの d 電子の数の関係。J-T は Jahn-Teller 効果による加速効果を表す

活性化エネルギーと定義した。遷移状態として 5 配位の四角錐型構造と 7 配位の八面体型くさび構造を想定した場合の結晶場安定化エネルギーと結晶場活性

化エネルギーの値を表 4-6 に示す。結晶場活性化エネルギーの値から，例えば，四角錐型構造の遷移状態に対して d^4, $d^9 > d^2$, $d^7 > d^1$, $d^6 > d^0$, d^5, $d^{10} > d^3$, d^8 のような順に溶媒交換反応の速度が変化することが予想される。また，d^1, d^3, d^6, d^8 では四角錐型構造より八面体型くさび構造の遷移状態の方がエネルギー的に有利であることも示唆される。金属イオンによって Dq の値は異なり，また，配位結合に占める結晶場エネルギーの寄与は部分的であるが，このような議論は同じような錯体で d 電子の数のみが異なる錯体の反応性の差異を考えるときには有効であろう。実際，図 4-7 に示した水和金属イオンの溶媒交換反応の速度では，この結晶場理論から予想されるように，V^{2+}(d^3) と Ni^{2+}(d^8) では溶媒交換反応が遅く，Cr^{2+}(d^4) や Cu^{2+}(d^9) では迅速に溶媒交換が起こっている。なお，Cr^{2+} や Cu^{2+} では Jahn-Teller 効果のために，水和イオンが歪んだ八面体構造となっており，アキシアル位とエカトリアル位の間の分子内での転換と溶媒交換反応が並行して起こる。結合距離が長いアキシアル位においてより迅速に溶媒交換が起こるものと考えられ，このような効果もこれらの金属イオンの溶媒交換反応が迅速に起こる理由の1つである。

表 4-6　高スピン型の遷移金属イオンにおける結晶場活性化エネルギー*

d 電子の数	結晶場安定化エネルギー			結晶場活性化エネルギー	
	正八面体型構造	四角錐型構造	八面体型くさび構造	四角錐型構造	八面体型くさび構造
0, 10	0.00	0.00	0.00	0.00	0.00
1, 6	4.00	4.57	6.08	−0.57	−2.08
2, 7	8.00	9.14	8.68	−1.14	−0.68
3, 8	12.00	10.00	10.20	2.00	1.80
4, 9	6.00	9.14	8.97	−3.14	−2.79
5	0.00	0.00	0.00	0.00	0.00

* 単位は Dq

同じ電子配置を持つ 2 価と 3 価の金属イオン，例えば，V^{2+} と Cr^{3+}，Mn^{2+} と Fe^{3+} の溶媒交換反応の速度を比較すると，3 価の金属イオンの方が遙かに遅くなっている。また，1 族や 2 族，12 族のそれぞれの電荷が等しい金属イオンについて，溶媒交換反応の速度と金属イオンのイオン半径の関係を見ると，イオン半径の大きなイオンほど溶媒交換反応の速度が大きくなっていることがわかる。この現象には溶媒分子（水分子）と金属イオンの静電的相互作用の大きさ

が反映されているものと考えられる。

4-3-3　配位子置換反応の機構と反応速度式

一般に，配位子置換反応の速度は錯体，および，配位子に関してそれぞれ一次になることが多い。会合機構の場合には，反応速度は金属錯体，進入配位子にそれぞれ一次に依存することが期待される。一方，解離機構については，反応の律速段階が中心金属と脱離配位子との結合が開裂する段階であれば，反応速度式は金属錯体に関して一次であり，進入配位子の濃度には依存しないと考えられる。しかし，濃度などの測定条件によっては，解離機構であっても反応速度が進入配位子の濃度に一次に依存する場合もあり，反応速度式から反応機構を決定することは難しい場合が多い。また，溶媒が反応に関与する場合は，溶媒の濃度を変化させることができないため，実際の反応機構が溶媒の関与した会合機構であっても，見かけ上は解離機構のような速度式となることもあり，注意を要する。これらの反応の機構と速度式の関連について見てみる。

最も明確に反応機構を帰属できるのは，反応中間体を経由する反応機構で，その反応中間体が実験的に観測される場合であろう。その一例として，解離機構（式(4-43)）で反応が進行する例を紹介する。解離機構では中心金属の配位数が1つ減少した反応中間体 $[ML_{n-1}]$ が生成する。この中間体と進入配位子が反応して，最終生成物である $[ML_{n-1}X]$ が得られる。配位不飽和な中間体は一般に反応活性である場合が多く，この中間体に定常状態近似が適用できるとき，配位子大過剰の条件下では擬一次の速度定数は次式で表される。

$$k_{obs} = \frac{k_1 k_2 [X] + k_{-1} k_{-2} [L]}{k_2 [X] + k_{-1} [L]} \quad (4\text{-}46)$$

ここで，k_1, k_{-1} は，それぞれ，式(4-43)の反応が可逆反応であるとしたときの，一段階目の反応の正反応，逆反応の速度定数，k_2, k_{-2} は，それぞれ，二段階目の反応の正反応，逆反応の速度定数である。

このような解離機構で反応が進行する例として，金属ポルフィリン錯体のアキシアル位の配位子置換反応が知られている。反応速度式と脱離配位子，進入配位子の濃度との関係が明瞭に観測されたクロム(III)錯体の例を説明する。トルエンのような非配位性の溶媒中で，式(4-47)に示したクロム(III)ポルフィ

4 金属錯体の溶液内諸反応

リン錯体の配位子置換反応の速度定数は式 (4-46) で表される[16]。

$$[\mathrm{Cr(tpp)(Cl)(L)}] + \mathrm{X} \longrightarrow [\mathrm{Cr(tpp)(Cl)(X)}] + \mathrm{L} \quad (4\text{-}47)$$

ここで，L および X はピリジンや 1-メチルイミダゾールのような無電荷の配位子を表す。式 (4-46) からわかるように，k_{obs} は進入配位子の濃度の増大と共に増加するが，最終的には一定値 k_1 に収束する。また，k_{obs} は溶液中に共存する脱離配位子の濃度にも依存する。反応 (式 (4-47)) の脱離配位子 L として β 位または γ 位に置換基を持つピリジン誘導体を用いたとき，L の塩基性が強いほど k_1 の値が小さくなることが見いだされており，このこともこの反応機構を支持する。また，反応中間体と配位子との反応については，式 (4-46) からは k_{-1}/k_2 の値しか得られないが，さまざまなピリジン誘導体について k_{-1}/k_2 がほとんど同じ値を示すことから，反応中間体の反応性が極めて高いことが示唆される。パルスレーザーを用いた光化学の実験により，k_{-1} の値が配位子の種類に関係なくほぼ一定の値（約 $10^9 \mathrm{M}^{-1} \mathrm{s}^{-1}$, 25℃）となることが明らかにされ，この反応中間体の反応性が極めて高いという解離機構の条件が満たされていることが示された[17]。なお，反応の前平衡として金属錯体と進入配位子との外圏錯体の生成平衡を含む配位子置換反応においても同じような反応速度定数 k_{obs} の配位子濃度依存性が得られるため，速度式から反応機構を推定する際には注意を要する。

一方，会合機構で反応が進行すると考えられている反応系としては，d^8 電子配置を有する Pd^{2+}，Pt^{2+} などの金属イオンを含む平面 4 配位錯体の配位子置換反応がある[18]。その配位子置換反応の速度式は次式で表される。

$$(\text{反応速度}) = (k_1 + k_2[\mathrm{X}])[\mathrm{ML_4}] \quad (4\text{-}48)$$

溶媒に配位能力がある場合，k_1 の値は進入配位子 X には関係なく一定の値となるが，k_2 の値は X の性質に大きく依存する。このことから，k_1 は溶媒の関与する経路に，k_2 は X が直接 L を置換する経路に対応するものと考えられる。k_1 の経路では，まず錯体 $[\mathrm{ML_4}]$ に結合した配位子 L が溶媒分子 S で置換された錯体 $[\mathrm{ML_3S}]$ が会合機構により生成し，ついで，進入配位子 X が配位溶媒分子 S を置換して最終生成物 $[\mathrm{ML_3X}]$ が得られるが，律速段階は $[\mathrm{ML_3S}]$ が

生成する段階である。

この配位子置換反応においては，平面4配位錯体は配位平面の垂直方向に空の配位座があるため，その方向から進入配位子が中心金属に求核攻撃を行うものと考えられている。すなわち，図4-8に示したように，Xによる平面型錯体の垂直方向からの攻撃により，四角錐型構造を経て進入配位子と脱離配位子がエカトリアル面の頂点に位置する三方両錐型の反応中間体（または遷移状態）を経由して進行するものと考えられる。この機構では，置換反応により出発錯体の立体化学は保持されることになる。

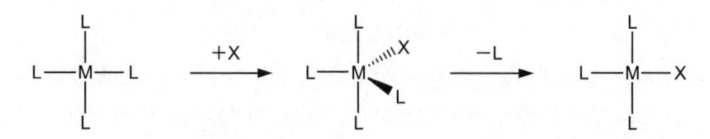

図4-8 三方両錐型構造を経由する平面4配位錯体の置換反応の機構

このような会合機構では一般にその速度が進入配位子に大きく依存し，例えばPt(II)錯体では進入配位子がハロゲン化物イオンのとき，置換反応の速度が次のような順となる。

$$F^- \ll Cl^- < Br^- < I^-$$

周期表でより下に位置するハロゲンによる置換反応の速度が速くなるが，同様の傾向が15族や16族の元素を配位原子とする配位子についてもみられる。この現象には配位子の分極性の大きさが反映されていると考えられ，Pt^{2+}が分極されやすいsoftな金属イオンであることと関係している。また，置換反応に及ぼす脱離配位子の効果は，その配位子と中心金属原子との結合の強さを反映し，$[Pt(dien)X]^+$におけるピリジンによるX^-の置換反応の速度は，

$$Cl^- > Br^- > I^- > N_3^- > SCN^- > NO_2^- > CN^-$$

となっている[19]。会合機構であっても，このような脱離配位子依存性を示すことがあり，遷移状態の形成の際に進入配位子との結合形成と同時にPt–X間の結合が幾分開裂していることが示唆される。

Pt(II)錯体ではトランス効果も重要である。トランス効果は，脱離配位子のトランス位に結合している配位子が置換反応の速度におよぼす効果のことであり，トランス位の置換活性化の効果の順は次のようになっている。

CN^-, $CO > R_3P$, $H^- > CH_3^- > SCN^- > I^- > Br^- > Cl^- > NH_3 > OH^- > H_2O$

トランス効果の起源は，トランス位の配位子が脱離配位子と Pt(II) との結合を弱める効果，および，遷移状態を安定化する効果にあるものと考えられており，σ および π 結合の観点からの量子力学計算によってもその機構が考察されている[20]。

このように，両極端の機構である解離機構と会合機構についてその反応機構と速度式の関係を概観すると，反応機構の帰属を速度式に基づいて行うことは必ずしも容易でないことがわかる。配位子置換反応の機構としては，実際には両者の機構の中間的な機構である交替機構となる場合が圧倒的に多い。そのような反応の機構の帰属にあたっては，速度式に加えて，速度定数や活性化エンタルピー，活性化エントロピー，また，反応速度の圧力依存性から求められる活性化体積などの速度論的パラメータを用いて，反応機構の帰属がなされている。例えば，解離機構と会合機構の区別に関連して，錯形成反応（$[M(H_2O)_n]^{m+} + L^{n-}$）の速度を $[M(H_2O)_n]^{m+}$ の溶媒交換反応速度と比較したとき，会合機構であれば溶媒交換反応速度に比べて錯形成反応の速度が大きくも，また，小さくもなり得るのに対して，解離機構では統計的要因のために錯形成反応の速度が溶媒交換反応速度に比べて小さくなることはあっても，溶媒交換反応速度より大きくなることはないものと考えられる。また，活性化エンタルピーについても，解離機構の場合は錯形成反応と溶媒交換反応で似た値となることが期待されるなど，反応機構を区別することが可能になる場合もある。このように，反応速度式に加えて速度定数や活性化パラメータなどの情報に基づいて，妥当な反応機構を帰属することが望まれる。

4-4 電子移動反応

1950年頃までは，配位子の大きさと電気的性質が電子移動の速度を決定していると考えられていたが，1930年代の核分裂の発見とそれに続く同位体の

化学的利用が始まると，このような概念は間違いであることが実験的に示されるようになった．例えば，コバルト60を用いた比較的小さな$[Co(en)_3]^{3+}$と$[Co(en)_3]^{2+}$ (en = ethylenediamine) の間の電子の交換反応は非常に遅いことなどがわかってきたのである[21]．1950年代に，Libby[22]によって電子移動反応は溶媒の効果を受けることが示され，溶液内で起こる電子移動反応が溶媒の緩和現象（溶媒分子の回転緩和や電子雲のゆらぎ）に影響されることがわかってきた．その後，Weiss[23]の分極理論を経て，1956年には有名なMarcus-Hushの理論が発表されることになる．これによって，ようやく溶液内で起こる電子移動反応を理論的に解釈することが可能になった．

4-4-1 溶液内で起こる電子移動反応の種類

溶液内の電子移動反応は，一般的には内圏型機構（inner-sphere mechanism）と外圏型機構（outer-sphere mechanism）に分類されている．外圏型反応機構では反応の前後で変化するのは金属の酸化数だけ[脚注1]であるのに対して，内圏型反応機構では電子移動過程に架橋配位子が関与すると共に，電子移動に際して金属錯体の内部構造の変化が起こるのが特徴である．図4-9に典型的な外圏型機構と内圏型機構の例を示す．内圏型反応で生成するCo(II)アンミン錯体は置換活性であるため，最終的にはアクア錯体になる．この節で解説するMarcus-Hush理論は，外圏型電子移動反応に関する理論である．

外圏型反応の例

$[Co(en)_3]^{3+} + [Co(en)_3]^{2+} \longrightarrow [Co(en)_3]^{2+} + [Co(en)_3]^{3+}$

内圏型反応の例 　　　　　　　　　　　　　　　　　　　　　　　　　電子移動

$[(NH_3)_5Co^{III}Cl]^{2+} + [Cr^{II}(OH_2)_6]^{2+} \longrightarrow [(NH_3)_5Co^{III}\text{-Cl-}Cr^{II}(OH_2)_5]^{4+} \longrightarrow$

$[(NH_3)_5Co^{II}\text{-Cl-}Cr^{III}(OH_2)_5]^{4+} \longrightarrow [Co(OH_2)_6]^{2+} + [(H_2O)_5CrCl]^{2+} + 5NH_3$

図4-9 外圏型機構と内圏型機構

[脚注1] 金属の形式酸化数の変化に伴って，金属と配位原子間の結合長は変わる．しかし，電子移動に際して結合の開裂や新たな結合の生成はない．内圏型機構を含む本節の内容に関する詳細は，参考文献42)の第9章を参照．

4-4-2 Marcus-Hush理論とその半古典的拡張

一般的に，溶液中で起こる電子移動反応は，気相中で起こる場合よりも遅いことが知られている。電子の移動自体はフェムト秒未満の時間スケールで起こると考えられているので，普通に観測される錯体間の電子移動反応の時間スケールよりもはるかに短い。錯体の内圏構造の変化がない反応系では，気相中における金属錯体どうしの電子移動反応の活性化障壁は2つの金属錯体を十分近い距離に近づけるために必要なクーロンエネルギーバリアになるであろう。一方，溶液内で起こる電子移動反応の活性化障壁を形成する因子は，大きく分けて3つあると考えられている。1つは気相中の反応と同じように，「電荷を有する2つの金属錯体を十分近い距離（溶媒和錯体を含むすべての金属錯体について，溶媒分子や対イオンを間に挟まないで錯体同士が直接接触する距離を考える）に近づけるためのエネルギー」である。このために必要なエネルギー（クーロンバリアに相当する）は，電荷を有する錯体間の反応ではイオン強度にも依存する。物理学的モデルでは，金属錯体は中心に電荷を有する剛体球として古典電磁気学的に扱うので，2つの金属錯体の半径と電荷数をそれぞれ r_1, z_1 と r_2, z_2 としたとき，このエネルギーは式 (4-49) で表される。

$$K^{\ddagger} = \frac{4\pi(r_1+r_2)^3 N_A}{3000} \exp\left[\frac{z_1 z_2 e^2}{4\pi\varepsilon_0\varepsilon_r(r_1+r_2)k_B T\{1+B(r_1+r_2)\sqrt{I}\}}\right]$$

$$\Delta^{\ddagger}G_{\text{coul}} = -RT \ln K^{\ddagger} \tag{4-49}$$

この式は3-2節で示されたFuossの式（式 (3-27)）[24, 25] に，3-1節に記述されたイオン強度の効果を考慮したものに対応する。k_B はボルツマン定数，e は電子の電荷，ε_0 は真空の誘電率，ε_r は溶媒の比誘電率，I は溶液のイオン強度，B は Debye-Hückel 式（式 (3-13)）におけるパラメータ（式 (3-15)）である。

電子移動反応の活性化障壁を形成する2つ目の因子は，外圏因子（外圏緩和項 outer-sphere reorganization term とも呼ばれる）と呼ばれる「接触した2つの化学種（金属錯体）の周りの溶媒の誘電特性」に関する項である[26~30]。溶液内で接触した2つの化学種の間で電子が移動するとき，反応（電子の移動）の前後で2つの化学種の電荷が変化する。このような電荷分布の変化に対応して，周りの溶媒分子が配向変化することは想像に難くない。Marcus は接触化学種間における電子移動の直前と直後［それぞれ，precursor（前駆体）と

successor（後駆体）と呼ばれている]の状態のエネルギーは等しいと考えた。ただし Marcus は，前駆体と後駆体に対して，溶媒の配向状態の異なるあらゆる可能なペアを想定している（非平衡分極理論と呼ばれている）。さらに Marcus は，電子の移動のような速いプロセスに敏感に対応する溶媒分子の動的分極過程（溶媒分子上の電子雲のゆらぎ）と，それよりずっと遅い通常の分極過程（溶媒分子の回転緩和）の両方が前駆体と後駆体のエネルギーに関与すると考えた。そして，あらゆる前駆体と後駆体の組の中で最もエネルギーの低い組のみが活性化障壁に対応するとして，半径 r_1 と r_2 の剛体球が接触して存在するときについて，式(4-50)の関係を導いた[脚注2]。

$$\Delta^\ddagger G_{\text{outer-sphere}} = \frac{N_A e^2}{16\pi\varepsilon_0}\left(\frac{1}{\varepsilon_{\text{op}}}-\frac{1}{\varepsilon_{\text{r}}}\right)\left(\frac{1}{2r_1}+\frac{1}{2r_2}-\frac{1}{r_1+r_2}\right) \tag{4-50}$$

ε_{op} と ε_{r} はそれぞれ，溶媒の巨視的物理量である屈折率の2乗（高周波誘電率）と比誘電率（低周波誘電率）を表しており，N_A はアボガドロ定数である。Marcus 理論の成功の要因は，酸化剤と還元剤の軌道間の重なりに「medium overlap（中間的な軌道間相互作用）」を仮定したことにある。もし，反応種の軌道間に非常に強い相互作用を仮定すると，電子移動に関係する溶媒効果はほとんどなくなってしまう。

　Hush は，2つの反応種（接触錯合体）の間で電子が移動する際に，その電子の挙動を与える波動関数は前駆体と後駆体における波動関数の線形結合で表されるものと考え，Marcus が導出した関係と同じ結果が得られることを示した。これらを総称して外圏型電子移動反応に関する「Marcus-Hush 理論」と呼んでいる。Marcus-Hush 理論とはまったく違う視点から溶液内で起こる電子移動反応の外圏活性化障壁を求めたのが Levich と Dogonadze である[31,32]。彼らは，イオン性結晶固体中での無輻射電子遷移に関する半古典的取り扱いから，式(4-50)とまったく同じ関数形を導いた。

　電子移動反応の活性化障壁に関係する3つ目の因子は内圏因子（内圏緩和項

[脚注2] ここでは，反応中に移動する電子数は1個である。複数個電子が移動する反応では，電子数を乗じる。一般的には，1または2電子移動反応を取り扱うことが多いが，みかけ上は2電子移動過程であっても，逐次1電子移動過程であることの方が多い。2電子同時移動反応では，後述する内圏因子と軌道対称性に関わる制約によって，（みかけ上）エネルギー的に不利な反応であることが多いからである。

inner-sphere reorganization term とも呼ばれている）である。断熱的であるが遅い電子移動反応（活性化障壁が大きな電子移動反応）では，ほとんど例外なく電子移動前後における錯体構造の変化が大きかったので，錯体の配位圏（内圏）における結合長の伸び縮みに起因するギブズ自由エネルギー成分（内圏因子）も活性化障壁に寄与していることがわかってきたのである。現在では，電子移動反応の活性化過程は，Marcus-Hush 理論で示される溶媒の分極変化と錯体の配位圏における再配列が協奏的（concerted）に活性化障壁を作ると考えることによって説明できると考えられている。すなわち，外圏型電子移動反応とは，溶液内で酸化体（剤）と還元体（剤）が接触して形成される接触錯合体において，錯体の内圏と外圏における2つの緩和過程が「協奏的に」進行し，電子移動に最適の環境を作り出した瞬間に，電子が非常に速い速度で移動する反応であると考えれば良い。

　内圏因子は，酸化体（剤）が還元体（剤）との間で電子移動を起こすためには，それぞれの反応種が「電子移動に適した構造に変化する」必要があると考えて導かれた。ここでは，電子交換反応（酸化剤と還元剤は酸化数のみが異なる同じ金属錯体）を例にして示す[33]。外圏因子の場合と同様に，反応前駆体と反応後駆体を考えるとき，反応前駆体のエネルギーは，基底状態の構造パラメータを基準にして，

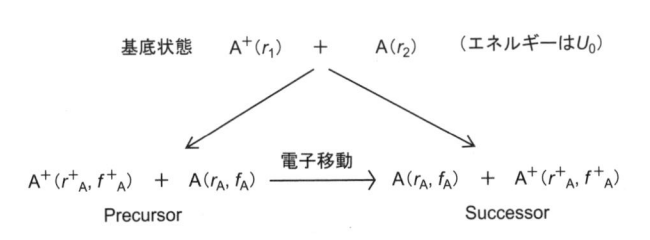

図4-10 内圏活性化過程に関係する構造パラメータ

$$U_{\mathrm{P}} = U_0 + \frac{1}{2} N_A f_A^+ (r_A^+ - r_1)^2 + \frac{1}{2} N_A f_A (r_A - r_2)^2 \quad (4\text{-}51)$$

で与えられる。f は金属と配位原子の間の力の定数であり，U_0 は基底状態のエネルギーである。一方後駆体のエネルギーは，

$$U_{\mathrm{S}} = U_0 + \frac{1}{2} N_A f_A (r_A - r_1)^2 + \frac{1}{2} N_A f_A^+ (r_A^+ - r_2)^2 \quad (4\text{-}52)$$

であり，反応座標において最低の活性化自由エネルギーを与える経路を考慮することによって，遷移状態における結合距離 $r^{\ddagger}$ と，内圏活性化に対応する自由エネルギーは次式のように求めることができる。

$$r^{\ddagger} = \frac{f_A^+ r_A^+ + f_A r_A}{f_A^+ + f_A} \text{ (このとき } U_S = U_P\text{)} \tag{4-53}$$

$$\Delta^{\ddagger} G_{\text{inner-sphere}} = \frac{N_A f_A^+ f_A}{2(f_A^+ + f_A)} (r_A^+ - r_A)^2 \tag{4-54}$$

式 (4-54) が，内圏因子を表す関数形である。

以上3つの因子をたし合わせると電子移動反応（この場合，正確には電子交換反応）の活性化障壁が理論値として計算できる。また，計算結果を Eyring 式[脚注3]に当てはめることによって，およその速度定数を理論的に計算することができる。

より正確な計算を行うためには，「反応の非断熱性（non-adiabaticity）」と「核トンネル効果（nuclear tunneling effect）」に関する補正が必要であると考えられている。このような補正には量子論的な手法を用いる。その際には，Eyring 式ではなく，次の関係式を用いて速度定数を表現するのが妥当である。

$$k_{\text{calc}} = \kappa_{\text{el}} \Gamma_n \nu_n \exp\left(-\frac{\Delta^{\ddagger}G_{\text{coul}} + \Delta^{\ddagger}G_{\text{innner-sphere}} + \Delta^{\ddagger}G_{\text{outer-sphere}}}{RT}\right) \tag{4-55}$$

ここで，ν_n は実効核振動数（活性錯合体を破壊する核振動数）であり，Eyring 式における $k_B T/h$ に対応する低周波振動成分である。Γ_n は核トンネル効果の寄与を表しており，高温近似における核因子（nuclear factor）と実際の核因子の比である[34]。核因子とは，式 (4-55) の指数成分から $\Delta^{\ddagger}G_{\text{coul}}$ の寄与を除いた指数成分（内圏と外圏の活性化自由エネルギーの和の指数成分）に対応する。一般的に，内圏成分が高周波核振動とカップリングしていない場合には，近似的に $\Gamma_n \approx 1$ が成り立つ。速い核振動成分（例えば，電子移動過程が通常の金属-配位子間の遅い振動とのカップリングではなく，C-N，C-H 振動などの速い振動とカップリングした時など）が電子移動に関与するときには，$\Gamma_n > 1$

[脚注3] Eyring の絶対反応速度論から得られる関係式。反応速度定数は活性化エネルギー $\Delta^{\ddagger}G$ とプランク定数 h ならびにボルツマン定数 k_B を用いて次式で表される。
$k = (k_B T/h) \exp[-\Delta^{\ddagger}G/RT]$

となり，核トンネル効果による反応速度定数の増大が見られることが期待される。$\Gamma_n > 1$の場合には，内圏構造が電子移動に最適なものになる必要はなく，エネルギー保存則を満たす限り，いかなる核配置からでもトンネル効果による電子移動が起こる。核トンネル効果が重要になるのは，通常は低温領域である。

　κ_{el}は反応の断熱性を表す尺度（断熱因子）である。電子移動反応における断熱性は，電子移動に関わる軌道間の重なりの程度によって決まる。Marcus理論では，「medium overlap」を仮定しているので，κ_{el}の値が1から10^{-3}程度の時には断熱反応と考える。κ_{el}の値が10^{-3}よりも小さいときには，電子移動反応は非断熱的であるという。軌道あるいは状態間の交差は，上下2つの断熱曲面を生じるが，そのギャップが非常に小さいときには反応は非断熱性を示すようになる。このような場合には，2つの透熱曲面の交差点付近を通過する「系の速さ」は，断熱反応の場合とは違って，実効核振動数（ν_n）ではなく実効電子振動数（ν_e）に支配される。

$$k_{\text{calc}} = \nu_e \exp\left(-\frac{\Delta^\ddagger G_{\text{coul}} + \Delta^\ddagger G_{\text{inner-sphere}} + \Delta^\ddagger G_{\text{outer-sphere}}}{RT}\right) \quad (4\text{-}56)$$

ν_eは反応の起こる頻度であり，断熱曲面間のギャップが小さいほど小さくなる。

　電子移動反応の断熱性の低下は電子移動に関係する軌道間のエネルギー差が大きかったり，あるいは相互作用する軌道の空間的距離が大き過ぎたりすることによって起こる。そのような場合には厳密な量子力学的理論よりも，むしろ次式のような経験式で非断熱性を取り扱うことが提唱されている[35~38]。

$$\kappa_{el} = \kappa_{el}^0 \exp[-\beta(r-r_0)] \quad (4\text{-}57)$$

κ_{el}^0は反応種間の距離rが極めて近い（$r = r_0$で反応は断熱的である）ときのκ_{el}の大きさである（$r = r_0$では断熱反応が起こると考える）。最近の論文では，βの値は1Å^{-1}程度として取り扱われていることが多い。

4-4-3　二状態理論と逆転領域

　電子移動反応の反応系を調和振動に例えて，反応座標（x）に沿った系の変形エネルギー（U_p）が二次関数的に変化すると仮定すれば，$U_p = A_p x^2$（x: 無次元反応座標）と表すことができる。同様に，電子移動反応後の生成系について

は，反応系の基底状態とのポテンシャル差を考慮して $U_\mathrm{s} = A_\mathrm{s}(1-x)^2 + \Delta G°$ で表すことができる。$\Delta G°$ は反応系と生成系の基底状態間のエネルギー差である[脚注4]。

このようにして図 4-11 のような 2 つの透熱曲面を想定することによって，遷移状態における活性化エネルギーを求めることができる。ただし，反応系と生成系では極端に曲率の異なる曲面を想定しなくても良いと思われるので，$A_\mathrm{p} = A_\mathrm{s} = A$ と仮定する。遷移状態では $U_\mathrm{p} = U_\mathrm{s}$ なので（2 つの透熱曲面の交差によって生じる断熱曲面間のギャップは小さいので無視する），

$$x^\ddagger = \frac{1}{2}\left(1 + \frac{\Delta G°}{A}\right) \tag{4-58}$$

したがって，

$$\Delta^\ddagger G = \frac{1}{4} A \left(1 + \frac{\Delta G°}{A}\right)^2 \tag{4-59}$$

が得られる。この A は本質的活性化障壁（intrinsic energy barrier）と呼ばれ，「生

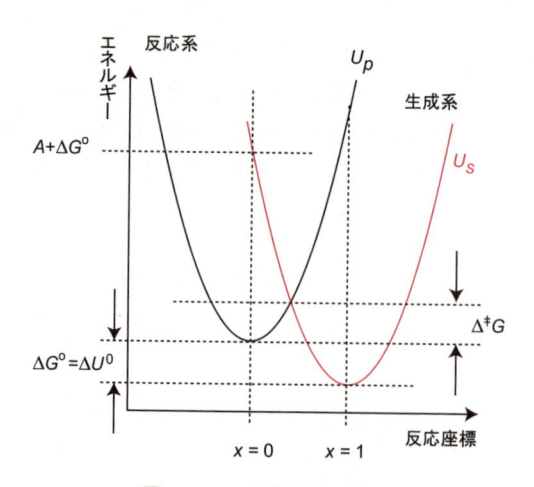

図 4-11　二状態理論の説明

[脚注4] 接触錯合体だけを考えるならば，この場合の活性化障壁は内圏因子と外圏因子の和であると考えられる。そのとき，反応系は前駆体，生成系は後駆体と考える。式中の A_p と A_s の添字はこれらの頭文字を表している。

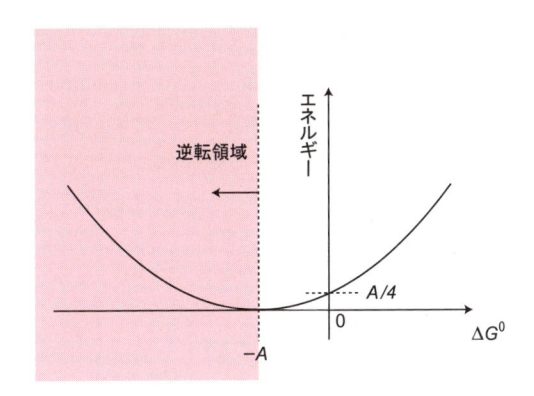

図 4-12 Marcus の normal region と inverted region（逆転領域）

成系の電子状態を保ったまま，反応系と同じ内圏と外圏の環境にする」ために必要なエネルギーに対応する。熱的電子交換反応の活性化エネルギーは「本質的活性化障壁」の 1/4 になっている。

ΔG° が $-A$ よりも大きな値をとるときには，反応は normal region にあるという。一方，ΔG° が負でより大きくなると，活性化自由エネルギーが逆に増大するという現象が期待される。このような領域は Marcus の逆転領域と呼ばれ，長い間実験的検証の対象となってきた。これまでに，いくつかの逆転領域の観測例が分子内電子移動反応で報告されている[39,40]。

4-4-4 交差関係

酸性水溶液に鉄(II)イオンと鉄(III)イオンを溶かすと，その組成は保たれたままで，見かけ上何も変化は起こらないが，溶液中の鉄(II)と鉄(III)イオンの間では常に一定の速度で電子が交換されている。酸化数が異なるだけの2つの化学種の間の電子移動反応を電子交換反応（electron self-exchange reaction）と呼ぶ。電子交換反応速度定数（electron self-exchange rate constant あるいは単に self-exchange rate constant）は，それぞれの酸化還元対に特有のパラメータとして重要である。Marcus-Hush 理論から明らかなように，電子交換反応速度定数は，同じ酸化還元対であっても，溶媒が異なれば違う値になる。それに対して，異なる化学種間（例えば，鉄(II)アクア錯体とニッケル(III)トリアザシ

クロノナン錯体間や，鉄(III)の 1,10-フェナントロリン錯体と鉄(II)のアクア錯体間の反応）の電子移動反応は交差反応（cross reaction）と呼ばれている。2 つの電子交換反応系と，それらの間の交差反応の間には，次に示す交差関係（cross relation）がある。Marcus は，交差反応の本質的活性化障壁が 2 つの電子交換反応の本質的活性化障壁の相加平均に相当すると仮定した。

$$A^+ + A \xrightleftharpoons{k_{11}} A + A^+ \qquad \Delta^\ddagger G_{11} = \frac{1}{4} A_{11}$$

$$B^+ + B \xrightleftharpoons{k_{22}} B + B^+ \qquad \Delta^\ddagger G_{22} = \frac{1}{4} A_{22}$$

$$A^+ + B \xrightleftharpoons{k_{12}} A + B^+ \qquad \Delta^\ddagger G_{12} = \frac{1}{4} A_{12} \left(1 + \frac{\Delta G_{12}^0}{A_{12}}\right)^2$$

上の関係において，$A_{12} \approx \dfrac{A_{11} + A_{22}}{2}$ と近似し，Eyring の絶対反応速度式に代入すると，次のような関係式が得られる。

$$k_{12} = \sqrt{k_{11} k_{22} K_{12} f}$$

$$\ln f = \frac{(\ln K_{12})^2}{4 \ln(k_{11} k_{22} / k_D^2)}$$

(4-60)

ただし，

$$\Delta G_{12}^0 = -RT \ln K_{12} \qquad (K_{12} \text{は交差反応の平衡定数})$$

$$k_D = \frac{k_B T}{h} (\approx 10^{11} \text{ s}^{-1})$$

である。式（4-60）の関係を Marcus の交差関係（Marcus cross relation）と呼んでいる。一般的には，各化学種の電荷に起因する静電的仕事の寄与(Coulombic work term）を考慮して，交差関係式は次のように表現される。

$$k_{12} = \sqrt{k_{11}k_{22}K_{12}fW_{12}}$$

$$\ln f = \frac{[\ln K_{12} + (w_{12}-w_{21})/RT]^2}{4[\ln(k_{11}k_{22}/z_{11}z_{22}) + (w_{11}+w_{22})/RT]}$$

$$W_{12} = \exp\left(-\frac{w_{12}+w_{21}-w_{11}-w_{22}}{2RT}\right)$$

$$w_{ij} = \frac{z_1 z_2 e^2}{4\pi\varepsilon_0\varepsilon_r (r_1+r_2)[1+B(r_1+r_2)\sqrt{I}]}$$

(4-61)

ここで,z は拡散律速速度定数である。標準酸化還元電位の値が近い反応種間の交差反応では,f の値は1と近似されることが多い。w_{ij} に対する式の中のパラメータは式 (4-49) のときと同じである。

電子交換反応速度定数は,核磁気共鳴法や同位体を用いた方法等によって直接測定が可能であるが,例えば,化学種の一方の酸化状態が化学的に不安定な場合などには直接測定は困難である。このような場合には,すでに自己交換反応速度定数が既知の他の化学種との間の交差反応の速度定数を測定し,交差関係式を用いて,未知の自己交換反応速度定数を推定する方法がとられる。このようにして計算された自己交換反応速度定数には,有効数字にして一桁程度の精度があるといわれている。

Ratner と Levine[41] は,熱力学的な考察から式 (4-61) と同じ交差関係式を導き,交差関係式が成り立つための必要十分条件は「各化学種が反応相手とは無関係にいつでも同じ活性化過程を通って反応すること(各化学種が自己交換反応と交差反応でまったく同じ活性化プロセスをたどること)」であることを示した。

参考文献

1) J. Burgess, *"Ions in Solution, Basic Principles of Chemical Interactions"*, 2nd ed, Horwood Pub. Ltd. Chichester (1999).
2) K. Ishihara, S. Funahashi, M. Tanaka, *Inorg. Chem.*, **22**, 194 (1983); **22**, 2070

(1983).

3) R. B. Jordan, *"Reaction Mechanisms of Inorganic and Organometallic Systems"*, 3rd ed, Oxford Univ. Press (2007).

4) K. M. Smith, *"Porphyrins and Metalloporphyrins"*, Elsevier, Amsterdam, 317-380 (1975).

5) M. Inamo, A. Tomita, Y. Inagaki, N. Asano, K. Suenaga, M. Tabata, S. Funahashi, *Inorg. Chim. Acta*, **256**, 77 (1997).

6) S. Funahashi, Y. Yamaguchi, M. Tanaka, *Bull. Chem. Soc. Jpn.*, **57**, 204-208 (1984).

7) M. Tabata, M. Tanaka, *J. Chem. Soc., Dalton Trans.*, 1955 (1983).

8) M. Tabata, M. Miyata, N. Nahar, *Inorg. Chem.*, **34**, 6492 (1995).

9) H. Ohtaki, Y. Inada, S. Funahashi, M. Tabata, K. Ozutsumi, K. Nakajima, *J. Chem. Soc. Chem. Commun.*, 1023 (1994).

10) S. L. Bailey, P. Hambright, *Inorg. Chim. Acta*, **344**, 43 (2003).

11) R. A. Richard, K. Hammons, M. Joe, G. M. Miskelly, *Inorg. Chem.*, **35**, 1940 (1996).

12) M. Tabata, J. Nishimoto, A. Ogata, T. Kusanao, N. Nurun, *Bull. Chem. Soc. Jpn.*, **69**, 673 (1996).

13) C. H. Langford, H. B. Gray, *"Ligand Substitution Processes"*, W. A. Benjamin, New York (1965).

14) T. J. Swift, R. E. Connick, *J. Chem. Phys.*, **37**, 307 (1962); **41**, 2553 (1964).

15) F. Basolo, R. G. Pearson, *"Mechanisms of Inorganic Reactions"*, 2nd ed, John Wiley and Son, New York (1967).

16) P. O'Brien, D. A. Sweigart, *Inorg. Chem.*, **21**, 2094 (1982).

17) M. Inamo, M. Hoshino, K. Nakajima, S. Aizawa, S. Funahashi, *Bull. Chem. Soc. Jpn.*, **68**, 2293 (1995).

18) R. J. Cross, *Adv. Inorg. Chem.*, **34**, 219 (1989).

19) F. Basolo, H. B. Gray, R. G. Pearson, *J. Am Chem. Soc.*, **82**, 4200 (1960).

20) Z. Y. Lin, M. B. Hall, *Inorg. Chem.*, **30**, 646 (1991).

21) R. L. Platzman, J. Franck, *Z. Phys.*, **138**, 411-431 (1954).

22) W. F. Libby, *J. Phys. Chem.*, **56**, 863-868 (1952).

23) J. Weiss, *Proc. R. Soc.* **A**, **222**, 128-130 (1954).

24) M. Eigen, *Z. Electrochem.*, **64**, 115 (1960).
25) R. M. Fuoss, *J. Am. Chem. Soc.*, **80**, 5059 (1958).
26) R. A. Marcus, *J. Chem. Phys.*, **24**, 966 (1956).
27) R. A. Marcus, *J. Chem. Phys.*, **24**, 979 (1956).
28) R. A. Marcus, *J. Chem. Phys.*, **26**, 867 (1957).
29) R. A. Marcus, *J. Chem. Phys.*, **26**, 872 (1957).
30) R. A. Marcus, *Discuss. Faraday Soc.*, **29**, 21 (1960).
31) V. G. Levich, R. R. Dogonadze, *Colln. Czech. Chem. Commun.*, Engl. Ed., **26**, 193 (1961).
32) V. G. Levich, *Adv. Electrochem&Electrochem. Eng.*, **4**, 249 (1966).
33) N. Sutin, *Ann. Rev. Nucl.Sci.*, **12**, 285 (1962).
34) B. S Brunschwig, J. Logan., M. D. Newton, N. Sutin, *J. Am. Chem., Soc.*, **102**, 5798 (1980).
35) S. S. Isied, *Progr. Inorg. Chem.*, **32**, 443 (1984).
36) H. Doine (Takagi), T. W. Swaddle, *Can. J. Chem.*, **66**, 2763 (1988).
37) N. Sutin, B. S. Brunschwig, C. Creutz, J. R. Winkler, *Pure Appl. Chem.*, **60**, 1817 (1988).
38) B. Bowler, A. L. Raphael, H. B. Gray, *Progr. Inorg. Chem.*, **38**, 259 (1990).
39) G. L. Cross, J. R. Miller, *Science*, **240**, 440 (1988).
40) I. R. Gould, S. Farid, *Acc. Chem. Res.*, **29**, 522 (1996).
41) M. A. Ratner, R. D. Levine, *J. Am. Chem. Soc.*, **102**, 4898 (1980).
42) 高木秀夫, 『量子論に基づく無機化学』名古屋大学出版会 (2010).

5 金属錯体の溶液内相互作用

はじめに

溶液中の金属錯体は溶媒分子や共存物質と様々な相互作用を行う。この溶液内相互作用は，錯体の中心金属・構造・電荷・配位子・対イオン，および，溶媒や共存物質の種類や濃度に依存し，錯体の熱力学的性質・分光学的性質・立体構造等の変化を伴うことがある。本章では，金属錯体の溶存状態を論じる際に必要な溶液内相互作用に関する基本的事項と，関連する溶液内構造や溶液内現象について解説する。

5-1 金属錯体の溶媒和・イオン会合と第二配位圏の構造

5-1-1 金属錯体の溶媒和

固体錯体の溶媒への溶解は，固相の安定性（結晶格子エネルギーなど）にもよるが，一般に，錯体および対イオンの溶媒との相互作用（溶媒和）が大きいほどその溶解性は高い。錯体の溶媒和ギブズ自由エネルギー（ギブズエネルギー）は，錯体の極性（電荷や双極子モーメントなど），および，分子間相互作用（配位子-溶媒分子間）に支配される。電荷による項は Born 式（1-2）で近似でき，配位子-溶媒分子間相互作用は，配位子が極性基を持つとき溶媒のドナー性やアクセプター性に依存し，疎水基を持つときは低極性溶媒との親和性が高くなる。溶媒が水の場合，水素結合可能な配位子は錯体の溶媒和を強め，疎水的な配位子は溶媒和を弱める。錯体の溶媒和自由エネルギーに関する情報は多くないが，溶媒によるその差は溶媒間の移行自由エネルギー（2-1 節参照）を測定して見積もることができる。混合溶媒中では，溶媒分子と配位子の親和性の差による選択的溶媒和（2-2 節参照）も考えられる。

金属錯体 M^{m+}（$m+$ は 3-1 節と 3-2 節における電荷数 z_M に相当）の溶解による溶媒構造の変化は，錯体の部分モル体積や溶液の圧縮率等の熱力学量に反映される。希薄溶液における部分モル体積 V_M° は，イオンを半径 r_i の球とすると，

次の一般式で表すことができる[1]。

$$V_M^\circ = Ar_i^3 - Bm^2/r_i \tag{5-1}$$

A, Bは経験的パラメータで，右辺第一項はイオン固有の体積（intrinsic volume）（$A > 0$），第二項は電場による溶媒の体積収縮（電縮：electrostriction）（$B > 0$）の項であり，式（5-1）と類似した多くの経験式が提出されている。表5-1に，水溶液中の錯体のV_M° [2-4]，Glueckaufの式（6-43）を用いてV_M°から求まる有効イオン半径r_{ef}，極限モル伝導度λ^∞（M^{m+}/m）（表6-1）[3,5]から得られるストークス半径r_sの値を示す。

電荷が異なるが類似の構造を持つ錯体，[Ni(en)$_3$]$^{2+}$と[Cr(en)$_3$]$^{3+}$，[Ru(bpy)$_3$]$^{2+}$と[Rh(bpy)$_3$]$^{3+}$，[Fe(phen)$_3$]$^{2+}$と[Co(phen)$_3$]$^{3+}$の間でV_M°の値を比較すると，3価錯体の方が$25 \sim 37$ cm^3 mol^{-1}小さい。電縮を補正して見積もられたr_{ef}の値は似ており錯体分子の体積（$\sim 4\pi r_{ef}^3/3$）は同等と考えられることから，V_M°の差の大部分は電縮の違いによるといえる。電荷が同じ類似錯体のr_{ef}の値の違いは，おもに中心金属-配位原子間の結合距離の違いによ

表5-1 水溶液中の錯イオンの部分モル体積（V_M°/cm^{3}mol^{-1}），有効イオン半径（r_{ef}/Å），ストークス半径（r_s/Å）（25 ℃）（1 Å = 10^{-10} m = 100 pm）

錯イオン	V_M°	r_{ef}	r_s	錯イオン	V_M°	r_{ef}	r_s
[Pd(NH$_3$)$_4$]$^{2+}$	60	2.77		[Ni(bpy)$_3$]$^{2+}$	369	4.82	
[Pt(NH$_3$)$_4$]$^{2+}$	59	2.76	2.33	[Ru(bpy)$_3$]$^{2+}$	366	4.80	4.99
[Co(NH$_3$)$_6$]$^{3+}$	56	3.10	2.78	[Cr(bpy)$_3$]$^{3+}$	340	4.81	4.86
[Rh(NH$_3$)$_6$]$^{3+}$	62	3.15		[Co(bpy)$_3$]$^{3+}$	333	4.78	4.90
[Ir(NH$_3$)$_6$]$^{3+}$	63	3.16		[Rh(bpy)$_3$]$^{3+}$	338	4.80	
cis-[Co(NO$_2$)$_2$(en)$_2$]$^+$	145	3.37	3.44	[Ni(5,5'-dmbpy)$_3$]$^{2+}$	466	5.23	
[Co(gly)(en)$_2$]$^{2+}$	127	3.39	3.74	[Ru(5,5'-dmbpy)$_3$]$^{2+}$	459	5.20	5.85
[Pd(en)$_2$]$^{2+}$	104	3.20		[Pd(en)(phen)]$^{2+}$	190	3.86	3.66
[Pt(en)$_2$]$^{2+}$	104	3.20	2.98	[Fe(phen)$_3$]$^{2+}$	399	4.95	5.24
[Ni(en)$_3$]$^{2+}$	160	3.65		[Ni(phen)$_3$]$^{2+}$	405	4.98	5.24
[Cr(en)$_3$]$^{3+}$	123	3.62	3.75	[Ru(phen)$_3$]$^{2+}$	403	4.97	5.18
[Co(en)$_3$]$^{3+}$	116	3.57	3.73	[Co(phen)$_3$]$^{3+}$	374	4.96	5.13
[Rh(en)$_3$]$^{3+}$	121	3.60		[Cr(ox)$_3$]$^{3-}$	136	3.71	3.41
[Co(chxn)$_3$]$^{3+}$	272	4.49	5.18	[Rh(ox)$_3$]$^{3-}$	138	3.72	
cis-[Co(mal)$_2$(en)]$^-$	172	3.59	3.89	[Co(edta)]$^-$	177	3.63	3.52

gly = glycinate ion
ox = oxalate ion
mal = malonate ion
en = ethylenediamine (1,2-ethanediamine)
chxn = 1,2-cyclohexanediamine
bpy = 2,2'-bipyridine
5,5'-dmbpy = 5,5'-dimethyl-2,2'-bipyridine
phen = 1,10-phenanthroline

るものである。r_{ef} の値がほとんど同じ $[Pd(NH_3)_4]^{2+}$ と $[Pt(NH_3)_4]^{2+}$, $[Pd(en)_2]^{2+}$ と $[Pt(en)_2]^{2+}$, $[Rh(NH_3)_6]^{3+}$ と $[Ir(NH_3)_6]^{3+}$, $[Cr(en)_3]^{3+}$ と $[Rh(en)_3]^{3+}$, $[Cr(bpy)_3]^{3+}$ と $[Rh(bpy)_3]^{3+}$ は互いに同形といえる。

　錯体の存在による溶媒構造の変化は錯体の分子運動にも反映される。極限モル伝導度 $\lambda^\infty(M^{m+}/m)$ (6-2-5 項参照) は，拡散係数に比例し，錯イオンの並進運動に関する情報を含み，錯イオン周辺の溶媒の流動性と相関がある。$\lambda^\infty(M^{m+}/m)$ と反比例の関係にあるストークス半径 r_s が r_{ef} に比べ小さいとき，錯イオン周辺の溶媒分子は純溶媒中より動きやすく（溶媒の構造性の低下），大きいとき動きにくい（溶媒の構造性の強化）。疎水性水和構造の形成は，温度上昇に伴い Walden 積 $\lambda^\infty(M^{m+}/m)\eta_0$ (η_0 は溶媒の粘性係数) の値を増大させる。実際に，疎水性水和 (hydrophobic hydration) が予想される $[M(phen)_3]^{m+}$ や $[M(bpy)_3]^{m+}$ の $d\ln\{\lambda^\infty(M^{m+}/m)\eta_0\}/dT$ は正の値を持つ。この値は m の値が大きくなると減少することから，疎水性水和構造は錯体の電荷がつくる電場により弱められると考えられる[3d,5]。

　水溶液の密度，粘度，断熱圧縮率から種々の金属錯体の水和に関する多くの情報が得られているが，詳細については参考文献 6) を参照されたい。

5-1-2 金属錯体のイオン会合

　金属錯イオンは共存イオンと外圏錯体に相当するイオン対（ion pair）を形成（イオン会合）することがある。イオン会合（ion association）は，一般に電荷が高いとき，あるいは，低誘電率溶媒中で起こりやすい。錯イオンを M^{m+}, 反対電荷のイオンを A^{n-} とすれば，イオン会合平衡は次式で表すことができる。

$$M^{m+} + A^{n-} \rightleftharpoons M^{m+}A^{n-} \tag{5-2}$$

以下で，この平衡の平衡定数（イオン会合定数）を K_A と表す。濃度上昇に伴い形成されるイオン対の割合が増大すると，電解質の平均活量係数や浸透係数の値が減少し，モル伝導度の低下も大きくなる。また，錯体や会合相手のイオンによっては，可視紫外吸収スペクトル変化など分光学的変化を伴うことがある。イオン会合によるこのような物性変化を定量的に測定することにより K_A の値を求めることができる[7]。

5 金属錯体の溶液内相互作用

　金属錯体のイオン会合には，イオン会合理論（3-2 節）が適用できる正負電荷間の静電相互作用のほか，疎水性相互作用，水素結合，イオン-双極子相互作用等の付加的相互作用が含まれる。イオン会合による自由エネルギー変化 $\Delta_{ia}G°(=-RT\ln K_A)$ は，静電相互作用による項 $\Delta_{ia}G°(\text{el})$ と，付加的相互作用をすべて含む項 $\Delta_{ia}G°(\text{ex})$ の和として表すことができる。

$$\Delta_{ia}G° = \Delta_{ia}G°(\text{el}) + \Delta_{ia}G°(\text{ex}) \tag{5-3}$$

$\Delta_{ia}G°(\text{el})$ はイオン会合理論により近似的に説明できるが，会合理論ではイオンを剛体球，溶媒を比誘電率 ε_r の連続媒体と仮定していることによるずれが含まれる。$\Delta_{ia}G°(\text{ex})$ は一般に負であり，付加的相互作用が存在すると，K_A は会合理論からの予想より大きくなる。イオン会合の詳細な情報は，会合のエンタルピー変化 $\Delta_{ia}H°$，エントロピー変化 $\Delta_{ia}S°$，定圧熱容量変化 $\Delta_{ia}C_p°$ を求めることにより，また，会合相手のイオンを系統的に変えることにより得ることができる。

　イオン会合に対する熱力学パラメータを考察するとき，次の仮想的サイクルを仮定することがある。

$$
\begin{array}{ccc}
 & \text{step 2} & \\
M^{m+}(\text{gas}) + A^{n-}(\text{gas}) & \rightarrow & M^{m+}A^{n-}(\text{gas}) \\
\uparrow \text{step 1} \uparrow & & \downarrow \text{step 3} \\
M^{m+}(\text{soln}) + A^{n-}(\text{soln}) & \rightarrow & M^{m+}A^{n-}(\text{soln})
\end{array}
\tag{5-4}
$$

このサイクルは，溶液中の溶媒和イオン $M^{m+}(\text{soln})$ と $A^{n-}(\text{soln})$ を脱溶媒和して気相中に移し（step 1），イオン対 $M^{m+}A^{n-}(\text{gas})$ を形成させ（step 2），これを溶液中に戻して溶媒和イオン対 $M^{m+}A^{n-}(\text{soln})$ にする（step 3）という仮想サイクルである。例えば，イオン会合の熱力学パラメータ，$\Delta_{ia}G°$，$\Delta_{ia}H°$，$\Delta_{ia}S°$（一般に $\Delta_{ia}Y°$ と置く）は，$\Delta_{\text{desolv}}Y_i°$（脱溶媒和）$= -\Delta_{\text{solv}}Y_i°$（溶媒和）の関係が成立するとすれば，

$$\Delta_{ia}Y° = \{\Delta_{\text{solv}}Y_{MA}° - (\Delta_{\text{solv}}Y_M° + \Delta_{\text{solv}}Y_A°)\} + \Delta_{ia}Y°(\text{gas}) \tag{5-5}$$

と表せ，会合による $\Delta_{ia}Y°$ を溶媒和変化の項（第一項）と溶媒和に無関係な項

137

（第二項）に分けて考えることができる。例えば，イオンの脱溶媒和が容易なほど（$-\Delta_{solv}G_M°$，$-\Delta_{solv}G_A°$ の値が小さいほど），また，溶媒が関与しないイオン間相互作用が大きいほど（$\Delta_{ia}G°$(gas) がより負であるほど），$\Delta_{ia}G°$ はより負となり，K_A の値は大きくなる。

表 5-2 に，電気伝導度測定（6-2-5 項）から得られた無限希釈（イオン強度

表 5-2 金属錯体のイオン会合の K_A/dm^{3}mol^{-1}，$\Delta_{ia}H°$/kJ mol^{-1}，$\Delta_{ia}S°$/J K^{-1} mol^{-1} (25 ℃，水溶液)

System	a/Å	K_A	$\Delta_{ia}H°$	$\Delta_{ia}S°$	System	a/Å	K_A	$\Delta_{ia}H°$	$\Delta_{ia}S°$
$M^{m+}=[Co(NH_3)_6]^{3+}$					$M^{m+}=[Co(gly)(en)_2]^{2+}$				
Cl$^-$	4.9	51	2.7	42	Cl$^-$	5.2	13	0.6	24
Br$^-$	5.1	47	0.9	35	SO$_4^{2-}$	5.7	304	0.9	51
I$^-$	5.3	38	−0.1	30	oxalate^{2-}	5.9	171	2.5	51
NO$_3^-$	5.2	50	−2.2	25	malonate^{2-}	6.0	174	1.6	48
ClO$_4^-$	5.4	39	−3.6	18	succinate^{2-}	6.2	85	2.9	47
acetate$^-$	5.3	40	5.0	47	fumarate^{2-}	6.2	64	4.4	49
SO$_4^{2-}$	5.4	3610	2.5	77	maleate^{2-}	6.2	315	−0.5	46
$M^{m+}=[Co(en)_3]^{3+}$					phthalate^{2-}	6.5	452	−0.3	50
Cl$^-$	5.4	54	1.6	39	meso-tart^{2-}	6.2	324	−4.0	35
Br$^-$	5.5	58	0.1	34	L-tart^{2-}(Δ)	6.3	129	−2.3	33
I$^-$	5.7	50	−0.8	30	L-tart^{2-}(Λ)	6.3	144	−4.0	28
NO$_3^-$	5.6	47	−1.4	27	$M^{m+}=[Fe(phen)_3]^{2+}$				
ClO$_4^-$	5.9	37	−2.1	23	Cl$^-$	6.8	5	−4.7	−2
SO$_4^{2-}$	5.9	3220	2.7	76	ClO$_4^-$	7.3	38	0.5	32
$M^{m+}=[Co(chxn)_3]^{3+}$					BS$^-$	8.0	35	1.1	33
Cl$^-$	6.3	78	0.0	36	1-NS$^-$	8.3	135	−0.9	38
Br$^-$	6.4	84	−0.4	35	1-NAc$^-$	8.3	121	−1.1	36
I$^-$	6.7	63	−0.9	32	o-BDS^{2-}	8.3	99	3.4	50
NO$_3^-$	6.5	69	−1.5	30	m-BDS^{2-}	8.4	204	−3.6	32
ClO$_4^-$	6.8	61	−0.2	33	2,6-NDS^{2-}	8.7	1021	−7.4	33
$M^{m+}=[Co(phen)_3]^{3+}$					2,7-NDS^{2-}	8.7	792	−8.1	28
Cl$^-$	6.8	29	−0.5	26	2,6-NDC^{2-}	8.5	931	−7.0	33
ClO$_4^-$	7.3	132	−2.9	31	$A^{n-}=[Cr(ox)_3]^{3-}$				
SO$_4^{2-}$	7.3	310	1.2	52	Li$^+$	4.4	8	6.2	38
$M^{m+}=[Co(bpy)_3]^{3+}$					Na$^+$	4.7	33	−0.8	26
Cl$^-$	6.6	31	0.1	29	K$^+$	5.1	37	−0.5	26
ClO$_4^-$	7.1	112	−1.7	33	Rb$^+$	5.2	39	−1.3	26
					Cs$^+$	5.4	42	−1.5	26

BS$^-$ = benzenesulfonate ion
NS$^-$ = naphthalenesulfonate ion
NAc$^-$ = naphthaleneacetate ion
BDS^{2-} = benzenedisulfonate ion
NDS^{2-} = naphthalenedisulfonate ion
NDC^{2-} = naphthalenedicalboxylate ion
tart^{2-} = tartrate ion
L-tart^{2-}(Δ)：錯体は Δ-[Co(gly)(en)$_2$]$^{2+}$
L-tart^{2-}(Λ)：錯体は Λ-[Co(gly)(en)$_2$]$^{2+}$
他は表 5-1 参照

ゼロ）水溶液（25 ℃）における金属錯体のイオン会合のK_A, $\Delta_{ia}H°$, $\Delta_{ia}S°$の値を示す[3]。解析では，有効イオン半径r_{ef}あるいは結晶イオン半径r_cの和をイオン間最近接距離aの値とした。

イオン会合定数を，錯体の対イオンとしてよく用いられるCl^-とClO_4^-について比較する。Cl^-では，K_Aの大きさの順は，$[Co(chxn)_3]^{3+}$ > $[Co(en)_3]^{3+}$ > $[Co(NH_3)_6]^{3+}$ > $[Co(bpy)_3]^{3+}$ ≥ $[Co(phen)_3]^{3+}$ > $[Co(gly)(en)_2]^{2+}$ > $[Fe(phen)_3]^{2+}$ となり，ClO_4^- では，$[Co(phen)_3]^{3+}$ > $[Co(bpy)_3]^{3+}$ > $[Co(chxn)_3]^{3+}$ > $[Co(NH_3)_6]^{3+}$ ≥ $[Fe(phen)_3]^{2+}$ ≥ $[Co(en)_3]^{3+}$となる。また，$[Co(NH_3)_6]^{3+}$, $[Co(en)_3]^{3+}$, $[Co(chxn)_3]^{3+}$等の錯体では，K_AはCl^- > ClO_4^-となり，$[Co(phen)_3]^{3+}$, $[Co(bpy)_3]^{3+}$, $[Fe(phen)_3]^{2+}$等の錯体では，ClO_4^- > Cl^-となる[3d]。これらから，Cl^-との会合は錯体の電荷や配位子の極性基に支配され，ClO_4^-との会合は疎水性の配位子を持つ錯体に有利といえる。以下では，代表的な錯体に焦点を当て，対イオン依存性等について解説する。

(1) $[Co(NH_3)_6]^{3+}$, $[Co(en)_3]^{3+}$の1価陰イオンとのイオン会合[3a, 3b]

電気伝導度測定（25 ℃水溶液）による$[Co(NH_3)_6]^{3+}$および$[Co(en)_3]^{3+}$の1価陰イオンとのイオン会合について多くの報告[3a, 3b, 8]があるが，ここでは，陰イオンを系統的に変え，温度変化した結果（表5-2）[3a, 3b]を中心に解説する。

図5-1に，$[Co(NH_3)_6]^{3+}$および$[Co(en)_3]^{3+}$のイオン会合定数K_A（対数値）の温度依存性を示す[3a, 3b]。いずれも，Cl^-の場合を除き，0～50 ℃の温度領域にK_Aが極小となる温度（t_{min}）が存在する。$[Co(NH_3)_6]^{3+}$の場合，t_{min}の値が様々なため，K_Aの大きさの順は温度によって大きく異なる。K_Aの極小値の出現はイオン会合理論（3-2-1項）では予想されない現象である。25 ℃において，$[Co(NH_3)_6]^{3+}$-Cl^-間（a = 4.9 Å）で，K_A = 51 dm^{3}mol^{-1}, $\Delta_{ia}H°$ = 2.7 kJ mol^{-1}, $\Delta_{ia}S°$ = 42 J K^{-1}mol^{-1}（表5-2；以下では単位省略）となり，会合理論では，K_A = 47.2, $\Delta_{ia}H°$ = 3.96, $\Delta_{ia}S°$ = 45.3（Bjerrum理論），K_A = 34.5, $\Delta_{ia}H°$ = 3.96, $\Delta_{ia}S°$ = 42.7（Yokoyama-Yamatera理論）となる。会合理論の間で$\Delta_{ia}S°$の違いによるK_Aの値の差が見られるが，K_Aの実測値が理論値より大きいのは，$\Delta_{ia}H°$の実測値が小さいことによるといえる。$\Delta_{ia}H°$（25 ℃）は，Cl^- > Br^- > I^- > NO_3^- > ClO_4^-の順に大きく減少し，$\Delta_{ia}H°$の理論値からのずれは拡大する。一方，これと反対の順でt_{min}は高くなる（図5-1）。$\Delta_{ia}S°$（25 ℃）でも同様

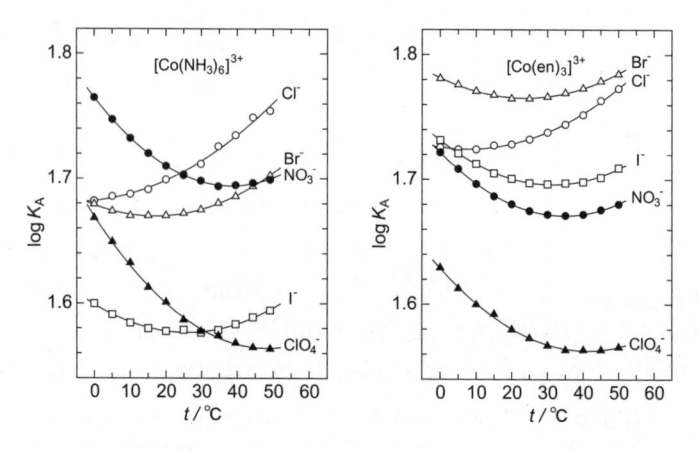

図 5-1 水溶液中の $[Co(NH_3)_6]^{3+}$（左）[3a] および $[Co(en)_3]^{3+}$（右）[3b] と 1 価陰イオン間の $\log K_A$
○：Cl^-, △：Br^-, □：I^-, ●：NO_3^-, ▲：ClO_4^-

の減少が見られるが，その原因として，イオン-連続媒体モデルからのずれをもたらす陰イオンの水構造破壊性の効果が考えられる。低温ではこの効果は大きく，陰イオンのイオン半径の増大とともに脱溶媒和が容易になり，$\Delta_{ia}G°$ の減少（K_A の増大）の程度が増大する。高温ではこの効果は弱まり，$[Co(NH_3)_6]^{3+}$の場合，50 ℃を超えると K_A の順は会合理論からの予想と一致してくる。

$[Co(en)_3]^{3+}$の場合には，$[Co(NH_3)_6]^{3+}$に比べ会合状態に多様性がある。すなわち，en 配位子のアミノ基は水素結合可能な陰イオンとの親和性が高く，疎水的なメチレン基は水和が弱い陰イオンとの親和性が高い。このため，陰イオンによって配位子の相互作用部位に差が生じ，多様な会合状態が予想される。式（5-5）では，右辺第二項だけでなく，脱溶媒和が関係する第一項も相互作用部位に依存するため複雑化する。$[Co(en)_3]^{3+}$-陰イオン間の K_A の値の順が $[Co(NH_3)_6]^{3+}$の場合と異なるのはこの多様性によると考えられる。

イオン会合により $[Co(NH_3)_6]^{3+}$，$[Co(en)_3]^{3+}$等の紫外吸収スペクトルが変化することが古くから知られており[9]，その吸光度変化の解析から K_A の値が求められている[10]。この吸収スペクトル変化は接触イオン対形成により起こると考えられるが，解析により得られる K_A はイオン対全体に対するものであ

ることに注意を要する（3-2-2 項参照）。CD スペクトルを用いた光学活性な [Co(en)$_3$]$^{3+}$ のイオン会合に対する研究については 5-2 節を参照されたい。

イオン会合による体積変化 ΔV は、K_A の圧力変化から [Co(NH$_3$)$_6$]$^{3+}$-Cl$^-$ では負（40 MPa 以上では正）となる[11a]。これは、SO$_4^{2-}$（$\Delta V > 0$）[11b] の場合と対照的で、Cl$^-$ との会合では電縮があまり弱められていないことを示唆する。

(2) [Fe(phen)$_3$]$^{2+}$ の疎水性イオン会合 [3e, 3f]

[Fe(phen)$_3$]$^{2+}$ と様々な疎水性イオン間の K_A の値が、ラセミ化や配位子解離反応の反応速度におよぼす会合の効果を解析して求められているが[12]、ここでは、電気伝導度測定から直接得られた会合定数（表 5-2）を用いて解説する。

[Fe(phen)$_3$]$^{2+}$ の K_A の値は陰イオンに大きく依存し、1 桁近く異なる場合もある（表 5-2）。K_A の値の大きさは、0 ～ 40 ℃において、Cl$^-$ ≪ BS$^-$（ベンゼンスルホン酸イオン）≤ ClO$_4^-$ < o-BDS^{2-}（オルトベンゼンジスルホン酸イオン）≪ 1-NAc$^-$（1-ナフタレン酢酸イオン）< 1-NS$^-$（1-ナフタレンスルホン酸イオン）< m-BDS^{2-}（メタベンゼンジスルホン酸イオン）≪ 2,7-NDS^{2-}（2,7-ナフタレンジスルホン酸イオン）< 2,6-NDC^{2-}（2,6-ナフタレンジカルボン酸イオン）< 2,6-NDS^{2-}（2,6-ナフタレンジスルホン酸イオン）の順に増大する。K_A の値の増大は陰イオンの疎水性の程度に依存した疎水効果（付加的疎水性相互作用）によるもので以下のことがいえる。

① BS$^-$ ≪ 1-NS$^-$ の関係から、芳香環の数が増えると疎水効果が高まる
② 1-NAc$^-$ < 1-NS$^-$、および、2,6-NDC^{2-} < 2,6-NDS^{2-} の関係から、スルホン基より親水性の大きいカルボキシル基は疎水効果を低下させる
③ o-BDS^{2-} ≪ m-BDS^{2-}、あるいは、2,7-NDS^{2-} < 2,6-NDS^{2-} の関係から、2 つの極性基（スルホン基）間の距離が離れるほど疎水効果は高まる
④ $\Delta_{ia}G°$/kJ mol^{-1}（25 ℃）= −8.80（BS$^-$）、−12.15（1-NS$^-$）、−13.19（m-BDS^{2-}）、−16.54（2,7-NDS^{2-}）から、$\Delta_{ia}G°$（1-NS$^-$）−$\Delta_{ia}G°$（BS$^-$）≈ $\Delta_{ia}G°$（2,7-NDS^{2-}）−$\Delta_{ia}G°$（m-BDS^{2-}）、すなわち、静電相互作用（電荷の効果）と疎水性相互作用（芳香環の効果）の重ね合わせ（加成性）が成立する。$\Delta_{ia}H°$ と $\Delta_{ia}S°$ ではこのような関係は成立しない
⑤ 疎水性相互作用により負の値が期待される $\Delta_{ia}C_p°$ は、2,7-NDS^{2-} と 1-NS$^-$ に対し同程度の負の値（25 ℃で、およそ −160 J K^{-1} mol^{-1}）となる

⑥ 疎水性相互作用による K_A の値の増大は，みかけ上，$\Delta_{ia}S°$ の増大ではなく，$\Delta_{ia}H°$ の減少によりもたらされているのは，会合による電荷の中和に伴う疎水性水和構造の再構築による $\Delta_{ia}S°$，$\Delta_{ia}H°$ の減少に基づくと考えられる

⑦ 芳香環の数の変化に伴う K_A の値の増大に対し，$\Delta_{ia}H°$ の方が $\Delta_{ia}S°$ より寄与が大きいことから，芳香環スタッキング等の付加的相互作用の存在も示唆される

NMR 測定により，$[Fe(phen)_3]^{2+}$ と BS^- 等の会合に対し，陰イオンの芳香環が phen 配位子間の疎水空隙に侵入し，スルホン基が錯体の外部方向を向いている会合構造が示されており[12b]，1-ヘキサンスルホン酸イオンとの会合では，アルキル鎖部分が phen 表面に横たわり相互作用している描像が示されている[13]。一方，静電相互作用の寄与が大きいと考えられる $[Cr(phen)_3]^{3+}$ とメタンスルホン酸イオンの会合では，このような会合構造は観測されない[14]。

(3) $[Co(gly)(en)_2]^{2+}$ のジカルボン酸イオン等とのイオン会合[3f]

$[Co(gly)(en)_2]^{2+}$-ジカルボン酸イオン（構造は 5-2-1 項参照）間の K_A（表 5-2）の大きさは，フマル酸イオン（fumarate^{2-}）＜ コハク酸イオン（succinate^{2-}）＜ シュウ酸イオン（oxalate^{2-}）≦ マロン酸イオン（malonate^{2-}）＜ マレイン酸イオン（maleate^{2-}）＜ フタル酸イオン（phthalate^{2-}）の順で，カルボキシル基が互いにシス位のマレイン酸イオンやフタル酸イオンでは K_A の値は非常に大きく，トランス位のフマル酸イオンのとき最も小さくなり，また，カルボキシル基の位置の自由度が大きいコハク酸イオンに対する K_A の値も小さい。したがって，カルボキシル基が互いに隣接している方が，K_A の値は大きくなることから，正負電荷による静電相互作用にとって，また，配位子のアミノ基との水素結合にとって都合が良いといえる。この結果は，$[Co(en)_3]^{3+}$ の場合（5-2-1 項参照）と類似している。

酒石酸イオン（tart^{2-} = tartrate^{2-}）はコハク酸イオンと似た骨格を持つが，K_A の値はより大きいことから，tart^{2-} の OH 基の水素結合への関与が考えられる。光学活性錯体と L-tart^{2-} の会合では，$[Co(en)_3]^{3+}$ と同様の立体選択性（Λ-錯体＞Δ-錯体）が見られる。L-tart^{2-} に比べ meso-tart^{2-} の K_A の値は異常に大きいことから，meso-tart^{2-} のカルボキシル基は互いに隣接した配置をとってい

ることが示唆される。

(4) [Cr(ox)$_3$]$^{3-}$のアルカリ金属イオンとのイオン会合 [3c]

K_Aの大きさの順は，Li$^+$ ≪ Na$^+$ < K$^+$ < Rb$^+$ < Cs$^+$であり，結晶イオン半径 r_cの順と同じになる（表5-2）。これは，r_cの値が大きいほど水和が弱く脱溶媒和しやすいことと関係している。また，Li$^+$を除いて，25～40℃においてK_Aに極小値が存在することから，接触イオン対の形成が示唆される [3c]。[W(CN)$_8$]$^{3-}$に対するK_Aの大きさも Na$^+$ < K$^+$ < Rb$^+$ < Cs$^+$の順で [15]，[Co(ox)$_3$]$^{3-}$や[Fe(CN)$_6$]$^{3-}$とⅡ族金属イオンの間のK_Aもr_cの順(Mg^{2+} < Ca^{2+} < Sr^{2+} < Ba^{2+})と同じになる [16]。

5-1-3 金属錯体の第二配位圏の構造

金属錯体の溶媒和やイオン会合の構造を知るにはX線やNMRによる方法を用いる必要がある。ここでは，同形置換X線回折法等（6-1-1項参照）により明らかにされた金属錯体の第二配位圏の構造について解説する。

(1) [M(phen)$_3$]$^{2+}$, [M(bpy)$_3$]$^{2+}$, [M(bpy)$_3$]$^{3+}$の第二配位圏の構造(25℃) [4]

構造が類似している [Ru(phen)$_3$]$^{2+}$ と [Ni(phen)$_3$]$^{2+}$，[Ru(bpy)$_3$]$^{2+}$ と [Ni(bpy)$_3$]$^{2+}$，[Rh(bpy)$_3$]$^{3+}$ と [Cr(bpy)$_3$]$^{3+}$（表5-1のr_{ef}参照）の同一組成の水溶液間に同形置換法が適用された [4]。[M(phen)$_3$]$^{2+}$ (M = Ru, Ni) の硫酸塩水溶液 (0.80 M) (M = mol dm^{-3}) について得られた Ru(Ⅱ) を中心とする動径分布関数$D^{Ru}(r)$を図5-2aに示す。$D^{Ru}(r)$の6Åまでに明確なピークが6つあり，第三ピーク（3.5～3.6Å）以外は，phenの構成原子（図5-3）のN, C$_A$ (C$_2$, C$_9$, C$_{10a}$, C$_{10b}$), C$_B$ (C$_3$, C$_8$, C$_{4a}$, C$_{6a}$), C$_C$ (C$_4$, C$_7$), C$_D$ (C$_5$, C$_6$) によるもので，それぞれ，Ru(Ⅱ)からの距離は 2.05, 2.98, 4.35, 4.88, 5.31 Åと解析される。濃度の異なる硫酸塩水溶液（0.26 M）や塩化物水溶液（0.21 M）でも同じ結果が得られる。図5-2bの [M(bpy)$_3$]$^{2+}$ (M = Ru, Ni) の硫酸塩水溶液における5つのピークのうち第三ピーク以外はbpyの構成原子（図5-3）によるものである。Ru-配位子（phen, bpy）構成原子間の距離は結晶構造 [17] から見積もられる距離とほとんど一致する。図5-2a, bの$D^{Ru}(r)$の第三ピーク（3.5～3.6Å）は約2個の最近接水分子によると解析され，[M(phen)$_3$]$^{2+}$あるいは [M(bpy)$_3$]$^{2+}$のC_3軸に沿った2箇所の配位子間の窪みに1分子ずつ，phenの

143

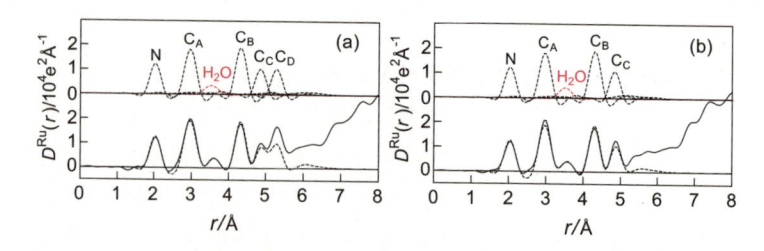

図 5-2　0.80 M $[M(phen)_3]SO_4$ (M = Ru, Ni) 水溶液 (a) と 0.40 M $[M(bpy)_3]SO_4$ (M = Ru, Ni) 水溶液 (b) の $D^{Ru}(r)$ (実線)[4]。破線は理論曲線（上は個別，下はその重ね合わせ）

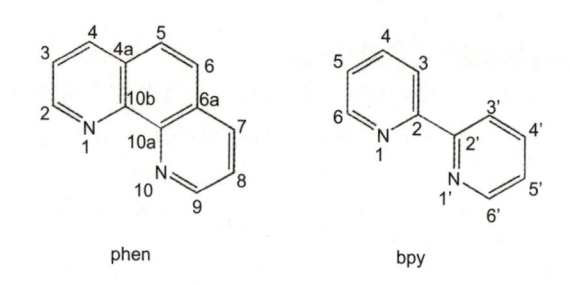

図 5-3　1,10-フェナントロリン（phen）と 2,2'-ビピリジン（bpy）の構造式

C_2 と C_9 あるいは bpy の C_6 と $C_{6'}$ の水素原子に接して存在すると考えられる。水和物結晶中[17]ではこのような水分子は見られない。

$D^{Ru}(r)$ が急激に増大する手前の 5.3～6.3 Å 領域に 10～11 個の水分子が存在している。これらの水分子は錯体の C_3 軸方向に分布し，最近接水分子と水素結合で連結しており，一方，C_2 軸方向の配位子間は空隙になっていると推測される。また，陰イオンはこの領域外に存在すると考えられる。

$[M(bpy)_3]^{3+}$ (M = Rh, Cr) の硫酸塩水溶液（0.25 M）と塩化物水溶液（0.73 M）の $D^{Rh}(r)$ では，3.5～3.6 Å に水分子は見られなく，水分子は Rh(III) から 4.7 Å に 2～3 個，5.1～6.0 Å に 13～14 個存在する。6.0 Å より内部には，Cl^- あるいは SO_4^{2-} の O 原子の一部が存在する可能性を考えても，約 14 個の水分子があり，$[Ru(bpy)_3]^{2+}$ の場合より 4～6 個過剰になることから，一部の水

5　金属錯体の溶液内相互作用

分子は C_2 軸方向の配位子間空隙に侵入している可能性が大きい。これは，[Rh(bpy)$_3$]Cl$_3$・4H$_2$O 結晶中[18]で，C_2 軸方向 5.73 Å に水分子が存在することからも示唆され，表 5-1 の [Rh(bpy)$_3$]$^{3+}$ の V_M° が [Ru(bpy)$_3$]$^{2+}$ より 28 cm^{3}mol^{-1} 小さくなることとも関係していると考えられる。

[Ru(bpy)$_3$]SO$_4$ と [Rh(bpy)$_3$]Cl$_3$ の水溶液の $D^M(r)$ から平均電子密度分布を差し引いた差動径分布関数 ($D^M(r) - 4\pi r^2 \rho_0^M$) を図 5-4a, b に示す。[Ru(bpy)$_3$]$^{2+}$ では，7.7 Å と 11.2 Å に極大を持つ 2 つの幅広い大きな電子密度ゆらぎが存在し，[Rh(bpy)$_3$]$^{3+}$ では 7.7 Å に 1 つの類似の極大が見られる。また，図にはないが，[Ru(phen)$_3$]$^{2+}$ では 8.0 Å と 11.5 Å に極大が 2 つ存在する。いずれの場合も錯体濃度や陰イオンに依存しないことから，これらの極大は錯体を取り巻く疎水性水和殻を反映していると考えられる。2 価錯体は二重の疎水性水和殻を持ち，配位子により極大位置が異なるのは錯体の大きさの違いによる。3 価錯体が 1 つの疎水性水和殻しか持たないのは，電荷増加に伴う疎水性水和の低下（5-1-1 項参照）[3d, 5]によると推測される。この描像は 3 価錯体の塩化物と硫酸塩とでは同じであるが，疎水基を持つ 1-ナフタレンスルホン酸イオン（1-NS$^-$）になると，疎水性会合により第二配位圏の構造に大きな変化が見られる（図 5-4c）[19a]。

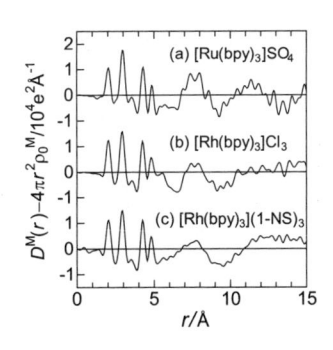

図 5-4　0.40 M [M(bpy)$_3$]SO$_4$ (M = Ru, Ni) 水溶液（a）[4]，0.73 M [M(bpy)$_3$]Cl$_3$ (M = Rh, Cr) 水溶液（b）[4]，0.86 M [M(bpy)$_3$](1-NS)$_3$ (M = Rh, Cr) 水溶液（c）の $D^M(r) - 4\pi r^2 \rho_0^M$

(2) $[M(NH_3)_6]^{3+}$, $[M(NH_3)_4]^{2+}$の第二配位圏の構造（25℃）[19b, c]

ほとんど同形の $[Ir(NH_3)_6]^{3+}$ と $[Rh(NH_3)_6]^{3+}$（表 5-1）の酢酸塩と塩化物の水溶液に対して同形置換法により得られた Ir(III) を中心とする動径分布関数 $D^{Ir}(r)$ を図 5-5 に示す[19b]。最初の 2 つのピークは，NH_3 の構成原子（N と H）に帰属でき，Ir-N 間距離 2.11 Å，Ir-H 間距離 2.60 ～ 2.64 Å と解析され，Ir-N-H 結合角は約 110° と見積もられる。3.5 ～ 5.0 Å 領域のピークは第二配位圏の構造を反映しており，水分子は 4.06 ～ 4.07 Å（O_A）に 8 個，4.56 ～ 4.59 Å（O_B）に 6 個存在する。O_A 水分子は NH_3 と水素結合（Ir-N⋯O_A 角 107 ～ 111°）し，O_B 水分子は Ir-N 結合軸に沿って NH_3 の 3 個の H に接触して存在すると推測される。0.51 M 塩化物水溶液では，塩化物イオン 1 個が O_A 水分子 1 個と置き換わり NH_3 と水素結合して 4.33 Å に存在する[19b]（巻頭の口絵参照）。

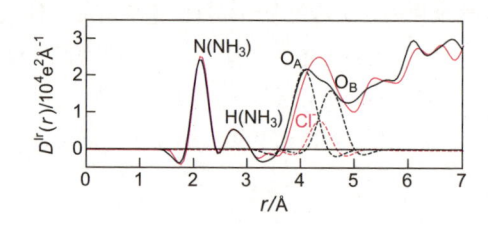

図 5-5　$[M(NH_3)_6]^{3+}$（M = Ir, Rh）の 0.53 M 酢酸塩水溶液（黒色実線）と 0.51 M 塩化物水溶液（赤色実線）の $D^{Ir}(r)$。破線は酢酸塩水溶液中の第二配位圏の水分子の酸素原子（O_A, O_B）（黒色破線）と塩化物水溶液中の Cl⁻（赤色破線）に対する理論曲線

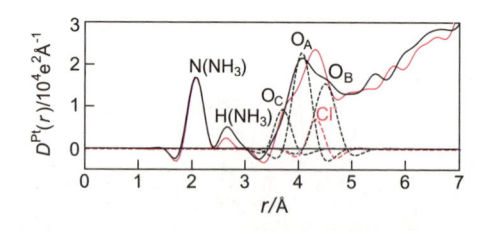

図 5-6　$[M(NH_3)_4]^{2+}$（M = Pt, Pd）の 0.63 M 酢酸塩水溶液（黒色実線）と 0.65 M 塩化物水溶液（赤色実線）の $D^{Pt}(r)$。破線は酢酸塩水溶液中の第二配位圏の水分子の酸素原子（O_A, O_B, O_C）（黒色破線）と塩化物水溶液中の Cl⁻（赤色破線）に対する理論曲線

ほとんど同形の［Pt(NH$_3$)$_4$］$^{2+}$と［Pd(NH$_3$)$_4$］$^{2+}$（表 5-1）の酢酸塩および塩化物の水溶液に対して得られた動径分布関数 $D^{Pt}(r)$を図 5-6 に示す[19c]。最初の 2 つのピークはNH$_3$との相互作用によるもので，Ir–N 間距離 2.05 Å，Ir–H 間距離 2.53 Å となり，Ir–N–H 結合角は約 107°と見積もられる。3.5〜4.9 Å 領域の第二配位圏には，水分子が 3.70 Å（O$_C$）に 2 個，4.30 Å（O$_A$）に 6 個，4.50 Å（O$_B$）に 5 個存在する。4.30 Å の水分子は［Ir(NH$_3$)$_6$］$^{3+}$の O$_A$水分子に，4.50 Å の水分子のうち 4 個は［Ir(NH$_3$)$_6$］$^{3+}$の O$_B$水分子と類似の配置をとっていると考えられる。0.65 M 塩化物水溶液中では，約 0.5 個の Cl$^-$が O$_A$水分子と置き換わり 4.31 Å にイオン会合して存在する。O$_C$水分子は錯体平面の上下方向に 1 分子ずつ存在すると推測される[19c]。

(3) ［M(en)$_3$］$^{3+}$の第二配位圏の構造（25 ℃）[19d]

ほとんど同形の［Rh(en)$_3$］$^{3+}$と［Cr(en)$_3$］$^{3+}$（表 5-1）の塩化物，臭化物，過塩素酸塩の水溶液に対して得られた動径分布関数 $D^{Rh}(r)$を図 5-7 に示す[19d]。配位子（en）の N 原子は Rh(III)から 2.08 Å，C 原子は 2.91〜2.93 Å に位置する。第二配位圏の構造は 3.5〜5.0 Å と 5.0〜7.5 Å の領域に見られ，前者はNH$_2$基近傍，後者はCH$_2$基近傍を反映していると考えられるが，その描像は陰イオンによって大きく異なる。過塩素酸塩の場合，3.5〜5.0 Å 領域の強度は相対的に低く，5.0〜7.5 Å 領域は高いことから，ClO$_4^-$はおもにCH$_2$基近傍に存在すると仮定すると，3.5〜5.0 Å 領域には，3.90 Å に 2 個，4.34 Å に 4.7 個，4.85 Å に 3.1 個水分子が存在すると解析される。このうち，3.90 と 4.34 Å の水分子はNH$_2$基と水素結合している可能性が高い。塩化物および臭化物の水溶

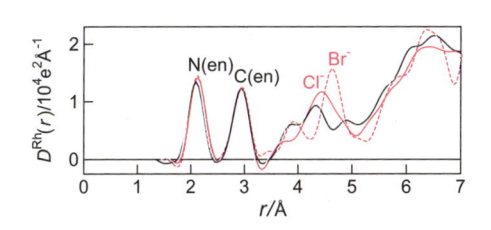

図 5-7　［M(en)$_3$］$^{3+}$（M = Rh, Cr）の 0.37 M 過塩素酸塩水溶液（黒色実線），0.91 M 塩化物水溶液（赤色実線），0.22 M 臭化物水溶液（赤色破線）の $D^{Rh}(r)$

液の解析から，Cl^- は 4.50 Å に，Br^- は 4.64 Å に約 1 個ずつ存在し，4.34 Å の水分子と置き換わり NH_2 基との水素結合を通じてイオン会合していると推測される．また，陰イオンの存在により他の水分子の配置も複雑に変化するが，その詳細は省略する[19d]．

(4) $[M(ox)_3]^{3-}$ の第二配位圏の構造 (25℃)[19e]

ほとんど同形の $[Rh(ox)_3]^{3-}$ と $[Cr(ox)_3]^{3-}$ (表 5-1) のリチウム塩，カリウム塩，セシウム塩の水溶液に対して得られた動径分布関数 $D^{Rh}(r)$ を図 5-8 に示す[19e]．金属原子に配位している ox 配位子の O_1 原子は Rh(III) から 2.06 Å，C 原子は 2.78〜2.79 Å，非配位の O_2 原子は 4.01 Å に位置する．4.01 Å のピークは O_2 原子との相互作用だけでは説明できなく，ピーク形状がリチウム塩とカリウム塩で似ていること，Li^+ との接触イオン対形成はない (5-1-2 項(4)) ことから，水分子 (O_W) との相互作用が重なっていると判断される．この水分子は 4.05 Å に 3.5 個あり，配位子の O_1 原子と水素結合 ($Rh-O_1\cdots O_W$ 角 110〜112°) し，錯体の C_3 軸方向に存在すると推測される．セシウム塩水溶液では，4.0 Å 付近に Cs^+ が若干 (約 0.2 個) 存在する．$D^{Rh}(r)$ の 5.5〜7.0 Å 領域は，平均電子密度分布より高く，陽イオンにより差があることから，O_2 原子近傍の構造を反映していると考えられる．セシウム塩水溶液では 6.2〜6.7 Å の距離に Cs^+ が約 1 個，カリウム塩水溶液では 6.1 Å 付近に K^+ が約 0.5 個存在すると解析され，その距離関係から，Cs^+ あるいは K^+ に同一の ox 配位子の 2 つの O_2 原子がキレート配位した架橋錯体が形成されていることが示唆される[19e]．

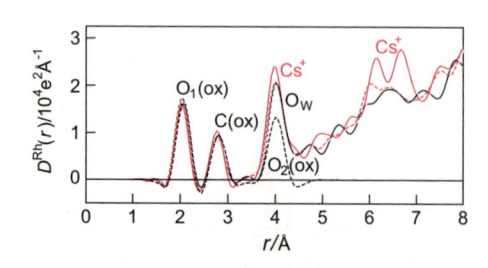

図 5-8 $[M(ox)_3]^{3-}$ (M = Rh, Cr) の 0.60 M リチウム塩水溶液 (黒色実線)，0.62 M カリウム塩水溶液 (赤色破線)，0.57 M セシウム塩水溶液 (赤色実線) の $D^{Rh}(r)$．黒色破線は Rh-ox($6O_1$, 6C, $6O_2$) 相互作用に対する理論曲線

(5) [M(en)(phen)]$^{2+}$が構築する溶液内超分子の構造 [19f]

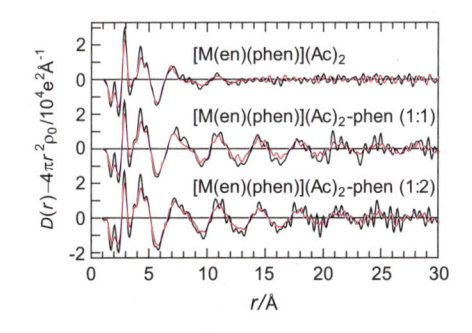

平面構造を持つ [M(en)(phen)]$^{2+}$ (M = Pt または Pd) を含む水溶液は，phen や bpy を易溶化し，錯体と同程度の濃度まで溶かし込むことができる[19f]。図 5-9 に，Pt(II)および Pd(II)錯体の酢酸塩の水溶液，錯体と phen をモル比 1：1 で含む水溶液，モル比 1：2 の過飽和水溶液の差動径分布関数 ($D(r)-4\pi r^2 \rho_0$) を示すが[19f]，phen の溶解により約 3.5 Å 間隔の周期構造が 30 Å 以上にわたり出現し，その描像は中心金属や溶液組成に依存しないことがわかる。この周期 3.5 Å は芳香環の厚みに近いことから，錯体と phen が約 3.5 Å 間隔で積み重なった積層構造を持つ超分子の形成が示唆される。bpy の溶解でも同様の周期構造が出現するが，距離の増大による周期構造の減衰が相対的に早いため，phen の場合に比べ積層数は少ないと推測される。また，この周期構造はいずれも温度の低下により強められる。

図 5-9　0.50 M [M(en)(phen)](Ac)$_2$，0.47 M [M(en)(phen)](Ac)$_2$-phen (1:1)，0.42 M [M(en)(phen)](Ac)$_2$-phen (1:2) (Ac$^-$ = CH$_3$CO$_2^-$) の各水溶液の $D(r)-4\pi r^2 \rho_0$ (25℃)。黒色実線：M = Pt(II)，赤色実線：M = Pd(II)

(6) 溶液中と結晶中の構造の相違点と類似点・その他

結晶中の錯体の構造パラメータ（結合距離や結合角等）は，対イオン，結晶溶媒，結晶構造などに依存することが多い。溶液中では，一般に異方性が小さいことから錯体構造の歪みは結晶中より小さく，周りからの影響も比較的小さい。溶液中の錯体の金属-配位原子間距離は結晶中の平均値と実質的に一致し

ていることが多いが，結合角は環境により異なることがある．結晶中では他の錯体が近くに存在するため錯体周辺には対イオンが多く存在するが，通常の溶液中の錯体周辺には多くの溶媒分子が存在する．溶液中の錯体の第二配位圏の溶媒分子や対イオンが結晶中でも類似の位置に見出されることがある．溶液X線回折で得られる一次元情報を用いて第二配位圏の構造を考える際，溶質・溶媒の分子構造，溶質の溶媒和・イオン会合等に関する情報は欠かせなく，結晶解析や計算機シミュレーションによる情報も貴重である．

5-2 金属錯体の立体・光学選択的相互作用

　金属錯体はその電荷，サイズ，形を人工的に様々に変化させることができるという特徴を持っている．その特徴を生かして，金属錯体間あるいは金属錯体と有機化合物，タンパク質，DNAの立体・光学選択性の研究が広く行われてきた．錯体の形に着目して行われたジカルボン酸イオンやアルカロイドとの立体選択性の研究は選択性の機構解明あるいは光学・立体異性体の分離精製の分野で大きな役割を果たした．電子移動反応の立体選択性は無機反応機構における電子移動の機構を解明する研究として行われ，生体内における電子移動という生命科学の大きなテーマにも関連して興味を持たれている．また，生体の主要な成分であるタンパク質とDNAは様々なイオンや分子と相互作用をし，生物の生命維持活動に重要な役割を果たしている．このような生体分子との相互作用の研究にも金属錯体は用いられ，そのイメージが明らかにされてきた．

5-2-1　イオン会合における立体・光学選択性

　トリスエチレンジアミンコバルト(III)錯体 $[Co(en)_3]^{3+}$ (en ＝ エチレンジアミン) は典型的な八面体型ウェルナー錯体で，置換不活性であり，古くからイオン会合の研究に用いられてきた．この錯イオンと陰イオンとのイオン会合定数はさまざまな方法で測定されてきたが，立体選択性の観点から次のような研究がなされている．

　Masonらは光学活性な $[Co(en)_3]^{3+}$ にリン酸イオンを添加すると，その円二色性(CD)スペクトルに大きな変化の現れることを見出した[20]．450 nm 付近の大きなCD変化はリン酸イオンがコバルト(III)錯イオンの3回軸方向から会

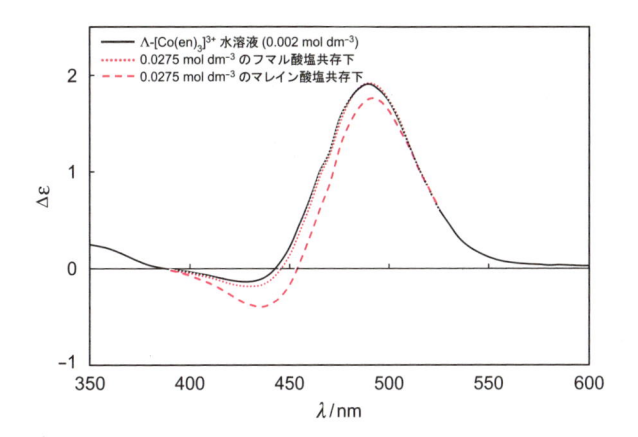

図 5-10　Λ-$[Co(en)_3]^{3+}$（実線）にフマル酸イオン（点線），マレイン酸イオン（破線）を添加した時の CD スペクトル（$[Co(en)_3]^{3+}$の絶対配置には，錯体の 3 回転軸（C_3 軸）から眺めた時のキレート N-N の配置の違いによって Λ と Δ が存在）

合するためと解釈されている。一方，この錯イオンの CD スペクトルは様々なジカルボン酸イオンを添加しても変化する。例えば，ジカルボン酸イオンのひとつであるマレイン酸(2-)イオンを添加すると，CD は大きく変化する（図5-10）。このときのイオン会合定数 K_A（25 ℃，イオン強度 0.1 mol dm^{-3} の水溶液）は 48 dm^3 mol^{-1} と報告されている。ところが，マレイン酸の幾何異性体であるフマル酸(2-)イオンを添加しても CD スペクトルはあまり変化せず（図5-10），会合定数 K_A も 4 dm^3 mol^{-1} と小さい。この相違はイオン会合に立体選択性が関与していることを示唆している。

$$M^{3+} + A^{2-} \rightleftarrows M^{3+}A^{2-} \qquad (5\text{-}6)$$

$$K_A = \frac{[M^{3+}A^{2-}]}{[M^{3+}][A^{2-}]} \qquad (5\text{-}7)$$

M^{3+}：$[Co(en)_3]^{3+}$，A^{2-}：ジカルボン酸(2 価)イオン

　この現象はジカルボン酸(2-)イオンとしてシュウ酸イオン，マロン酸イオン，コハク酸イオン，アジピン酸イオン，グルタル酸イオンあるいは o-フタル酸（フタル酸）イオン，m-フタル酸（イソフタル酸）イオン，p-フタル酸（テレフ

タル酸）イオンを添加した場合も起こり，誘起 CD，イオン会合定数 K_A の大きさ（例えば，o-, m-, p-フタル酸イオンではそれぞれ $K_A = 65, 8, 3\ \text{dm}^3\ \text{mol}^{-1}$）はカルボキシル基間の距離に依存し，その距離（図 5-11）が $[\text{Co(en)}_3]^{3+}$ の NH 間距離（図 5-12）に一致するとき最大になることもわかっている[21,22]。こ

図 5-11 ジカルボン酸イオンの COO⁻ 間距離。o-フタル酸イオン（左上），m-フタル酸イオン（中上），p-フタル酸イオン（右上），シュウ酸イオン（左下），マロン酸イオン（中下），コハク酸イオン（右下）

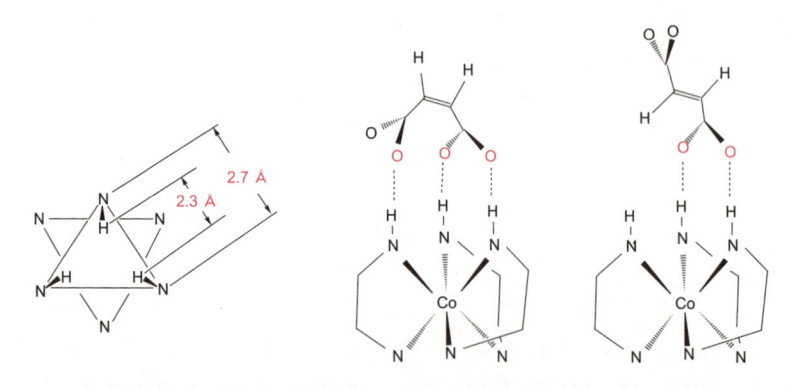

図 5-12 3 回回転軸方向から見たときの $[\text{Co(en)}_3]^{3+}$ の NH 間距離（左）およびマレイン酸イオン（中）とフマル酸イオン（右）に対する会合モデル

の強い会合には錯イオンのアミノ基の水素とカルボキシル基の酸素の水素結合が大きな寄与をしている（図 5-12）。この研究は，静電的なイオン会合の現象に立体化学的な寄与があることを示したもので，アザクラウンエーテルや直鎖状ジアミンとジカルボン酸イオンの研究においても同様な現象が見出されている。

また，酒石酸イオン（$tart^{2-}$）を添加したときも誘起 CD が現れ，その大きさは D-酒石酸イオンと L-酒石酸イオンで異なる。つまり，光学活性な $[Co(en)_3]^{3+}$ は酒石酸イオンの光学異性体を識別している。会合定数 K_A は Λ-$[Co(en)_3]^{3+}$ と L-$tart^{2-}$ が 13 dm^3 mol^{-1}，Λ-$[Co(en)_3]^{3+}$ と D-$tart^{2-}$ が 11 dm^3 mol^{-1}（Δ-$[Co(en)_3]^{3+}$ と L-$tart^{2-}$ の K_A 値として得られる）と差異は大きくないが，会合したときのカルボキシル基と水酸基の立体配置の違いにより起こると考えられている[22,23]。

これらの金属錯体とジカルボン酸イオンの間に働く相互作用は静電的なものであるが，疎水的な相互作用によって起こる光学選択性がある。1,10-フェナントロリン（phen）が配位した亜鉛の錯体 $[Zn(phen)_3]^{2+}$ は配位子の脂溶性が高く，水溶液中では疎水的な性質を持つ。このような錯体のラセミ体は，例えば，ブロモカンファースルホン酸やストリキニンなどのキラルな有機化合物と相互作用をして光学活性を現わす。この相互作用は Pfeiffer 効果として知られており，旋光計や円二色性分散計を用いて精力的に研究が行われてきた[24]。このうち，ストリキニンは水溶液中で陽イオンであり，$[Zn(phen)_3]^{2+}$ とは静電的には反発する組み合わせであるが，疎水的な相互作用によって会合し，光学選択性を生ずる。この場合の選択性には配位子のフェナントロリンとストリキニン間の相互作用に配位子の立体構造が影響している。

5-2-2 電子移動反応における立体選択性

電子移動反応における金属錯体間の立体選択性の研究は，その反応メカニズムを考察するときに重要なテーマとなる。金属イオンの酸化還元電位は配位子を変えると大きく変化する。Taube らは光学活性な $[Co^{III}(edta)]^-$（$edta^{4-}$ ＝ エチレンジアミン四酢酸イオン）と $[Co^{II}(en)_3]^{2+}$ などのコバルト 2 価錯体の間で立体選択的な電子移動が起こり，$[Co^{III}(en)_3]^{3+}$ の一方の光学異性体が優先的

に生成することを報告している[25]。例えば，Δ-$[Co^{III}(edta)]^-$ に対しては Λ-$[Co^{III}(en)_3]^{3+}$ が 10% 過剰に生成する。

$$\Delta_{100\%}\text{-}[Co(edta)]^- + [Co(en)_3]^{2+} \rightarrow [Co(edta)]^{2-} + \Lambda_{10\%}\text{-}[Co(en)_3]^{3+} \quad (5\text{-}8)$$

この選択性は非プロトン性溶媒（例えば，ジメチルスルホキシド）を用いると増大することもわかっている。一般に金属錯体間の電子移動反応における光学選択性は小さい（数%〜10数%）。これは，酸化によって生成する光学活性な錯体（例えば，$[Co^{III}(en)_3]^{3+}$）が既に存在する化学種（$[Co^{II}(en)_3]^{2+}$）によって還元され，ラセミ化してしまうためである。

電子移動反応の立体選択性のメカニズムは Lappin らによって研究された[26]。金属錯体としては en, ox^{2-}（シュウ酸イオン），gly^-（グリシナトイオン），$edta^{4-}$ を配位子とするコバルト(III)錯体を用い，$[Co^{II}(en)_3]^{2+}$ との電子移動反応速度，および，その立体選択性を調べ，1つのモデルを提案している。例えば，$[Co^{III}(gly)_2(ox)]^-$ は ox, gly 配位子の O 原子で構成される面で $[Co(en)_3]^{2+}$ と水素結合し，立体的な効果によって選択性が現れるという考え方である（C_2-cis(N)体では ox キレート環によって会合が阻止される：図 5-13）。電子移動反応については会合の差以外に前述した生成種の還元によるラセミ化の問題，あるいは反応の遷移状態の構造を的確に捉えることができないという問題がある。これを解決するためには新たな実験手法あるいは理論が必要となる。

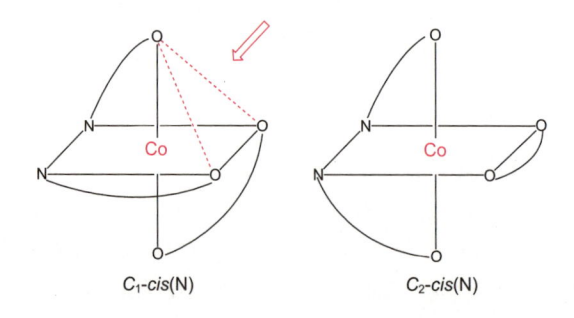

図 5-13　電子移動反応における会合モデル。矢印は $[Co(en)_3]^{2+}$ が接近する位置と方向を示す

$$\Delta_{100\%}\text{-}C_1\text{-}cis(\text{N})\text{-}[\text{Co}(\text{gly})_2(\text{ox})]^- + [\text{Co}(\text{en})_3]^{2+} \rightarrow [\text{Co}(\text{gly})_2(\text{ox})]^{2-} + \Lambda_{10\%}\text{-}[\text{Co}(\text{en})_3]^{3+} \tag{5-9}$$

$$\Delta_{100\%}\text{-}C_2\text{-}cis(\text{N})\text{-}[\text{Co}(\text{gly})_2(\text{ox})]^- + [\text{Co}(\text{en})_3]^{2+} \rightarrow [\text{Co}(\text{gly})_2(\text{ox})]^{2-} + \Lambda_{2\%}\text{-}[\text{Co}(\text{en})_3]^{3+} \tag{5-10}$$

この他,金属錯体と金属酵素間の立体選択的電子移動反応の研究も行われており,生体内で起こる金属酵素の役割,金属酵素が関わる反応機構の解明に役立つと思われる[27]。

5-2-3 タンパク質と金属錯体

タンパク質には様々なタイプのものがある。小分子との相互作用で分類すると,酵素のように構造特異的な相互作用をするもの,輸送タンパク質のように比較的その相互作用に多様性を持ったものに分けることができる。このうち,代表的な輸送タンパク質の血清アルブミンは血液中での存在量も多く,古くから研究が行われている。また,相互作用の多様性にもかかわらず小分子との結合部位がある程度明らかにされているので,金属錯体はタンパク質との相互作用イメージを明らかにするうってつけの材料となる。アルブミンは金属イオンとは錯体を形成し強く結合するが,置換不活性な金属錯体とは水素結合か疎水結合で比較的弱い相互作用をする。さらにタンパク質は光学活性であるのでキラルな錯体とは立体・光学選択的な相互作用をすることになる。図5-14に示した錯体はトリス(オキサラト)コバルト酸(III)錯体($[\text{Co}(\text{ox})_3]^{3-}$)であり,光学異性体として,$\Lambda$体と$\Delta$体が存在する。この錯体の光学活性体は水溶液中で置換不活性であるが,容易にラセミ化を起こす。$K_3[\text{Co}(\text{ox})_3]$のラセミ体をウシ血清アルブミン(BSA)と水溶液中で共存させると,図5-14の平衡が右に移動してΔ体が過剰(25℃での不斉収率は18% ee: enantiomeric excess)に生成する[28,29]。この平衡移動による光学活性体の不斉収率は有機溶媒を添加することによって,増大することが知られており,円二色性(CD)を用いた研究では,ジオキサンを10%添加すると,選択性が逆転してΛ体が過剰になり,eeは80%近くに上昇すると報告されている[30]。

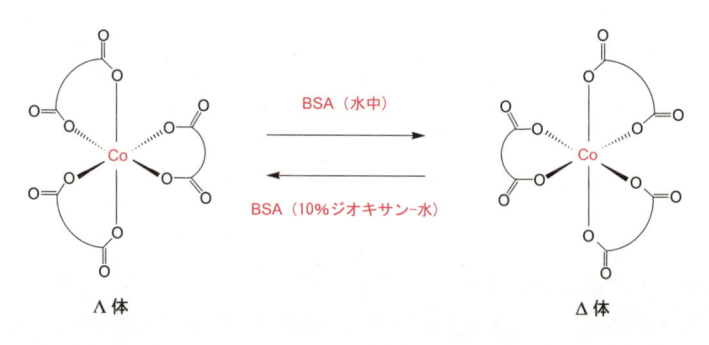

図 5-14　ウシ血清アルブミン (BSA) 中における [Co(ox)$_3$]$^{3-}$ のエナンチオメリ化

このタンパク質はヒト血清アルブミン (HSA) については X 線構造解析がなされている。この構造をもとに，化学計算プログラムを用いて結合構造の最適化計算が行われ，アルブミンと [Co(ox)$_3$]$^{3-}$ の結合部位の構造が決められた。

5-2-4　DNA と金属錯体

金属錯体と DNA との相互作用に関する研究は抗がん剤としての白金錯体と DNA の系がほとんどを占めているが，立体選択性をテーマとしたものでは，Barton らの [Ru(phen)$_3$]$^{2+}$ 錯体とウシの胸腺 DNA の先駆的な研究がある[31]。周知のように DNA は遺伝子であり，タンパク質の配列を決める設計図であるが，そのキラリティが何に由来し，どのような役割を演じているのかはよくわかっていない。しかし，DNA にキラリティがあることを認識させてくれた研究としてこの研究は大きな価値がある。Barton らは光学活性な [Ru(phen)$_3$]$^{2+}$ と右巻き DNA を混合したときの分光学データの解析や透析の結果から，Δ 体が DNA に選択的に会合することを見出し，図 5-15 のようなモデルを提案した。このモデルでは Ru(II) に配位している 1,10-フェナントロリン (phen) が右巻き DNA のつくる溝 (gloove) に疎水的な力ではまり込んだ時 (intercalation)，Δ 体の方が Λ 体よりも会合に有利に働く (立体反発を和らげる) というものである。[Ru(phen)$_3$]$^{2+}$ はカチオンで DNA を構成するリン酸基はアニオン性であるので，静電的な相互作用もあり，強い会合を起こす。このときインターカレーションに加わっていない配位子と DNA のバックボーンの立体反発の差異

5　金属錯体の溶液内相互作用

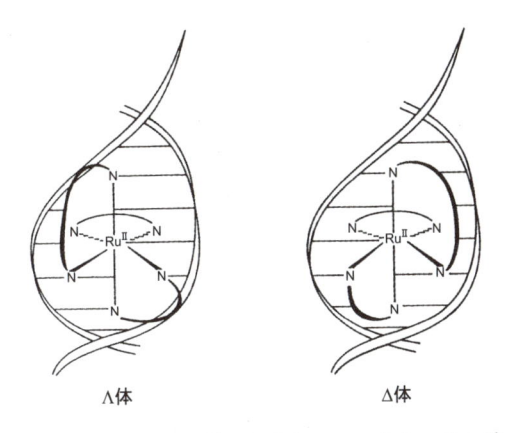

Λ体　　　　　　　　Δ体

図 5-15　[Ru(phen)$_3$]$^{2+}$ と右巻き DNA の会合モデル[31]

によって立体選択性が生ずるというのである。

　また，DNA は通常，右巻きの B 型として存在するが，環境によっては左巻きの Z 型に変換されることが知られており，B 型と同様に遺伝子の発現制御に関わっていることがわかっている。この不安定型 Z-DNA は金属イオンあるいは金属錯体との相互作用によっても生成する。例えば，過剰の NaCl を加えると，B 型が Z 型に変化する。この B-Z 変換は陽イオンとの相互作用によって起こり，Mg^{2+}，Ni^{2+} のような多価陽イオンではその効果はさらに大きくなる。この B-Z 変換がどのようなメカニズムで起こるのかを，Springler らは 2 核銅錯体を用いて研究している[32]。まだ，明確な結論は得られていないが，金属錯体と DNA の相互作用を探る研究が DNA の機能や役割の解明に大きな貢献をするものと期待される。

5-3　金属錯体の疎水性相互作用

　疎水性相互作用（hydrophobic interaction）に関する研究において，サイズの異なる一連のテトラアルキルアンモニウムイオンが，炭化水素鎖（アルキル鎖）をもっているにもかかわらず，その塩が極めてよく水に溶けることから，疎水性イオンについての好適な研究対象として用いられてきた[33]。一方，疎水的な有機配位子を持つ金属錯体も，疎水性化学種として特徴的な振る舞いを見せ

る。

　一般にキレート配位子は，エントロピー効果のため，単座配位子の場合より大きな生成定数を持つキレート錯体を形成する。キレート錯体は，錯体の外圏（第二配位圏）での溶質-溶質および溶質-溶媒相互作用を研究するのに良いモデル溶質であると見なされてきた[34]。特に，疎水性の観点からキレート錯体を用いて行われてきた研究は，独自の重要性を示している。異なった骨格および置換基を持つキレート配位子，電荷が異なる金属イオンを選ぶことによって，異なった配位環境を持つ様々なタイプの疎水性錯体を作ることができる。水中におけるその疎水性相互作用は，電子移動，エネルギー移動，配位子置換，および異性化のような種々の反応の速度や機構において重要な役割を果たしている場合があり[34]，非常に興味深い。

5-3-1　疎水性水和と疎水性相互作用

　メタン，エタン等の炭化水素，ネオン，アルゴン等の無極性の気体は，一般に水への溶解度は低く（溶解のギブズ自由エネルギー $\Delta_{soln}G°$ は正の値を持つ），溶解は発熱過程（溶解のエンタルピー $\Delta_{soln}H°$ は負の値を持つ）であることが知られている。このことは，溶解のエントロピー $\Delta_{soln}S°$ が大きな負の値であることを意味しているが，実際，これらの気体が水に溶けたとき，$\Delta_{soln}S°$ は，ベンゼン，四塩化炭素等の溶媒に溶けた場合に比較して，40 J K^{-1} mol^{-1} 以上もより負になる[35]。この $\Delta_{soln}S°$ の減少は，水の液体構造が溶質の周囲で強められたことによるものと考えられるが，このような無極性溶質と水の相互作用は疎水性水和（hydrophobic hydration）と称される。Frank と Evans は，水溶液中で，これらの溶質分子の周囲に 4 配位四面体構造を持つ氷類似の構造（iceberg）が形成されているとした[35]。このことを，Némethy と Scheraga は統計力学的理論を土台とし，水分子の水素結合によって形成される 4 配位構造は，隙間が大きく，無極性分子や疎水基の接近が容易であるため，これらを包み込むように水の水素結合構造が発達し，iceberg の割合が増すというように考えた[36]。Wen らは，疎水性イオンとして良く知られている Bu$_4$N$^+$ (Bu = C$_4$H$_9$) のまわりに，クラスレート類似構造が水の中で形成されるとしている[33]。最近，水分子がカーボンナノチューブ中に閉じこめられると，多角形

構造の氷を形成し、さらに内径が 10 Å 近くまで小さくなると、その融点は室温近傍まで上昇するということが報告されている[37]。これは疎水性界面の影響を受けた水の特異な性質として注目されている。ナノチューブ空間を持つ金属錯体の結晶を構築し、水分子クラスターを安定化したという報告もある[38]。

タンパク質水溶液において、ポリペプチド鎖のアミノ酸残基の炭化水素側鎖が互いに接近しようとする傾向を、Kauzmann が疎水性結合（hydrophobic bonding）と称し、それがタンパク質の高次構造の保持において果たす役割を強調した[39]。このことから疎水性相互作用が広く関心を持たれるようになった。

Ben-Naim の理論的考察[40]に基づき、疎水性相互作用をいくつかの過程に分けて図 5-16 に示す。この図中の過程 III のように、疎水性相互作用により、互いに離れた疎水性溶質が接触状態（会合体）へ移るときのギブズ自由エネルギー変化は、上記の疎水性水和構造モデルに基づいて、次のような 3 つの要因から成ると考えられている。

① 疎水性溶質が互いに接触したため、接触部位周辺の iceberg が通常の水にもどることによる自由エネルギー減少
② 疎水性溶質間の van der Waals 相互作用によるエンタルピー減少
③ 相互の接触による運動自由度の減少（エントロピーの減少）

ここで、③における自由エネルギー変化への寄与は正であるが、①の負の寄与が大きいことから、接触部位周辺の iceberg の消滅が、疎水性相互作用の主

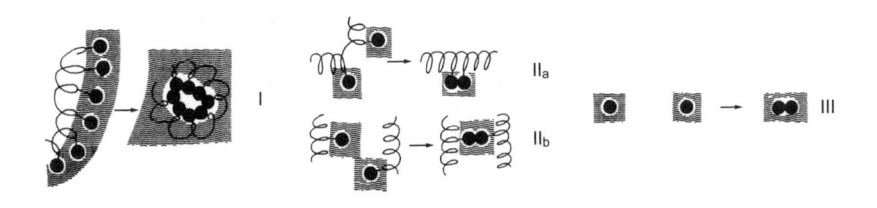

図 5-16 疎水性相互作用に関連して起こるとされる過程[40]
I：側鎖の非極性基が水相から高分子の内部へ移動する。II_a, II_b：非極性基同士が互いに接触しあい水相から部分的に分離する。III：2 つの無極性の溶質が 2 量体を形成する（疎水性相互作用に関する最も基本的な過程）。すべての過程が水中で起こる。黒丸は非極性基を表す

因であるとされる。Ben-Naim[40)]は，また，水中のメタン－メタン分子間の疎水性相互作用による自由エネルギー $\delta_{HI}G_M^\circ$ は，メタンの溶解の自由エネルギーを $\Delta_{soln}G_M^\circ$ とし，会合体の溶解の自由エネルギーをエタンの溶解の自由エネルギー $\Delta_{soln}G_E^\circ$ に近似して，$\delta_{HI}G_M^\circ \approx \Delta_{soln}G_E^\circ - 2\Delta_{soln}G_M^\circ$ と表し，$\delta_{HI}G_M^\circ$ が負になることによって疎水性相互作用を説明している。

一方，気体の溶解の熱力学的関数の計算や疎水性相互作用の熱力学的性質の説明に scaled particle theory（SPT）が適用されている[41, 42)]。これによると，気体の溶解の自由エネルギー $\Delta_{soln}G^\circ$ は次式のように表される。

$$\Delta_{soln}G^\circ = G_c + G_i + RT\ln(RT/V_1^\circ) \tag{5-11}$$

ここで，V_1° は溶媒のモル体積であり，添字の c は溶媒中の空孔形成，i は溶質-溶媒間相互作用を示す。SPT において，G_c は剛体球分子からなる液体中に溶質を容れるだけの空孔を形成するのに必要な可逆的な仕事である。式(5-11)から気体の溶解のエンタルピー $\Delta_{soln}H^\circ$ およびエントロピー $\Delta_{soln}S^\circ$ は次のように表すことができる。

$$\Delta_{soln}H^\circ = H_c + H_i - RT + \alpha_p RT^2 \tag{5-12}$$

$$\Delta_{soln}S^\circ = S_c + S_i - R - R\ln(RT/V_1^\circ) + \alpha_p RT \tag{5-13}$$

ここで，α_p は溶媒の体膨張率（$\alpha_p = (\partial \ln V_1^\circ/\partial T)_p$）で，$H_c$ と S_c は空孔を形成するに必要なエンタルピーおよびエントロピーである。SPT により求まる H_c は正，S_c は負となるが，S_c の絶対値が $\Delta_{soln}S^\circ$ のかなりの部分を説明できることから，空孔形成が，気体の溶解のエントロピー $\Delta_{soln}S^\circ$ が負になる大きな要因であるとしている。

5-3-2 無極性キレート錯体の疎水性

無極性溶質の水への溶解度の特異性を説明するために，疎水性が大きく，剛体球に近い溶質モデルとして［$Cr(acac)_3$］（$acac^-$＝アセチルアセトネートイオン）が用いられた[43)]。実際，［$Cr(acac)_3$］の溶解は，無極性気体と同様に，25 ℃で大きな負の $\Delta_{soln}S^\circ$ 値をとり，発熱過程（$\Delta_{soln}H^\circ < 0$）である。［$Cr(acac)_3$］

の剛体球直径は，$\Delta_{soln}H°$，溶質の部分モル体積，式 (5-12) を用いて，8.97 Å と見積もられた。この値は，水，ベンゼン，四塩化炭素等の溶媒中でもほとんど同じで，Bu_4N^+ の剛体球直径 8.73 Å よりも大きい。一方，[Cr(acac)$_3$] の van der Waals 体積 V_w は 170 cm^3 mol^{-1} で，Bu_4N^+ の V_w (178 cm^3 mol^{-1}) より少し小さい。これらの結果は，[Cr(acac)$_3$] の acac 配位子間の V 字形のポケット（錯体の 2 回軸に沿った 3 箇所の疎水性ポケット）に，水分子が小さいにもかかわらず入り込まないことを示唆している。[Cr(acac)$_3$] の水への溶解については，気体の溶解の場合と同様，SPT により見積もられる空孔形成のエントロピー S_c が大きな負の値を持ち，溶解のエントロピー $\Delta_{soln}S°$ の大部分に寄与していることが確認された。[Cr(acac)$_3$] の水への溶解度が非常に低いのは，式 (5-11) 中の G_c の値が四塩化炭素等の溶媒の場合に比べて大きな正であることによる。また，[Cr(acac)$_3$] の四塩化炭素のような有機溶媒への溶解度は，正則溶液論から予期されるように温度と共に単調に増大するのに対して，水への溶解度は，温度に敏感ではなく極小点を持つという特徴がある。これも G_c の寄与のためである。このように水の G_c は独特であり，G_c が特異な構造を有する液体としての水の特性を反映していることを示唆している。さらに，[Cr(acac)$_3$] に対して SPT により求まる S_c と実験から得られる $\Delta_{soln}S°$ を用いて式 (5-13) から算出された S_i が，希ガスや炭化水素分子の気体の場合と異なり，正の値となる。これは，acac 配位子の酸素原子が周辺の水分子と水素結合し，[Cr(acac)$_3$] の疎水性が弱められるためと説明される。

5-3-3 疎水性キレート錯イオンの疎水性相互作用

第一配位圏が疎水的な有機部分を持つ配位子により占められた安定な 6 配位八面体型金属錯体は，中心金属の電荷が配位子によって多かれ少なかれ遮へいされていることもあり，疎水的に振る舞い，特有の性質を持つ。典型的な例[34]として，1,10-フェナントロリン (phen)，2,2'-ビピリジン (bpy)，あるいは，その誘導体を配位子に持つキレート錯陽イオンがある。これらの錯体が疎水性の特徴を持つことは，粘度測定等から明らかにされた[34]。溶質が電解質の場合，その溶液の粘性率 η は，次の Jones-Dole 式で表されることが実験的に見出されている[44]。

$$\eta = \eta_0 (1 + A\sqrt{C} + BC) \qquad (5\text{-}14)$$

ここで，η_0 は溶媒の粘性率，C は溶質の濃度（単位は mol dm^{-3}），A と B は溶質に固有の定数である。A はイオン間の静電相互作用に関係し，溶質の電荷に依存する。B は B-係数と呼ばれ，溶質の体積とイオン-溶媒間相互作用に関係する。[Fe(phen)$_3$]$^{2+}$ の B-係数の値は，温度上昇に伴い減少し，疎水性溶質の特徴を示す。また，これらの錯体が対イオンに疎水性有機陰イオンや過塩素酸イオンのような大きな陰イオンを持つとき，誘電率が大きいが水には混ざり難いニトロベンゼンのような有機溶媒にかなり良く溶解する。それゆえ，溶媒抽出による陰イオンの間接定量法に広く用いられた[34]。

上記の疎水性が大きな塩は，疎水的なベンゼンやニトロベンゼンなどに対して大きな塩溶（salting-in）効果を示し，水への溶解性を高める[34]。非電解質の溶解度に対する塩効果は次のような Setschenow 式によって示される[45]。

$$\log (S_0/S) = \kappa_s C_s \qquad (5\text{-}15)$$

ここで，S_0 と S はそれぞれ水中と塩溶液中に対する非電解質の溶解度，C_s は電解質の濃度（mol dm^{-3}），κ_s は salting 係数と呼ばれる。κ_s の値は，塩析効果（電解質の添加により非電解質の溶解度が減少する）を示す場合は正になり，塩溶を示す場合は負になる。ニトロベンゼンに対する [Fe(phen)$_3$]Br$_2$，[Fe(bpy)$_3$]Br$_2$，[Co(phen)$_3$]Br$_2$，[Co(phen)$_3$]Br$_3$ の κ_s の値は，それぞれ，-4.71，-2.43，-4.63，-6.13 dm^3 mol^{-1} である。これらの値は，Bu$_4$NBr による $\kappa_s = -0.513$ dm^3 mol^{-1} と比較して非常に大きい。この異常に大きい塩溶効果は，キレート錯陽イオンとニトロベンゼンの疎水性会合が，イオン-双極子相互作用や π-π 相互作用によって強められていることを示唆する。

実際，ニトロベンゼンが結晶溶媒として含まれる [Fe(phen)$_3$]I$_2$・2H$_2$O・C$_6$H$_5$NO$_2$ の結晶が水溶液から単離され，X 線構造解析された[34, 46]。図 5-17 に，その結晶構造を b 軸に沿って見た図として示す。キレート錯陽イオンを含む層内では，phen 配位子間の V 字形ポケット（錯体の 2 回軸に沿った 3 箇所の疎水性ポケット）に隣接する phen 配位子が相互に入り込み，phen 配位子同士がほぼ平行に並び，一部分が互いに重なった状態で相互作用している。その

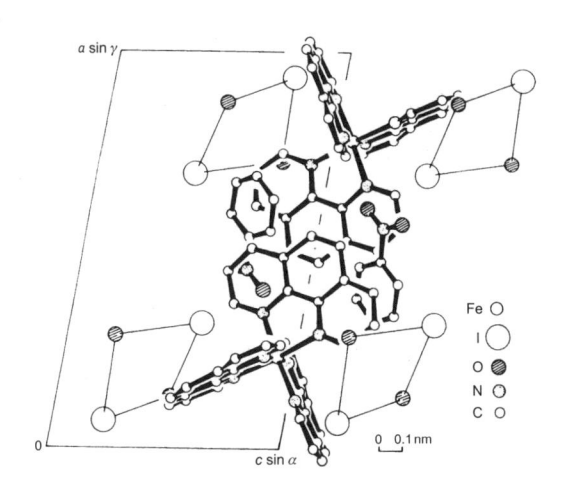

図 5-17　ニトロベンゼン和物 [Fe(phen)$_3$]I$_2$・2H$_2$O・C$_6$H$_5$NO$_2$ の結晶構造[46]
三斜晶系；空間群 P$\bar{1}$, $Z = 2$; $a = 16.92$, $b = 12.35$, $c = 10.59$, $\alpha = 114.47°$, $\beta = 80.96°$, $\gamma = 97.55°$

　phen 配位子間のずれにより生じた空隙にニトロベンゼン分子が侵入している。このようにして，[Fe(phen)$_3$]$^{2+}$ の phen 配位子とニトロベンゼン分子はスタッキングし，結晶格子の ab 面に平行な層を形成している。ニトロベンゼン分子のベンゼン環と phen の芳香環の炭素原子間の最近接の距離は 3.50 Å で，π-π 相互作用が可能な距離である。これらの幾何学的な構造の特徴から，ニトロベンゼンと phen 配位子のスタッキングには van der Waals 相互作用や π-π 相互作用が大きく寄与していると推測される。

　水溶液中での光学活性な [Fe(phen)$_3$]$^{2+}$ のラセミ化反応は，微量（0.015 mol dm^{-3} 以下）のニトロベンゼンの添加によって促進されるが，[Ni(phen)$_3$]$^{2+}$ の場合には抑制される[47]。[Fe(phen)$_3$]$^{2+}$ と [Ni(phen)$_3$]$^{2+}$ は，同じ電荷を持ち，ほぼ同じサイズであるが，両者のラセミ化反応の機構は，まったく異なることが知られている[48]。[Fe(phen)$_3$]$^{2+}$ では，配位原子の解離が関与しない分子内ねじれ機構によって錯体の絶対配置が反転しラセミ化する。一方，[Ni(phen)$_3$]$^{2+}$ では，phen 配位子の解離が関与する分子間機構によってラセミ

化する。ラセミ化機構の違いと関係して、これらの錯体のラセミ化速度に対する溶媒効果もまったく異なる[47]。$[Fe(phen)_3]^{2+}$の場合には、phen配位子に対する親和性が大きい溶媒ほどラセミ化の活性化自由エネルギーが低下し、その速度は増大する。一方、$[Ni(phen)_3]^{2+}$のラセミ化は溶媒のドナー数（DN）の増大とともに促進される。後者の場合は、錯体の中心金属へのドナー性溶媒分子の求核攻撃が、配位子解離過程の遷移状態の安定化に寄与し、活性化自由エネルギーを下げるためと考えられている。$[Fe(phen)_3]^{2+}$のラセミ化速度に対する微量のニトロベンゼンの影響は、前述のニトロベンゼン分子との疎水性会合によって説明することができる。すなわち、ニトロベンゼンのphenへの溶媒和自由エネルギーは、水に比較して大きいことから、ニトロベンゼンとの会合によって$[Fe(phen)_3]^{2+}$のラセミ化は速くなる。一方、ニトロベンゼンのドナー性（$DN = 4.4$）は水（$DN = 18$）より小さいこと、また、会合したニトロベンゼン分子は水分子の求核的な攻撃を阻害することから、$[Ni(phen)_3]^{2+}$のラセミ化速度が低下する。

5-3-4 疎水性相互作用によるキレート錯体の光学分割

$[Cr(acac)_3]$や$[Co(acac)_3]$は、疎水性の$[Fe(phen)_3]^{2+}$によって強く塩溶され（$\kappa_s = -2.5$）、水への溶解性が高められる。この強い塩溶効果を利用してキレート錯体を光学分割した報告[34, 49]がある。四塩化炭素に溶かした$[Cr(acac)_3]$あるいは$[Co(acac)_3]$を、$\Delta(-)_{589}$-$[Ni(phen)_3]^{2+}$の水溶液により抽出すると、$\Delta(-)_{589}$-$[Cr(acac)_3]$あるいは$\Delta(-)_{589}$-$[Co(acac)_3]$の方が、それらの$\Lambda(-)_{589}$体よりも、わずかではあるが多く抽出される[49]。このキラル識別は、疎水性相互作用を介して会合した錯体間に立体特異的な相互作用が存在することを示唆する。図5-18は、2種類の錯体が、それらの3回軸に沿って互いに接近した様子を模式的に示している。Δ体-Δ体間の会合（図5-18a）は、配位子面が互いにface-to-faceで接するため、Δ体-Λ体間の会合（図5-18b）に比べて、配位子面間の接触面積が広く相互作用において有利で、安定化がより大きいと考えられる。それゆえ、光学活性な$[Ni(phen)_3]^{2+}$は、同じ絶対配置を持つ$[Cr(acac)_3]$、あるいは$[Co(acac)_3]$を、立体選択的な相互作用を通じた塩溶効果により水層により多く抽出すると説明することができる。

Δ-Δ　　　Δ-Λ
a　　　　b

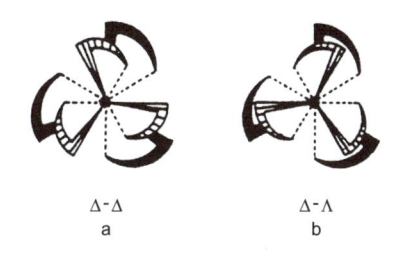

図 5-18　トリスキレートの 3 回回転軸に沿った会合のモデル[49]

[Ni(phen)$_3$]$^{2+}$ は上記（5-3-3 項）のようにラセミ化を起こすが，その反応が非常に遅いため，このような溶媒抽出による光学分割に用いることが可能であった．後に，この光学分割はラセミ化しない Λ(+)$_{546}$-[Ru(phen)$_3$]$^{2+}$ を用いて再度確認され，その会合定数は同じ絶対配置を持つ錯体間の方がより大きいことが明らかにされた[50]．

[Co(acac)$_3$] のような無電荷錯体の光学分割の新しい方法として，Δ(−)$_{589}$-[Ni(phen)$_3$]$^{2+}$ を吸着させた SP-セファデックスのカラムを用い，上記の立体選択的会合を利用したクロマトグラフィーが開発されている[51]．純水を溶離液として [Co(acac)$_3$] を溶出させたとき，前半のフラクションに Λ 体が濃縮され，後半のフラクションには Δ 体が濃縮された．これは，Δ 体-Δ 体間の相互作用が Δ 体-Λ 体間より立体選択的に有利であるという上記の溶媒抽出の結果と一致する．このクロマトグラフィーによるキラル識別法は，水素結合や双極子相互作用による光学分割が不可能な無電荷錯体に対して有効な光学分割法である．

5-4　金属錯体の自己集合—ミセル・液晶などの超分子形成

Lehn によって提唱された超分子の概念は，固体も含めた分子集合系全体に広く用いられている．超分子溶液というと，伝統的にコロイド溶液と呼ばれる系（ミセル溶液，リオトロピック液晶，マイクロエマルションなど）を対象にした溶質の自己集合（会合）系をすべて含む言葉であるが，「コロイド」より分子論的なニュアンスがある．反応性の高い金属錯体の特性を生かすために，

有機分子からなる超分子溶液系での金属錯体の挙動（発光性，磁性，酸化還元反応など）を扱った研究は非常に多い。ここでは，8章や錯体化学会選書⑤「超分子金属錯体」との重複をできるだけ避けるために，各分子の分子量が比較的小さく（千未満），分子構造が比較的単純な系を取り扱う。

　自己集合を引き起こすためには，一般に分子内に水素結合や疎水性相互作用または，π-πスタッキングなどの分子間力を生じる構造が含まれている必要がある。金属錯体では極性基と疎水部に関して多様な分子設計が可能である。しかし，会合性のある金属錯体を新たに合成・単離し，キャラクタリゼーションを行った上で，溶液内での会合挙動を物理化学的な立場から研究した例は，遷移金属イオンを含む超分子溶液系の研究の中でかなり限られたものとなる。遷移金属イオンを含む金属錯体を極性基として含む一連の両親媒性分子は，金属錯体界面活性剤（metallosurfactant）と総称され[52]，両親媒性分子としての会合性と金属錯体の多様な反応性をあわせ持つ機能性の高い分子群である。さらに，金属錯体を分子内に含む液晶形成分子（金属錯体液晶，metallomesogen）は，分子形状の点から金属錯体界面活性剤とかなり重なるが，液晶科学全般の著しい進歩と相まってむしろ独自に発展してきている。液晶研究の中では，溶媒を含まないサーモトロピック金属錯体液晶を対象にしたものが大部分を占める。もう1つの液晶のカテゴリーであるリオトロピック金属錯体液晶は比較的研究例が少ないが，界面活性剤の濃厚溶液であり，ここで取りあげる対象となる。サーモトロピック金属錯体液晶は，従来の有機液晶に比べて一般に分子間力が強くなり，融点が高い傾向にある。溶媒によく溶けて濃厚溶液を形成すると，リオトロピック液晶になりやすい。

　極性基に金属錯体を導入すると，有機界面活性剤に比べて，電荷，磁性，発光性，酸化還元性などの性質の多様性が大幅に増加する。金属錯体界面活性剤にはこのような要素への期待が大きいが，一方で金属錯体を極性基に含むと通常の有機界面活性剤に比べて，構造上の特性が現れやすく，そこが溶液錯体化学の立場から金属錯体界面活性剤を対象にする興味深く意義ある点であろう。そこでまず溶液内での分子の自己集合に関する一般的な規則性について触れておく。

5-4-1 溶液内の自己集合に関するいくつかの一般的な概念と規則

溶質間の相互作用が無視できる無限希釈溶液を理想溶液とする近代溶液論の立場からいえば,溶質と溶媒とがおよそ無秩序な混合系(random mixing solution)となっている分子性溶液(希薄溶液,単純電解質溶液,正則溶液,正則高分子溶液,単純溶融塩など)に対して,溶質同士の高次な自己集合が起こる超分子溶液系(または組織体溶液,organized solution)は未だ系統化されていない(篠田耕三 1985)。そのため,このような系に対する取り扱いは個別的定性的になりがちであるが,溶質分子と溶媒の性質に基づいて分子集合性を予測する以下に示す幾つかの概念が提唱されている。

(1) 親水疎水(親油)バランス HLB (hydrophile-lipophile balance)

溶液内での自己集合は疎水性相互作用により起こる場合が多い。分子内の親水性部分と疎水性部分の共存が溶液内での会合をもたらすので,両方の性質のバランスが会合挙動に大きく影響する。HLB 値はその相対的な大きさを定量的に表現するために提案された概念である。具体的には,水と油の相を均一で安定な(見た目に透明な)相に乳化させることができる界面活性剤の性能を反映している。数値化は最初 Griffin によってポリオキシエチレン系非イオン界面活性剤を対象になされた。そこでは,界面活性剤分子中に含まれるポリオキシエチレン部分の質量%を E とすると,

$$\text{HLB 値} = E/5 \tag{5-16}$$

の式で定義することができる。非イオン性であって構造が比較的単純な界面活性剤については,良い目安とすることができる。ポリオキシエチレン基ですべて占められている親水性の高い界面活性剤では HLB 値は 20 となる。ある油を水と乳化させるために必要な界面活性剤の HLB 値を,この油の所要 HLB という。例えば,ヘキサデシルアルコールでは O/W 乳化の所要 HLB は 15,シリコーン油,オレイン酸,パラフィン油では 11 とされている。HLB 値の決まった油を乳化させるのに,HLB 値既知の界面活性剤ならびに,それと特別な相互作用のない HLB 値未知の界面活性剤の混合物を用いて,最も乳化を安定させる界面活性剤の組成がわかれば,その時の界面活性剤の質量%から未知の界面活性剤の HLB 値を決めることができる。このようにして,イオン性界

面活性剤で HLB 値が 20 を超えるものも含めて代表的な界面活性剤の HLB 値が決定されている。例えば，硫酸ドデシルナトリウム（SDS）は 40，オレイン酸ナトリウムは 18 である。また，Davies は親水基と疎水基ごとの HLB 値（HLB 基数）を代表的なものについて決めている。$-SO_4Na$ は 38.7，$-CO_2Na$ は 19.1，四級アミンは 9.4，メチレン基は 0.48 などである。これらの値を用いて，HLB 値の大きい親水的な界面活性剤は，正常ミセルまたは O/W 型のマイクロエマルションを形成する傾向にあり，HLB 値の小さい疎水的な界面活性剤は，逆ミセルまたは W/O 型のマイクロエマルションを形成する傾向にあることを，定量的に示すことができる。イオン性でありながら適度な親水疎水バランスを持つ AerosolOT のような界面活性剤は，油と水を広範に混合できる優れた乳化剤として広範に用いられている。

(2) 臨界充填パラメータ CPP (critical packing parameter)

アルキル鎖と極性基から成る典型的な界面活性剤の分子形状と分子集合体のモルフォロジーに関しては，Israelachvili により導入された臨界充填パラメータがよく用いられる。簡単な幾何学的考察から誘導されたこの概念は理解しやすく，およその分類をするのに都合が良い。ミセルの表面積のうち，各分子が占める面積（頭部断面積に相当する）を a_0，アルキル鎖の有効最大長を l_c，分子 1 個の体積を v，とすると，$CPP = v/a_0 l_c$ は分子の形状によって決まる量である。$CPP < 1/3$ のときは分子が円錐形なので球状ミセルが，$1/3 < CPP < 1/2$ のときは円筒状ミセルが，$1/2 < CPP \lessgtr 1$ のときは二分子膜状のベシクルないしはラメラが，$1 < CPP$ のときは逆ミセルが出来る傾向にある。

(3) ゴードンパラメータ (Gordon parameter)

非水溶媒中での会合への溶媒効果には多くの要素が効いてくるので一般的な議論は難しいが，プロトン性溶媒中での両親媒性分子の自己集合のしやすさを溶媒効果として見積もったのがこの概念である。これは Hildebrand の溶解パラメータと似た概念であって，ゴードンパラメータ Φ は自己集合のしやすさを溶媒の表面張力 γ とモル体積 V_m を用いて，

$$\Phi = \gamma/V_m^{1/3} \quad [\mathrm{J\,m^{-3}}] \qquad (5\text{-}17)$$

と定義し，溶媒の凝集力の尺度として表す。溶媒同士の凝集力が高いと溶質を

排除し,溶質同士は会合しやすくなる。Evans はイオン液体の一種である硝酸エチルアンモニウム中でのカチオン性ならびにアニオン性界面活性剤の会合挙動について,このパラメータを用いれば良く説明できることを示した[53]。しかし,実際には例外も多く,誘電率から説明する方が合理的な場合もある。例えば,水とホルムアミドとを比べた場合,水の方がゴードンパラメータは大きいが,SDS やテトラデシルトリメチルアンモニウム臭化物（TDTMAB）などの典型的な界面活性剤,そして最近報告例があるクロム(III)のセチルアミン錯体界面活性剤[54]でもホルムアミド中の方が会合しやすい。この場合,誘電率の高い方が親水部と疎水部の違いが際立ち会合しやすくなると説明される。ただし,誘電率に関しては,例えば,同じ脂肪族のアルコール同士を比較すると,アルキル鎖が長く誘電率が低い溶媒中ほど両親媒性分子は会合しやすくなる傾向がある。アルコール分子はミセル内に取り込まれて補助界面活性剤となりミセルを安定化するので,誘電率の観点からの予測とは逆になる。一方,逆ミセルや W/O マイクロエマルションのような水を核とした会合は,疎水的で誘電率の低い有機溶媒中で起こりやすいので,水を含んだ低誘電率有機溶媒の誘電率に関する効果は,ニートな有機溶媒とは逆で長鎖アルコールと同じ傾向になる。

以上記した尺度以外に,界面活性剤分子の水溶液内自己集合の条件について,次に列挙するような一般的な傾向がある。

◎ 非イオン性分子の方がイオン性分子より自己集合しやすい（極性基間の静電的反発が弱い）

◎ 溶液のイオン強度が高くなると,イオン性界面活性剤は自己集合しやすくなる。（イオン雰囲気の厚さ（κ^{-1}）が薄くなり,極性基間の静電反発が弱まる。）これと同様な理由で対イオンの電荷が高くなりイオン対を形成すると自己集合しやすくなる

◎ 極性基部分はより親水的な方が自己集合しにくく,疎水部分はより疎水的なほど自己集合しやすい。親水基の電荷が高くなると,反発が強くなって自己集合しにくくなる。ただし,極性基同士が水素結合などにより自己集合しやすくなる場合もある

◎ n-炭化水素鎖を疎水基とする界面活性剤は,メチレン基 1 個増すごと

CMC（臨界ミセル濃度）がおよそ1/2になる。またアルキルベンゼン系界面活性剤のベンゼン核は，メチレン基約3.5個分に相当する。このような関係が成り立つのは，界面活性剤の各分子単位での水への溶解が，メチレン基あるいはベンゼン環と水との短距離的な疎水性水和により支配され，複数の疎水基間で水和の加成性が成り立つことによる

以上の場合は，アルキル鎖を含む典型的な有機界面活性剤に見られる傾向であるが，当然のことながら極性基を金属錯体に置き換えた分子にもそのまま適用されることが多い。また，ポルフィリン系金属錯体に代表されるような平面型π電子系の配位子を持つ錯体では，π-πスタッキング相互作用により自己集合する場合が多い。この場合，異方的に会合しやすく，その結果，ディスク状の液晶（溶液系ではリオトロピック液晶，溶媒を含まない場合はサーモトロピック液晶）を形成しやすい。

5-4-2 金属錯体の溶液内自己集合の特徴的な例

前項で述べた界面活性剤の溶液内自己集合に関する一般的な傾向を基に考えると，金属錯体界面活性剤の溶液内会合について，その特徴を浮き彫りにすることができる。以下，次の3つのカテゴリーに分けて論じる。

① 水ならびに水-有機溶媒混合系での正常ミセル形成
② 水溶液中での液晶形成
③ 水-有機溶媒混合系でのマイクロエマルションならびに液晶形成

なお，エマルション（マクロエマルション）は熱力学的に不安定な状態であり，実験上再現性が良くない場合が多いので，通常マイクロエマルション系にモデル化して調べられる。

(1) 水ならびに水-有機溶媒混合系での正常ミセル形成

金属錯体の特性を生かした界面活性剤で初歩的なタイプは，コバルト(III)骨格を極性基に含むアルキル長鎖型分子である。このタイプはコバルト(III)骨格の高い電荷や，あるいは立体構造を生かした界面活性剤として特色ある会合挙動を期待することができる。非イオン性のアルキル長鎖アミン型配位子を持つものは，+3価の界面活性剤となる。比較的初期に開発されたものは，sarcophagineを骨格に持つアルキル長鎖錯体[55]や［Co(alkyl-en)(2,3,2-tet)］$(ClO_4)_3$（構造式1）[56]（alkyl-en ＝ N-alkylethylenediamine, alkyl ＝ octyl or dodecyl,

構造式 1

2,3,2-tet = 3,7-diaza-1,9- diaminonane）がある。前者は高い正電荷を持つ界面活性剤として，細胞膜に強く吸着することが示された。抗菌の生理作用もある。後者の錯体は単離され[56a)]，後に水溶液内の性質が多核 NMR を用いて詳細に調べられた[56b)]。水溶液内で対イオンの $^{35}Cl^-$ や $^{35}ClO_4^-$ の NMR 緩和時間から，＋3 価の金属錯体界面活性剤は CMC 以下の濃度から対イオンを極性基に強く吸着していることがわかった。そのために実効電荷が低下し，CMC は同じアルキル鎖を持つ1価の陽イオン性界面活性剤とあまり変わらなかった。このような現象は多電荷の界面活性剤一般に成り立つようである。^{59}Co NMR 測定は感度が良いことにより，錯体の溶液内の自己集合挙動は低い濃度から ^{59}Co 緩和時間測定により追跡できる。会合により分子運動が束縛されると緩和速度（緩和時間の逆数）は急激な増大を示す。^{35}Cl や ^{59}Co NMR の緩和時間や化学シフトは CMC の決定に都合の良い方法である。通常良く用いられる Wilhelmy 表面張力法は，高い電荷を持つ界面活性剤の CMC の決定では，プレート（吊り板）への界面活性剤の吸着が強くて正しい値が得られない。

　一方，アルキル鎖を2本以上持つ分子は多彩な会合形態をとることが期待される。特に，金属錯体の立体特性と結び付けると CPP の概念を超えたユニークな研究が展開できる。Jaeger らは，$Na_3[Co(NO_2)_6]$ とアルキルエチレンジアミン配位子が反応してアルキル鎖を持つコバルト(III)錯体が生成する際の立体構造と溶媒効果を詳細に調べた[57)]。$[Co(NO_2)_2(N\text{-alkylethylenediamine})_2]X$ （X = NO_3^- または ClO_4^-）にはアルキルエチレンジアミン配位子に関する立体的な異性体として構造式 2 に示すような *cisioid* (A) と *transoid* (B) のジアステレオ異性体がある。水-エタノール混合溶媒系で，溶媒組成と異性体の生成比

A　　　　　　　　　　　　　B
R = C_nH_{2n+1}
X = ClO_4 or NO_3

構造式 2

との間に明瞭な関係のあることが明らかにされた。アルキル鎖（R）が，$n = 6, 8, 12, 14$ の各錯体について，水-エタノールの体積比 1：20 から水溶液まで溶媒組成を変化させて調べられた。最もエタノール比率の高い組成の溶媒中に対して水中では，配位子同士の相互作用のため，疎水的な相互作用がより有利に働くことのできる *cisioid* が形成される比率が *transoid* の場合に比べて高くなった。その比率はオクチルとドデシルでは 5，ヘキサデシルでは 8 と，アルキル鎖の長い錯体ほど大きくなった。

極性基部分の構造の効果が会合挙動に顕著に現れる系として，二本アルキル鎖を持つ tris(2,2'-bipyridine)ruthenium(II) 錯体の誘導体がある。この一連の錯体は光エネルギー変換素子として 1970 年代に注目され，盛んに研究されたが，比較的最近になって分子構造と会合挙動との間で興味深い関係が明らかにされた[58]。金属錯体の液晶研究で顕著な業績をあげている Bruce らのグループは，中性子反射の手法を用いて水-空気界面における極性基部分の占有面積の金属錯体濃度依存性を見積もった。構造式 3 のような 5,5'-ジアルキル型の構造を持つ一連の錯体で n が 13 の場合には，通常の界面活性剤のように水中でミセルが形成され始める CMC で水-空気界面が単分子膜で飽和されてしまう。一方，n が 19 の場合には，溶液内でミセルが形成され始める濃度を超えても，さらに水-空気界面に界面活性剤が会合する傾向があり，そのため，界面で極性基同士がお互いに重なりあう「うねった」構造の膜が形成された。このような単分子膜形成の平衡に達するまで半日ほどかかる。似たような現象は有機分子の

構造式 3

みからなるジェミニ型界面活性剤においても観測されている。

界面活性剤の極性基の立体構造が水溶液中での会合挙動に顕著な効果を示すのも，金属錯体を極性基として持つために現れる興味深い現象である。

(2) 水溶液中での液晶形成

上述した一般の傾向（CPP）にしたがって，極性基に金属錯体が含まれる界面活性剤も，水溶液中で希薄から濃厚になるにつれ，球状ミセル→棒状ミセル→ヘキサゴナル液晶へと会合が進行し，濃厚溶液でリオトロピック液晶を形成する場合が多い。

そのような一般的な傾向とは別に，多様性に富んだ金属錯体は，通常の分子会合の概念からは想像しがたい溶液内集合形態の例を提供してくれる。

構造式4は，光学活性な酒石酸で2つのクロム(III)をブリッジした2核錯体であり，最初，構造化学的な視点から海崎らによって合成された。それからおよそ20年後に小稲らによってその希薄な水溶液がリオトロピック液晶になることが見出された[59a]。この錯体では 8×10^{-3} mol kg^{-1} という希薄な濃度からいきなり異方性の会合体を形成する。対イオンの ^{23}Na$^+$ NMR スペクトルの核四極子分裂から溶液の異方性が明らかにされた。会合体の構造は，さらに原子間力顕微鏡（AFM）や透過型電子顕微鏡（TEM）を用いた直接観察により詳細に研究された[59b]。個々の分子は図5-19(a)に示すように中央の光学活性な部分でねじれた構造を持ち，それらが水溶液内で図5-19(b)のように両サイ

構造式 4

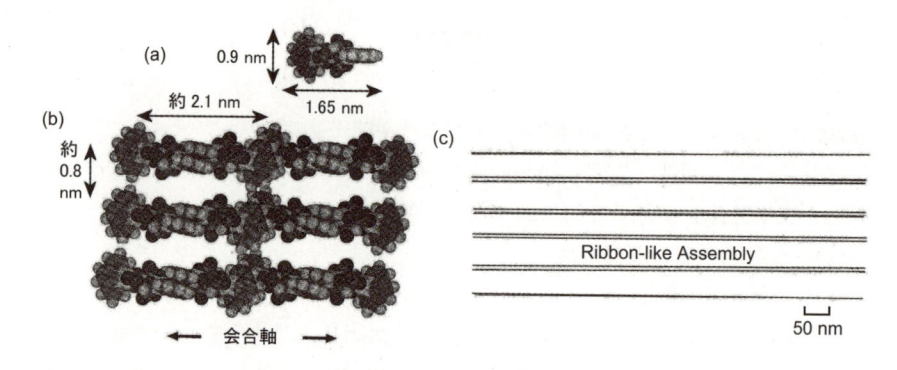

図 5-19 クロム(III)2 核錯体（構造式 4）の水溶液内でのリオトロピック液晶形成とサイズの見積もり（参考文献 59b）より）　(a) 単分子　(b) 分子会合の様子と会合体の大きさ　(c) リボン状凝集体のサイズ

ドの phen 同士でスタッキング相互作用により逐次会合し，その結果，図 5-19 (c) のようなリボン状のナノサイズの会合体が形成されていることが明らかにされた。このような会合体の形成は，CPP の概念からはまったく予想がつかないもので，金属錯体特有の構造が生んだ特異なリオトロピック液晶である。

(3) 水−有機溶媒混合系でのマイクロエマルションならびに液晶形成

上述の AerosolOT は適度な HLB 値を持ち，二本アルキル鎖と比較的かさ高い極性基があるため，イオン性界面活性剤にもかかわらず，水と油をかなり自由に混ぜ合わせることができるので，優れた乳化剤として広範に利用されている。アルキル鎖を 2 本以上持つ金属錯体界面活性剤も，極性基のサイズが通常

の有機界面活性剤に比べて大きいため乳化作用が強くなりやすい。構造式5(a)に示す比較的構造の簡単なビスアルキルエチレンジアミン型の金属（亜鉛(II)，パラジウム(II)，カドミウム(II)）錯体の水-有機溶媒混合中の会合挙動が系統的に調べられた[60]。2価金属錯体の場合，適度なHLBを持つためにマイクロエマルションを形成しやすい。金属カチオンと対イオンとの間でイオン結合性の強いPd^{2+}-Cl^-やZn^{2+}-NO_3^-の系よりむしろ，共有結合性の強いZn^{2+}-Cl^-やCd^{2+}-Cl^-の系の方が多くの水を取りこんで，水と油の2相が連続相として混ざりあったbicontinuous型のマイクロエマルションを形成しやすい。この会合形態は可視光の散乱も少なく，透明度が高い。イオン性のパラジウム(II)錯体については，構造式5(a)と同じ組成式を持つがアルキル鎖が cis 状に固定されている N, N'-ジアルキルエチレンジアミンが配位した構造式5(b)が合成され，水溶液中および水-有機溶媒混合溶液中での会合挙動が比較された[60c]。構造式5(a)のような trans 状に結合しているビスアルキルエチレンジアミンタイプの方が構造式5(b)のタイプより親水的で多くの水を取りこみ，広範なマイクロエマルションを形成する傾向が見られた。同じ組成式でも幾何構造が金属錯体の親水性・疎水性を支配していることを示している。

また，構造式5(a)の銀(I)錯体で$n = 5$についてはX線結晶解析が行われ[60d]，アルキルエチレンジアミンで架橋した銀の複核構造になっていることが明らかにされた。この一連の錯体は，オクチルおよびドデシル誘導体が50～60℃でサーモトロピック液晶（スメクチックA型）を形成する。すなわち，広義のイオン液体（7-3節参照）を形成する。さらに，ドデシル誘導体については水/n-ヘプタン混合溶媒中でリオトロピック液晶を形成することが明らか

(a)　　　　　　　　　　　　　(b)

構造式5

にされた。2核構造は分子を剛直にする働きがあり，それが液晶を形成しやすくしているものと考えられる。上で述べたクロム(III)錯体の場合も同様の効果が現れている。一方でイオン性錯体の割には融点が低いのは，かさ高い構造の上に電荷が1価のためであろう。

2本以上のアルキル鎖を持つ金属錯体の会合挙動は，有機界面活性剤で一つのカテゴリーを築いているジェミニ型界面活性剤と共通するところが多い。ただし，より剛直な構造をとり液晶になりやすいといえる。

5-5 金属錯体のソルバトクロミズム
5-5-1 錯体の色と溶媒

遷移金属錯体の特徴の1つは，その多彩な色にある。これらの魅惑的な色を持つ錯体結晶をいろいろの溶媒に溶かすと，さらにその色を変える。これを「ソルバトクロミズム」と呼ぶ。ソルバトクロミズムを示す錯体はいろいろ知られているが，まず錯体結晶がその溶媒に溶けなければならない。溶解については本書の他の部分でも解説されているが，大まかにいえば「溶媒-溶質相互作用」であり，疎水的相互作用と親水的相互作用がある。非極性溶媒(無極性溶媒)は，前者の相互作用によって，極性溶媒は後者の相互作用によって溶媒和することにより溶ける。錯体の中で無電荷錯体（chargeless complex）は，前者の相互作用が支配的で，非極性溶媒に溶けやすい。例えば，β-ジケトナト錯体，[Cu(acac)$_2$]や[Cr(acac)$_3$]（acac$^-$ = acetylacetonate ion）などが挙げられる。いずれも非常に有機溶媒に溶けやすい。一方，イオン結晶錯体（[Cu(en)$_2$]SO$_4$ (en = ethylenediamine)）などは後者で，極性溶媒（水など）に溶けやすい。溶解度の傾向は，以下のようにまとめられる（溶媒の略号については巻末の付表1参照）：

溶媒：非極性溶媒 ◀─────────────────▶ 極性溶媒
例： ベンゼン，クロロホルム等，アセトン，アルコール等，水，DMF, DMSO
無電荷錯体の溶解度： 　　　　大 ◀────────────▶ 小
電解質（塩）型錯体の溶解度： 小 ◀────────────▶ 大

クロモトロピズム（5-5-2項で解説）を考えるとき，溶媒和，溶媒の配位や溶質-溶質相互作用が重要であるが，その際に溶媒の特性を表す極性パラメー

タを考えておく必要がある。極性パラメータは，溶媒-溶質の相互作用を分子レベルで見るか，溶媒を連続体として見るかによるものがあるけれども，錯体のソルバトクロミズムを考える場合は前者の相互作用が大事である。そのパラメータとしては，ドナー数（donor number：DN）とアクセプター数（acceptor number：AN）が有用である（1-1節および巻末の付録1参照）[61]。

一般にクロミズムは，外界（あるいは取り巻く物理的，化学的環境）の変化によってその色が変化することであるが，まず基本的な遷移金属錯体の発色原因を考えてみよう。我々が色を感じる光の波長は可視光線で，個人差はあるが，380〜400 nm（これ以上短いのは紫外線）から750〜770 nm（これ以上長いものは赤外線）の範囲にある光である。この光は虹色といわれる6〜7色に分けられる。国や文化によってもその色分けは違うようであるが，以下のように波長によって色変化する：紫：380〜450 nm，青：450〜495 nm，緑：495〜570 nm，黄：570〜590 nm，橙：590〜620 nm，赤：620〜750 nm。

この光のどの部分を吸収するかについては，電子が低いエネルギー電子（基底）状態のレベルにあったものが，光エネルギーを得て，励起エネルギー準位に電子遷移する。このことによって，全波長の光の中で，その吸収波長光以外のものを我々は色として感じるわけである。したがって，可視光の光エネルギーに相当するエネルギー差がある電子遷移があれば着色物質として認識できることになる。

遷移金属化合物（錯体）には，以下のような発色要因（電子遷移）がある。

(1) d-d band

d-ブロック元素は，通常+2あるいは+3の酸化数をとり，d-電子が1〜9個残っている場合が多い。それらの金属イオンが錯体を作ると，通常2配位から6配位まで様々の構造をとる。その配位構造によって中心金属のd-軌道が分裂し，より安定な軌道にある電子が可視光を吸収し色が出る。図5-20に$[Ti(H_2O)_6]^{3+}$（d^1-電子配置）のd-d遷移を例示する。

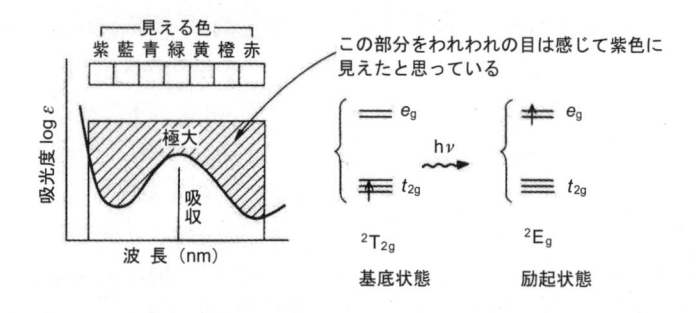

図 5-20　Ti(III)アクア錯体 [Ti(H$_2$O)$_6$]$^{3+}$（6配位八面体）の d-軌道分裂，d-d 遷移とその吸収スペクトル [62]

(2) CT band

同じ遷移金属イオンでも非常に高い酸化数を持つ，たとえば，過マンガン酸イオン（MnO$_4^-$, Mn(VII)）では，中心金属のマンガンには d-電子が残っていないにもかかわらず非常に強い紫色を示す。これは，配位子である酸化物イオンから Mn(VII) イオンへの電荷移動（Charge Transfer）による吸収（CT 吸収と呼ぶ）である。クロム酸イオン（黄色，CrO$_4^{2-}$）や二クロム酸イオン（オレンジ色，Cr$_2$O$_7^{2-}$）も同様に強い色を示すが，同じように電荷移動吸収である。これは，配位子から金属への電荷移動であるため LMCT (ligand to metal charge transfer) と呼ばれる。一方，π-逆供与結合ができる 2,2'-ビピリジン (bpy) を配位子に持つ鉄(II)錯体 [Fe(bpy)$_3$]$^{2+}$ は強い赤色を示す。これは，鉄(II) から配位子への電荷移動吸収である。これを MLCT (metal to ligand charge transfer) という。このように電荷移動の方向が正反対のものがあり，中心金属の酸化数が大きいものは，LMCT が起こりやすく，酸化数の小さなものが MLCT を起こしやすい。

(3) IV band (Inter-Valence band)

よく知られている例は，プルシャンブルー（M(I)Fe(II)Fe(III)6(CN)）である。これはシアン化物イオンで Fe(II) と Fe(III) を三次元的に結合させ，難溶性の巨大高分子となっている。この系の中で Fe(II) から Fe(III) への電子移動が起こっている（プルシャンブルーの Fe(II)-CN-Fe(III) の構造を示す図 5-21a を

参照)．これを Inter-Valence band（原子価間電荷移動吸収帯）と呼ぶ．同一金属で酸化数が異なる混合原子価状態を持つ化合物で見られる現象である．白金の(II)-(IV)の系でも興味ある色変化が溶液と結晶状態で見られる．$[Pt(en)_2]$ $[PtCl_2(en)_2](ClO_4)_4$ の結晶は濃赤色である．しかし，その水溶液の色は，無色である．また，それらの成分錯体（$[Pt(en)_2](ClO_4)_2$ と $[PtCl_2(en)_2](ClO_4)_2$）結晶も双方共淡黄色か無色である．混合原子価を含む結晶のみが赤くなるわけで，結晶構造を見ればよくわかるが，Pt(II)-Cl-Pt(IV)の一次元構造が見られる（図5-21b)．

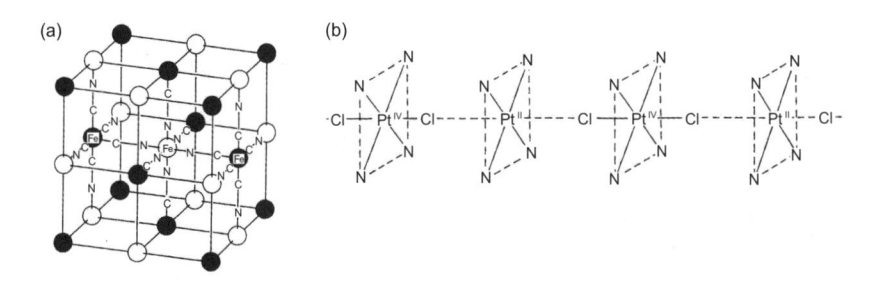

図5-21 (a) プルシャンブルーの簡略化した結晶構造，(b) Pt(II, IV) 錯体の一次元構造 [62]

(4) Ligand 特性 band

配位子そのものが色を持つ場合がある．たとえばフタロシアニンは，安定な環状四座配位子で強い青（緑）色を示す．金属錯体を形成してもその色はおもに配位子の色が見えて，金属によってわずかにその色調を変えるのみである．

5-5-2 クロモトロピズム

このように多彩な遷移金属錯体の色が外部刺激によってさらに可逆的に変わる現象を総称してクロモトロピズムと呼ばれるが，外部刺激によってそれぞれ次のようなクロミズムとして分類されている [62]．

- ◎ ソルバトクロミズム（Solvatochromism）：本解説の溶媒による色変化
- ◎ サーモクロミズム（Thermochromism）：温度による色変化 [63]
- ◎ ピエゾクロミズム（Piezochromism）；圧力による色変化

- ◎ フォトクロミズム（Photochromism）：光による色変化
- ◎ エレクトロクロミズム（Electrochromism）：電子の出入りによる（酸化還元）色変化

錯体によっては，2種類以上のクロミズムを示すものもある。

5-5-3 ソルバトクロミズム各論

以下にいくつかのよく知られているソルバトクロミズムについて紹介する。このほか最近はベイポクロミズムも良く聞かれるが，錯体の固体状態で溶媒分子の脱着が，錯体の第一配位圏や配位子との相互作用（水素結合等）によって起きる色変化であるがここでは取り上げない（錯体化学会選書②「金属錯体の光化学」195頁参照）。

(1) 塩化コバルト(II)のソルバトクロミズムとサーモクロミズム

塩化コバルト6水和物は，赤紫色の結晶でこれは $[CoCl(H_2O)_5]Cl \cdot H_2O$ で示されるコバルト(II)八面体錯体である。コバルト(II)イオンは，八面体並びに四面体構造をとりやすく，そのd-d遷移は，それぞれ特徴あるパターンを示す。典型的な吸収スペクトルを図5-22に示す。

この塩化コバルト(II)6水和物を少量試験管にとり，水，メタノール，エタノール，アセトンにそれぞれ溶かす。それらの溶液の色は，それぞれピンク，赤紫，コバルトブルー，コバルトブルーとなる。コバルトブルーの色は，ピンク色に比べて非常に強い（先の吸収スペクトルの例でわかるように，四面体のモル吸光係数は600に対して，ピンクの八面体錯体のそれはたかだか6～7で，約100倍の違いがある）。有機溶媒中では，四面体錯体ができやすく，水中では，塩化物イオンが解離して八面体錯イオンとなって溶解している。メタノール中では，八面体と四面体の平衡混合物となっている。したがって，このメタノール溶液を加熱すれば，エタノール中と同じ四面体錯イオンとなりコバルトブルーの色が見られる。一方，−80℃（ドライアイス-アセトン混合冷媒）に冷やすと，今度はエタノール溶液がピンク色になり，四面体から八面体に変化することがわかる。しかし，アセトン溶液では，コバルトブルーのままでピンクにはならない。これをどのように理解するか？　これらの溶媒による変化は，メタノール，エタノールのようなアクセプター性の強い溶媒とアセトンの弱いア

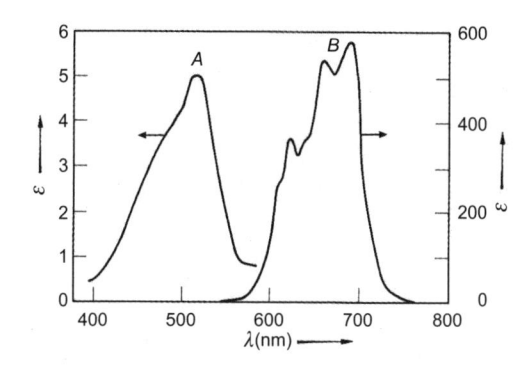

図 5-22 コバルト(II)錯体における八面体(O_h)並びに四面体(T_d)化学種のスペクトル[62] A：$[Co(H_2O)_6]^{2+}$ (O_h)，B：$[CoCl_4]^{2-}$ (T_d)。縦軸の吸収強度の違いに注意（左側：八面体のスケール，右側：四面体のスケール）

クセプター性の違いが現れている。すなわち，低温になると八面体錯体が安定になるのはどの溶媒でも同じであるが，そのとき解離する塩化物イオンをどれくらい溶媒和してバルクの溶液内に留め置けるかの違いである。アセトン中では，溶媒のアクセプター性が弱く，塩化物イオンは，安定な溶媒和ができておらず，隣のコバルト錯体と結合して，$[CoCl_3(acetone)]^-$のような化学種ができる。

$$[CoCl_2(ROH)_2] + 4ROH \rightarrow [Co(ROH)_6]^{2+} + 2Cl^- \text{(solvated)} \qquad (5\text{-}18)$$

$$[CoCl_2(acetone)_2] + 4acetone \rightarrow [Co(acetone)_6]^{2+} + 2Cl^- \text{(unsolvated)} \qquad (5\text{-}19)$$

$$[CoCl_2(acetone)_2] + Cl^- \text{(unsolvated)} \rightarrow [CoCl_3(acetone)]^- + acetone \qquad (5\text{-}20)$$

もう1つの要因は，前述したように四面体コバルト錯体のモル吸光係数が八面体のそれよりも約100倍強いこともアセトンの低温溶液がコバルトブルーで変化しないことの原因となっている。また，このエタノール溶液に室温で3000気圧くらい掛けると，同じようにピンク色に変化する。これは，圧力上昇によって，イオン化で溶媒和が促進され溶液の体積が減少する方向に平衡が移ったためである。

$$[\text{CoCl}_2(\text{solv})_2](\text{weak solvated}) + 4\text{solv} \xrightarrow{\text{high pressure}} [\text{Co}(\text{solv})_6]^{2+}(\text{solvated}) + 2\text{Cl}^-(\text{solvated})$$
(5-21)

塩化コバルトは，このように簡単な化合物ではあるがソルバトクロミズム，サーモクロミズム，ピエゾクロミズム等を示す興味ある系である。図 5-23 に塩化コバルト(II)のメタノールおよびエタノール溶液のスペクトルの温度変化を示す[64)]。

(2) [Fe(CN)$_2$(phen)$_2$] のソルバトクロミズム

Schirz らが見出した鉄(II)混合配位子錯体である。CN^- も phen (1,10-phenanthroline) も強い配位子場を持ち，π-back donation 可能な配位子である。シアン化物イオン（CN^-）は，炭素で鉄(II)に結合しているが，結合していない窒素原子上にローンペアがあり（Fe ← CN:），それがアクセプター性の強い溶媒と相互作用できる。Fe ← CN: → solv のような相互作用が起きる。

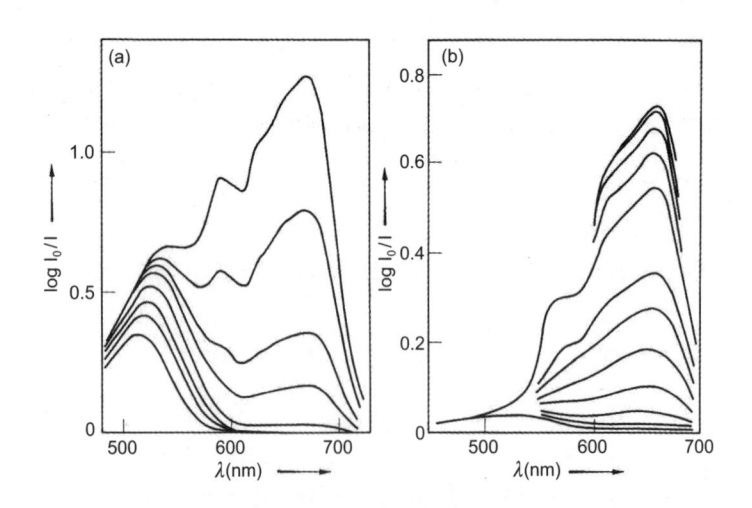

図 5-23　CoCl$_2$(anhydride) のアルコール溶液の吸収スペクトルの温度変化 [64)]
(a) メタノール中のスペクトル（濃度 0.103 M, セル長 5 mm, スペクトルは上から 50, 42, 30, 20, -0.5, -20, -37, -70℃）(b) エタノール中のスペクトル（濃度 0.014 M, セル長 2 mm, スペクトルは上から 62, 54, 45, 34, 23, 6, 0, -10, -20, -30, -40, -55℃）

そのため,Fe-phen の π-back donation が起こりにくくなり,Fe-phen の MLCT は,高エネルギー側に移動する。このようにして溶媒のアクセプター性に応じて,吸収ピークは高波数側(高エネルギー側)にシフトし,色がより黄色となる(浅色移動)。この錯体の各種溶媒中の吸収スペクトル変化(図 5-24)を示す[65)]。言い換えれば,この錯体は,溶媒のアクセプター性を示すカラーインジケータである。この変化は,溶媒のアクセプター性の指標というのみではなく,この錯体をアセトンのような非常に弱いアクセプター性の溶媒に溶かしておき様々な陽イオン(M^{n+})を加えると多様な色変化が見られる。これは,加えた溶質とこの錯体のアクセプター相互作用の違い,言い換えれば加えた陽イオンの酸の強さ,あるいはイオン半径に応じて,Fe-CN:M^{n+} の相互作用が異なることによるものである(図 5-25)[66)]。

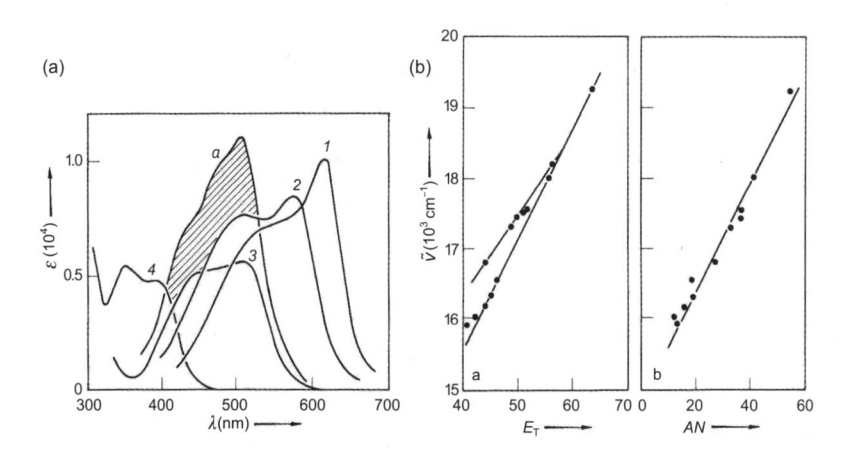

図 5-24 [Fe(CN)$_2$(phen)$_2$] の各種溶媒中の吸収スペクトルと溶媒のアクセプター性(E_T 値および AN)の相関。(a) 各種溶媒中の吸収スペクトル。溶媒:1 = DMF, 2 = CH$_3$NO$_2$, 3 = 0.05 M HCl 水溶液, 4 = 濃 H$_2$SO$_4$, a = [Fe(phen)$_3$]$^{2+}$ の吸収スペクトル[65a)],(b) 錯体溶液の吸収極大値 ν (10^3 cm^{-1}) と溶媒の E_T 値(左図)およびアクセプター数 AN(右図)。用いた溶媒:H$_2$O, ethylene glycol(左図のみ), MeOH, EtOH, 1-PrOH, 1-BuOH, 2-PrOH, t-BuOH, CH$_3$CN, DMSO, DMF, acetone, pyridine(E_T 値,AN については,1-1 節および巻末の付表 1 参照)。左図の上側の線はプロトン性溶媒,下側の線は非プロトン性溶媒に対して引かれている[65b)]

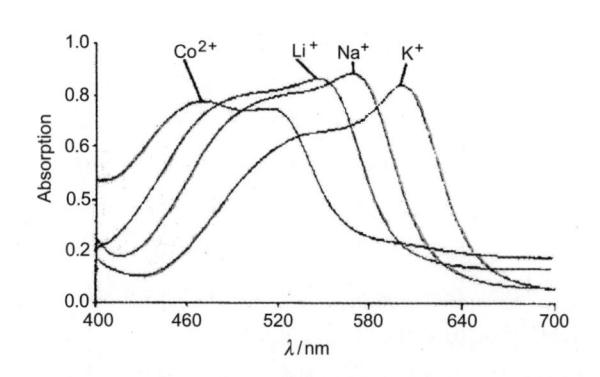

図 5-25　[Fe(CN)$_2$(phen)$_2$] のアセトン中の各種金属イオン添加効果を示す吸収スペクトル[66]

(3) [Cu(dike)(tmen)]X のソルバトクロミズム

次に，混合配位子銅(II)錯体の例を示そう。ここで，tmen = N,N,N',N'-tetramethylethylenediamine, dike$^-$ = β-diketonate ion（acac$^-$など）であり，X = 1 価陰イオンで非配位性の過塩素酸イオンあるいは配位性のハロゲン化物イオンである。まず，過塩素酸塩の場合を見てみよう。この錯体は，平面 4 配位構造をしており過塩素酸イオンは配位していない。特徴としては，様々な有機溶媒に可溶で，アルコール類，アセトン，クロロホルム，1,2-ジクロロエタン，水，DMF，DMSO 等々非極性溶媒から極性溶媒まで良く溶ける。なぜこのように溶解度が大きいかというと，tmen はエチレンジアミンのテトラメチル誘導体のため，窒素原子上には親水的な N–H 結合がなく，錯体を形成すると疎水的になること，β-ジケトナト配位子（dike）も有機溶媒に良く溶ける錯体を形成すること（これも疎水的環境を作るものである）による。それで，錯体の色はと言うと，非極性溶媒中（たとえば 1,2-ジクロロエタンやニトロメタンなど）では赤紫色であるが，極性の大きな溶媒中（たとえば DMF や DMSO など）では緑青色となる（図 5-26）[67]。この錯体の各種溶媒中の吸収極大と用いた溶媒のドナー数をプロットすると良い直線関係が成り立つ。

　この DN-ν_{max} 関係は，この銅錯体のアキシャル位からの溶媒の相互作用により，テトラゴナル構造が，平面構造により近いものから八面体構造に近いものまで，溶媒のドナー数 DN（配位能力）に依存して構造変化し，色は赤色か

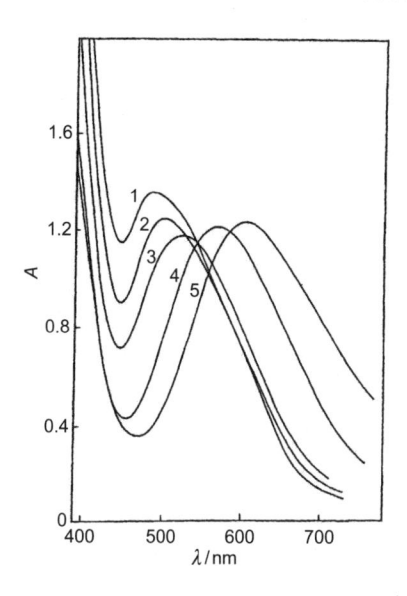

図5-26 ［Cu(acac)(tmen)］ClO_4 の各種溶媒中の吸収スペクトル[67]。1＝ジクロロメタン，2＝1,2-ジクロロエタン，3＝ニトロメタン，4＝アセトン，5＝DMF

ら緑色まで大幅に変化することとなる。模式的に書くと図5-27のようなものであろう。この過塩素酸錯体は，溶媒のドナー性を示すカラーインジケータとなる。

次に，この錯体の陰イオン（X）をハロゲン化物イオンに変えてみると，緑色結晶が得られる。この錯体の構造解析をするとハロゲン化物イオンが配位した5配位四角錐構造のものである。

この錯体を，先の過塩素酸と同じ溶媒に溶かし，吸収スペクトルを測定すると，まったく異なるスペクトル挙動が見られる。その吸収極大位置と用いた溶媒のドナー数 DN との相関はまったくなくなる。よく調べて見ると，溶媒のアクセプター数 AN と相関する。過塩素酸塩とこの塩化物錯体の吸収ピークを比べてみると，その変化は一目瞭然である（図5-28）。塩化物錯体では，Cl^- イオンを溶媒が錯体からいかに強く引き離すかにかかっている。つまりアクセプター性に依存して，5配位錯体からテトラゴナル錯体に変化する（図5-29）わ

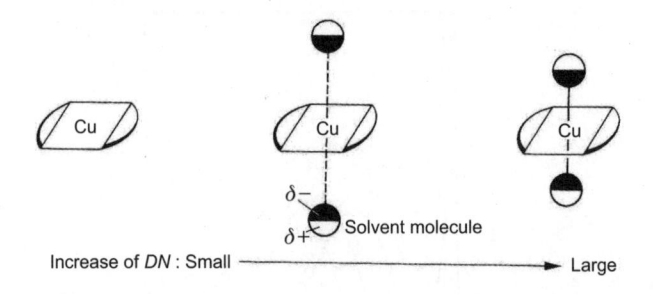

図 5-27　溶媒の配位能と過塩素酸塩 [Cu(acac)(tmen)]ClO$_4$（過塩素酸錯体）の溶液中の構造変化 [63]

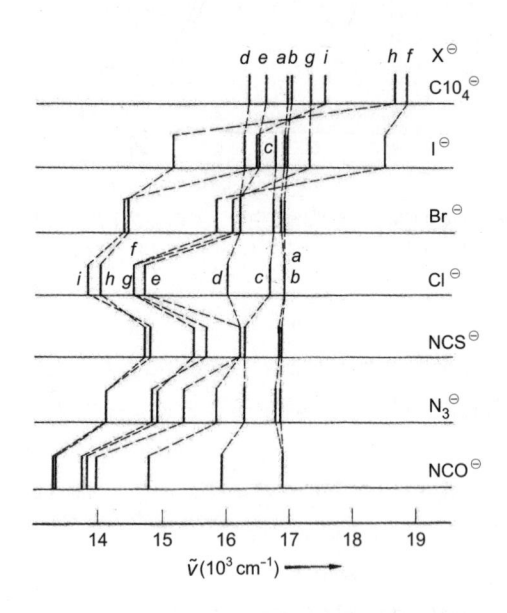

図 5-28　各種溶媒中における塩化物錯体と過塩素酸錯体の吸収極大位置の比較 [63]。
　　　　図中の記号は溶媒を示す：a ＝ H$_2$O, b ＝ MeOH, c ＝ EtOH, d ＝ DMSO,
　　　　e ＝ DMF, f ＝ CH$_3$NO$_2$, g ＝ CH$_3$CN, h ＝ 1,2-C$_2$H$_4$Cl$_2$, i ＝ CH$_3$COCH$_3$

けであるが，ハロゲン化物イオンを配位圏から十分解離させる溶媒（大きなアクセプター数 AN を持つ）中では，過塩素酸錯体と同じ吸収極大を示す。水やアルコール中の錯体の吸収スペクトルが過塩素酸塩でもその他のハロゲンの配

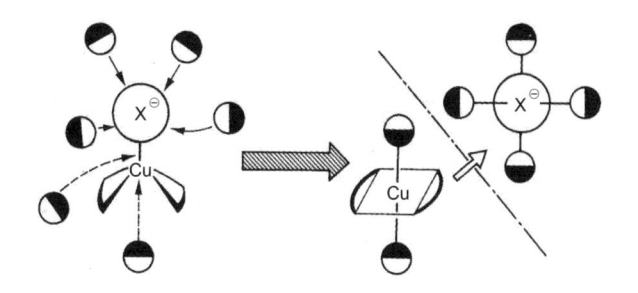

図 5-29 塩化物錯体 [CuX(acac)(tmen)] の溶媒による解離図 [63)]。丸印の溶媒分子の中で黒い部分はドナー部分，白い部分はアクセプター性の部分。解離した陰イオン（X⁻）は溶媒のアクセプター部分で溶媒和（安定化）している

位した錯体でも同じになっていることからもよくわかる（もちろん，ヨウ化物錯体と塩化物錯体ではその変化が微妙に異なっているのが見られるが，それはハロゲン化物イオンの配位能の違いを反映している。その変化もこの図から見ることができる）[62, 68]。この塩化物錯体は，溶媒のアクセプター性を示すカラーインジケータとなる。

(4) [Ni(dike)(tmen)]X のソルバトクロミズム

同じ系列のニッケル(II)混合配位子錯体ではどうなるか。非配位性陰イオンを含むニッケル錯体（テトラフェニルボレイト塩や過塩素酸塩）の場合は，4配位平面構造と6配位八面体構造がはっきりと区別され，銅錯体のようなテトラゴナリティーの違いとは異なり，式 (5-22) のような平衡関係で示される。途中の5配位構造も考えられるが，これはかなり立体構造をコントロールしなければ見られない。

$$[\mathrm{Ni(acac)(tmen)}]^+ + 2\mathrm{solv} \rightleftarrows [\mathrm{Ni(acac)(tmen)(solv)}_2]^+ \quad (5\text{-}22)$$

その吸収スペクトル変化を図 5-30 に示す。非配位性の 1,2-ジクロロエタン中では，平面4配位構造が見られ，強配位性の N,N-ジメチルホルムアミド中では，溶媒が2分子配位した八面体構造となる。中程度の配位能を持つアセトン中では，平面錯体と八面体錯体の平衡混合物となる。それにしたがって，赤い溶液から緑の溶液まで溶媒の配位能に応じて多彩な色が観測される（巻頭の

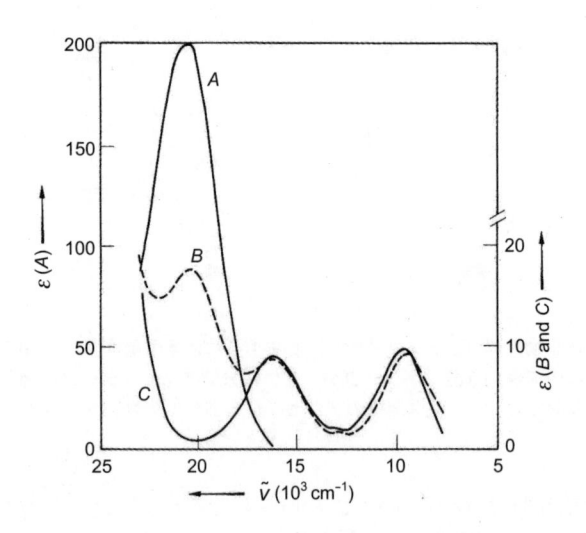

図 5-30　[Ni(acac)(tmen)]ClO$_4$ の各種溶媒中の吸収スペクトル[68]
A: 1,2-ジクロロエタン，B: アセトン，C: DMF

口絵参照)。また，中程度の配位能の溶媒中では，低温で緑，高温では赤い溶液となって，サーモクロミズムを示す。もちろん，陰イオン(X)を硝酸イオンやもう1つのβ-ジケトナトイオンにすると，安定な八面体錯体となり，平面錯体が得られないので際立ったソルバトクロミズムを示さない[62,63,69]。

以上，様々なソルバトクロミズムを見てきたが，その変色機構をまとめてみると，

① 錯体の配位構造が変わるもの：平面（あるいは四面体）4配位から八面体構造への変化（溶媒の配位能の違いによるもの），あるいは，錯体に含まれている陰イオン配位子の脱着による構造変化（溶媒のアクセプター性の違いによるもの）が見られるもの

② 錯体の配位数や配位構造は変わらないが，配位子のある部分に相互作用する溶媒のドナー性やアクセプター性の違いによって，錯体の電子状態を変化させることによる色変化が見られるもの

に大別される。特に溶媒によるCT遷移が変化する系は②の範疇に入るが，吸収強度の選択律によってはかなり大きな変化が見られることもある。

参考文献

1) Y. Marcus, *Chem. Rev.*, **111**, 2761-2783 (2011).
2) H. Yokoyama, M. Mochida, Y. Koyama, *Bull. Chem. Soc. Jpn.*, **61**, 3445-3449 (1988).
3) a) H. Yokoyama, H. Kon, *J. Phys. Chem.*, **95**, 8956-8963 (1991).
    b) H. Yokoyama, T. Ohta, M. Iida, *Bull. Chem. Soc. Jpn.*, **65**, 2901-2909 (1992).
    c) H. Yokoyama, T. Hiramoto, K. Shinozaki, *Bull. Chem. Soc. Jpn.*, **67**, 2086-2092 (1994).
    d) H. Yokoyama, K. Shinozaki, S. Hattori, F. Miyazaki, M. Goto, *J. Mol. Liquids*, **65/66**, 357-360 (1995).
    e) H. Yokoyama, Y. Koyama, Y. Masuda, *Chem. Lett.*, 1453-1456 (1988).
    f) H. Yokoyama, K. Yamamoto, M. Mochida, H. Kon, Y. Koyama, S. Hattori, F. Miyazaki, M. Hoshiyama, A. Mutoh, M. Goto, K. Yokota, K. Shinozaki, unpublished data.
4) H. Yokoyama, K. Shinozaki, S. Hattori, F. Miyazaki, *Bull. Chem. Soc. Jpn.*, **70**, 2357-2367 (1997).
5) 横山晴彦,『電気伝導度の測定法と評価法 (1) 希薄溶液の電気伝導』, 電気化学および工業物理化学』**65**, 926-933 (1997).
6) a) K. Kurotaki, S. Kawamura, *J. Chem. Soc. Faraday Trans.*, **89**, 3039-3042 (1993).
    b) F. Kawaizumi, F. Nakao, H. Nomura, *J. Solution Chem.*, **14**, 687-697 (1985).
    c) K. Mizutani, M. Yasuda, *Bull. Chem. Soc. Jpn.*, **55**, 1317-1318 (1982).
    d) 宮原豊,『化学の領域』**24**, 523-528 (1970).
7) Y. Marcus, G. Hefter, *Chem. Rev.*, **106**, 4585-4621 (2006).
8) a) 片山駿三,『理研報告』**53**, 212-238 (1977).
    b) T. Takahashi, T. Koiso, *Bull. Chem. Soc. Jpn.*, **51**, 1307-1310 (1978).
9) a) M. Linhard, *Z. Elektrochem.*, **50**, 224-238 (1944).
    b) H. Yoneda, *Bull. Chem. Soc. Jpn.*, **28**, 125-129 (1955).
10) N. Tanaka, Y. Kobayashi, M. Kamada, *Bull. Chem. Soc. Jpn.*, **40**, 2839-2843 (1967).
11) a) K. Shimizu, H. Takizawa, J. Osugi, *Rev. Phys. Chem., Jpn.*, **33**, 1-5 (1963).

b) J. Osugi, K. Shimizu, H. Takizawa, *Rev. Phys. Chem., Jpn.*, **36**, 1-7 (1966).

12) a) S. Tachiyashiki, H. Yamatera, *Bull. Chem. Soc. Jpn.*, **57**, 1061-1066 (1984).

b) S. Tachiyashiki, H. Yamatera, *Inorg.Chem.*, **25**, 3209-3211 (1986).

13) Y. Masuda, S. Tachiyashiki, H. Yamatera, *Chem. Lett.*, 1065-1068 (1982).

14) M. Iida, H. Yokoyama, *Bull. Chem. Soc. Jpn.*, **64**, 128-132 (1991).

15) R. J. Lemire, M. W. Lister, *J. Solution Chem.*, **5**, 171-181 (1976).

16) N. Tanaka, K. Koseki, *Bull. Chem. Soc. Jpn.*, **41**, 2067-2072 (1968).

17) 参考文献 4) の References 参照

18) B. Hubesch, B. Mahieu, J. Meunier-Piret, *Bull. Soc. Chim. Belg.*, **94**, 685 (1985).

19) a) H. Yokoyama, M. Kannami, S. Nakajima, H. Itoh, M. Muraoka, "the 51st Symposium on Coordination Chemistry of Japan", 1g-G08 (2001).

b) M. Goto, K. Shinozaki, H. Yokoyama, "16th Symposium on Solution Chemistry of Japan", 1P05 (1993).

c) M. Goto, S. Suzuki, H. Yokoyama, "the 44th Symposium on Coordination Chemistry of Japan", 3P14 (1994).

d) H. Yokoyama, K. Shinozaki, M. Hoshiyama, M. Goto, "15th Symposium on Solution Chemistry of Japan", 114 (1992).

e) A. Mutoh, K. Shinozaki, H. Yokoyama, "16th Symposium on Solution Chemistry of Japan", 2P04 (1993).

f) H. Yokoyama, R. Hirano, M. Tanabe, "the 49th Symposium on Coordination Chemistry of Japan", 3G1-C07 (1999).

20) S. F. Mason, J. Norman, *J. Chem. Soc. A*, 307 (1966).

21) T. Taura, H. Yoneda, *Inorg. Chem.*, **17**, 1495 (1978).

22) T. Taura, *J. Am. Chem. Soc.*, **101**, 4221 (1979).

23) H. Yoneda, T. Taura, *Chem. Lett.*, 63 (1977).

24) K. Miyoshi, Y. Kuroda, H. Yoneda, *J. Phys. Chem.*, **80**, 270 (1976).

25) D. A. Geselowitz, A. Hammershøi, H. Taube, *Inorg. Chem.*, **26**, 1842 (1987).

26) R. M. L. Warren, A. Tatehata, A. G. Lappin, *Inorg. Chem.*, **32**, 1191 (1993).

27) a) K. Bernauer, J.-J. Sauvain, *J. Chem. Soc., Chem. Commun.*, 353 (1988). b) S. Sakaki, Y. Nishijima, H. Koga, K. Ohkubo, *Inorg. Chem.*, **28**, 4063 (1989).

28) T. Taura, *Inorg. Chim. Acta*, **252**, 1 (1996).
29) 田浦俊明,『化学と教育』**49**, 480 (2001).
30) T. Taura, *Inorg. Chem. Commun.*, **1**, 77 (1998).
31) J. K. Barton, A. T. Danishefsky, J. M. Goldberg, *J. Am. Chem. Soc.*, **106**, 2172 (1984).
32) B. Spingler, C. D. Pieve, *Dalton Trans.*, 1637 (2005).
33) W-Y. Wen, Water and Aqueous Solutions, R. A. Horne (ed.), Wiley, Chapt. 15 (1972).
34) Y. Yamamoto, E. Iwamoto, T. Tominaga, Structure and Dynamics of Solutions, Elsevier, H. Ohtaki and H. Yamatera (ed.), 243-254 (1992).
35) H. S. Frank, M. W. Evans, *J. Chem. Phys.*, **13**, 507-532 (1945).
36) G. Némethy, H. A. Scheraga, *J. Chem. Phys.*, **36**, 3382-3400, 3401-3417 (1962); *J. Phys. Chem.*, **66**, 1773-1789 (1962).
37) Y. Maniwa, H. Kataura, M. Abe, A. Udaka, S. Suzuki, Y. Achiba, H. Kira, K. Matsuda, H. Kadowaki, Y. Okade, *Chem. Phys. Lett.*, **401**, 534-538 (2005).
38) M. Tadokoro, S. Fukui, T. Kitajima, Y. Nagao, S. Ishimaru, H. Kitagawa, K. Isobe, K. Nakasuji, *Chem. Commun.*, 1274-1276 (2006).
39) W. Kauzmann, *Adv. Protein Chem.*, **14**, 1-63 (1959).
40) A. Ben-Naim, J. *Chem. Phys.*, **54**, 1387-1404 (1971).
41) R. A. Pierotti, *Chem. Rev.*, **76**, 717-726 (1976).
42) 荒川 泓,『イオンと溶媒, 化学総説, No. 11』49-54, 東京大学出版会 (1976).
43) M. Yamamoto, *J. Phys. Chem.*, **88**, 3356-3359 (1984).
44) G. Jones, M. Dole, *J. Am. Chem. Soc.*, **51**, 2950-2964 (1929).
45) F. A. Long, W. F. McDevit, *Chem. Rev.*, **51**, 119-169 (1952).
46) T. Fujiwara, E. Iwamoto, Y. Yamamoto, *Inorg. Chem.*, **23**, 115-117 (1984).
47) E. Iwamoto, T. Fujiwara, Y. Yamamoto, *Inorg. Chim. Acta*, **43**, 95-99 (1980).
48) F. Basolo, R. G. Pearson, Mechanisms of Inorganic Reactions, 2nd Ed., 310-317, Wiley (1967).
49) E. Iwamoto, M. Yamamoto, Y. Yamamoto, *Inorg. Nucl. Chem. Lett.*, **13**, 399-402 (1977).
50) E. Iwamoto, H. Saito, Y. Yamamoto, *Polyhedron*, **5**, 815-819 (1986).
51) M. Yamamoto, E. Iwamoto, A. Kozasa, K. Takemoto, Y. Yamamoto, A. Tatehata,

Inorg. Nucl. Chem. Lett., **16**, 71-74 (1980).

52) a) P. C. Griffiths, I. A. Fallis, T. Chuenpratoom, R. Watanesk, *Adv. Colloid Interfac.*, **122**, 107-117 (2006).

  b) P. C. Griffiths, I. A. Fallis, *Adv. Colloid Interfac.*, **144**, 13-23 (2008).

53) D. F. Evans, *Langmuir*, **4**, 3-12 (1988).

54) N. Kumaraguru, K. Santhakumar, *J. Soln Chem.*, **38**, 629-640 (2009).

55) C. A. Behm, I. I. Creaser, B. Korybut-Daszkiewicz, R. J. Geue, A. M. Sargeson, G. W. Walker, *J. Chem. Soc., Chem. Commun.*, 1844-1846 (1993).

56) a) M. Yashiro, K. Matsumoto, N. Seki, S. Yoshikawa, *Bull. Chem. Soc. Jpn.*, **66**, 1559-1562 (1993).

  b) M. Iida, M. Yamamoto, and N. Fujita, *Bull. Chem. Soc. Jpn.*, **69**, 3217-3224 (1996).

57) a) D. A. Jaeger, V. B. Reddy, N. Arulsamy, D. S. Bohle, D. W. Grainger, B. Berggren, *Langmuir*, **14**, 2589-2592 (1998).

  b) N. Arulsamy, D. S. Bohle, P. A. Goddson, D. A. Jaeger, V. B. Reddy, *Inorg. Chem.*, **40**, 836-842 (2001).

  c) D. A. Jaeger, R. Jose, A. Mendoza, R. P. Apkarian, *Colloids Surf. A*, **302**, 186-196 (2007).

58) J. Bowers, M. J. Danks, D. W. Bruce, *Langmuir*, **19**, 299-305 (2003).

59) a) N. Koine, M. Iida, T. Sakai, N. Sakagami, S. Kaizaki, *J. Chem. Soc., Chem. Comm.*, 1714-1716 (1992).

  b) T. Imae, Y. Ikeda, M. Iida, N. Koine, S. Kaizaki, *Langmuir*, **14**, 5631-5635 (1998).

60) a) Y. Ikeda, T. Imae, J. C. Hao, M. Iida, T. Kitano, N. Hisamatsu, *Langmuir*, **16**, 7618-7623 (2000).

  b) H. Er, N. Asaoka, N. Hisamatsu, M. Iida, T. Imae, *Colloids Surf. A*, **221**, 119-129 (2003).

  c) H. Er, S. Ohkawa, M. Iida, *Colloids Surf. A*, **301**, 189-198 (2007).

  d) M. Iida, M. Inoue, T. Tanase, T. Takeuchi, M. Sugibayashi, K. Ohta, *Eur. J. Inorg. Chem.*, 3920-3929 (2004).

61) a) V. Gutmann, "The Donor-Acceptor Approach to Molecular Interactions", Plenum Press, New York (1978).

b) C. Reichard, "Solvent and Solvent Effects in Organic Chemistry", 3rd Updated and England Ed., Wiley-VCH (2003).

62) a) Y. Fukuda (Ed.), "Inorganic Chromotropism-Basic Concepts and Applications of Colored Materials", Kodansha-Springer, Tokyo (2007).

b) 福田豊, 宮本恵子, "インオーガニック・クロモトロピズム", 色材, **77**, 321-327 (2004); **77**, 456-461 (2004).

63) K. Sone, Y. Fukuda, "Inorganic Thermochromism" (Inorganic Chemistry Concepts 10), Springer, Heidelberg (1987).

64) K. Sone, J. Mizusaki, K. Moriyama, Y. Fukuda, *Monatsh. Chem.*, **107**, 271-281 (1976).

65) a) R. A. Soukup, R. Schmid, *Chem. In unserer Zeit,* **17**, 129 (1985),

b) H. E. Toma, M. S. Takasugi, *J. Soln. Chem.,* **12**, 547 (1983).

66) W. Linert, Y. Fukuda, A. Camard, *Coord. Chem. Rev.,* **218**, 113-152 (2001).

67) A. Shimura, M. Mukaida, E. Fujita, Y. Fukuda, K. Sone, *J. Inorg. Nucl. Chem.*, **36**, 1265-1270 (1974).

68) M. Yasuhira, Y. Fukuda, K. Sone, *Bull. Chem. Soc. Jpn.*, **58**, 3518-3523 (1985).

69) Y. Fukuda, K. Sone, *J. Inorg. Nucl. Chem.*, **34**, 2315-2328 (1972).

6 測定法と解析法および計算化学

はじめに

溶液錯体化学における代表的な測定法とそのデータ解析法を紹介し，溶液内の錯体の構造，反応，平衡等をいかに実験により定量化し解明することができるかについて解説する。また，複雑な溶液系に対して電子計算機を用いた理論的方法は有力な研究手段であると考え，溶液錯体化学における計算化学の適用方法についても紹介する。

6-1 X線を用いた溶存錯体の構造解析

溶存錯体の微視的構造解析は化学，物理学，生物，地学などの基礎的分野だけでなく，工学，医学，薬学，農学などの応用的学問分野でも求められている。一方，教育・研究方面以外における科学技術の現場，特に，鉄鋼や石油化学，電池産業などの最先端技術開発の現場でも溶存錯体の構造情報や解析技術が求められている。

溶存錯体を含む溶液内の微視的相互作用パラメータを求める最も直接的な方法は赤外・ラマン分光法やX線・中性子線を用いた回折，散乱，および吸収分光法である。X線や中性子線のエネルギーは溶液内の分子やイオンの動くエネルギーに比べかなり高いのでこれらを"見る"ことができる。

溶存錯体の構造はガラスなどの非晶質固体構造解析法と同様にX線回折法により得られた結果を動径分布関数法により解析することによって得られる。この方法は微視的相互作用パラメータを正確に求めることができるので多くの金属錯体の溶存化学種の解析に用いられている。一方，微視的相互作用パラメータを求める方法としてX線吸収分光法（XAFS法のこと。EXAFS法とXANES法を合わせてXAFS法という）が近年，注目されている。これらの方法は試料の状態を問わないので「究極の構造解析法」として登場し，多方面で盛んに用いられている。最近ではタンパクや酵素分子のような複雑な化学種の溶液中の

局所構造解析や電池内電解質イオンの *in-situ* 構造解析も試みられている。ここでは，X線回折法とX線吸収分光法による溶存錯体の構造解析法の実際について記す[1,2]。

6-1-1　溶液X線回折法

一般に回折実験とは散乱ベクトル s に対する強度測定である。溶液中の微視的構造も結晶の場合と同様に三次元であるが，溶液の回折実験で捉えられる構造情報は空間的，時間的に平均化された，等方的な一次元情報である。測定は散乱ベクトル s ($s = 4\pi\sin\theta/\lambda$, λ : X線の波長，2θ : 散乱角）に対応する強度測定である。後述するように，できるだけ広い範囲の s に対する散乱強度を測定する必要があり，2通りの方法が用いられている。1つは単色化された入射X線を用いて，散乱角 2θ を変化させる角度分散法で，もう1つは逆に散乱角を固定して入射X線の波長を変化させる（白色X線を用いる）波長分散法である。波長分散法については西川[3]の優れた解説があるので，ここでは角度分散法について記述する。

(1) 回折実験

図 6-1(a) に溶液からのX線散乱を測定する装置を示す。通常，波長 $\lambda = 0.7107$ Å の $\text{Mo}K_\alpha$ 線を入射X線とし，これを Bragg-Bentano の光学系を有する θ-θ 型回折計に設置された溶液セルの自由溶液表面（図 6-1(a) のA および(b)）からの散乱を測定する。この光学系ではAを水平に保つため光源と検出器が

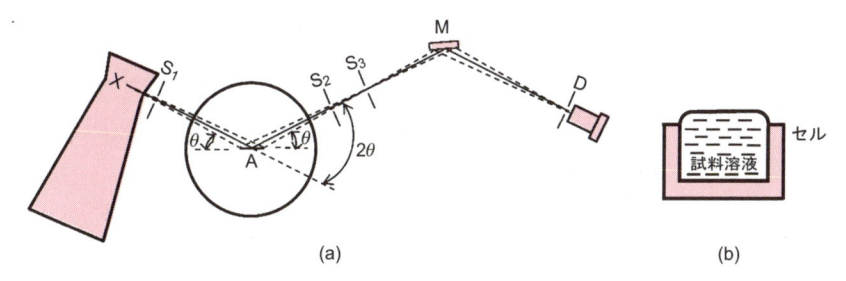

図 6-1　使用した θ-θ 型X線回折計の構成[1]
(a) 構成図：X；X線管，S_1；発散スリット，S_2；散乱スリット，S_3；受光スリット，A；試料溶液，M；モノクロメータ，D；検出器，(b) Aの拡大図

同じ角度 θ で万歳をするように駆動する。自由溶液表面から散乱された散乱 X 線は,フッ化リチウムの湾曲単結晶モノクロメータで分光された後,シンチレーションカウンターで検出される。非干渉性散乱の一部および蛍光 X 線はモノクロメータにより除かれる。散乱強度は θ の関数として測定される（全散乱角は 2θ）。全 θ 領域をカバーするためには,角度に応じて異なったスリット系が用いられる。高角度領域では散乱強度は弱く,また,回折による強度変化は数%以下でしかない。統計的に充分正確な散乱強度値を得るため,スリット幅を適当に設定し,各測定角度で充分時間をかけて測定する。異なったスリット系で測定された散乱強度値は,バックグラウンド散乱と試料からの吸収を補正後,共通のスリット系のデータとして統一され, $s = 4\pi\sin\theta/\lambda$ に対する強度値 $I(s)$ として収集される。入射 X 線に MoK_α ($\lambda = 0.7107$ Å) を用いると,通常, $s = 0$（外挿値）から $s_{max} \approx 16$ Å^{-1} の範囲の $I(s)$ が得られる。

上記のような θ-θ 型回折計を用いた自由溶液表面を測定する反射法に対して,キャピラリセル中の溶液を測定する透過法がある。その代表的方法に二次元検出器であるイメージングプレート（IP）を用いた方法がある[4,5]（図 6-2 参照）。IP は全散乱角の散乱強度を一挙に測定できるため, θ-θ 型回折計を用いた反射法による測定が数日を要するのに対し短時間での測定が可能である（回

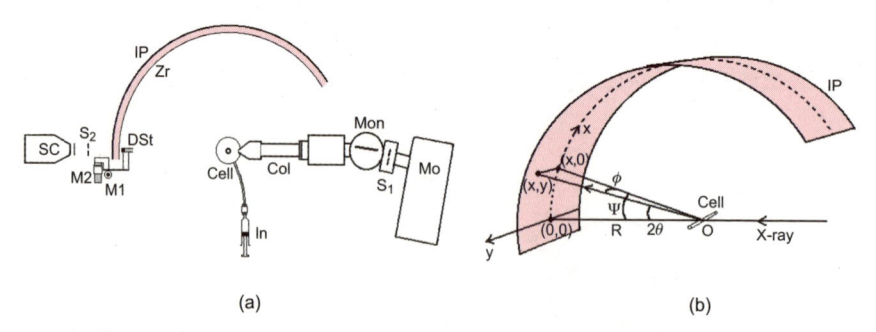

図 6-2 イメージングプレート型 X 線回折計の構成と光学系の空間座標図[5]
(a) 構成図: Mo; 回転対陰極 X 線源, Mon; グラファイトモノクロメータ, Col; コリメータ, Cell; キャピラリセル, In; 溶液注入器, DSt; ダイレクトビームストッパー, IP; イメージングプレート, Zr; ジルコニウムフィルター, S_1, S_2; スリット, M1, M2; マイクロメータ, SC; シンチレーションカウンター, (b) 空間座標: Cell; キャピラリセル, IP; イメージングプレート, O; X 線散乱点, R; カメラ半径

転対陰極X線発生装置を用いた場合は30〜40分程度)。その他の利点として，θ-θ型回折計を用いたときに比べ溶液試料が極少量（0.5〜1 mL)で済むこと，温度変化測定を容易に行うことができることが挙げられる。欠点としては，透過法であるためX線の吸収が大きい溶液には適さないこと，結晶モノクロメータを試料の前に設置するため，重金属元素など原子番号の大きい元素を含む溶液の場合，蛍光X線の影響を受けることが挙げられる。蛍光X線の除去の方法として，ジルコニウム箔（MoK_α線の場合）をIPの直前に設置する方法が考えられている[5]。短時間・微量試料測定には放射光を用いた測定も有力である。

(2) 溶液の回折理論

秩序ある配列を持つ結晶からの散乱の場合は明瞭な三次元回折パターンが得られるのでその構造のパラメータ値は詳しく求められる。秩序のない物質，たとえば，溶液や非晶質固体からの場合，一次元の弱い，散漫な回折パターンしか得られないので，その構造のパラメータ値を求めることは容易ではない。秩序のない物質の微視的構造は相関関数$g_{pq}(r)$によって記述される。ここで，$g_{pq}(r)$は1つの粒子pから距離r離れたところにある粒子qを見出す時間平均確率である。もし粒子が原子であると，1個のp原子の周りにある半径r，厚さdrの球殻にあるq原子の数dn_qは次の式で与えられる。

$$dn_q = n_q V^{-1} 4\pi r^2 g_{pq}(r)\,dr \tag{6-1}$$

ここで，n_qは体積V中の原子qの数である。相関関数$g_{pq}(r)$のフーリエ変換は，次の部分構造因子$S_{pq}(s)$を与える。

$$S_{pq}(s) = 1 + 4\pi n_q V^{-1} s^{-1} \int_0^\infty [g_{pq}(r)-1]\cdot r\cdot\sin(rs)\cdot dr \tag{6-2}$$

部分構造因子が既知であれば相当する相関関数は，次のフーリエ変換により計算される。

$$g_{pq}(r) = 1 + V(2\pi^2 n_q r)^{-1} \int_0^\infty [S_{pq}(s)-1]\cdot s\cdot\sin(rs)\cdot ds \tag{6-3}$$

i種類の異なる原子種を含む溶液に対しては，全構造因子は$i(i+1)/2$以上の異なる部分構造因子数の和として与えられる。X線回折実験でsの関数として測定され，単位体積に規格化された全散乱強度$I(s)$は次のように表せる。

$$I(s) = \sum n_i f_i^2(s) + \sum\sum n_p n_q f_p(s)[S_{pq}(s)-1] \quad (6\text{-}4)$$

ここで，$f_i(s)$ は原子 i の X 線原子散乱因子である。$I(s)$ から $\sum n_i f_i^2(s)$ を差し引くと溶液の構造情報を含む規格化強度関数 $i(s)$ が得られる。

$$i(s) = I(s) - \sum n_i f_i^2(s) = \sum\sum n_p n_q f_p(s)[S_{pq}(s)-1] \quad (6\text{-}5)$$

X 線は原子が持つ電子により散乱されるので，軽原子による散乱の $i(s)$ への寄与は重原子よりも少ない。測定された $i(s)$ 値から次式のフーリエ変換により動径分布関数 $D(r)$ (Radial distribution function, RDF と略) が計算される。

$$D(r) = 4\pi r^2 \rho_0 + 2r\pi^{-1}\int_0^{s_{\max}} s \cdot i(s) \cdot M(s) \cdot \sin(rs) \cdot ds \quad (6\text{-}6)$$

ここで，$M(s) = f_i(0)^2 f_i(s)^{-2}\exp(-0.01s^2)$，$\rho_0 = (\sum n_i Z_i)^2/V$ (Z_i は原子番号に相当) で，$\sum n_i Z_i$ は体積 V 当たりの総電子数である。$M(s)$ はフーリエ変換の打切り誤差と s の増大に伴う $f_i(s)$ の減衰の補正のため導入されており，$f_i(s)$ には酸素原子など基準とする原子の原子散乱因子を用いる。$f_i(0)$ は $s=0$ における原子散乱因子である。$D(r) - 4\pi r^2 \rho_0$ を規格化された動径分布関数といい，平均電子密度 $4\pi r^2 \rho_0$ からの $D(r)$ の変位を表している。

(3) 動径分布関数の解析

動径分布関数の解析について $Zn(ClO_4)_2$ 水溶液を例にとり説明する[6]。

測定散乱強度に対し，多重散乱，偏光，非干渉性散乱を補正[7]した後，6-1-1(2)目で述べた方法により 1 個の Zn^{2+} イオンを含む体積 V 当りの $I(s)$ を求める。図 6-3(a) の実線は $3.1\ \mathrm{mol\ dm^{-3}}$ の $Zn(ClO_4)_2$ 水溶液の実測の $s \cdot i(s)$ を示し，図 6-3(b) の実線は $i(s)$ から求めた RDF を示している。図 6-3(b) の RDF のおよそ 1.4 Å と 2.3 Å にあるピークは ClO_4^- の Cl-O 間および O-O 間の相互作用を，また，2.1 Å 付近にあるピークは $Zn-OH_2$ 結合の Zn-O 間の相互作用を示している（これらの距離は $Zn(ClO_4)_2 \cdot 6H_2O$ 結晶中にみられる）。各相互作用のパラメータの厳密な値は次に述べる理論解析により計算される。

距離 r_{pq} を有する 2 つの原子 p と q の間の相互作用による理論 $i(s)$ は，次の Debye の式から計算できる。

$$i(s) = 2\sum\sum f_p(s)f_q(s)(r_{pq}s)^{-1}\sin(r_{pq}s) \times \exp(-l_{pq}^2 s^2/2) \qquad (6\text{-}7)$$

この理論 $i(s)$ を用いて式 (6-6) から，p-q 間相互作用の理論 RDF を求めることができる。実際の解析作業では，実測 RDF のピークと理論 RDF のピークを比較しながら，また，実測 $i(s)$ と理論 $i(s)$ を直接比較（カーブフィッティングによる）しながら，相互作用のパラメータ（r_{pq}, n_{pq}, l_{pq}）の当否を検討していく。ここで，n_{pq} は p-q 間の相互作用数，r_{pq} は相互作用距離，l_{pq} は r_{pq} の根平均二乗（rms = root-mean-square）変位である。

図 6-3(b) で，Zn-OH$_2$ 相互作用（2.10 Å）のピークは，ClO$_4^-$ の O-O 間相互作用（2.31 Å）のピークと重なり，さらに，約 3.1 Å のピーク（約 2.9 Å に予想される H$_2$O-H$_2$O 相互作用と約 3.2 Å に予想される Cl-H$_2$O 相互作用が含まれる）と部分的に重なっている。それぞれの相互作用について Debye の式 (6-7)

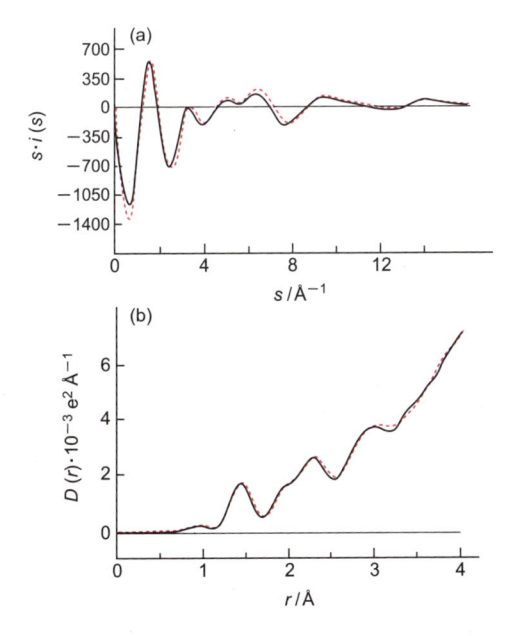

図 6-3　3.1 mol dm^{-3} Zn(ClO$_4$)$_2$ 水溶液の $s \cdot i(s)$ 関数と動径分布関数 [6]
(a)：測定した $s \cdot i(s)$ 関数（黒色実線）と理論的に求めた $s \cdot i(s)$ 関数（赤色破線），(b)：動径分布関数（黒色実線）と理論動径分布関数（赤色破線）

を用い理論 $i(s)$ を求め，理論 $s \cdot i(s)$ 曲線として図 6-3(a) に示す（赤色破線）。実験から得られた $s \cdot i(s)$ 曲線（実線）と比較すると，s の値が 2 Å^{-1} 以上の高角度部分で両者はよく一致しており，上記の相互作用の寄与は主として $i(s)$ 曲線の高角度部分によるものであることがわかる。分子内相互作用の計算では，通常，強度曲線の低角度部分はカーブフィッティングに用いない。低角度部分には分子間相互作用などの長距離にわたる相互作用が大きな寄与を占めているからである。

Debye の式（6-7）では，相互作用距離 r_{pq} は $l_{pq}(\text{Å})$ なる rms 変位を持つ平均距離と見なされる。l_{pq} 値が小さい場合，大きな l_{pq} 値を持つ相互作用や非結合原子間相互作用，あるいは，周りの原子と定まった距離関係にない相互作用と較べると $i(s)$ 曲線の高角度部分により明瞭なピークを与える。このことは，$i(s)$ 曲線上で分子内相互作用と分子間相互作用を区別できることを意味している。

(4) 同形置換法

分子間の弱い相互作用を見積もる試みが最近，錯体化学や生命化学の分野で盛んに行われている。錯体の第一と第二配位圏を正確に解析するためには重なり合ったピークから相当するピークを分離することが必要である。特別の場合として，同形置換法が適用できる $\text{Er}_2(\text{SeO}_4)_3$ 水溶液[8]を例にとり説明する。

$\text{Er}_2(\text{SeO}_4)_3$ 水溶液には金属イオン M，配位子 L（SeO_4^{2-} の O と Se），水の O と H が含まれており，これらの相互作用が部分動径分布関数を形成し，$i(s)$ 関数に寄与する。いま，M と置き換えても溶液の構造を変えない同形イオン M' があるとし，同一組成の溶液（一方は M，他方は M' を含む）を調製したとき，金属イオンを含む項以外の $i(s)$ 関数は同じになる。したがって，この 2 つの溶液に対する測定強度 $i(s)$ の差（$\Delta i(s)$）を取ると，これらの項は消滅し，次式のように，$\Delta i(s)$ には金属イオンの項のみが含まれる。

$$\Delta i(s) = 2n_\text{M} n_\text{O} f_\text{O}(s) \Delta f_\text{M}(s) [S_\text{MO}(s)-1] + 2n_\text{M} n_\text{L} f_\text{L}(s) \Delta f_\text{M}(s) [S_\text{ML}(s)-1] +$$
$$2n_\text{M} n_\text{H} f_\text{H}(s) \Delta f_\text{M}(s) [S_\text{MH}(s)-1] + n_\text{M}^2 [f_\text{M}(s)^2 - f_{\text{M}'}(s)^2][S_\text{MM}(s)-1] \quad (6\text{-}8)$$

ここで，n_i は体積 V 当たりの i 原子の数（n_L は SeO_4^{2-} の数），$\Delta f_\text{M}(s)$ は M および M' の原子散乱因子 $f_\text{M}(s)$ と $f_{\text{M}'}(s)$ の差（$\Delta f_\text{M}(s) = f_\text{M}(s) - f_{\text{M}'}(s)$）であり，

同形置換法の適用にはこの差が大きいことが必要である。この $\Delta i(s)$ を用いれば、次式から金属イオンの相互作用のみを含む RDF を求めることができる。

$$D^{M}(r) = 4\pi r^2 \rho_0^{M} + 2r\pi^{-1} \int s \cdot \Delta i(s) \cdot \sin(rs) \cdot M(s) \cdot f_{M}(s) \cdot \Delta f_{M}(s)^{-1} \cdot ds \quad (6\text{-}9)$$

ここで、$\rho_0^{M} = (\sum n_i Z_i)^2 / V$ であり、金属イオンが関与する項だけを含む。Er^{3+} は外圏型電子配置 $4s^2p^6d^{10}f^{11}5s^2p^6$ を持ち、電子配置 $3s^2p^6d^{10}4s^2p^6$ を持つ Y^{3+} と化学的性質は非常に類似している。また、ランタノイド（Ln）収縮のため、Er^{3+}（あるいは Tb^{3+}）と Y^{3+} のイオン半径はほぼ同じである。したがって、同じ組成の 2 つの溶液（一方は Er^{3+}、他方は Y^{3+} を含む）間の $\Delta i(s)$ を実験から求めれば、Er^{3+} の相互作用を分離して議論することができる。

$Er_2(SeO_4)_3$ 水溶液と $Y_2(SeO_4)_3$ 水溶液、$Tb(ClO_4)_3$ 水溶液と $Y(ClO_4)_3$ 水溶液の実験から得られる RDF（実線）および理論 RDF（点線）を図 6-4(a)に示す。約 1.5 Å のピークは SeO_4^{2-} 内の Se-O 間相互作用と ClO_4^- 内の Cl-O 間相互作用にそれぞれ帰属される。約 2.5 Å のピークは水和 Ln^{3+} イオン内の Ln-O 間相互作用ならびに SeO_4^{2-} と ClO_4^- 内の O-O 間相互作用による。約 2.9 Å のピークは H_2O-H_2O 相互作用によるピークである。一方、セレン酸塩溶液における約 3.7 Å のピークは過塩素酸塩溶液には見られない。また、すべての溶液で見られる 4.5 Å 付近のピークは第二配位圏との相互作用に基づくものと推測される。図 6-4(b)にそれぞれの塩溶液の RDF（点線と一点鎖線）から得られた差 RDF（赤色実線）を示す。すなわち、実線は、セレン酸塩溶液では Er-Y 間、過塩素酸塩溶液では Tb-Y 間の差 RDF で、Ln^{3+} と直接の相互作用がない相互作用はすべて消滅していることがわかる。このことから、約 2.4 Å に残ったピークは水和 Ln^{3+} 内の Ln-O 相互作用に帰属できることが理論差 RDF（細点線）との比較でわかる。実測と理論から得られた $i(s)$ の間のカーブフィッティングにより、各相互作用パラメータが求められる（Er-O: $r = 2.35$ Å, $l = 0.100$ Å, $n = 8.0$）。セレン酸塩溶液における約 3.7 Å のピークは図 6-4(b)では明瞭に残り、カーブフィッティングにより 3.75 Å の相互作用距離を有する Ln-Se によるものと帰属できる。以上の結果と結晶解析から、SeO_4^{2-} は図 6-5 に示すように Ln^{3+} に配位（配位数 n は 0.35）しており、これに対して、ClO_4^- は配位していないと考えられる。4.5 Å 付近のピークは、第二配位圏の水分子等の O 原子

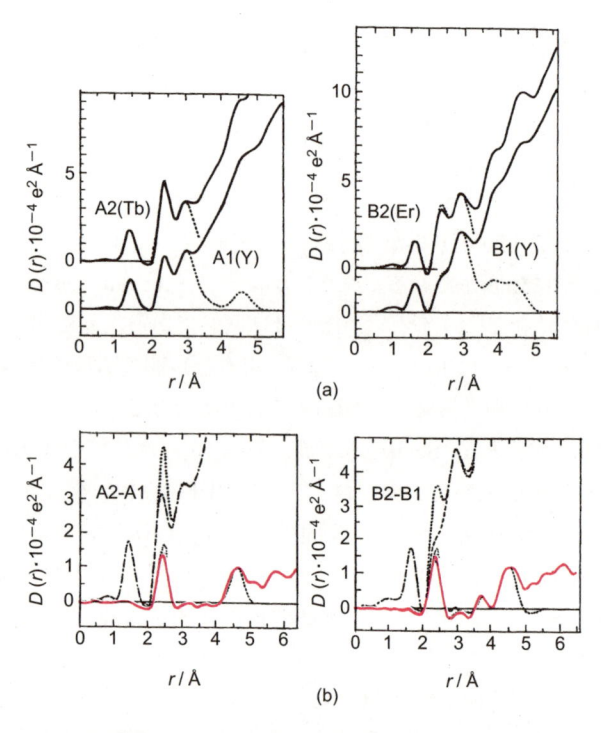

図 6-4　希土類元素イオン水溶液の動径分布関数と差動径分布関数[8]
(a)：動径分布関数（実線）と理論動径分布関数（点線），(b)：差動径分布関数（赤色実線）と理論動径分布関数（細点線）および (a) のそれぞれの動径分布関数（点線と一点鎖線）。A1：1.1 mol dm^{-3} Y(ClO$_4$)$_3$ 溶液, A2：1.1 mol dm^{-3} Tb(ClO$_4$)$_3$ 溶液, B1：0.77 mol dm^{-3} Y$_2$(SeO$_4$)$_3$ 溶液, B2：0.78 mol dm^{-3} Er$_2$(SeO$_4$)$_3$ 溶液

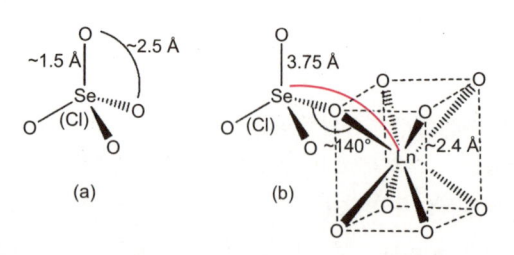

図 6-5　セレン酸イオンの構造 (a) と Ln^{3+} に対するセレン酸イオンの配位構造 (b)[8]

との相互作用に基づくとすれば，$Er_2(SeO_4)_3$ の場合，$r = 4.47\,\text{Å}$，$l = 0.21\,\text{Å}$，$n = 11$ と解析される。

6-1-2 X線吸収微細構造（XAFS）とその解析法
(1) X線吸収微細構造（XAFS）

X線が物質を透過するとその物質との相互作用によりX線の強度が減少する。この関係は，いま入射X線の強度を I_0，透過後のX線の強度を I，吸収体の厚さを x とすれば，

$$I = I_0 \exp(-\mu x) \qquad (6\text{-}10)$$

と表される。ここで，μ は吸収係数で，$\mu = \rho_0 \sum g_i (\mu/\rho)_i$ である。ρ_0 は試料の密度，g_i は原子 i の質量分率，$(\mu/\rho)_i$ はX線吸収係数である。X線の波長を連続的に短く（エネルギーを大きく）していくと，吸収係数 μ は次第に減少していき，ある波長で急激に増加する。この波長は，K殻軌道，L殻軌道などの電子をたたき出すエネルギーに対応しており，それぞれK吸収端，L吸収端と呼ばれている。通常，X線吸収端近傍に微細構造（fine structure）があり，吸収端から 50 eV ～ 1 keV のエネルギー領域に現れる微細構造を EXAFS (extended X-ray absorption fine structure)，約 50 eV 領域あたりまでに出現する吸収端構造を XANES（X-ray absorption near edge structure）と呼び，その両方をあわせて XAFS（X-ray absorption fine structure）という。

EXAFS は，内殻軌道からたたき出された光電子の波と，吸収原子の周りにある原子によって散乱される波との干渉によって生じる。吸収端から十分離れた領域（>50 eV）では，光電子の運動エネルギーが大きいために散乱は弱くなる。直接波と散乱波の干渉は光電子の波数について正弦的な振動を与えるが，その周期から中心原子と散乱原子の間の距離が，また振幅の大きさや形から原子の種類や個数を決定できる。

XANES は，X線の吸収原子と周囲の原子との原子間距離，その原子対との相互作用の数などを反映している。XANES は EXAFS を測定するとき同時に測定できだけでなく，光電子分光法や電子エネルギー損失分光（EELS）法などでも得られる。XANES は EXAFS より吸収ピークの強度が大きく，また，

物質の化学変化に非常に鋭敏であるため，スペクトルだけで類似試料との差異がわかることがある。XANES の基礎理論の確立は十分ではないがスペクトル計算法の進歩により興味ある結果が報告されてきている[9]。XANES は内殻軌道から形状共鳴状態に電子が励起されることによって現れる。形状共鳴は電子が運動するときのポテンシャルの形状によって起こる共鳴現象であり，形状共鳴状態はイオン化エネルギーより約 50 eV ほど高いところまで現れているといわれている。内殻軌道からの電気双極子遷移により生じているので，そのエネルギーは遷移状態法で，吸収断面積は双極子遷移の振動子強度から算出できる。

(2) EXAFS と XANES の理論計算 [10, 11]

EXAFS 振動 $\chi(k)$ の実験値は以下の式によって与えられる。

$$\chi(k) = \frac{\mu(k) - \mu_0(k)}{\mu_0(k)} \qquad (6\text{-}11)$$

ここで，k は光電子の波数，$\mu(k)$ は波数 k の関数で表すことができる対象元素の X 線吸収係数，$\mu_0(k)$ は孤立原子の場合に期待される X 線吸収係数である。動径構造関数 $\Phi(r)$ は $\chi(k)$ を用いて次のフーリエ変換により求められる[10]。

$$\Phi(r) = \frac{1}{\sqrt{2\pi}} \int_{k_{\min}}^{k_{\max}} w(k) k^n \chi(k) \exp(-2ikr) dk \qquad (6\text{-}12)$$

ここで，$w(k)$ は窓関数と呼ばれフーリエ変換の打切りの影響を少なくするための関数で，k^n は重みに相当し，$n = 1 \sim 3$ の整数が用いられる。

EXAFS 振動 $\chi(k)$ は理論的には各種の近似や仮定から以下のように得られる[10]。

$$\chi(k) = S_0^2 \sum \left(\frac{N_j}{k r_j^2} \right) \exp\left\{ -2 \left(\sigma_j^2 k^2 + \frac{r_j}{\lambda} \right) \right\} \cdot f_j(\pi, k) \sin\{2k r_j + \alpha_j(k)\} \qquad (6\text{-}13)$$

ここで，添字 j はシェル番号である。$f_j(\pi, k)$ は光電子が周辺の原子により散乱されて戻ってくる際の強度（後方散乱振幅），$\alpha_j(k)$ は位相因子，S_0^2 は電子の多体効果に由来する減衰因子である。光電子の寿命は平均自由行程 λ として考慮される。r_j の距離にある吸収原子と N_j 個の散乱原子間の静的あるいは動的な乱れは Debye-Waller 因子 σ_j として表される。EXAFS スペクトルの解析は三次元構造モデルを用いた理論計算と実測スペクトルの解析結果をフィッティングすることにより行われる。理論計算は FEFF[12] と呼ばれる *ab initio* プログラム

を用いて行われる。

　XANESの解析法は多重散乱法と分子軌道計算法に大別できる。前者はEXAFS解析で用いられている電子の散乱理論を多重散乱に拡張した方法である。後者では形状共鳴の波動関数は無限遠まで広がっておらず，少数の原子軌道が主成分となった分子内局在化波動関数を用いる。以下に後者の場合について計算方法を解説する[11]。

　分子軌道計算法ではXANESは内殻電子の遷移によりその形状がつくられるとし，電子の遷移エネルギーと遷移確率を計算する。この計算法にはいくつかあるがここではDV（Discrete Variational）-$X\alpha$分子軌道法による計算法を簡単に紹介する。DV-$X\alpha$分子軌道法は$X\alpha$法の1つで分子軌道を基底関数である原子軌道の線形結合で表す。解くべき永年方程式の行列要素をサンプル点における被積分関数の値の和をとって評価するので基底関数やポテンシャルの形に制限を課さない。したがって，XANESの計算に向いているといえる。

　まず，電子遷移確率は一電子近似で計算する。いま双極子遷移を考えると，遷移確率は，初期状態iと終状態jのエネルギー差$\Delta E_{i \to j}$から，

$$I \propto \Delta E_{i \to j} \{\langle u_i | r | u_j \rangle\}^2 \tag{6-14}$$

と表される。波動関数u_iは分子や固体では原子軌道ϕ_tとして，

$$u_i = \sum_t C_{ti} \phi_t \tag{6-15}$$

のようにLCAO近似で表すことができる。したがって，式（6-14）の積分は次式になる。

$$\Delta E \{\langle u_i | r | u_j \rangle\}^2 = \Delta E \left\{ \sum_{ts} C_{ti} C_{sj} \langle \phi_t | r | \phi_s \rangle \right\}^2 \tag{6-16}$$

X線に対応する遷移の場合は，u_jは内殻軌道で，考えている原子に局在しているので$u_j = \phi_c$と単一の原子軌道で表される。この場合，式（6-16）はむしろ次式で表される。

$$\Delta E \{\langle u_i | r | u_j \rangle\}^2 = \Delta E \left\{ \sum_t C_{ti} \langle \phi_t | r | \phi_c \rangle \right\}^2 \tag{6-17}$$

DV-$X\alpha$分子軌道法ではどのような関数の積分も同様に計算することができる

ので，すべての原子軌道を含めた式（6-16）や式（6-17）の厳密な計算を行うことができる。

(3) XAFS スペクトルによる構造解析
1) 銅(II)(tppt)錯体の XAFS スペクトル解析 [13]

ここでは，1,4,7-tris(2-o-hydroxyphenylpropyl)-1,4,7-triazacyclononane(tppt)銅(II)錯体を例に挙げ，その XAFS スペクトルを用いた固体構造および溶存構造の解析について述べる。

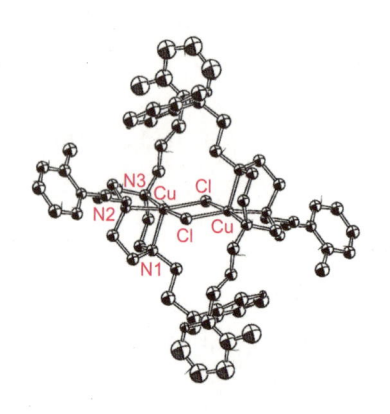

図 6-6 に銅(II)(tppt)錯体の ORTEP 図を示す。銅(II)(tppt)錯体の固体構造は結晶構造解析より，銅(II)イオンと配位子 tppt が 1：1 で錯形成し，2 個の塩化物イオンで架橋した 2 核錯体構造をとっている。また，銅(II)イオンの周りの構造は配位子 tppt の 3 個の窒素原子と 2 個の塩化物イオンが配位した 5 配位四角錐型構造をとっている。図 6-7 にエタノール溶液中の銅(II)(tppt)錯体の Cu-K XANES スペクトルを示すが，pH 依存性は見られない。エタノール溶液のため pH の値は正確ではないが，pH 変化によって銅(II)イオン周りの配位構造が変化していないことを示唆している。次に，図 6-8 に固体とエタノール溶液中で測定した銅(II)(tppt)錯体の Cu-K XANES スペクトルを示すが，大き

図 6-6 銅(II)(tppt)錯体の ORTEP 図 [13]

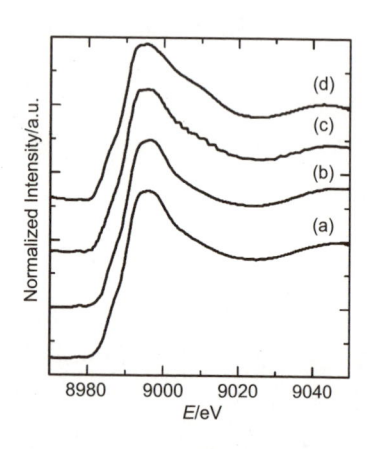

図 6-7 エタノール溶液中の銅(II)(tppt)錯体の Cu-K XANES スペクトル [13]
(a)：pH 1，(b)：pH 2，(c)：pH 4，(d)：pH 5

な違いは見られない。これは，銅(II)(tppt)錯体の銅(II)イオンの周りの配位構造は固体とエタノール溶液中で変化がないことを示している。そこで，銅(II)イオンの周りの配位構造を明らかにするためにEXAFSスペクトルの解析を行った。EXAFSスペクトルをフーリエ変換して得た動径構造関数を図6-9に示す。この動径構造関数は位相シフトの補正を行っていないためピークの位置は実際の距離よりも約0.2 Å短い位置に現れている。固体状態における1.8 Å付近のピーク，および，エタノール溶液における1.6 Å付近のピークは，いずれも銅(II)イオンと配位子tpptの3個の窒素原子および2個の塩化物イオンとの結合に帰属される。また，固体状態における3 Å付近のピークは2核錯体中で2個の塩化物イオンで架橋された2個の銅(II)イオン間の距離に帰属される。しかしながら，この銅(II)イオン間の相互作用はエタノール溶液中では現れていない。これは，エタノール溶液中で銅(II)(tppt)錯体は単核錯体として存在していることを示している。また，XANESスペクトルでは溶液状態と固体状態で大きな変化がないことからエタノール溶液中の銅(II)イオンの周りの配位構造は固体状態と同様，5配位四角錘型構造をとっていることが示唆される。

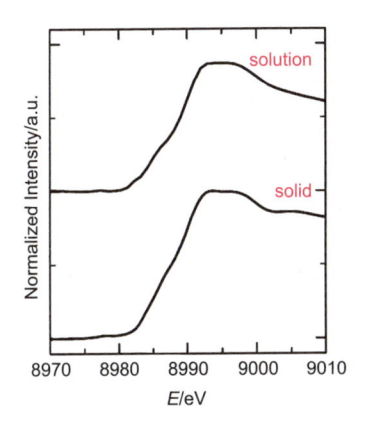

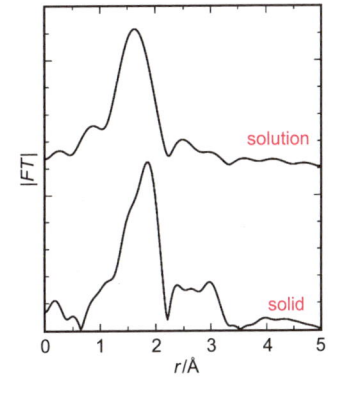

図6-8 固体とエタノール溶液中の銅(II)(tppt)錯体のCu-K XANESスペクトル[13]

図6-9 固体とエタノール溶液中の銅(II)(tppt)錯体のEXAFSスペクトルのフーリエ変換[13]

2) 液体アンモニア中の銅(II)アンミン錯体の XANES スペクトル解析 [14]

液体アンモニア中の銅(II)アンミン錯体の構造解析に XANES スペクトル解析を適用した例を述べる。図 6-10 に液体アンモニア中の銅(II)イオンの Cu-K XANES スペクトルを実線で示す。横軸は銅の内殻軌道（この場合 1s）からの電子の遷移エネルギーを，縦軸は X 線の吸収量を示している。このスペクトルは高濃度のアンモニア水溶液中の銅(II)イオンの XANES スペクトルとよく似た形状をしている。

計算はアンミン錯体のモデル構造をいくつか設定して行う。ここで設定した

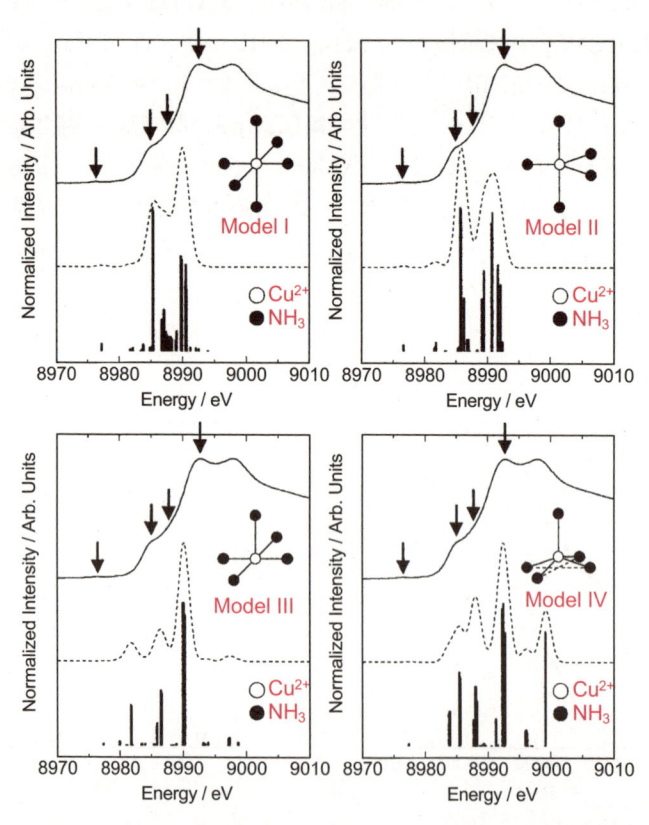

図 6-10 測定した銅(II)アンミン錯体の Cu-K XANES スペクトルと 4 つのモデル構造に対する理論スペクトル [14]

モデル構造を図6-10中に示す。図6-10のIのモデルは6配位構造（ヤーンテラー効果による歪んだ構造も考慮する）である。モデルII，III，IVは5配位構造でそのうち，IIは三方両錐構造，IIIとIVは四角錐構造である。IIIとIVの違いは，IVの銅(II)の位置が平面中心から上方へ0.27 Å引き上がっていることである。次に設定したこれらのモデルに対して，原子の形式電荷と原子軌道を考える。ここではCu^{2+}，N^0，H^0とし，銅に対して1s〜5p軌道，窒素に対して1s〜2p軌道，水素に対して1s軌道としている。次に計算の精度に関わるサンプル点の数（大まかにいうと積分点の数）を設定する。この数は一般に多いほど積分精度は上がるが計算時間との兼ね合いで決まる。ここでは全モデルに対して1万点としている。計算はMullikenの電子密度解析の結果から，計算の前後で各軌道の電荷の移動が0.005未満ぐらいになるまで繰り返す。分子軌道計算終了後，遷移エネルギーと遷移確率を抽出する。

　計算結果は図6-10中に示す。縦棒は振動子強度（遷移確率）である。破線が振動子強度にガウス関数をフィットさせて得た曲線（これを理論XANESという）である。ここで，実測XANESと理論XANESの基準を合わせるため銅(II)イオンの1s→3d禁制遷移（8976 eV付近）ピークを用いている。分子軌道を構成する銅のおもな軌道と，他の原子のおもな軌道を振動子強度の下に示している。図6-10から，実測XANES上のピークをうまく説明できるのはIVのモデル構造から得られた理論XANESのときであることがわかる。このモデルでは5p軌道を主成分とする分子軌道が9000 eV付近に現れており，4pと5p軌道の混成軌道が現われていない。このことが実測XANESをモデルIVでうまく説明できていると考える根拠でもある。以上の結果，液体アンモニア中で銅(II)イオンは5個のアンモニア分子に配位されていると解析できる。

6-1-3　おわりに

　本項で溶存化学種の構造解析法について解説したが，XAFS法も含め溶液中の化学種の構造は1つの手法だけで解析できるものではない。これらの手法をいくつか組み合わせ，さらにNMR法やラマン・赤外スペクトル法などを加味し，互いの手法の欠点を補完しながら解析をより確かなものにする必要がある。特に，水素原子の位置情報を知りたい場合は，中性子回折法の併用が望まれる。

最近のX線回折法の話題を幾つか挙げると，山口ら[15]は，二次元検出器を用いた角度分散法で超臨界水溶液のX線回折を行い，水構造の壊れる状況を解析している．また，横山ら[16]は，通常の角度分散法で同形置換を利用し，フェナントロリン錯体や2,2'-ビピリジン錯体の第二配位圏の構造をX線回折法で明らかにしている（5-1節参照）．

X線回折法は解析精度に優れるが，いくつかの化学種が共存する場合，平衡定数を考慮し溶液組成の調整により化学種の数を減らしたり，同形置換法を適用して部分構造因子の数を減らすなどの工夫が必要である．同形置換が利用できない系に対しては波長可変の回折を行うなどの試みもなされるようになろう．

一方，XANESの分子軌道計算による構造解析は材料科学の分野で積極的に行われ，興味ある結果が報告されている．XANESは解析の際，注意深いモデル設定が求められること，X線吸収原子がすべて特徴あるスペクトルを与えるわけでないことなどの問題があるが，最近では，軟X線を用いて軽元素のK-XANESや重元素のL-やM-XANES解析が注目されている．たとえば光合成の際の酸素発生錯体であるといわれているマンガン錯体への塩素原子の配位の研究[17]など配位原子のXANES解析もなされ話題が続出している．

6-2 熱力学測定

6-2-1 錯形成反応の定量的解析の基礎[18～20]

溶液内の水素イオンや金属イオン，配位子の濃度を定量し，錯体の生成定数を決定することの意義は，熱力学に立脚して錯体の生成反応や構造を議論することにある．生成定数を決定するには，錯体の生成平衡に関与する化学種の濃度を定量しなければならず，これに関係する何らかの物理量を測定する必要がある．電位差滴定では，電極電位が電極に応答するイオンの濃度の対数値と一次の関係にあり，非常に低濃度の化学種濃度を測定できるため大きな生成定数でも決定できる．紫外・可視スペクトルや赤外・Raman，NMRなどの分光測定では，スペクトル強度は含まれる化学種のモル吸収（散乱）係数の関数であり，多波長で解析すれば，生成定数だけでなく化学種に固有なスペクトルを決定でき，電子状態や結合，構造などに関する知見を得ることができる．熱測定では，測定される反応熱は化学種の生成エンタルピーの関数となる．

6　測定法と解析法および計算化学

　正確で精度の高い生成定数を決定するには，できるだけ広い濃度範囲で測定する必要があり，全濃度を種々変化させて滴定実験を繰り返す．滴定実験には，自動測定に対応した電動ビュレットや電動ピストンシリンジが有用であるが，いずれも溶液の体積を規定するのはガラス製シリンダーである．

　溶液内反応の例として，水素イオン H とも反応する配位子 L の金属イオン M との反応を考えよう（いずれも電荷省略）．p, q, r を整数として M, H, L を含む溶液中の化学種を $M_pH_qL_r$ と表すと，遊離化学種を含むすべての化学種に一般化できる（例えば，$p=1, q=r=0$ で [M]，$p=0, q=r=1$ で [HL]，$p=1, q=-1, r=0$ で [M(OH)]）．化学平衡は次式で表される．

$$p\mathrm{M}+q\mathrm{H}+r\mathrm{L} \rightleftarrows \mathrm{M}_p\mathrm{H}_q\mathrm{L}_r \tag{6-18}$$

　試料溶液中の M, H, L の全濃度 $C_\mathrm{M}, C_\mathrm{H}, C_\mathrm{L}$ は，質量作用則により次のように表すことができる．

$$C_\mathrm{M} = [\mathrm{M}]+\beta_{pqr}\sum p[\mathrm{M}]^p[\mathrm{H}]^q[\mathrm{L}]^r \tag{6-19}$$

$$C_\mathrm{H} = [\mathrm{H}]+\beta_{pqr}\sum q[\mathrm{M}]^p[\mathrm{H}]^q[\mathrm{L}]^r \tag{6-20}$$

$$C_\mathrm{L} = [\mathrm{L}]+\beta_{pqr}\sum r[\mathrm{M}]^p[\mathrm{H}]^q[\mathrm{L}]^r \tag{6-21}$$

ここで，β_{pqr} は，$\beta_{pqr} = [\mathrm{M}_p\mathrm{H}_q\mathrm{L}_r]/[\mathrm{M}]^p[\mathrm{H}]^q[\mathrm{L}]^r$ で与えられる $\mathrm{M}_p\mathrm{H}_q\mathrm{L}_r$ の全生成定数である．これらの式は，β_{pqr} をパラメータと考えれば，[M], [H] および [L] を変数とする多変数高次方程式である．初期値として適当な β_{pqr} を与えれば，Newton-Raphson 法などにより計算機を利用して数値解を得ることができ[21]，すべての化学種濃度を知ることができる．

　解析では与えられた濃度条件における測定値の計算をする．分光測定では，β_{pqr} とモル吸光係数を初期値として与え，Levenberg-Marquardt 法や修正 Marquardt 法など非線形最小二乗法により最適化し[21]，誤差伝播則より誤差を求める[22,23]．

　実際には，種々のモデル，例えば，ML 錯体のみが生成するとするモデルや，さらに，ML_2 も生成するとするモデルを考慮して解析を進める．一方，生成する錯体の種類を増やしたモデルは，実験データを説明するための調節可能パラ

メータが増すことになり，実験値と計算値の一致がよくなるのは当然である。このような場合，生成定数の誤差や次式で定義されるHamiltonのR因子などの統計量から，どのモデルが最も適切か総合的に判断する[18]。

$$R = \sqrt{\frac{\Sigma(y_{obsd}-y_{calc})^2}{\Sigma y_{calc}^2}} \qquad (6-22)$$

ここで, y_{obsd}およびy_{calc}は，各測定量の実測値および計算値である。場合によっては，錯体の生成分布を計算し，どのような組成でどの錯体が生成するのかを調べ，相対生成量が小さな錯体がより多く生成する濃度領域での実験を追加するなどの検討も必要である。さらに，独立した実験など先験的知見とも合わせて最も合理的な結論を導くのが望ましい。

コンピュータによる解析には，非線形最小二乗解析プログラムMQPOT（電位差測定），MQSPEC（分光測定）およびMQCAL（熱測定）や市販電位差滴定解析プログラムHyperquad2008なども利用できる[20]。

6-2-2 電位差滴定 [18]

配位子の酸解離反応の平衡定数，すなわち，酸解離定数は，多くの場合，金属錯体の生成定数と直線自由エネルギー関係（LFER : Linear Free Energy Relationship）にある[24]。配位子の酸解離定数や金属錯体の生成定数は，ガラス電極などを用いてpHを測定し求めることができる。また，金属イオンに選択的なイオン選択性電極を用いて遊離の金属イオン濃度を定量し，錯体の生成定数を求めることもできる。非水溶液で有用な電極が少ないものの，銀/ハロゲン化銀電極や水銀/金属アマルガム電極を用いると非水溶液中でも金属錯体の生成定数を決定できる。水銀/金属アマルガム電極による測定では，金属イオン（さらに，生成定数が決定できれば，金属錯体）の溶媒間移行ギブズ自由エネルギーや溶媒和ギブズ自由エネルギーを決定できる点で有用である[25]。近年，イオン選択性電界効果トランジスタ電極（IS-FET : Ion Selective - Field effect Transister Electrode）が，非プロトン性非水溶液やイオン液体中で水素イオンに良好な応答を示すことが見出され[26]，自己解離定数も報告されている[27]。

ガラス電極を用いたpH滴定を例にとって説明する。水素イオンHに応答す

る電極の電位 E は，Nernst 式により与えられる．

$$E = E° + \frac{RT}{nF} \ln a_\mathrm{H} \tag{6-23}$$

$E°$，n および F は，それぞれ，標準電極電位，電極反応に関与する電子数およびファラデー定数であり，a_H は水素イオンの活量である．電極電位と活量との関係は，必ずしも有用ではないので，濃度 [H] を用いて，

$$E = E°' + \frac{RT}{nF} \ln[\mathrm{H}] \tag{6-24}$$

の関係を考える．ここで，$E°'$ のプライム（'）は，活量ではなく濃度を基準にしていることを意味し，実験では，支持電解質を添加して活量係数を一定に保つ．水素イオンや水酸化物イオン濃度が高い領域では，これらの濃度に比例する液絡電位を $-j_\mathrm{H}[\mathrm{H}]$ や $-j_\mathrm{OH}[\mathrm{OH}]$（$j_\mathrm{H}$ および j_OH は比例定数）として式（6-24）に加え補正することがある．$E°'$ は，校正により実験に先立って決定されなければならない．汎用 pH 測定では標準溶液による 2 点校正を行うが，酸解離定数や錯体の生成定数を決定する実験には適さず，Gran 法が用いられる．IUPAC による pH の定義は，水素イオンの活量であるのに対し[28]，Gran 法に基づいて校正された電極による pH 値は，水素イオン濃度であることに注意が必要である．

pH 測定における Gran 法では，濃度既知の強酸を強塩基により滴定し，$E°'$ とともに滴定剤である強塩基の濃度を決定する．大気中の CO_2 は，塩基性の水に溶解し酸解離反応を示すので，pH を測定する電位差滴定実験は窒素雰囲気下で行い，強塩基溶液は大気との接触を避けて取り扱い，濃度は Gran 法により滴定毎に決定されねばならない．水素イオン濃度 $C_{\mathrm{H},0}$，体積 V_0 の被滴定溶液に，未知の水酸化物イオンの濃度 $C_{\mathrm{OH,T}}$ の滴定剤溶液を i 番目の滴定で累計 V_i 加えられる場合を考える．当量点までの各滴定点での電位差 E_i は，

$$E_i = E°' + g \log\left(\frac{C_{\mathrm{H},0} V_0 - C_{\mathrm{OH,T}} V_i}{V_0 + V_i}\right) \tag{6-25}$$

である．ここで，$g = (RT/F)\ln 10$ であり，$T = 298.15\ \mathrm{K}$ では $g = 59.16$ である．この式を変形すると，

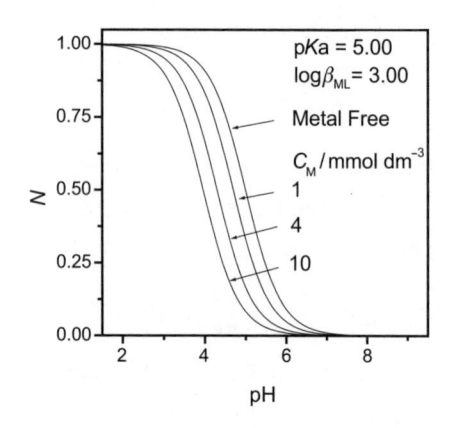

図 6-11 平均プロトン付化数 vs. pH プロット

$$(V_0+V_i)10^{Ei/g} = 10^{E^{o'}/g}(C_{H,0}V_0 - C_{OH,T}V_i) \quad (6\text{-}26)$$

となる。左辺の値を V_i に対してプロットすれば，最小二乗法による直線の傾きと切片から $E^{o'}$ および $C_{OH,T}$ が求められる。当量点以上では，水の自己解離定数 $K_W(=[H][OH])$ を用いて，

$$(V_0+V_i)10^{-Ei/g} = \frac{10^{-E^{o'}/g}(C_{OH,T}V_i - C_{H,0}V_0)}{K_W} \quad (6\text{-}27)$$

となり，K_W を決定できる。

酸解離反応や金属錯体の生成反応では，$N = (C_H - [H] + K_w/[H])/C_L$ で与えられる平均プロトン付加数 N をプロットすると便利である。MHL の三元系では，N は金属イオン濃度に依存する。図 6-11 に N の金属イオン濃度依存性を示す。ここで，配位子の pK_a を 5.00，錯体の生成定数を $\log\beta_{ML} = 3.00$ としている。金属イオン濃度の増加に伴い N は酸性側にシフトしており，遊離配位子が減少し，見かけ上，配位子が強酸となることがわかる。同様に，金属イオンとの錯体の生成定数が大きければ N は酸性側にシフトする。解析では，測定値である電位 E について最小二乗法を適用する。

6-2-3 分光測定 [18]

ここでは，紫外・可視吸収スペクトルを例にとって説明するが，Raman/IR 分光や化学交換が非常に遅い場合の NMR 法でもほぼ同様である．分光光度実験による溶存錯体の定量では，Lambert-Beer 則が基礎であり，波長 λ における吸光度 A は，モル吸光係数 ε，溶質 X の濃度 [X] および光路長 l を用いて，

$$A = \varepsilon l [X] \tag{6-28}$$

の関係がある．$M_pH_qL_r$ の生成反応では，吸光度 A は，

$$A/l = \sum \varepsilon_{M_pH_qL_r} \beta_{pqr} [M]^p [H]^q [L]^r \tag{6-29}$$

で与えられる．この式は，式 (6-18) で述べたように，錯体だけでなく，遊離化学種を含むすべての化学種に対して一般化できる．この式が，多波長のスペクトル測定で連立方程式であることに注意してほしい．連立方程式を行列で表現すると，因子分析のような多変量解析により固有値問題として系に含まれる成分数を決定でき，解析の際に有用である[29]．また，前述のように，非線形最小二乗解析により $\varepsilon_{M_pH_qL_r}$ を多波長で決定するので，平衡溶液中にのみ存在する少量の金属錯体の固有スペクトルを決定できる．

図 6-12 は N-メチルホルムアミド（NMF）中の Co^{2+}-Cl^- 錯体生成反応につ

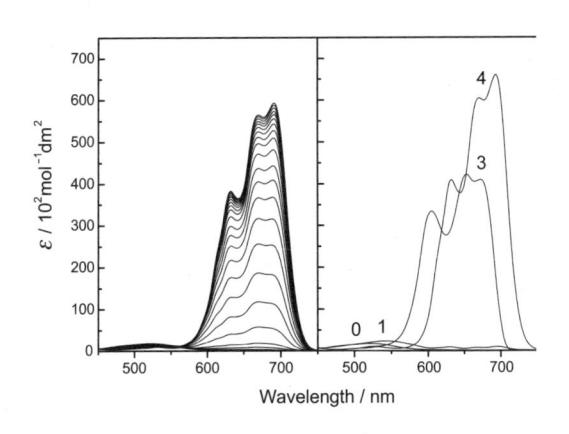

図 6-12 NMF 中の Co^{2+}-Cl^- 系の電子スペクトル

いての吸収スペクトルを示している。Cl^-濃度増加に伴い吸光度が増大し，溶液中の Co(II) 全濃度で規格化した吸収スペクトルは左図のように変化する。解析により決定された $[CoCl_n]^{(2-n)+}$ ($n=0, 1, 3$ および 4) 錯体の固有吸収スペクトルは右図に示される[30]。$n=1～4$ を仮定して解析すると，Hamilton の R 因子は 0.00765 であった。一方，$n=1, 3, 4$ を仮定すると 0.00767 であり，ジクロロ錯体の生成が無視できることがわかる。

6-2-4 熱測定 [31]

錯形成反応のギブズ自由エネルギー変化 $\Delta G°$，エンタルピー変化 $\Delta H°$，エントロピー変化 $\Delta S°$ および生成定数 K について，次式の関係がある。

$$-R\ln K = \frac{\Delta H°}{T} - \Delta S° \qquad (6\text{-}30)$$

$1/T$ に対し左辺の値をプロットすると傾きと切片から $\Delta H°$ と $\Delta S°$ を決定できる。これは，狭い温度範囲において $\Delta H°$ や $\Delta S°$ の温度依存性がないことを仮定しているが，常に良い近似とはいえない。$\Delta H°$ や $\Delta S°$ を決定するには，反応熱の直接測定が望ましい。反応熱測定は，分光測定等で応答がない化学種に対しても適用できる利点がある。近年，反応熱測定は，高性能なカロリメータが市販され，一般的になりつつあるが，試料溶液の注意深い調製に加え，構成機器の特性を熟知するなど，測定や解析で生じる誤差を最小に抑える必要があり，定性的な示差走査熱測定（DSC）に比べ容易ではない。比熱容量が大きな水溶液は，反応熱による温度変化が小さく，熱電変換される電気信号の変化量が小さいため，疎水性相互作用の解析などではさらに注意深い測定と解析が必要となる。

反応熱測定では，双子伝熱型と呼ばれる 2 組 1 対の対称セルが用いられる。試料セル内の熱ゆらぎは，空気恒温槽やアルミブロックにより 10^{-4} K 程度に抑えられており，一方を参照用として他方で反応熱を測定し，これを交互に行う。滴定実験を行うとき，滴定剤は，恒温槽内の十分な体積のヒートバッファを介して熱平衡に達した後，セルに加えられる。発生した熱は，Newton 冷却則を仮定して測定されるため，試料セル熱容量を試料溶液の体積の関数として校正しておく必要がある。別実験により，予め滴定剤希釈熱を決定し，補正に用いる。

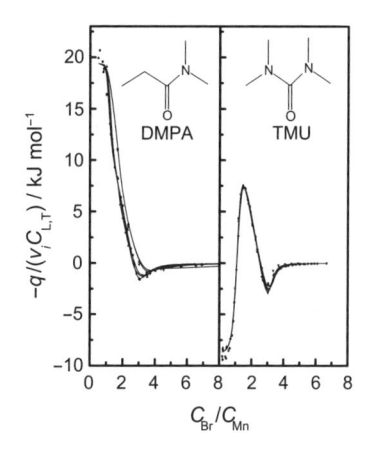

6 測定法と解析法および計算化学

図 6-13 DMPA（左）および TMU（右）中の Mn^{2+}-Br^- 系の熱滴定曲線

滴定点 i における反応熱 q_i は，平衡移動による生成分布の差に基づくので，$M_pH_qL_r$ 錯体の全生成エンタルピー $\Delta H°_{pqr}$ を用いて，

$$q_i = -(V_i \sum \Delta H°_{pqr} \beta_{pqr} [M]^p_i [H]^q_i [L]^r_i - V_{i-1} \sum \Delta H°_{pqr} \beta_{pqr} [M]^p_{i-1} [H]^q_{i-1} [L]^r_{i-1}) \tag{6-31}$$

と表すことができる。錯形成反応の熱測定では，試料溶液に滴定剤を加えた際の微小な平衡移動により発生する反応熱を測定する微分熱測定である。このため，$C_{L,T}$ を滴定剤中の配位子 L の濃度とし，加えられた滴定剤に含まれる配位子 1 mol dm^{-3} 当たりの見かけの生成エンタルピー $-q_i/V_iC_{L,T}$ を C_{Mi}/C_{Li} に対してプロットすると，このプロットの形状から生成定数や生成エンタルピーを定性的に読み取ることができて便利である。

N,N-ジメチルプロピオンアミド（DMPA）および 1,1,3,3-テトラメチル尿素（TMU）溶液中の Mn^{2+}－Br^- 系の熱滴定曲線を図 6-13 示す[32]。いずれの溶媒でも，モノ，ジおよびトリブロモ錯体を生成し，それぞれの生成定数と生成エンタルピーが決定された。両溶媒中のモノブロモ錯体の生成定数はほぼ等しいものの，生成エンタルピーの符号が逆であり，これは DMPA の分子構造の変化による。精密な熱測定では，溶媒和や錯形成に伴う配位子の構造変化を捉え

217

ることもできる．

6-2-5 電気伝導度測定

水に電解質を溶かすと電離によりイオンが遊離するため，一般に電流がよく流れるようになる．同じ濃度の塩酸と酢酸の水溶液を比較したとき，電離度の違いから，塩酸中の方が電流は流れやすい．これは，溶液の電気伝導度（電気伝導率）を測定すれば，種々の電離平衡の平衡定数を決定できることを示唆している．

(1) 電気伝導度の測定

電気伝導度測定は，通常，2つの電極が取付けられた伝導度セルに溶液を入れ，電極間に一定の電圧をかけ，交流ブリッジを用いて溶液抵抗 R を測定することにより行われる．その際，電極反応等に基づく分極効果をできるだけ押さえて測定誤差を少なくするため，交流の周波数は 1 kHz 程度，電圧は 1～3 V 以下で，白金黒メッキした面積が大きい（1 cm^2 程度）白金電極を用いて行うことが多い．交流ブリッジには，コールラウシュブリッジやアドミッタンスリニアブリッジなどが用いられる．温度変化測定には後者のブリッジを用いる方法が便利である[33,34]．

溶液の電気伝導性の定量的尺度である伝導度（伝導率，導電率ともいう）(conductivity) κ は，溶液抵抗 R と次の反比例関係にある．

$$\kappa = \frac{K_{\text{cell}}}{R} \quad (6\text{-}32)$$

ここで，K_{cell} は伝導度セルのセル定数で，近似的に，電極間距離に比例し電極面積に反比例する．κ の単位は S cm^{-1} (S は SI 単位のジーメンスで，S = Ω^{-1} = C s^{-1} V^{-1}) である．このとき，抵抗値 R ができるだけ 100 Ω ～ 10 kΩ になるよう，適切なセル定数（$\kappa < 0.1$ S cm^{-1} のとき，$K_{\text{cell}} = 0.1 \sim 10$ cm^{-1}）を持つ伝導度セルを用いる．セル定数の決定は，通常，モル伝導度がよく知られている塩化カリウム水溶液を用いて行う．希薄溶液の測定には，伝導性の不純物を除去した溶媒を用いる．水の場合は，超純水が好都合で市販の超純水製造装置を用いれば，抵抗率（比抵抗）が 25℃ で 18.2 MΩ cm（水の自己解離で生じた H$^+$ と OH$^-$ による $\kappa = 5.5 \times 10^{-8}$ S cm^{-1} の逆数に相当）近くまで精製された

純水が得られる．ただし，短時間でも空気に触れると二酸化炭素が溶け込み，κ の値が 10^{-6} S cm^{-1} 以上になるので注意を要する．溶解した二酸化炭素は，窒素ガス等を通気して除去することができる．電解質による伝導度は，測定値から溶媒のバックグラウンドの伝導度を差引いて求める．伝導度は温度に敏感で，水溶液での平均的な温度係数は 1 ℃当り 2 ％程度であるため，相応の温度制御が必要である[33,34]．

(2) モル伝導度と伝導度理論式

強電解質水溶液の伝導度 κ は電解質濃度にほぼ比例して増大するため，濃度で割ったモル伝導度（molar conductivity）Λ がその固有値として用いられる．

$$\Lambda = \frac{1000\,\kappa}{C} \tag{6-33}$$

ここで，C は電解質の濃度（mol dm^{-3}）で，モル伝導度 Λ の単位は S cm^2 mol^{-1} である．一般に，電解質を M_pA_q（陽イオン M^{m+} が p 個，陰イオン A^{n-} が q 個含まれる）とすると，1 個の M_pA_q は mp 個の正電荷と nq（$=mp$）個の負電荷を運ぶことができるため，Λ を mp で割って規格化した次式で定義されるモル伝導度 Λ（M_pA_q/mp）がよく用いられる．

$$\Lambda(M_pA_q/mp) = \frac{1000\,\kappa}{mpC} \tag{6-34}$$

$\Lambda(M_pA_q/mp)$ は，以前使用されていた当量伝導度に相当し，電気伝導度の理論式や古い文献値を用いるとき，この関係を知っている必要がある．

Kohlrausch は，完全解離電解質の希薄水溶液のモル伝導度と，濃度 C の平方根との間に直線関係があることを見出し，次の経験式を提出した．

$$\Lambda(M_pA_q/mp) = \Lambda^\infty(M_pA_q/mp) - S\sqrt{C} \tag{6-35}$$

ここで，S は電解質によって異なる係数であり，$\Lambda^\infty(M_pA_q/mp)$ は，極限モル伝導度と呼ばれる無限希釈（$C \to 0$）におけるモル伝導度で，M^{m+} の極限モル伝導度の $\lambda^\infty(M^{m+}/m)$ と A^{n-} の極限モル伝導度 $\lambda^\infty(A^{n-}/n)$ の和に相当する．Onsager は，Debye-Hückel の極限式（3-16）を用いて，式（6-35）と同一表現の電気伝導度の理論式（Onsager の極限式）を導き，係数 S は次式で表されることを示した．

$$S = \alpha^* \Lambda^\infty (M_p A_q/mp) + \beta \qquad (6\text{-}36)$$

ここで，α^* は緩和項，β は電気泳動項と呼ばれ，温度，溶媒の誘電率，イオンの電荷の関数で，β は，さらに，溶媒の粘度（粘性率）の関数でもある[33,35]。

Onsager の理論の後，高濃度まで適用できる多くの拡張理論式が提出されており[33,35]，対称電解質（$m = n$, $p = q = 1$）については，一般に次式で表される。

$$\Lambda(\text{MA}/m) = \Lambda^\infty(\text{MA}/m) - S\sqrt{C} + EC\log C + J_1 C - J_2 C^{3/2} \qquad (6\text{-}37)$$

ここで，E, J_1, J_2 に含まれる物理量は S の場合と同じであるが，J_1, J_2 には，イオン間最近接距離 a も含まれる。溶液粘度 η と溶媒粘度 η_0 の違いが無視できないときは，式（6-37）の右辺全体に η_0/η を乗じて補正する。非対称電解質についても拡張理論式が提出されているが，対称電解質に比べ高濃度までの適用性は劣る。その拡張理論式の1つとして，次の Robinson-Stokes の式を示す[33,35]。

$$\Lambda(M_p A_q/mp) = \Lambda^\infty(M_p A_q/mp) - \frac{S'\sqrt{I}}{1+Ba\sqrt{I}} \qquad (6\text{-}38)$$

ここで，$S' = \{2/(m^2p+n^2q)\}^{1/2}S$, I（イオン強度）$= (m^2p+n^2q)C/2$, B は式（3-15）で与えられる係数である。

次に，濃度 C の電解質 M_pA_q（$p \leq q$ とする）の溶液中で，M^{m+} と A^{n-} の間に次のイオン会合（イオン対形成）平衡が存在するとき，

$$M^{m+} + A^{n-} \rightleftharpoons M^{m+}A^{n-} \qquad (6\text{-}39)$$

熱力学的イオン会合定数 K_A は，電離度を α とすると，次式で表すことができる。

$$K_A = \frac{a_{MA}}{a_M a_A} = \frac{(1-\alpha)\gamma_{MA}}{C\alpha\{q-p(1-\alpha)\}\gamma_M \gamma_A} \qquad (6\text{-}40)$$

ここで，a_i は活量，γ_i は活量係数で，イオン種の γ_i は Debye-Hückel の理論式（3-13）により表すことができる。

(3) 単一電解質のイオン会合溶液系

対称電解質の場合，会合体は電荷がないため，伝導度への寄与はなく，活量

係数も $\gamma_{MA} = 1$ と近似できる. 伝導度は電解質の電離部分 (濃度 $C\alpha$) に依存するので, 式 (6-37) を用いると, モル伝導度は次式のように表すことができる.

$$\Lambda(\mathrm{MA}/m) = \alpha\{\Lambda^{\infty}(\mathrm{MA}/m) - S\sqrt{C\alpha} + EC\alpha\log(C\alpha) + J_1 C\alpha - J_2 (C\alpha)^{3/2}\} \quad (6\text{-}41)$$

イオン会合定数 K_A の決定は, 種々の濃度 C におけるモル伝導度 $\Lambda(\mathrm{MA}/m)$ の実測値を用い, 式 (6-40), 式 (6-41), 式 (3-13) の間で逐次近似計算を行ない, $\sum\{\Lambda(実測値) - \Lambda(計算値)\}^2$ が最小になる $\Lambda^{\infty}(\mathrm{MA}/m)$, K_A, a の値を求めることにより行なう. この a を未知数とする計算方法は, 求まる K_A の値に大きな誤差をもたらす可能性があるため, 結晶イオン半径 r_c やストークス半径 r_S, 部分モル体積 V_i° からの有効イオン半径 r_{ef} などから a の値を見積もり, これを与えて計算する方法が推奨される. M^{m+} の r_S (Å 単位) は, 次式から求めることができる.

$$r_S = \frac{mF^2}{6\pi N_A \eta_0 \lambda^{\infty}(\mathrm{M}^{m+}/m)} = \frac{82.0\, m}{\lambda^{\infty}(\mathrm{M}^{m+}/m)\eta_0} \quad (6\text{-}42)$$

ここで, F は Faraday 定数で, 溶媒粘度 η_0 の単位は mPa s である. 溶液が 25℃ の水 ($\eta_0 = 0.890$ mPa s) のとき, $r_S = 92.1\, m/\lambda^{\infty}(\mathrm{M}^{m+}/m)$ となり, M^{m+} の r_{ef} (Å 単位) は, V_M° (cm^3 mol^{-1} 単位) から次の Glueckauf の式により見積もることができる[33]).

$$V_M^\circ = 2.52(r_{ef} + 0.55)^3 - \frac{33\, m^2}{r_{ef} + 1.38} \quad (6\text{-}43)$$

対称電解質の錯体溶液系に適用した実例については参考文献 33), 36) を参照していただきたい.

非対称電解質の系においては, 会合体 ($\mathrm{M}^{m+}\mathrm{A}^{n-}$) が電荷を持つため混合電解質溶液に対する扱いと同じになる. すなわち, 電解質 $\mathrm{M}_p\mathrm{A}_q$ ($p \leq q$) の溶液は, 濃度 $C\alpha$ の電解質 $\mathrm{M}_p\mathrm{A}_q$ と $C(1-\alpha)$ の仮想的な電解質 $(\mathrm{MA})\mathrm{A}_{q-p}$ の混合溶液と見なすことができ, 実測のモル伝導度 $\Lambda_{obs}(\mathrm{M}_p\mathrm{A}_q/mp)$ は次式で表すことができる.

$$\Lambda_{obs}(\mathrm{M}_p\mathrm{A}_q/mp) = \alpha\Lambda(\mathrm{M}_p\mathrm{A}_q/mp) + \left\{\frac{(1-\alpha)(m-n)}{m}\right\}\Lambda\{(\mathrm{MA})\mathrm{A}_{q-p}/(m-n)\} \quad (6\text{-}44)$$

ここで, $\Lambda(\mathrm{M}_p\mathrm{A}_q/mp)$ と $\Lambda\{(\mathrm{MA})\mathrm{A}_{q-p}/(m-n)\}$ に対して式 (6-38) を適用す

ることができる。仮想的電解質 (MA)A_{q-p} の極限モル伝導度は、$\lambda^{\infty}\{M^{m+}A^{n-}/(m-n)\}$ と $\lambda^{\infty}(A^{n-}/n)$ の和に相当するが、前者の値は、会合しても r_S の値は変化しないと仮定し、式 (6-42) から $\{(m-n)/m\}\lambda^{\infty}(M^{m+}/m)$ に等しいと近似する。解析では、$\lambda^{\infty}(M^{m+}/m)$ と $\lambda^{\infty}(A^{n-}/n)$ のどちらか（または両方）に信頼できる文献値等があれば、それを与えて計算するのが望ましい。実際の非対称電解質の錯体溶液系に適用した例については参考文献33)、37) を参照していただきたい。また、非対称電解質溶液系における会合体は電荷を持つため、トリプルイオン（第二段会合体）等の高次会合体を形成することもあるので注意する必要がある[33,38]。

(4) 混合電解質のイオン会合溶液系

2種類の電解質の混合溶液（イオン強度一定）の測定から平衡定数を求める連続変化法がある[35,39]。いま、$[Co(NH_3)_6]Cl_3$ 水溶液（濃度 C_1）と Na_2SO_4 水溶液（濃度 C_2）$(C_2 = 2C_1)$ を、体積比 x 対 $1-x$ $(x=0 \sim 1)$ で混合した溶液（$I = 6C_1x + 3C_2(1-x)$）について測定を行うとする。ここで、$[Co(NH_3)_6]^{3+}SO_4^{2-}$ 以外の会合体形成は無視できるとし、$[Co(NH_3)_6]Cl_3$ 水溶液 $(x=1)$ と Na_2SO_4 水溶液 $(x=0)$ の伝導度を、それぞれ、κ_1, κ_2, 混合水溶液の伝導度を κ とすると、次の関係が成立する。

$$\Delta\kappa = \kappa - x\kappa_1 - (1-x)\kappa_2 = \frac{[M^{3+}A^{2-}]\Delta\lambda}{1000} \tag{6-45}$$

$$\Delta\lambda = \lambda(M^{3+}A^{2-}) - 3\lambda(M^{3+}/3) - 2\lambda(A^{2-}/2) \tag{6-46}$$

ここで、M^{3+} は $[Co(NH_3)_6]^{3+}$、A^{2-} は SO_4^{2-} であり、λ はイオンのモル伝導度である。次に、濃度会合定数 K_c を次式で表すと、式 (6-48) の関係が成立する。

$$K_c = \frac{[M^{3+}A^{2-}]}{[M^{3+}][A^{2-}]} = \frac{[M^{3+}A^{2-}]}{(C_M - [M^{3+}A^{2-}])(C_A - [M^{3+}A^{2-}])} \tag{6-47}$$

$$\frac{C_M C_A}{1000\Delta\kappa} = \frac{C_M + C_A - [M^{3+}A^{2-}]}{\Delta\lambda} + \frac{1}{K_c \Delta\lambda} \tag{6-48}$$

ここで、$C_M = xC_1$ および $C_A = (1-x)C_2$ である。解析は、$C_M + C_A - [M^{3+}A^{2-}]$ に対する $C_M C_A/(10^3\Delta\kappa)$ のプロットから $K_c (= 傾斜/切片)$ を求め、逐次近似計算により、K_c の最終的な値を決定する。この連続変化法では、実際のイオ

6 測定法と解析法および計算化学

表 6-1　25 ℃水溶液中の錯イオンの極限モル伝導度（λ^∞/S cm^2 mol^{-1}）

錯陽イオン	λ^∞(M^{m+}/m)	錯陽イオン	λ^∞(M^{m+}/m)
[Co(ox)(en)$_2$]$^+$	22.2	[Ru(bpy)$_3$]$^{2+}$	36.9
cis-[Co(NO$_2$)$_2$(NH$_3$)$_4$]$^+$	34.5	[Ru(5,5'-dmbpy)$_3$]$^{2+}$	31.5
trans-[Co(NO$_2$)$_2$(NH$_3$)$_4$]$^+$	34.0	[Co(NH$_3$)$_6$]$^{3+}$	99.6
cis-[Co(NO$_2$)$_2$(en)$_2$]$^+$	26.8	[Co(en)$_3$]$^{3+}$	74.1
trans-[Co(NO$_2$)$_2$(en)$_2$]$^+$	27.7	[Co(pn)$_3$]$^{3+}$	65.0
cis-[Co(CH$_3$CO$_2$)$_2$(en)$_2$]$^+$	21.5	[Co(chxn)$_3$]$^{3+}$	53.4
cis-[Co(CH$_2$ClCO$_2$)$_2$(NH$_3$)$_4$]$^+$	24.3	[Co(phen)$_3$]$^{3+}$	53.9
trans-[Co(CH$_2$ClCO$_2$)$_2$(NH$_3$)$_4$]$^+$	25.0	[Co(bpy)$_3$]$^{3+}$	56.4
cis-[Co(CH$_2$ClCO$_2$)$_2$(en)$_2$]$^+$	20.3	[Cr(bpy)$_3$]$^{3+}$	56.8
trans-[Co(CH$_2$ClCO$_2$)$_2$(en)$_2$]$^+$	20.0	[Cr(NH$_3$)$_6$]$^{3+}$	98.5
cis-[Co(CHCl$_2$CO$_2$)$_2$(en)$_2$]$^+$	18.0	[Cr(en)$_3$]$^{3+}$	73.8
trans-[Co(CHCl$_2$CO$_2$)$_2$(en)$_2$]$^+$	19.9	[Cr(pn)$_3$]$^{3+}$	66.2
cis-[Co(CCl$_3$CO$_2$)$_2$(en)$_2$]$^+$	17.2	[Cr(Hbig)$_3$]$^{3+}$	71.8
trans-[Co(CCl$_3$CO$_2$)$_2$(en)$_2$]$^+$	17.2	[Cr(urea)$_3$]$^{3+}$	63.4
cis-[Co(CF$_3$CO$_2$)$_2$(en)$_2$]$^+$	20.3	[Pt(pn)$_3$]$^{4+}$	88.3
trans-[Co(CF$_3$CO$_2$)$_2$(en)$_2$]$^+$	20.6	錯陰イオン	λ^∞(A^{n-}/n)
[CrF$_2$(py)]$^+$	19.4	[Co(edta)]$^-$	26.2
[Co(NO$_2$)(NH$_3$)$_5$]$^{2+}$	64.3	trans-[Co(NO$_2$)$_4$(NH$_3$)$_2$]$^-$	33.1
[Co(gly)(en)$_2$]$^{2+}$	49.3	cis-[Co(mal)$_2$(en)]$^-$	23.7
[Ni(en)$_3$]$^{2+}$	59.1	[Pt(CN)$_4$]$^{2-}$	81.1
[Cu(en)$_2$]$^{2+}$	62.8	[Cr(ox)$_3$]$^{3-}$	81.0
[Pt(en)$_2$]$^{2+}$	61.8	[Co(CN)$_6$]$^{3-}$	98
[Pt(NH$_3$)$_4$]$^{2+}$	79.1	[Fe(CN)$_6$]$^{3-}$	100.0
[Fe(phen)$_3$]$^{2+}$	35.1	[W(CN)$_8$]$^{3-}$	97.0
[Ni(phen)$_3$]$^{2+}$	35.2	[Fe(CN)$_6$]$^{4-}$	110.5
[Ru(phen)$_3$]$^{2+}$	35.6	[Mo(CN)$_8$]$^{4-}$	112.3
[Pd(en)(phen)]$^{2+}$	50.3	[W(CN)$_8$]$^{4-}$	117.7

gly = glycinate ion
ox = oxalate ion
mal = malonate ion
en = ethylenediamine（1,2-ethanediamine）
pn = propylenediamine（1,2-propanediamine）
chxn = 1,2-cyclohexanediamine

Hbig = biguanide
py = pyridine
bpy = 2,2'-bipyridine
5,5'-dmbpy = 5,5'-dimethyl-2,2'-bipyridine
phen = 1,10-phenanthroline

ン強度は一定でなく，他の会合体形成も無視していることに問題があるが，光学活性錯体の立体選択的なイオン会合を調べるような目的に対しては有用な方法といえる[39a)]。

　最後に，これまで得られている金属錯イオンの 25 ℃水溶液における極限モル伝導度の値を表 6-1 にまとめて示す。

6-2-6 溶媒抽出

溶媒抽出法は2相間分配平衡の応用で，おもに分析化学における分離・濃縮に用いられる手法である。分配平衡を定量的に解析することにより，抽出平衡への副反応として水相中あるいは有機相中の錯形成平衡を調べることができる。以下に，溶媒抽出を用いた最も基本的な錯形成平衡の解析法について解説する。

(1) 分配比と分配係数

溶媒抽出法では，目的物質Xを水相と水と混じり合わない溶媒相の間で分配させ，平衡時の水相中の濃度$C_{x,a}$と有機相中の濃度$C_{x,o}$を測定する。これらの濃度比を分配比$D(=C_{x,o}/C_{x,a})$と定義する。もしこの物質が無電荷であり，いずれの相においても副反応を起こさず,化学種Xとしてのみ存在する場合は，各相におけるXの平衡濃度[X]はそれぞれの総濃度に等しい。したがって，

$$D = \frac{C_{x,o}}{C_{x,a}} = \frac{[X]_o}{[X]_a} = K_d \tag{6-49}$$

で表せる。ここでK_dは，化学種Xおよび有機溶媒における特有の値であり，分配係数（もしくは分配定数）と呼ばれる。

(2) 移行活量係数

Xが2相間で平衡にあるということは，Raoultの基準でのXの活量a_x(Xの純粋物質の活量が1)は両相で等しい（$a_{x,o} = a_{x,a}$）ことを意味する。水相および有機相におけるそれぞれのRaoultの基準での活量係数を$\gamma_{x,a}$および$\gamma_{x,o}$とすると次式の関係が得られる。

$$K_d = \frac{[X]_o}{[X]_a} = \frac{a_{x,o}\gamma_{x,o}^{-1}}{a_{x,a}\gamma_{x,a}^{-1}} = \frac{\gamma_{x,o}^{-1}}{\gamma_{x,a}^{-1}} = \gamma_t^{-1} \tag{6-50}$$

ここで，γ_tは水相中に対する有機相中の相対的活量係数であり，移行活量係数と呼ばれ，分配係数の逆数である。このように，分配係数は物質Xの有機溶媒中における溶媒和の強さの尺度である。その物質Xへの溶媒和が強いことは，Xの活量，すなわち，活量係数を減少させることになる。例えば，K_dが大きい溶媒（γ_tが小さい溶媒）では，有機溶媒中の活量係数が低く，水中より強く溶媒和されていることを示す。

(3) 酸解離定数の決定

電気的中性の原理により，有機相へは電気的に中性の化学種（もしくはイオン対）のみが抽出される。したがって，水中での電離などで抽出されない化学種を生成すると，分配比は変化する。たとえば，ピリジン py を例にとると，水中ではプロトン付加により次のような平衡にある。

$$\text{py} + \text{H}^+ \rightleftarrows \text{Hpy}^+ \tag{6-51}$$

したがって，水相中の py 総濃度 $C_{\text{py, a}}$ は，これらの化学種の濃度の和となり，分配比 D は次のように表せる。

$$D = \frac{C_{\text{py, o}}}{C_{\text{py, a}}} = \frac{[\text{py}]_\text{o}}{[\text{py}]_\text{a} + [\text{Hpy}^+]_\text{a}} \tag{6-52}$$

この式の $[\text{Hpy}^+]_\text{a}$ へ，py のプロトン付加定数 $K_1 (= [\text{Hpy}^+]/[\text{py}][\text{H}^+])$ を代入すると次式が得られる。ここで，K_1 は酸解離定数 K_a の逆数（$\log K_1 = -\log K_\text{a} = pK_\text{a}$）の関係にある。以後簡単のため水相中を示す添え字 a は省略する。

$$D = \frac{[\text{py}]_\text{o}}{[\text{py}] + K_1[\text{py}][\text{H}^+]} = \frac{[\text{py}]_\text{o}}{[\text{py}](1 + K_1[\text{H}^+])} = \frac{K_\text{d}}{1 + K_1[\text{H}^+]} \tag{6-53}$$

このように，$[\text{H}^+]$ が増加すると，分配比 D は減少する。この式より得られる pH に対する $\log D$ の変化を示したのが，図 6-14 である。抽出曲線は pH の

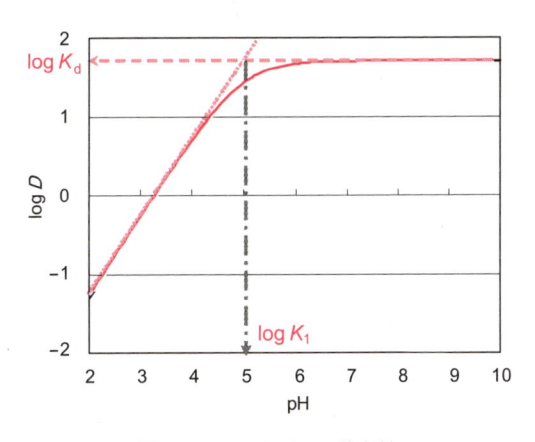

図 6-14　$\log D$ の pH 依存性

高い領域では $\log D = \log K_\mathrm{d}$ に，また，低い領域では $\log D = \log K_\mathrm{d}/K_1 - \log[\mathrm{H}^+]$ に漸近することがわかる。これらの漸近線の交点の $-\log[\mathrm{H}^+]\,(=\mathrm{pH})$ が $\log K_1\,(=\mathrm{p}K_\mathrm{a})$ となる。

(4) 有機相中の化学種の決定

金属イオン M^{n+} が配位子 L^- により電気的に中性な化学種 ML_n として抽出される場合，抽出平衡は次の式で表される。以後簡単のため電荷は省略する。

$$\mathrm{M} + n\mathrm{L} \rightleftarrows \mathrm{ML}_{n,\mathrm{o}} \tag{6-54}$$

この化学種の抽出定数 K_ex は，

$$K_\mathrm{ex} = \frac{[\mathrm{ML}_n]_\mathrm{o}}{[\mathrm{M}][\mathrm{L}]^n} \tag{6-55}$$

で与えられ分配比は，

$$D = \frac{C_{\mathrm{M,o}}}{C_{\mathrm{M,a}}} = \frac{[\mathrm{ML}_n]_\mathrm{o}}{[\mathrm{M}]} = K_\mathrm{ex}[\mathrm{L}]^n \tag{6-56}$$

となる。両辺の対数をとると次式が得られる。

$$\log D = \log K_\mathrm{ex} + n\log[\mathrm{L}] \tag{6-57}$$

したがって，種々の L の濃度で分配比 D を測定し，この結果より $\log[\mathrm{L}]$ に対して $\log D$ をプロットする。その傾き（勾配）より有機相中の錯体に配位している L の数 n が求められ，切片より $\log K_\mathrm{ex}$ が得られる。

(5) 水相中の錯形成定数の決定

水相中で錯体 ML_m が生成する場合は，水相の M の総濃度は，M と ML_m の濃度の和となる。水相中の錯体 ML_m の全生成定数 $\beta_{\mathrm{ML}m}\,(=[\mathrm{ML}_m]/[\mathrm{M}][\mathrm{L}]^m)$ を用いると分配比 D^* は，

$$D^* = \frac{[\mathrm{ML}_n]_\mathrm{o}}{[\mathrm{M}] + [\mathrm{ML}_m]} = \frac{[\mathrm{ML}_n]_\mathrm{o}}{[\mathrm{M}](1 + \beta_{\mathrm{ML}m}[\mathrm{L}]^m)} \tag{6-58}$$

となり，次式が得られる。

$$D^* = \frac{K_\mathrm{ex}[\mathrm{L}]^n}{1 + \beta_{\mathrm{ML}m}[\mathrm{L}]^m} \tag{6-59}$$

$[\mathrm{L}]$ に対する D^* の変化を解析することにより $\beta_{\mathrm{ML}m}$ が求められる。$[\mathrm{ML}_m]$ が

水相中の主化学種となっている条件（[M]が無視できる条件）では次の式になる。

$$D^* = \frac{K_{ex}[L]^{n-m}}{\beta_{MLm}} \quad (6\text{-}60)$$

したがって，$\log[L]$に対して$\log D^*$をプロットすると傾きは$n-m$となり，nの値がわかっていればmの値が決まる。また，切片より$\log(K_{ex}/\beta_{MLm})$が求まる。

水中でさらに複数の錯体，もしくは他の配位子との錯体を形成しても，適切な解析によりそれぞれの生成定数を求めることができる。

(6) 有機相中の付加錯体の生成定数

有機相でML_nに無電荷の分子Aが配位し，付加錯体ML_nAが生成する場合は，

$$ML_{n,o} + A_o \rightleftarrows ML_nA_o \quad (6\text{-}61)$$

有機相中のMの総濃度は，ML_nとML_nAの濃度の和となる。付加錯体の生成定数を，$K_{ad}(=[ML_nA]_o/[ML_n]_o[A]_o)$とすると，分配比$D^*$は次で表される。

$$D^* = \frac{[ML_n]_o + [ML_nA]_o}{[M]} = \frac{[ML_n]_o(1+K_{ad}[A]_o)}{[M]} \quad (6\text{-}62)$$

となり，次式が得られ，$[A]_o$の増加と共にD^*は増加する。

$$D^* = D(1+K_{ad}[A]_o) \quad (6\text{-}63)$$

$[A]_o$に対するD^*の変化の解析によりK_{ad}が求まる。

(7) まとめ

上記の例のような単純な系では，式（6-53），式（6-59），式（6-63）で示されるように，分配比の変化は類似の関数形で説明できる。実際の系においては，さらに，金属および配位子に副反応があり平衡は複雑となるが，測定条件の設定を変えることにより複数の定数が求められる。

6-3　迅速反応測定

6-3-1　迅速混合法

溶液内で進行する様々な化学反応を開始させるための最も単純な手法が反応溶液の迅速混合法である（図6-15）。反応物質の溶液を効率よく混合すれば，

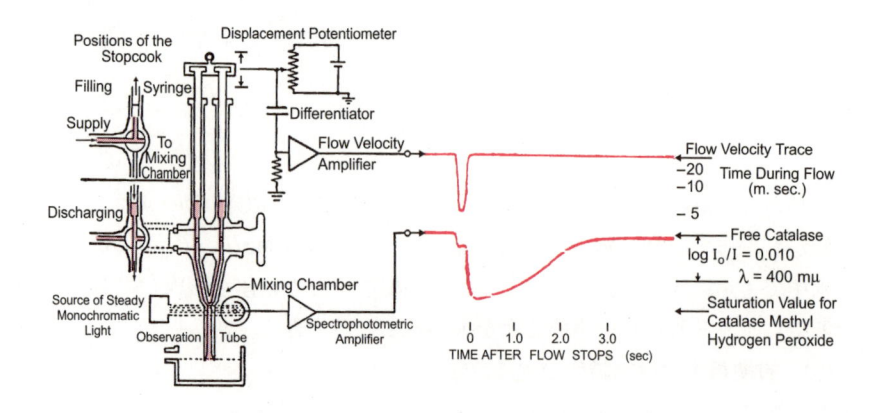

図 6-15　初期のストップトフロー法の概念 [40]

　その混合時点を反応時間の起点として目的の化学反応が進行する。混合溶液中の物質を適切な検出法で追跡することにより，化学反応の反応速度を測定して反応速度論を用いた様々な解析が可能になると同時に，反応の過渡過程に存在する短寿命な化学種のキャラクタリゼーションを可能にする。化学反応の反応種を迅速に混合する操作は熱力学的に不安定な非平衡状態を迅速に生み出すことに相当し，そこからの緩和過程を各種検出法で追跡するのが迅速混合法といえる。

　反応溶液の混合を化学反応の起点とする迅速混合法としては，おもに連続フロー（Continuous Flow）法，ストップトフロー（Stopped Flow）法，Pulsed Accelerated Flow（PAF）法の3種が挙げられる。連続フロー法とは，反応溶液を混合しながら連続的に流し，混合点から所定の距離において検出を行う手法であり，反応速度は溶液の流速と混合点から検出点までの距離をパラメータとして決定される。膨大な量の試料が必要となるために，最近では特別な場合を除いて用いられることは稀である。溶液の混合によって反応を開始させる手法として，最も広く用いられているのがストップトフロー法である（図6-15）。反応溶液を混合するためのフローを停止した後，混合溶液中の変化を検出点において停止した溶液で追跡する。溶液が混合された地点から検出される地点まで移動するのに有限の時間が必要であり，それがストップトフロー法

6 測定法と解析法および計算化学

での不感時間となる。セルサイズを小さくし，溶液の流速を速くすることで，近年の一般的なストップトフロー装置の不感時間は数 $10\,\mu\mathrm{s}$ 程度である。

式 (6-64) で表される最も単純な化学反応について，ストップトフロー法を用いて速度定数を決定する典型的手法は，反応が進行したとしても反応物の一方は濃度変化しないような擬一次反応の条件に設定することである。

$$\mathrm{A} + \mathrm{B} \xrightleftharpoons[k_\mathrm{b}]{k_\mathrm{f}} \mathrm{C} \tag{6-64}$$

ここで，k_f は進行方向の二次速度定数，k_b は逆方向の一次速度定数である。B が A に比べて十分過剰に存在し，B の濃度 C_B は時間 t に対して一定であると近似できる時，A の濃度 [A] がその初濃度 $[\mathrm{A}]_0$ から減少する速度は式 (6-65) で表される。

$$-\frac{d[\mathrm{A}]}{dt} = k_\mathrm{f} C_\mathrm{B}[\mathrm{A}] - k_\mathrm{b}([\mathrm{A}]_0 - [\mathrm{A}]) \tag{6-65}$$

微分方程式を解くと [A] の時間変化関数が得られ，時間と共に濃度比が変化する A と C の混合状態を何らかの手法で検出した量 D_t（例えば吸光度）の時間変化は式 (6-66) で与えられる。

$$\begin{aligned} D_t &= D_\infty - (D_\infty - D_0) \exp\{-(k_\mathrm{f} C_\mathrm{B} + k_\mathrm{b}) t\} \\ &= D_\infty - (D_\infty - D_0) \exp(-k_\mathrm{obs} t) \end{aligned} \tag{6-66}$$

D_t は指数関数的に変化し，式 (6-66) を用いた解析によって，C_B がほぼ一定の擬一次条件における条件速度定数 k_obs の値が求められる。これを種々の C_B で決定すれば，式 (6-64) の k_f と k_b が得られる。このように，目的とする化学反応の速度定数を決定することを目的としてストップトフロー法を用いた迅速混合法が広く用いられている。

連続フロー法を基礎とし，より高速な溶液内化学反応の速度定数の解析を可能にしたのが，Margerum らによって開発された PAF 法である[41]。図 6-16 に示すように，10 ジェットミキサーで高い混合効率を有する混合観測セルに反応溶液を流すが，その流速を例えば 3 〜 15 m s^{-1} 程度の範囲で"変化"させつつ，固定光路長の観測セルの積分吸光度を測定するのが PAF 法の原理である。混合溶液が観測セル内に滞在する時間が流速によって変化するため，その

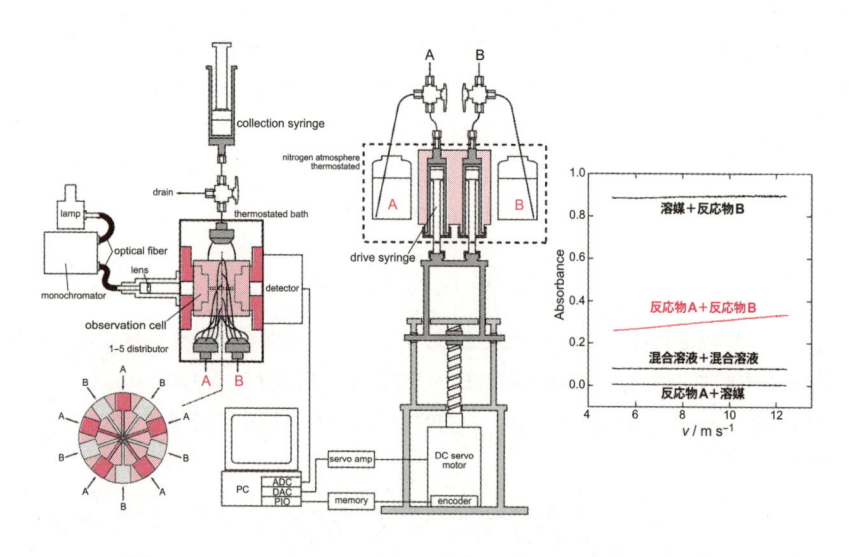

図 6-16 Pulsed Accelerated Flow（PAF）法での測定装置の模式図

時間内に化学反応が進行して混合溶液の積分吸光度が変化する（図 6-16 参照）。この流速に対する吸光度変化の関数を解析すると，目的反応の反応速度定数を決定することができる．PAF 法では 10^6 s^{-1} 程度までの一次速度定数を決定することができ，これは約 $0.7\,\mu$s の半減期に対応する．

　ここで示した迅速反応測定法は，溶液の迅速混合を化学反応の開始の起点とする点で共通している．迅速混合法による反応速度の測定は種々の条件を変えて行うことが可能であり，ストップトフロー法においては，数百 MPa 程度の高圧下で溶液混合ができる高圧ストップトフロー法，液体窒素温度程度までの低温下で測定できるクライオストップトフロー法，超臨界流体の溶液に適用できる超臨界ストップトフロー法などが開発されている．また，反応の様子を観測するための検出法としても様々な手法を適用することが可能であり，最も基本的な紫外・可視吸収はもとより，赤外吸収や X 線吸収，電気伝導度，NMR，ESR，円偏光二色性，光散乱，ラマン散乱など，数多くの検出法をプローブとして反応の追跡が可能である[42]．

6-3-2　化学緩和法

化学平衡が成立している状況下において，その系の温度または圧力を迅速に微小変化させると，その反応の反応熱や反応体積に応じて系は新しい条件での平衡状態へと組成を変化させる。その組成変化について紫外・可視吸収などをプローブとして追跡するのが化学緩和法であり，温度を迅速変化させる温度ジャンプ法，圧力を変化させる圧力ジャンプ法などがある。反応に伴う電荷分布変化がある場合には，電場を急激に変化させる電場ジャンプ法が適用できる。

式（6-64）の平衡が C_A, C_B, C_C の濃度で成立しているとき，微小な温度または圧力の摂動によって C が δC_C だけ濃度変化したとする。その時，C の濃度の時間変化は式（6-67）で与えられる。

$$\frac{d(C_C+\delta C_C)}{dt} = \frac{d(\delta C_C)}{dt} = k_f(C_A-\delta C_C)(C_B-\delta C_C) - k_b(C_C+\delta C_C)$$

$$\approx -\{k_f(C_A+C_B)+k_b\}\delta C_C \qquad (6\text{-}67)$$

ただし，$k_f C_A C_B = k_b C_C$ と $\delta C_C << C_A$（または C_B）の関係を用いた。したがって，与えた摂動が十分に微小であれば，A と B と C の混合状態を検出した量 D_t の時間変化は式（6-66）と同じ形になり，含まれる k_{obs} は式（6-68）で表される。

$$k_{obs} = k_f(C_A+C_B)+k_b \qquad (6\text{-}68)$$

k_{obs} を種々の C_A と C_B で求めることにより，式（6-64）における k_f と k_b を決定することができる。式（6-64）以外の様々な一段階反応に関して式（6-68）に対応する表現を表 6-2 にまとめた。

表 6-2　化学緩和法を適用する場合の条件速度定数の表現

反応	条件速度定数 k_{obs}[†]
A ⇌ B	k_f+k_b
A+A ⇌ B	$4k_f C_A+k_b$
A+B ⇌ C	$k_f(C_A+C_B)+k_b$
A+B ⇌ C+D	$k_f(C_A+C_B)+k_b(C_C+C_D)$

[†] k_f と k_b はそれぞれ進行方向と逆方向の速度定数

式（6-64）のような化学平衡が成立している系に圧力の疎密波である超音波を照射すると，反応体積に応じて平衡組成が摂動を受けて超音波を吸収する。

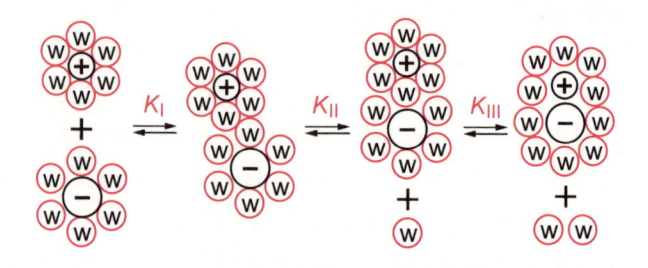

図 6-17　イオン会合に関する Eigen 機構のモデル

そのような超音波吸収も上記の化学緩和法の 1 種であり，超音波の周波数帯域を選択することで 10^3 s^{-1} 程度から拡散律速の 10^{10} s^{-1} 台までの速度定数を決定することができる[43]。Eigen らによる種々の金属塩水溶液に関する超音波吸収の実験は，水溶液中におけるイオン会合反応について図 6-17 に示すような三段階の緩和過程で構成される Eigen 機構で進行することを明らかにした。K_I から K_{III} の各過程の緩和周波数は，それぞれ，400 〜 600 MHz 程度，30 〜 150 MHz 程度，0.2 kHz 〜 100 MHz 程度であることが，Eigen らによる研究から明らかになった。特に K_{III} の過程は金属イオンの第一水和圏の水分子が解離して接触イオン対を形成する段階であり，金属イオンの種類によって大きく値が異なることが示された。

　温度や圧力のジャンプを起点とする緩和法では，その摂動を生み出すのに要する時間（＝不感時間）は迅速混合法の不感時間と比べると短いものの，やはり有限な時間が必要である。それに比べると，超音波吸収法には原理的に不感時間は存在せず，極めて高速な溶液内反応の反応速度を観測することが可能である。

6-3-3　NMR 法

　迅速混合法と化学緩和法の何れも，不感時間の違いはあるにせよ，反応系と生成系が異なる化学反応に適用できる手法である。反応のギブズ自由エネルギー変化がゼロでなければ，その系に与える摂動に対して系が新しい平衡状態へと応答する変化を捉えることで，その過渡過程での化学種組成の変化から反応速度を解析することができる。ところが，式（6-69）で表される金属イオン

の溶媒交換反応などはギブズ自由エネルギー変化がゼロであり，反応の前後がまったく等価であるために，いかなる摂動を与えても系の応答を期待することはできない。したがって，迅速混合法や化学緩和法を適用することは不可能である。そのような反応系に対して有効なのが NMR 法である。

$$[M(H_2O)_n]^{m+} + H_2O^* \xrightleftharpoons{k_{ex}} [M(H_2O)_{n-1}(H_2O^*)]^{m+} + H_2O \quad (6\text{-}69)$$

金属イオンの溶媒交換反応速度の解析においては，金属イオンが反磁性の場合には線形解析法が，常磁性の場合には線広幅化法が適用される。

金属イオンの水溶液には NMR で区別できる 2 種類の溶媒分子が存在する。一方はバルクの溶媒分子であり，他方は金属イオンの第一水和圏に存在して比較的強く金属イオンと相互作用している溶媒分子である。一般に前者は後者に比べて著しく高濃度であるため，両者を NMR で観測するためには，目的の観測核を含まない不活性な媒質を用いてバルクの溶媒を希釈する必要がある。そのようにして目的の観測核が二状態（A と B）で存在し，それらが式 (6-70) で交換しているときの NMR スペクトルは温度と共に図 6-18 のように変化する。

$$A \xrightleftharpoons[k_B]{k_A} B \quad (6\text{-}70)$$

交換速度が NMR の観測時間スケールに比べて十分に遅い低温において（図 6-18 の (a)），二状態は 2 本の独立した NMR 共鳴線として観測される。温度を

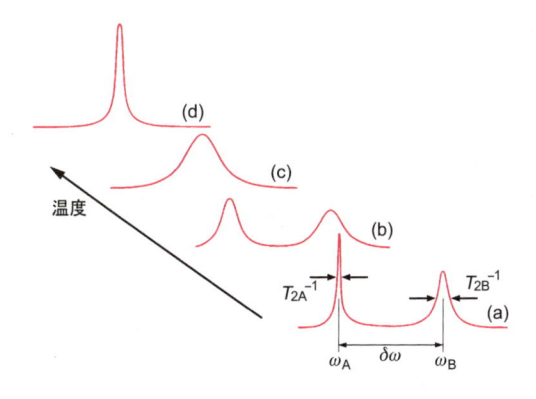

図 6-18　二状態間で交換しているときの NMR 線形の温度変化

上げていくとそれぞれの共鳴線は広幅化しながらお互いが接近し，最終的には1本の共鳴線に融合する（コアレッセンス，図 6-18 の(c)）。さらに交換速度が速くなると1本の共鳴線の線幅が狭くなる（図 6-18 の(d)）。これらのスペクトル線形 $I(\omega)$ は，状態 A と状態 B の横緩和速度をそれぞれ T_{2A}^{-1} と T_{2B}^{-1}，モル分率を P_A と P_B，観測周波数を ω_A と ω_B として式 (6-71) で記述される [44]。

$$I(\omega) \propto \left\{P(1+\tau)\left(\frac{P_B}{T_{2A}}+\frac{P_A}{T_{2B}}\right)+QR\right\}(P^2+R^2)^{-1} \quad (6\text{-}71)$$

$$P = \tau\left(\frac{1}{T_{2A}T_{2B}} - (\Delta\omega)^2 + \frac{(\delta\omega)^2}{4}\right) + \frac{P_A}{T_{2A}} + \frac{P_B}{T_{2B}}$$

$$Q = \tau\left(\Delta\omega - \delta\omega\frac{P_A-P_B}{2}\right)$$

$$R = \Delta\omega\left\{1+\tau\left(\frac{1}{T_{2A}}+\frac{1}{T_{2B}}\right)\right\} + \frac{\tau(\delta\omega)}{2}\left(\frac{1}{T_{2B}}-\frac{1}{T_{2A}}\right) + \frac{\delta\omega}{2}(P_A-P_B)$$

$$\tau = \frac{P_A}{k_A} = \frac{P_B}{k_B}$$

$$\delta\omega = \omega_A - \omega_B$$

$$\Delta\omega = \frac{\omega_A-\omega_B}{2}-\omega$$

例えば，図 6-18 の (b) から (c) のような線形のスペクトルを式 (6-71) によって解析すると，その温度における式 (6-70) 中の k_A および k_B を求めることができる。

金属イオンが常磁性の場合，金属イオンに配位している溶媒分子の NMR 共鳴線は，低磁場側へ大きくシフト（常磁性シフト）すると同時に線幅が著しく広幅化する。そのため，事実上，配位溶媒分子の共鳴線を観測することはできない。そのような場合でも，バルクの溶媒分子の共鳴線を観測し，常磁性核が存在することによる純溶媒でのピーク幅からの広幅化分に溶媒交換反応速度に関する情報が含まれている。配位溶媒分子のバルクに存在する溶媒分子に対するモル比を P_M とし，純溶媒と常磁性金属イオンを含む溶液の共鳴線の線幅（それぞれ ν_0 と ν_M）から，式 (6-72) で計算される常磁性核の存在による横緩和

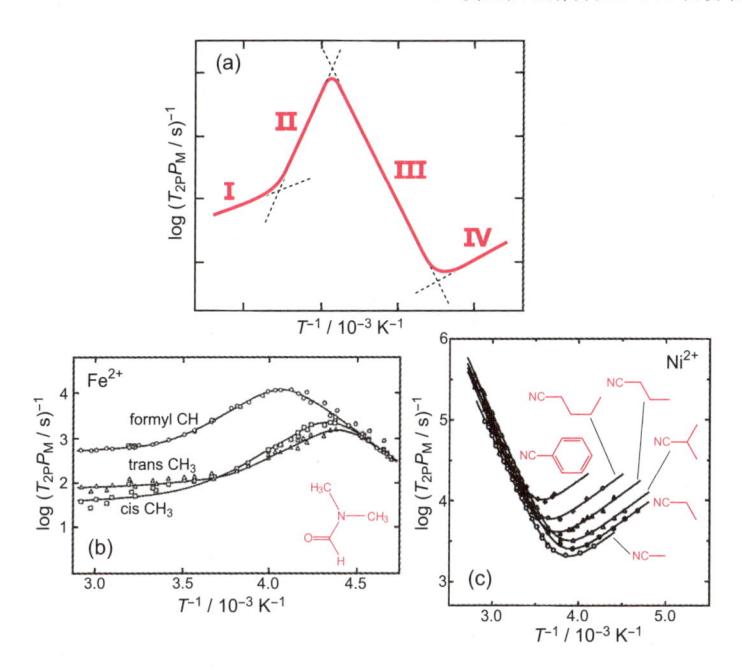

図 6-19 $(T_{2P} P_M)^{-1}$ の温度依存性
(a) 一般例, (b) Fe^{2+} の DMF 溶液についての ^{1}H-NMR の結果,
(c) 種々のニトリル中の Ni^{2+} 溶液についての ^{14}N-NMR の結果

速度 T_{2P}^{-1} を種々の温度で測定すると, 図 6-19(a) に模式的に示す温度依存性が観測される.

$$T_{2P}^{-1} = \pi(\nu_M - \nu_0) \tag{6-72}$$

$(T_{2P} P_M)^{-1}$ の温度依存性は大きく 4 つの領域に分けられ (図 6-19(a) 参照), Swift-Connick の式 (式 (6-73)) で記述される[45].

$$\frac{1}{T_{2P}P_M} = \frac{1}{\tau_M} \frac{T_{2M}^{-1} + (\tau_M T_{2M})^{-1} + \Delta\omega_M^2}{(\tau_M^{-1} + T_{2M}^{-1})^2 + \Delta\omega_M^2} + \frac{1}{T_{2O}} \tag{6-73}$$

ここで, τ_M は金属イオンに配位している溶媒分子の平均滞在時間, T_{2M} は配位溶媒分子中の観測核の横緩和時間 (この項が支配的な温度領域が図 6-19(a) の I), $\Delta\omega_M$ は配位溶媒分子とバルクの溶媒分子の観測周波数の差 (この項が支配

的な温度領域が図 6-19(a) の II），T_{2O} は金属イオンの外圏における相互作用による横緩和時間（この項が支配的な温度領域が図 6-19(a) の IV）である。T_{2P}^{-1} が温度の上昇とともに増大する領域（図 6-19(a) の III）は化学交換領域と呼ばれ，そこでは $(T_{2P}P_M)^{-1} = \tau_M^{-1}$ と近似され，常磁性核による横緩和速度は溶媒交換反応速度が支配する。τ_M^{-1} の温度依存性は式（6-74）で記述されるため，$(T_{2P}P_M)^{-1}$ の温度依存性の測定から溶媒交換反応の活性化エンタルピー $\Delta^{\ddagger}H°$ と活性化エントロピー $\Delta^{\ddagger}S°$ を決定することができる。

$$\tau_M^{-1} = k_{ex} = \frac{k_B T}{h} \exp\left(-\frac{\Delta^{\ddagger}H°}{RT} + \frac{\Delta^{\ddagger}S°}{R}\right) \quad (6\text{-}74)$$

化学交換領域での $(T_{2P}P_M)^{-1}$ を種々の圧力下で測定すれば，その圧力依存性から活性化体積 $\Delta^{\ddagger}V°$ を得ることができる。

NMR 法を用いて反応速度が求められる金属イオンの溶媒交換反応は，溶液中における金属イオン周りの最も基礎的な配位子置換反応である。表 6-3 には水交換反応について NMR 法で決定された交換速度定数をまとめた[46]。金属イオンの電子状態などに応じて，表中で最も遅い Ir^{3+}（半減期が約 200 年）から最も速い Cu^{2+}（半減期が約 150 ps）まで，20 桁にも渡って水交換速度に違いがある。幾つかの非水溶媒中においても系統的にデータの蓄積がなされており，その金属イオンの反応性を理解する上で極めて重要なパラメータとなっている。

表 6-3 種々の金属イオンの水交換反応の 25°C における速度定数

金属	k_{ex}/s^{-1}	金属	k_{ex}/s^{-1}	金属	k_{ex}/s^{-1}
Be^{2+}	7.3×10^2	Co^{2+}	3.2×10^6	Gd^{3+}	8.3×10^8
Mg^{2+}	6.6×10^5	Ni^{2+}	3.8×10^4	Tb^{3+}	5.6×10^8
Al^{3+}	1.3	Cu^{2+}	4.4×10^9	Dy^{3+}	4.3×10^8
Ti^{3+}	1.8×10^5	Zn^{2+}	3×10^7	Ho^{3+}	2.1×10^8
V^{2+}	87	Ga^{3+}	4.0×10^2	Er^{3+}	1.3×10^8
V^{3+}	5.0×10^2	$Ga(OH)^{2+}$	1.1×10^5	Tm^{3+}	9.1×10^7
VO^{2+} [†1]	7.4×10^2	Ru^{2+}	1.8×10^{-2}	Yb^{3+}	4.7×10^7
VO^{2+} [†2]	10^9	Ru^{3+}	3.5×10^{-6}	Ir^{3+}	1.1×10^{-10}
Cr^{3+}	2.4×10^{-6}	$Ru(OH)^{2+}$	5.9×10^{-4}	$Ir(OH)^{2+}$	5.6×10^{-7}
Mn^{2+}	2.1×10^7	Rh^{3+}	2.2×10^{-9}	Pt^{2+}	3.9×10^{-4}
Fe^{2+}	4.4×10^6	$Rh(OH)^{2+}$	4.2×10^{-5}	Tl^{3+}	3×10^9
Fe^{3+}	1.6×10^2	Pd^{2+}	5.6×10^2	UO_2^{2+}	7.6×10^5
$Fe(OH)^{2+}$	1.2×10^5	In^{3+}	4.4×10^4		

[†1] エカトリアル位。 [†2] アキシャル位。

6-4 計算化学によるアプローチ

近年，電子計算機は急速な勢いで発展し，飛躍的な高性能化が進むとともに広く普及してきた。実験データを解析するだけでなく，物理化学の基本原理から出発して現象を包括的に計算機でシミュレーション（模擬実験）することも現実になりつつある。本節では，こうした計算化学の方法について概説する。溶液内の錯体分子を対象とした計算化学には，大きく分けて2つの視座が要求される。1つは個々の分子の性質を記述する量子化学であり，もう1つは統計力学や分子シミュレーション法といった，分子の集団としての溶液の性質を扱う方法論である。実際の現象は，これら2つの観点が時には強く関連しながら発現している。ここでは紙面が限られているので，おもに理論の概要の紹介に留めるが，参考文献 47)〜52) も参照されて，是非理解を深めて欲しい。

6-4-1 量子化学の方法

個々の分子が示す反応性や物性などの化学的性質は，分子を構成する電子によって決定される。こうした微視的世界の支配原理は量子力学であり，量子化学とは，分子の性質に関わる理論体系である。多くの場合で出発点となるのは，時間に依存しない，定常状態を記述する Schrödinger 方程式である。

$$H\Psi = E\Psi \tag{6-75}$$

H はハミルトニアンであり，分子を構成している粒子，すなわち原子核と電子との間のすべての相互作用を表している。Ψ は系の電子波動関数であり，分子の量子力学的な状態を表す。例えば，系に N 個の電子が含まれている場合，それらすべての位置に関する関数となる（多電子波動関数）。さらにこの関数は，

$$\Psi(\mathbf{r}_1, \mathbf{r}_2 \cdots \mathbf{r}_i \cdots \mathbf{r}_j \cdots \mathbf{r}_N) = -\Psi(\mathbf{r}_1, \mathbf{r}_2 \cdots \mathbf{r}_j \cdots \mathbf{r}_i \cdots \mathbf{r}_N) \tag{6-76}$$

のように，任意の2つの座標の交換に対して符号が変わる性質を持っていなければならない。閉殻系における Hartree-Fock（HF）法では，こうした条件を満たしている Slater 行列式を1つ用いることで電子波動関数を表す。典型元素からなる多くの分子に対してこれは極めて有効な近似であることが知られている（例えば，図 6-20 の (a) のみを用いることで十分正確に分子の波動関数を

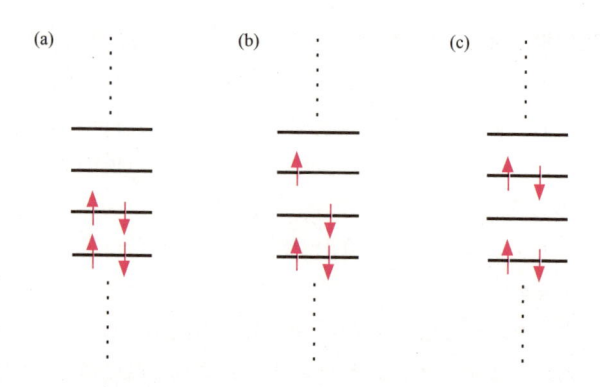

図 6-20　電子配置の模式図。それぞれが単一の Slater 行列式に対応する

表すことができる，ということである）。しかし，金属を含む錯体などにおいては，一般には単一の Slater 行列式で電子状態を表すことはできない。つまり，図 6-20 の (a)，(b)，(c) …など，様々な Slater 行列式に相当する電子配置が混在しており，これらの線型結合を考慮することで初めて正しく表せる場合が多い。これは，金属錯体を特徴付けている d 電子が入る分子軌道のエネルギーが比較的近接していて，異なる電子配置の間のエネルギー差が小さいことに関係している（静的電子相関）。また，中心金属周辺に多くの電子が集まっているために，電子間の衝突に起因する効果（動的電子相関）も非常に重要となる。このため，こうした効果を反映できない HF 法では不十分な場合が多い。MP2 法が広く知られている Møller-Plesset 法などの摂動論や，多配置の波動関数に基づくより進んだ電子状態理論である CASSCF 法，その摂動法である MCQDPT 法や CASPT 法，結合クラスター理論に基づく CCSD 法など，種々の理論が提案されており，様々なプログラムパッケージを通じて使用できる。HF 法を含めたこれらの方法は，近似的にではあるが，直接的かつ第一原理的に Schrödinger 方程式を解くことを目的としており，非経験的（ab initio）電子状態理論と総称される。しかし，高精度と引換えに一般には多大な計算時間を必要とするので，大規模分子系への適用は容易でない。精度にも依存するが，遷移金属を数個含む系までが現時点では現実的である。しかし，計算機のさらなる発展やより効率的な理論の開発により，今後も着実に計算対象は拡大して

いくであろう。

ところで，式（6-76）で表されている波動関数は，N 個の電子すべての座標の情報を含んでいるが，もっと単純化することはできないだろうか。波動関数の絶対値の 2 乗（$|\Psi|^2$）は，粒子（この場合は電子）の存在確率を表している。実際には三次元空間内の点 $\mathbf{r} = (x, y, z)$ における存在確率さえわかれば，充分ではないだろうか。つまり，電子の確率密度分布を表す関数（$\rho(\mathbf{r})$）を求めるのである。これが密度汎関数法の基本的な考え方である。上述の波動関数では，図 6-20 の（a），（b），（c）…を各々正確に求め，これらの寄与を適切に足し合わせることで量子力学的状態を記述した。密度汎関数法（Density Functional Theory: DFT）では，言ってみれば，すべて足し合わされた後の状態を直接求めることを目途とするのである。しかし，$\rho(\mathbf{r})$ を厳密に決定する表式（functional）は知られていないので，電子相関や交換相互作用に近似表式を用いる。またこうした純粋な DFT を HF 法と混合（hybrid）させた方法も広く用いられている。例えば，よく使われている B3LYP 法（Becke 3 parameter-Lee-Yang-Parr 法）は，Becke が多くの分子について調べた結果を基に，実験結果との一致が最良になるように 3 つのパラメータを決定して HF 法と混合させた方法である。こうした背景からも容易に想像できるように DFT は計算量を大幅に縮小しつつ実験結果とのよい合致が期待でき，理論とプログラムコードの整備が進んだ 1990 年代中頃から爆発的に普及した。特に，遷移金属錯体への展開は目覚しく，計算化学の方法の普及・汎用化を大きく後押しした。密度汎関数法は，比較的手軽に計算を行える大変強力な方法である。しかし，理論的整備は現在も進行中であり，数値結果が手軽に得られるからこそ，適切な理論の適用範囲にあるのか常に慎重な検討が求められる。

6-4-2 分子シミュレーション法と統計力学

我々が日常で接する溶液は膨大な数の分子の集団である。熱力学はこうした集団におけるエネルギー収支を説明できる理論体系である。一方で，こうした集団の持つ巨視的特性は個々の分子の持つ微視的性質に由来しており，両者を結び付けるためには，集団を特徴付けるための方法論が必要である。分子シミュレーション法はその代表例である。この方法は，計算機内に現実の系に対応す

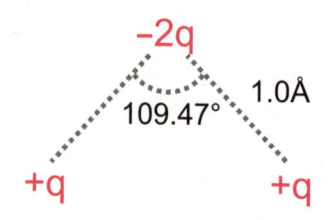

図 6-21 典型的な水分子モデルの 1 つである SPC。酸素と水素上に適当な大きさの点電荷があり，酸素上に Lennard-Jones ポテンシャルを加えることで水分子を模倣している

るモデル系（模型）を構築し，これを使った計算機実験を通して巨視的特性を理解しようとするものである。具体的には，適当な大きさの「箱」を用意して，密度などの条件を満たすように分子のモデル（図 6-21）をこの中に適当数入れていく。溶液を扱う場合に特に重要なのは各分子の位置および配向である。これらは，分子の熱運動によって様々な値を取るので，その適切な統計集団を計算すればよい。実際に使われている分子シミュレーションの手法は次の 2 つに大別される。

(1) 分子動力学法（Molecular Dynamics 法：MD 法）

Newton 方程式によれば，ある時刻における粒子の位置と運動量が与えられれば，未来におけるその位置・運動量も知ることができる。この方法の基本的な考え方は，ある時刻 t における微視的物理量 $x(t)$ に着目し，同方程式に基づいて個々の分子の運動を追跡していくことで長時間平均 X を計算することである。

$$X = \lim_{T \to \infty} \frac{1}{T} \int_0^T x(t)\,dt \qquad (6\text{-}77)$$

現実には無限の長さの計算は不可能であり，十分に長いシミュレーションを行うことになるが，目的の物理量や系の性質によって適切な長さは異なる。また上式は平衡状態を特徴付ける物理量の場合であって，動的性質に関わる情報を引き出すためには，多くの分子の運動の軌跡（トラジェクトリー）を求め，これらを平均化する必要がある。

(2) モンテカルロ法（メトロポリス法）

熱平衡状態は多数の分子の位置・配向に関する統計集団として規定され，分

配関数(または配置積分)で特徴付けられる。例えば,同種の N 個の粒子から構成されるカノニカル集団における配置積分は,粒子間相互作用を U, Boltzmann 定数を k_B とすれば,

$$Q_N(V, T) = \int_V \int_V \cdots \int_V \exp(-U/k_B T) d\mathbf{r}^N \tag{6-78}$$

で与えられる。乱数を用いて現象を数値的に模倣・追跡する計算機実験を一般にモンテカルロ法と呼び,特に分子系においては,乱数を用いて様々な位置・配置を発生させることで上式の数値積分や物理量の統計平均を算出する。しかし,こうした単純な方法は効率が悪く現実的ではない。マルコフ連鎖を利用して,配置の出現確率がボルツマン分布に従うように発生させて統計平均を効率的に計算するメトロポリスのアルゴリズムを用いるのが一般的である。モンテカルロ法では巨視的物理量は,各配置における微視的物理量 x_i を用いて,

$$X = \langle x_i \rangle \tag{6-79}$$

と求められる。括弧(< >)は統計集団平均の計算を表している。

以上,2つの分子シミュレーションの方法においては,実際に計算を行う上でのさまざまな技術が開発されており,また系を適切に表現するための相互作用(相互作用ポテンシャル関数)の開発も精力的に行われている。一方で,こうした計算手法の利用には,統計集団に対する正しい理解が必要であり,以下に述べる3つ目のアプローチが重要な役割を果たす。

(3) 液体論(液体の積分方程式理論)

式(6-78)には,系を構成する粒子の数に相当する多重積分を含んでおり,直接計算することは不可能である。そのために分子シミュレーションの方法では,計算機を用いた数値的処理によって算出する。しかし,たとえ近似式であっても直接計算可能な表式が得られれば,より望ましい。微視的な量と巨視的量を数学的に結び付けるのが統計力学本来の目的であり,こうした試みは前々世紀から続けられてきた。特に液体や溶液を対象とする理論体系は,これまでに幾つかの方法が提案,確立され,様々な系へと適用されている。Reference interaction site model (RISM) 理論はその一例であり,拡張 RISM 理論の開発によって極性分子を含めた幅広い系を取り扱うことが可能となった。系の温度

や密度と共に，分子シミュレーション法で広く用いられている分子モデルの情報を入力すると，動径分布関数（RDF: radial distribution function）で代表される系の統計力学的性質を特徴付ける相関関数が計算結果として得られ，あらゆる熱力学量もこれらから算出できる。近似的ではあるものの統計力学の表式を直接的に計算するので，非常に少ない計算量で結果を得られること，分子シミュレーション法では注意を要する統計サンプリングの問題なしに溶媒和自由エネルギーや反応の自由エネルギー変化などを計算できることも1つの特長である。また，統計集団の適正が常に保障される点も特筆すべき性質である。

6-4-3 溶液内の錯体分子を扱うための方法論

以上見てきたように電子が中心的役割を果たす微視的世界は量子力学によって記述される。一方で，我々の日常世界は Newton 力学（古典力学）で記述されている。では，両者の境界はどこにあるのだろうか。de Broglie の熱波長，

$$\Lambda = \frac{h}{\sqrt{2\pi m k_B T}} \sim \frac{h}{p} \tag{6-80}$$

が指標の1つになるだろう。h は Planck 定数，m は粒子の質量である。量子力学によれば，すべての物質は波動としての性質を持つ。換言すれば波長が十分に短いと見なせれば物質を古典的粒子と見なせる。実際に計算した Λ は，極低温の系では粒子間距離とほぼ同じ程度で，量子効果が系を規定する本質になる。一方，室温付近の多くの分子系では Λ は十分に短く，古典力学的な分子運動は，個々の分子の示す量子力学的挙動と区別してよい。これは2つのことを示唆している。

① 化学反応などの量子力学的過程を対象としない限り，分子運動は古典力学で記述でき，これらに立脚して集団の示す巨視的性質も理解できる。

② しかし，条件によっては原子・分子から構成される系は，古典力学と量子力学の境界域に相当することを示唆しており，双方に基づいた考え方が必要な場合も多々ありうる

つまり溶液中の金属錯体に対しては，①の考えに基づいて古典力学的手法で液体構造を調べることができる。ただし，用いるモデル・相互作用ポテンシャル関数については特段の注意が必要である。一方，②によると量子力学と統計

力学を組み合わせた,より進んだ考え方が必要となる。広く普及しつつある連続誘電体モデル(PCM 法)に基づく量子化学計算は,その最も簡単な例といえよう。水に代表される極性溶媒は,これらの作る静電場が非常に強く,溶質分子の電子状態がしばしば大きな影響を受ける。とりわけ大部分の金属錯体においては,d 電子に由来するエネルギー状態が多数近接していて溶媒和効果が本質的となり,両者の融合が必須となる。

6-4-4 より進んだ理論と実際の計算事例

MD 計算では分子の運動を直接追跡するので,振動運動や錯体周囲の溶媒分子の挙動といった動的性質の計算も可能である。しかしそのためには,目的とする物性に対して信頼性の高い相互作用ポテンシャル関数が必要である。典型元素からなる系では,Lennard-Jones 相互作用や静電相互作用などの簡便な関数で適切な記述が期待できる場合が多い。一方で,多様な電子状態を持つ金属錯体の場合は常にこの限りではない。この代わりに,量子化学計算の結果を直接利用するのが QM/MM 法である。これは錯体を量子化学的に,その周囲の溶媒分子を古典力学的に扱い,分子シミュレーション法で発生させた様々な溶媒分子の配置に対して一点一点量子化学計算を繰り返す方法である。膨大な計算時間を要するが,溶媒分子の効果を錯体に取り入れることが可能となる[51]。実際に MD 法と組み合わせることで(QM/MM-MD),溶液内での金属錯体の振動スペクトルの解析や溶媒運動の解析等がなされている。同様に液体論を量子化学計算と組み合わせることも可能である(RISM-SCF 法)[52]。図 6-22 に同法で求めた水中の $[Ru(NH_3)_6]^{2+/3+}$ の溶媒和構造(動径分布関数)を示す。中心金属の酸化状態の変化に対応して水和構造の変化が認められる。より詳細な解析によりこの変化は線型応答(Marcus 理論)に基づいて理解できることがわかる。また,錯体の電子状態は量子化学計算で求められるが,水和によって孤立系に比較して中心金属のみならず配位子部分も強く分極することがわかる。

一方,金属錯体に対しては基底状態だけでなく,d-d 励起状態や電荷移動励起状態といった多様な電子状態にも興味が持たれている。原理的には電子励起状態に対する動力学計算を行えば溶媒緩和や非断熱遷移のダイナミクスがわ

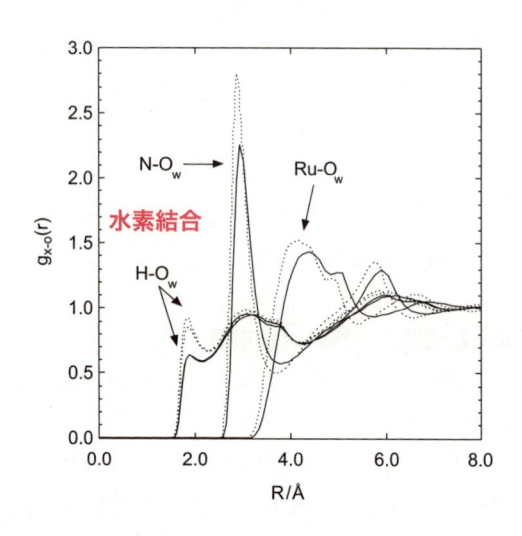

図 6-22 RISM-SCF 法で求めた $[Ru(NH_3)_6]^{2+/3+}$ の水和構造（実線は＋2 価，点線は＋3 価である）。アンミンに水が強く配位していることがわかる

かるはずだが，上述のように金属錯体の電子状態は複雑であり，MCQDPT 法や CASPT 法などの高精度計算が必要である。こうした高精度法を動力学計算に直接適用することは現在の計算機性能でも容易でない。この問題を回避するため，高度な相互作用ポテンシャル関数を構築することで水溶液内における Ni^{2+} の d-d 励起状態を取り扱った例がある [53]。この方法では，水溶媒と遷移金属イオン間の静電・電荷移動・交換反発などの相互作用を表す関数を量子力学に基づいて定式化し，高精度電子状態計算を再現するようにモデル有効ハミルトニアンを構築している。モデルハミルトニアンは小次元の行列で表されるので動力学計算に直接適用でき，対角化によって Ni^{2+} のすべての 3 重項 d-d 励起状態が同時に決定される。計算された電子吸収スペクトルは実験スペクトルを良く再現することが確かめられているだけでなく（図 6-23），電子状態間遷移の時間スケールの評価や非断熱動力学計算から，光励起後の Ni^{2+} 水溶液における d-d 励起状態からの電子緩和過程の詳細も追跡されている。

　溶液中の金属錯体は，非常に複雑な電子状態を持つ。しかし，量子化学の概念に基づいて正しく理解すれば，その多様な性質を第一原理から体系化して理

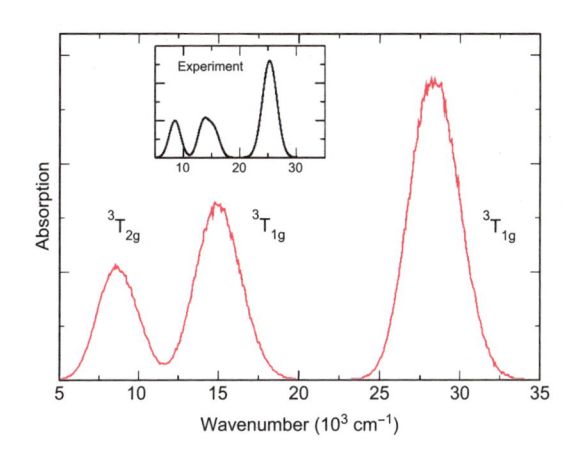

6 測定法と解析法および計算化学

図 6-23 計算によって求めた水溶液中 Ni^{2+} の吸収スペクトル[53a]。上挿入図は C. K. Jørgensen (*Acta Chem. Scand.* **9**, 1362 (1955)) によって与えられた 4 つのガウス関数から再現したスペクトル

解することが可能となる。計算機を用いると数値結果を手軽に得ることができるが，理論背景を知らずに数値結果を鵜呑みにすると大きな間違いを冒しかねない。都合のよい数値を得るためだけにブラックボックス的に用いるのではなく，その物理化学的内容や理論の限界にも常に興味を払うよう心がけたいものである。

参考文献

1) 脇田久伸，ぶんせき，683 (1993).
2) 小堤和彦，ぶんせき，350 (1994).
3) 西川恵子，『実験化学講座 10』（日本化学会編），371，丸善 (1990).
4) 伊原幹人，山口敏男，脇田久伸，松本知之，X 線分析の進歩，**25**, 49-60 (1994).
5) 横山晴彦，横浜市立大学論叢 自然化学系列，**52**, 31-51 (2001).
6) H. Wakita, G. Johansson, M. Sandoström, P. L. Goggin, H. Ohtaki, *J. Solution Chem.*,

20, 643 (1991).
7) 田尻善親, 市橋光芳, 脇田久伸, 増田勲, 日化誌, 267 (1985).
8) G. Johansson, H. Wakita, *Inorg. Chem.*, **24**, 3047 (1985).
9) 例えば, S. Yamashita, M. Fujiwara, Y. Kato, T. Yamaguchi, H. Wakita, H. Adachi, *Ad. Quantam Chem.*, **29**, 357 (1997).
10) 宇田川康夫編, 『日本分光学会測定法シリーズ26 X線吸収微細構造 XAFS の測定と解析』, 学会出版センター (1993).
11) 足立裕彦, 中松博英, 向山毅, X線分析の進歩, **23**, 19 (1992).
12) M. Newville, B. Ravel, D. Haskel, J.J. Rehr, E.A. Stern, Y. Yacoby, *Physica-B.* **208-209**, 154 (1995).
13) 栗崎敏, X線分析の進歩, **34**, 41-51 (2003).
14) M. Valli, S. Matsuo, H. Wakita, T. Yamaguchi, M. Nomura, *Inorg. Chem.*, **35**, 5642 (1996).
15) 例えば, K. Yamanaka, T. Yamaguchi, H. Wakita, *J. Chem. Phys.*, **101**, 9830 (1994).
16) H. Yokoyama, K. Shinozaki, S. Hattori, F. Miyazaki, *Bull. Chem. Soc.*, **70**, 2357-2367 (1997).
17) A. Rompel, J. C. Andrews, R. M. Cinco, M. W. Wemple, G. Christou, N. A. Law, V. L. Pecoraro, K. Sauer, V. K. Yachandra, M. P. Klein, *J. Am. Chem. Soc.*, **119**, 4465 (1997).
18) M. Meloun, J. Havel, E. Högefeldt, *Computation of Solution Equilibria: A Guide to Methods in Potentiometry.*, Extraction, and Spectrophotometry" Ellis Horwood Series in Analytical Chemistry, Ellis Horwood Limited (1988).
19) A. E. Martell, R. J. Motekaitis, *Determination and Use of Stability Constants.*, VCH Publishers Inc. (1988).
20) P. Gans, Data Fitting in the Chemical Sciences: *By the Method of Least Squares.*, Wiley (1992).
21) W. H. Press, B. P. Flannery, S. A. Teukolsky, W. T. Vetterling, *Numerical Recipes in Fortran* 77., 2nd Ed., Cambridge University Press (1992).
22) N. C. Barford, 酒井 英行 訳, 『実験精度と誤差—測定の確からしさとは何か』, 丸善 (1997).
23) 粟屋 隆, 『データ解析—アナログとディジタル (改訂2版)』, 学会出版センター

(1991).
24) H. Sigel, R. B. Martin, *Chem. Rev.* **82**, 385-426 (1982).
25) K. Izutsu, *Electrochemistry in Nonaqueous Solutions.*, Wiley-VCH (2002).
26) K. Izutsu, H. Yamamoto, *Talanta*, **47**, 1157 (1998).
27) R. Kanzaki, K. Uchida, S. Hara, Y. Umebayashi, S. Ishiguro, S. Nomura, *Chem. Lett.*, **36**, 684-685 (2007).
28) R. P. Buck, S. Rondinini, A. K. Covington, F. G. K. Baucke, C. M. A. Brett, M. F. Camões, M. J. T. Milton, T. Mussini, R. Naumann, K. W. Pratt, P. Spitzer, G. S. Wilson, *Pure Appl. Chem.*, **74**, 2169-2200 (2002).
29) E. R. Malinowski, "Factor Analysis in Chemistry ", Wiley, (2002)
30) K. Fujii, Y. Umebayashi, R. Kanzaki, D. Kobayashi, R. Matsuura, S. Ishiguro, *J. Solution Chem*, **34**, 739-753 (2005).
31) K. N. Marsh, P. A. G. O'Hare, Ed. "Solution Calorimetry", Blackwell Scientific Publications (1994).
32) Y. Zhang, N. Watanabe, Y. Miyawaki, Y. Mune, K. Fujii, Y. Umebayashi, S. Ishiguro, *J. Solution Chem*, **34**, 1429-1443 (2005).
33) 横山晴彦,『電気伝導度の測定法と評価法1 希薄溶液の電気伝導度』, 電気化学および工業物理化学, **65**, 926-933 (1997).
34) 日本化学会編,『新実験化学講座5 基礎技術4 電気』, 365-378, 丸善 (1976).
35) 日本分析化学会編,『錯形成反応』, 199-223, 丸善 (1974).
36) H. Yokoyama, *Bull. Chem. Soc. Jpn.*, **57**, 1304-1311 (1984).
37) H. Yokoyama, H. Kon, *J. Phys. Chem.*, **95**, 8956-8963 (1991).
38) H. Yokoyama, H. Kon, T. Hiramoto, K. Shinozaki, *Bull. Chem. Soc. Jpn.*, **67**, 3179-3186(1994).
39) a) A. Tatehata, M. Iiyoshi, K. Kotsuji, *J. Am. Chem. Soc.*, **103**, 7391-7392 (1981).
b) M. Iida, M. Iwaki, Y. Matsuno, H. Yokoyama, *Bull. Chem. Soc. Jpn.*, **63**, 993-998(1990).
40) B. Chance, *Rev. Sci. Instrum.*, **22**, 619-627 (1951).
41) G. D. Owens, R. W. Taylor, T. Y. Ridley, D. W. Margerum, *Anal. Chem.*, **52**, 130-138 (1980).

42) 舟橋重信，稲田康宏，ぶんせき，647-653（1998）．
43) 野村浩康，川泉文男，香田忍，『液体および溶液の音波物性』，名古屋大学出版会（1994）．
44) O. Howarth, in "Multinuclear NMR", ed. J. Mason, *Chap. 5*, Plenum Press（1989）．
45) T. J. Swift, R. E. Connick, *J. Chem. Phys.*, **37**, 307-320（1962）．
46) 舟橋重信，『無機溶液反応の化学』，裳華房（1998）．
47) 日本化学会編，『第五版 実験化学講座 12 計算化学』，丸善（2004）．
48) 米澤貞次郎，永田親義，加藤博史，今村詮，諸熊奎治，『三訂 量子化学入門』，化学同人（1983）．
49) 上田顯，『分子シミュレーション』，裳華房（2003）．
50) 岡崎進，『コンピュータシミュレーションの基礎』，化学同人（2000）．
51) S. Canuto ed. *Solvation Effects on Molecules and Biomolecules*., Springer,（2008）．
52) F. Hirata ed., *Molecular Theory of Solvation*., Kluwer,（2003）．
53) a) S. Iuchi, A. Morita, S. Kato, *J. Chem. Phys.*, **121**, 8446-8457（2004）．
    b) S. Iuchi, A. Morita, S. Kato, *J. Chem. Phys.*, **123**, 024505（2005）．

7 特殊環境下の溶液錯体化学

はじめに

　これまでの溶液錯体化学の研究の中心は，主として，分子性液体を溶媒とする溶液中の錯体の状態，反応，平衡などを研究対象とし，溶液化学的に捉えることにあったと考えられる。溶液錯体化学の今後の新しい展開と発展を考えたとき，そのキーワードの1つとして"特殊環境下"を挙げることができる。本章では，近年，特に注目を浴びている超臨界流体やイオン液体などの特殊媒体，溶液界面，光励起状態や短寿命状態などに焦点を当て，溶液錯体化学がどのように関わることができるかについて解説する。本章が読者の今後の研究の手掛かりにならんことを願う。

7-1 超臨界流体中における金属錯体の挙動

　物質が気体，液体，固体のいずれかの状態をとることは広く知られている。金属錯体の多くは常温で固体であり[1]，本書ではそれらを液体の溶媒に溶かした溶液を一般に取り扱う。本節では，気体と液体の中間的な性質を持つ"超臨界流体"を溶媒として用いた場合の特徴について錯体化学の観点から紹介する。

　図7-1に物質の相図を示す。三重点は気体，液体，固体の3相が共存する状態で，これより低温では気-固の平衡が昇華曲線により，また高温では気-液の平衡が蒸発曲線により表される。三重点よりも高い圧力で温度を上げていくと，物質は固体から液体に，さらには気体へと状態変化する。大気圧（〜0.1 MPa）に密閉したH_2Oを例に考えると，0 ℃で氷が溶融して水となり，100 ℃で蒸発して水蒸気になることに相当する。しかし，蒸発曲線には，高温，高圧側に臨界点と呼ばれる終点があり，これを超えた温度では気体をいくら圧縮しても液体は発生しなくなる。超臨界流体は，一般に臨界点（臨界温度T_cと臨界圧力p_c）を超えた流体として定義される。

　超臨界流体の代表的な物性を，気体，液体の値と共に表7-1に示し，おもな

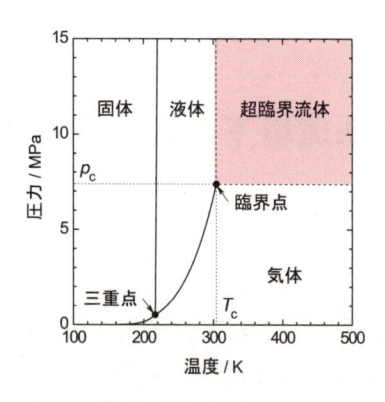

図 7-1 物質の相図（CO_2 の p-T 線図）

表 7-1 気体，液体，超臨界流体の物性値

物性	気体	超臨界流体	液体
密度/g cm^{-3}	0.0006〜0.002	0.2〜0.9	0.6〜2
粘性率/mPa s	0.01〜0.03	0.01〜0.1	0.2〜10
拡散係数/10^{-9} m^2 s^{-1}	1000〜4000	20〜700	< 2
熱伝導率/W m^{-1} K^{-1}	〜0.001	0.001〜0.1	〜0.1

特徴を以下に列記した．
① 超臨界流体は臨界温度を超えた状態のため分子の熱運動は激しく，通常の液体溶媒と比べて，低粘性で高拡散性を与え，界面張力も小さい．また，臨界点近傍では熱伝導率が大きく，高い熱移動速度が得られる
② 温度，圧力の微小変化で密度を理想気体に近い希薄な状態から液体類似の高密度まで連続的かつ大幅に変化でき，拡散係数，熱伝導，誘電率など密度に依存するマクロ的な溶媒特性を制御できる
③ 熱運動と分子間力が拮抗しており，反応基質など溶質分子周りの溶媒和の構造やダイナミクスなど化学反応を支配しうるミクロ的な因子を②と同様に温度，圧力で制御できる

上述①の特性は，超臨界流体が多孔質体の細孔など微小な空間へ容易に浸透できることを意味する．この利点を活かして，半導体や電子機械部品などナノメートルスケールの微細構造材料の洗浄や高分子材料の発泡などが試みられて

いる。②は超臨界流体の最も特徴的な性質で，温度や圧力などの諸条件を最適化して，何をどの様に創り出すか（処理するか）というプロセスの提案を可能とする。例えば，物質の溶解度を変化させてナノ微粒子を調製する晶析技術は，温度や圧力を制御して相変化を含む流体の劇的な状態変化により達成され，多種多様な方法が提案されている。③は超臨界流体の本質を理解する上で必須な現象で，溶液化学的な観点からも重要である。1章に記された通り，流体の溶媒としての性質は，流体を構成する分子の個性に依存し，様々な分子間相互作用に支配される。熱運動と分子間力が拮抗した超臨界流体では密度ゆらぎが大きく，不均一な状態を取りやすい。特に臨界点近傍では密度ゆらぎは顕著で，溶質分子周りに溶媒分子が過剰に集まった状態をとることが指摘されている。これにより，溶媒和エネルギーは大きな影響を受け，臨界点近傍で化学反応が促進されるなど特異的な現象がしばしば観察されている[2]。

　上述した超臨界流体の特徴は，構成分子にかかわらず共通である。すべての物質は固有の臨界点を持ち，超臨界流体は多くの種類が存在しうるが，二酸化炭素（以下，CO_2 と表記；T_c = 304.1 K, p_c = 7.38 MPa）と水（T_c = 647.3 K, p_c = 22.1 MPa）を利用した研究や技術が極めて多い。これら2つの物質は，熱力学的に安定で豊富に存在し，安価で環境負荷が低く，工学的な応用を図る上で優位性が高い。特に，CO_2 は比較的温和な条件で超臨界状態を達成できるため，1980年代以降，抽出分離の分野で利用され，食品，天然物，医薬品などを対象として実用化が進められてきた。現在では，抽出分離を始めとして，種々の有機・無機化学反応，ナノマテリアルなどの材料合成，廃棄物処理や精密洗浄など様々な応用研究が多岐に渡り展開されている。それらについて詳しくは専門の成書[3~5]に委ねるとして，本節では超臨界二酸化炭素（以下，SC-CO_2 と略記）中における金属錯体の溶解挙動や溶存状態について，おもに抽出分離の観点から記述する。

　固体あるいは水溶液中に存在する金属成分のSC-CO_2 による抽出分離は，金属汚れの洗浄や有害金属の除去のほか，都市鉱山からの有用貴金属の回収や核処理プロセスにおける利用など多岐に渡る用途があり応用研究が進められている。SC-CO_2 抽出は有機溶媒を使用した方法と原理的には同じであるが，以下に述べるような利点が挙げられる。

① SC-CO$_2$ 抽出では，有機溶媒の場合と比べて使用する溶媒の量を減らすことができる
② 抽出系から同伴される不純物や，抽出系への溶媒の残余を抑えられる
③ 低粘性，高拡散性のSC-CO$_2$ では，抽出速度の向上が図れ，さらに，界面張力が小さく，装置を小型化できる
④ 溶媒の特性を温度，圧力で連続的に制御でき，目的物質の選択的な抽出が期待できる
⑤ 圧力開放により抽出物から容易に溶媒を取り除け，溶媒の再利用がしやすい。また，CO$_2$ は化学的に安定であり，水や放射線などにより分解されにくい

SC-CO$_2$ 中における液体あるいは固体物質の一般的な溶解度曲線を図7-2に示す。臨界点に近い領域では，溶解度は圧力（密度）増加に伴い著しく上昇する。よって，高圧条件（p_A）で物質（成分A）の抽出を行い，その後，減圧（p_B）して物質（成分A）とCO$_2$ とを分離することができる（このときp_Aとp_Bは任意の圧力でよい）。その際，CO$_2$ はほとんど回収でき，再利用も可能である。ここでは，圧力スウィングによる例を記したが，温度を変化したり，不活性ガスを添加したりする方法なども試みられている。また，低温（T_L）では低圧領

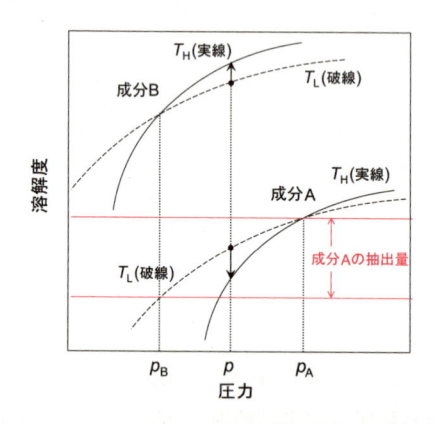

図7-2 SC-CO$_2$ 中における物質の溶解度曲線（温度；$T_L < T_H$）
逆行析出法：一定圧力p（$p_B < p < p_A$）において，低温T_Lで成分AとBを溶解させ，高温T_Hにすると，成分Aのみが過飽和となり析出する

7 特殊環境下の溶液錯体化学

域でも比較的密度が大きく，溶解度曲線が交差する現象が知られている。この交差圧力（p_A, p_B）が物質により異なる性質を利用して難分離系混合物から純粋成分を分離する逆行析出法が提案されている（図7-2参照）[3]。

CO_2は大きな4極子モーメントを持つものの永久双極子モーメントを持たない。そのため，SC-CO_2の誘電率は低く，イオンをほとんど溶解しない。よって，SC-CO_2抽出では，一般に液体の配位子を抽出剤として用い，金属イオンと反応させて中性の錯体分子やイオン対として溶解させる場合が多い。これまで，$β$-ジケトン類などのキレート化合物を始めとして，ジチオカルバメートや有機リン系化合物，クラウンエーテルやポルフィリン類など大環状配位子を抽出剤として使用し，様々な金属イオンの抽出が広く行われている[6〜10]。金属イオンと配位子との錯形成は，金属イオンの電荷やサイズ，共存配位子の影響などを強く受けるが，これは有機溶媒溶液の場合とほぼ類似している。SC-CO_2抽出では，上述した温度，圧力など物理的因子に加えて，溶媒であるCO_2との親和性，生成する金属錯体の化学構造や安定性，極性分子など共存物質の影響などが重要であることが指摘されている[6〜10]。

SC-CO_2による金属イオンの抽出で広く検討が進められている抽出剤として$β$-ジケトン配位子が挙げられる。$β$-ジケトンは1,3-($β$-)位にカルボニル基を持ち，2-位の水素がカルボニル基側に移行することでケト-エノールの平衡状態（図7-3）を取り，溶液は酸性を示す。SC-CO_2中においても，ケト-エノール平衡は存在し，室温付近ではアセチルアセトン（Hacac）は〜7割程度エノール型をとることが調べられている[11]。温度，圧力の増加に伴い平衡は左側にシフトしてケト型が増加する。$β$-ジケトンのケト-エノール平衡は，一般に電子吸引性の置換基の導入によりエノール側に移行するが，SC-CO_2中でも同様

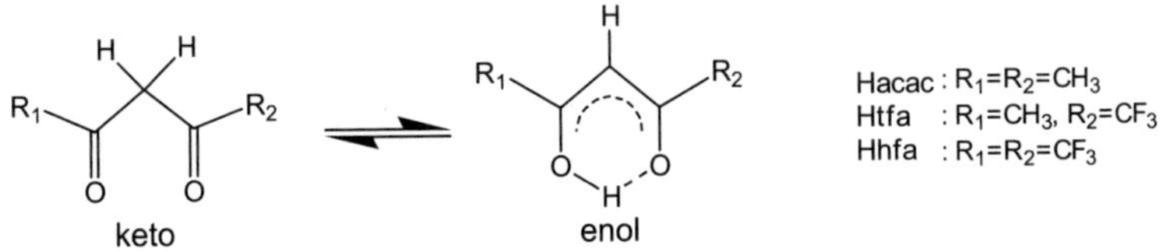

Hacac : $R_1 = R_2 = CH_3$
Htfa : $R_1 = CH_3$, $R_2 = CF_3$
Hhfa : $R_1 = R_2 = CF_3$

図7-3 $β$-ジケトンのケト-エノール平衡

の傾向が観察されている。

　β-ジケトンはプロトンを放出し1価の陰イオンとなり，各種金属イオンに二座キレートとして配位する。金属イオンの価数分β-ジケトンが配位した中性の錯体分子は，一般に化学的に安定で，SC-CO_2中への溶解性も比較的良好である。金属イオンの外周が疎水性の配位子で覆われていることが重要と考えられている。これまで，種々の置換基を持つβ-ジケトンによるSC-CO_2抽出の報告がなされているが，フッ素の導入が抽出効率を高めるのに有効であることが見出されている。これは，溶解度の向上によるもので，Cr(III)錯体の例を挙げると，SC-CO_2中における溶解度は，[Cr(acac)$_3$] < [Cr(tfa)$_3$] < [Cr(hfa)$_3$]の順で顕著に増加し，[Cr(hfa)$_3$]の溶解度は[Cr(acac)$_3$]の100倍にのぼることが示されている（略号は図7-3を参照）[9]。フッ素の導入は金属錯体の揮発性を高める効果があるが，次に述べるように，CO_2分子との特異的な相互作用も指摘されている。

　SC-CO_2抽出に適した高効率の抽出剤を開発するためには，金属錯体と溶媒であるCO_2との相互作用について分子論的な理解を深めることが重要である。超臨界状態は高圧条件を伴うため通常の分析装置をそのまま使用するのは困難だが，種々の分光法によるその場測定が試みられている[12]。Umeckyら[13]は，高圧NMR法を用いてSC-CO_2中における[Be(acac)$_2$]，[Al(acac)$_3$]，[Al(hfa)$_3$]の中心金属の4極子核の緩和時間から回転相関時間を求めている。錯体分子の回転ダイナミクスはSC-CO_2中で流体力学的なモデルにしたがい，回転相関時間は（粘性率／温度）比の増加に伴いほぼ直線的に大きくなる（図7-4）。しかし，臨界点近傍では回転相関時間は（粘性率／温度）比から予想されるより大きな値を示し，特異的に凸となる現象が見出されている。この臨界点近傍のずれは，錯体分子周りに溶媒分子が過剰に集まったことを反映し，錯体分子とCO_2分子との相互作用が大きい場合には，その程度が大きく，臨界温度から離れた高温領域でも観察されている。上記の3種の金属錯体では，[Al(acac)$_3$] < [Be(acac)$_2$] < [Al(hfa)$_3$]の順でCO_2との相互作用は大きくなり，外周にCF_3基を持つ[Al(hfa)$_3$]では顕著なことが明らかとされている。また，CO_2は芳香族化合物との親和性が高く，擬芳香族性を持つキレート環との相互作用が示唆されている。β-ジケトナト錯体では，八面体構造の[Al(acac)$_3$]より四

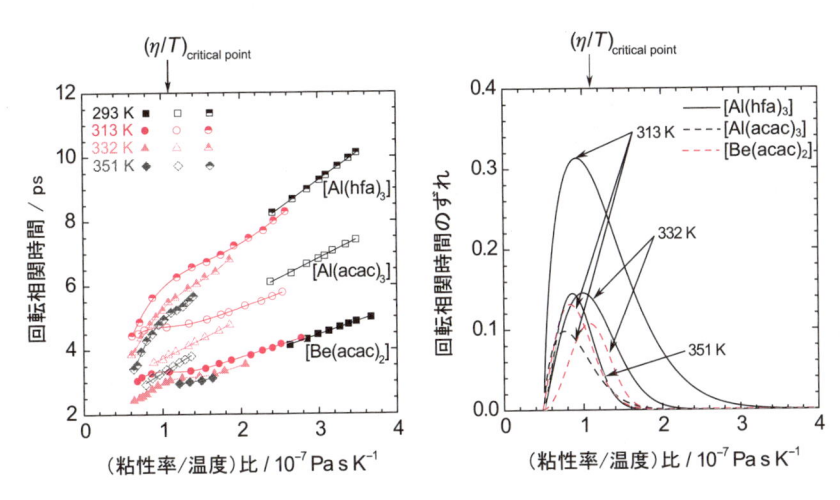

図7-4 SC-CO_2中におけるβ-ジケトナト錯体の回転相関時間の（粘性率/温度）比依存性
（右図は臨界点近傍の直線からのずれを傾きで規格化して拡大してある）

面体構造の[Be(acac)$_2$]の方が立体的な障害が少なく有利である。上述のCO_2分子とフッ素化合物との相互作用では，正に帯電したCO_2の炭素原子と負のフッ素原子とのLewis酸-塩基的な相互作用が重要と解釈されている。その他，カルボニル基やエーテル基の導入などがCO_2との親和性を高めるのに有効であることが報告されている[14]。

SC-CO_2は常温・常圧で液体である通常の溶媒に比べて貧溶媒であることが多く，特に，極性の高い化合物や分子量の大きな物質の溶解性はあまり優れない。それら溶質の溶解度や選択性を上げるために，種々の物質をSC-CO_2に添加する試みが広く行われている。添加される物質は，一般に"エントレーナ"あるいは"共溶媒"と呼ばれる。SC-CO_2にメタノールやエタノールなどの共溶媒を少量加えると，極性物質の溶解度が向上することが知られている。このエントレーナ効果は金属錯体のSC-CO_2抽出でも有効である。例えば，大橋ら[15]はSC-CO_2にCF_3CH_2OHなどフッ素系のアルコールを添加すると[Cr(acac)$_3$]の溶解度が顕著に増加することを見出している。この溶解度の増加は，[Cr(acac)$_3$]とアルコールとの水素結合を介した錯形成に由来することが，IR測定の結果に基づき結論付けられている。また，ランタノイドやアク

チノイドなど高配位状態をとる金属イオンでは，抽出剤の協同効果が大きいことが知られている。β-ジケトン類によるU(VI)の抽出では，トリブチルホスフェート（TBP）を共存させることで，それぞれ単一の抽出剤を用いた場合より抽出効率を著しく上げることが可能である[6,16]。TBPが金属イオンに付加的に配位して，SC-CO_2中における溶解性を高めていると考えられる。一方，金属錯体のSC-CO_2抽出は，水の影響を受けることが指摘されている。SC-CO_2中に水が共存すると，Hhfaなどのβ-ジケトンを配位子とした金属錯体は非可逆的に加水分解して抽出効率の低下を引き起こす[8]。また，高圧領域でSC-CO_2中の水の溶解度が高くなるにしたがい，金属イオンの抽出効率が低下するという報告もある[10]。

　SC-CO_2による金属イオンの抽出では，上述した通り，温度や圧力などの抽出分離条件に加え，抽出剤である配位子の選択や共存物質のおよぼす影響などが重要である。また，固体状の混合物から金属成分を選択的に抽出する場合には，マトリクスの状態に注意を払う必要がある。一方，水溶液から金属イオンを抽出する場合には，pHなど抽出系の化学的な環境因子を考慮しなければならない。SC-CO_2に接した水は，CO_2の溶解に伴って発生する炭酸の化学平衡によりpHが約3の酸性を呈する。

$$CO_2 + H_2O \rightleftarrows H_2CO_3 \rightleftarrows H^+ + HCO_3^- \rightleftarrows 2H^+ + CO_3^{2-} \qquad (7\text{-}1)$$

β-ジケトンなどの酸性抽出剤は，pHがあまりに低い酸性領域では解離せず，錯形成は起こらなくなる。よって，緩衝液の利用やアルカリの添加により，抽出系水溶液のpHを中性領域に保つことが重要となる。これを逆に利用して，抽出系の水溶液にNaOHを加えてpHを制御し，Cr(III)，Co(II)，Au(III)などの重金属イオンを選択的にSC-CO_2抽出する試みがなされている[17]。一方，SC-CO_2抽出の特徴の1つとして，低粘性，高拡散性で，界面張力が小さく，抽出速度の向上や装置の小型化が期待できることを前述した。しかし，SC-CO_2抽出における速度論的な過程や錯形成の反応機構についての総括的な研究はあまり多くなく，今後の進展が期待されている。

　以上，超臨界流体の特徴ならびにSC-CO_2中における金属錯体の挙動について抽出分離の観点から概略した。SC-CO_2を溶媒とした金属錯体に関する研究

は，抽出分離の分野のみならず，化学反応の均一系触媒や金属微粒子の前駆体など，多岐に渡る領域に拡がりをみせている。また，SC-CO_2 中に界面活性剤を混合して逆ミセルを形成させ，金属イオンなどを可溶化する技術の開発が進められている。水や CO_2 からなる超臨界流体は，本質的に環境に適合した溶媒であり，"グリーン・サスティナブル・ケミストリー"の概念に沿った媒体として期待されている。本節では SC-CO_2 を溶媒とした研究を中心に紹介したが，近年，超臨界水や高温，高圧の熱水中において金属錯体を利用した研究が進められている。超臨界流体は，一般に高温，高圧条件で達成され，それらを操作因子として溶媒特性や相挙動などを容易に制御でき，従来の溶媒にはない特殊な環境を提供することが可能である。超臨界流体を用いた研究や技術の多くは発展途上であり，超臨界流体と錯体化学とが融合することで，その機能が一層発揮されるものと期待される。

7-2　金属錯体の反応と平衡に対する圧力効果

1980 年代頃までの金属錯体の溶液内反応の反応機構に関する研究は，おもに速度定数やその温度依存性から得られる活性化パラメータ（$\Delta^\ddagger H$, $\Delta^\ddagger S$）を求めることに力点が置かれていた。そして，反応機構はそれらの速度論的パラメータに基づいて論じられてきた。しかし，報告されたそれらのパラメータのうち，活性化エントロピー（$\Delta^\ddagger S$）の値は同一の反応系であっても研究者により，その絶対値のみならず符号までも異なる場合があり，信頼性が乏しかった。そのような中，70 年代末頃になると速度定数の圧力依存性から得られる活性化体積（$\Delta^\ddagger V$）の方が $\Delta^\ddagger S$ よりも信頼性が高く，反応機構の推定に有効であるとの認識が高まり，にわかに $\Delta^\ddagger V$ を測定するための高圧反応測定装置の開発が行われるようになった。そして 80 年代には，おもな高圧反応測定装置のほとんどが開発され，2000〜3000 気圧（1 気圧 = 1 atm = 0.1013 MPa）の加圧下で化学反応の速度定数を測定できるようになった。

高圧下での迅速無機反応の研究は，1968 年の Brower による研究に端を発する。その後，1970〜80 年代にかけていくつかのグループによって高圧温度ジャンプ（T-jump）装置や高圧圧力ジャンプ（P-jump）装置が開発され，錯形成反応の研究が行われるようになった。また，70 年代の終わり頃から 80 年代に

かけて，Merbach らや Swaddle らによって高圧 NMR 装置が開発され，金属イオンの溶媒交換反応の研究が行われた。一方，これらの緩和法と相補的な関係にあるフロー法に関しては，1977 年の Heremans らによる高圧ストップトフロー装置の開発が発端となった。以来 80 年代の前半までに，Heremans らの装置の改良型以外に，ほぼ時を同じくして大杉ら，Karan と Macey，そして田中らにより 3 つの異なるタイプの装置が報告された。その後，90 年代末に小泉らによって Heremans らの装置と田中らの装置の特徴を兼ね備えたタイプの高圧ストップトフロー装置が開発された[18]。

圧力を加えるということはその系に仕事を与えることになるが，圧縮によって加えられるエネルギーは 10 万気圧に圧縮しても 1 mol 当たり 9 kJ に満たないため，加圧によって化学結合の切断や生成は起こらず，物質が液体として存在する 1 ～ 2 万気圧以下の加圧下での化学は本質的に常圧下における化学と違いはない。

7-2-1 反応体積と活性化体積

式（7-2）で表されるような反応を考える。ここで，正反応，逆反応の速度定数をそれぞれ，k_f, k_b とし，平衡定数を K とする。式（7-2）の反応が素反応であれば，$k_f/k_b = K$，また，標準ギブズ自由エネルギー変化を ΔG^o とすると，$\Delta G^o = -RT \ln K$ である。したがって，反応（7-2）に対する圧力効果は定温において式（7-3）あるいは式（7-4）で表される。ここで，ΔV^o は反応体積（reaction volume）と呼ばれ，部分モル体積を用いて式（7-5）のように定義される。

$$A + B \underset{k_b}{\overset{K \atop k_f}{\rightleftarrows}} C + D \tag{7-2}$$

$$\left(\frac{\partial \Delta G^o}{\partial p}\right)_T = \Delta V^o \tag{7-3}$$

$$\left(\frac{\partial \ln K}{\partial p}\right)_T = -\frac{\Delta V^o}{RT} \tag{7-4}$$

$$\Delta V^\circ = (V_C^\circ + V_D^\circ) - (V_A^\circ + V_B^\circ) \tag{7-5}$$

ここで，V_A°，V_B°，V_C° および V_D° は各化学種の部分モル体積である．式（7-4）は，AとBが反応して，CとDを生成するときに起こる体積変化が平衡定数の圧力変化から求められることを示す．また，式（7-5）は，反応物AとBの溶液の混合前の体積と混合後の体積の差を膨張計を用いて直接測定することにより，反応体積が決定できることを示す．

一方，活性錯合体理論によると，式（7-2）の反応は，式（7-6）のように表される．

$$A + B \underset{k_b}{\overset{k_f}{\rightleftharpoons}} (AB)^\ddagger \rightleftharpoons C + D \tag{7-6}$$

ここで，$(AB)^\ddagger$ は活性錯合体（遷移状態）で，反応原系と平衡状態にある．この平衡の活性化自由エネルギーと平衡定数をそれぞれ，$\Delta^\ddagger G$，$K^\ddagger$ とすると，$\Delta^\ddagger G = -RT \ln K^\ddagger$ であるので，式（7-3），式（7-4）と同様にそれぞれ，式（7-7），式（7-8）が成り立つ．

$$\left(\frac{\partial \Delta^\ddagger G}{\partial p} \right)_T = \Delta_f^\ddagger V \tag{7-7}$$

$$\left(\frac{\partial \ln K^\ddagger}{\partial p} \right)_T = -\frac{\Delta_f^\ddagger V}{RT} \tag{7-8}$$

速度定数 k_f は $K^\ddagger$ と $k_f = \kappa \dfrac{k_B}{h} K^\ddagger$ の関係にあるため，式（7-9）が成り立つ．ただし，κ は透過係数，k_B はボルツマン定数，h はプランク定数である．

$$\left(\frac{\partial \ln k_f}{\partial p} \right)_T = -\frac{\Delta_f^\ddagger V}{RT} \tag{7-9}$$

ここで，$\Delta_f^\ddagger V$ は活性化体積と呼ばれ，遷移状態と反応原系との部分モル体積の差である．式（7-9）は，活性化体積が速度定数の圧力依存性から得られることを示している．

正反応だけでなく逆反応も考慮すると，活性化体積は各化学種の部分モル体積を用いて，それぞれ次の式で表される．

$$\Delta_f^{\ddagger} V = V_{(AB)^{\ddagger}} - (V_A^o + V_B^o) \tag{7-10}$$

$$\Delta_b^{\ddagger} V = V_{(AB)^{\ddagger}} - (V_C^o + V_D^o) \tag{7-11}$$

したがって，反応体積と活性化体積は次式の関係にある．

$$\Delta V^o = (V_C^o + V_D^o) - (V_A^o + V_B^o) = \Delta_f^{\ddagger} V - \Delta_b^{\ddagger} V \tag{7-12}$$

この式より，正反応と逆反応の活性化体積が求められれば，計算によって反応体積が得られる．また，不可逆な反応であっても，反応体積（ΔV^o）と正反応の活性化体積（$\Delta_f^{\ddagger} V$）が求められれば，逆反応の活性化体積（$\Delta_b^{\ddagger} V$）を計算によって求めることができる．

7-2-2 反応体積と活性化体積のデータ

膨大な数の無機反応，有機反応の反応体積の値および活性化体積の値が約10年毎に3回にわたってまとめられている[19〜21]．

(1) 反応体積のデータ

幾つかのプロトン解離反応の反応体積の値を表7-2に示す．表の値は膨張計または高圧容器[22]を用いて測定されたものである．

表7-2 プロトン解離反応の反応体積（25 ℃，1 atm）

化合物	$\Delta V^o / \text{cm}^3 \text{mol}^{-1}$	化合物	$\Delta V^o / \text{cm}^3 \text{mol}^{-1}$
H_2O	−22.07	NH_4^+	+7.0
H_2S	−16.3	$CH_3NH_3^+$	+5.6
HCOOH	−8.5	$[Fe(H_2O)_6]^{3+}$	−1.2
CH_3COOH	−11.3	$[Cr(H_2O)_6]^{3+}$	−3.8

無電荷の酸や塩基を水に溶解するとイオンを生成する．イオンは無電荷の分子よりもずっと強く溶媒和され，溶媒分子（水分子）はイオンの周りに強く引き付けられる．その結果，イオンの周りの溶媒分子はより強い電縮（electrostriction）を受け，生成系の部分モル体積の和が反応原系のそれよりも小さくなり，反応体積は負の値となる（電縮については5-1-1項参照）．それゆえ，加圧すると無電荷の酸や塩基の解離は促進され，表7-3のように解離定

数の値は圧力とともに大きくなる（式 (7-4)）。

表 7-3 解離定数の圧力による変化（25 ℃）

化合物	$K_a/10^{-5}$ mol kg^{-1} または $K_b/10^{-5}$ mol kg^{-1}			
	1 atm	1000 atm	2000 atm	3000 atm
HCOOH	17.4	24.4	32.5	41.8
CH$_3$COOH	1.71	2.70	3.91	5.38
NH$_3$	1.75	5.11	12.2	24.3

水素イオンや水酸化物イオンなどのイオンの部分モル体積（cm^{3}mol^{-1}, 25 ℃, 1 atm）は，それぞれ次のような値であることがわかっている。

$$\begin{array}{cccccc} H_2O & \to & H^+ & + & OH^- & \Delta V°/cm^3mol^{-1} \\ (+18.0) & & (-5.4) & & (+1.4) & -22.0 \end{array} \quad (7\text{-}13)$$

$$\begin{array}{cccccc} H_2S & \to & H^+ & + & HS^- & \Delta V°/cm^3mol^{-1} \\ (+35.9) & & (-5.4) & & (+24.6) & -16.3 \end{array} \quad (7\text{-}14)$$

式 (7-13)，式 (7-14) より，式 (7-15)，式 (7-16) が得られる。

$$V°_{H_2O} - V°_{OH^-} = 16.6 \text{ cm}^3\text{mol}^{-1} \quad (7\text{-}15)$$

$$V°_{H_2S} - V°_{HS^-} = 11.3 \text{ cm}^3\text{mol}^{-1} \quad (7\text{-}16)$$

電荷を持った酸の解離反応に対して次のような $\Delta V°$ の値が得られている。

$$\begin{array}{ccccc} NH_4^+ & \to & H^+ & + & NH_3 & \Delta V°/cm^3mol^{-1} \\ & & (-5.4) & & +7.0 \end{array} \quad (7\text{-}17)$$

$$\begin{array}{ccccc} [Fe(H_2O)_6]^{3+} & \to & H^+ & + & [Fe(OH)(H_2O)_5]^{2+} & \Delta V°/cm^3mol^{-1} \\ & & (-5.4) & & & -1.2 \end{array} \quad (7\text{-}18)$$

式 (7-17)，式 (7-18) より式 (7-19)，式 (7-20) が得られる。

$$V°_{NH_4^+} - V°_{NH_3} = -12.4 \text{ cm}^3\text{mol}^{-1} \quad (7\text{-}19)$$

$$V°_{Fe^{3+}} - V°_{FeOH^{2+}} = -4.2 \text{ cm}^3\text{mol}^{-1} \quad (7\text{-}20)$$

式 (7-15) と式 (7-16) より，無電荷の酸はその共役塩基よりも部分モル体積が大きく，式 (7-19) と式 (7-20) より，電荷を持つ酸はその共役塩基よりも

部分モル体積が小さいことがわかる。言い換えれば，中性分子よりもイオンの方が，また，イオンの電荷が大きい方が電縮の効果が大きいことがわかる。

(2) 活性化体積のデータ

4章に述べられているように，錯形成の反応機構は M. Eigen によって提案された機構（Eigen機構，式（4-19））に基づいて，一般に次のように表される。

$$\text{M(H}_2\text{O)}_n^{a+} + \text{L}^{b-} \underset{}{\overset{K_{\text{os}}}{\rightleftharpoons}} \underset{(2)}{\text{M(H}_2\text{O)}_n^{a+} \cdots \text{L}^{b-}}$$
$$\underset{(1)}{}$$

$$\xrightarrow{k_{\text{is}}} \underset{(3)}{\text{M(H}_2\text{O)}_m\text{L}^{(a-b)+}} + (n-m)\text{H}_2\text{O} \qquad (7\text{-}21)$$

K_{os} は，金属イオン(1)と配位子 L^{b-} が反応して外圏錯体（あるいはイオン対）(2)を生成する拡散律速過程の生成定数であり，k_{is} は(2)から内圏錯体(3)を生成する律速過程の速度定数である。

この式の二次の速度定数 $k_{\text{f}}(\text{M}^{-1}\text{s}^{-1})\,(\text{M} = \text{mol dm}^{-3})$ は次の式で表される。

$$k_{\text{f}} = K_{\text{os}} k_{\text{is}} \qquad (7\text{-}22)$$

したがって，k_{f} の圧力依存性から得られる活性化体積 $\Delta_{\text{f}}^{\ddagger}V$ は，式（7-21）の各過程の体積変化の和で表される（式（7-23））。2種類の反応物が互いに反対電荷を有する場合には外圏錯体は特にイオン対と呼ばれるが，イオン対を生成すると電荷が部分的に中和されるため，多くの場合，イオン対生成の $\Delta_{\text{os}}V^{\text{o}}$ は $\Delta_{\text{f}}^{\ddagger}V$ の支配的因子となる。$\Delta_{\text{os}}V^{\text{o}}$ の値は Fuoss の式（3-27）を圧力で微分することにより見積もることができる（$\Delta_{\text{os}}V^{\text{o}} = -RT(\partial \ln K_{\text{os}}/\partial p)_{\text{T}}$）。

$$\Delta_{\text{f}}^{\ddagger}V = \Delta_{\text{os}}V^{\text{o}} + \Delta_{\text{is}}^{\ddagger}V \qquad (7\text{-}23)$$

表7-4に，常圧下での速度論的データに基づき反応機構（Langford と Gray による分類，4-3-1項参照）が明らかになっている金属イオンの錯形成の $\Delta_{\text{is}}^{\ddagger}V$ の値の一例を示してある。この表より明らかなように，I_a 機構で反応する $[\text{Fe}(\text{H}_2\text{O})_6]^{3+}$ の $\Delta_{\text{is}}^{\ddagger}V$ の値は配位子が変わってもすべて負の値であり，I_d 機構で反応する $[\text{Fe}(\text{OH})(\text{H}_2\text{O})_5]^{2+}$ や $[\text{Ni}(\text{H}_2\text{O})_6]^{2+}$ の $\Delta_{\text{is}}^{\ddagger}V$ の値はすべて正の値で

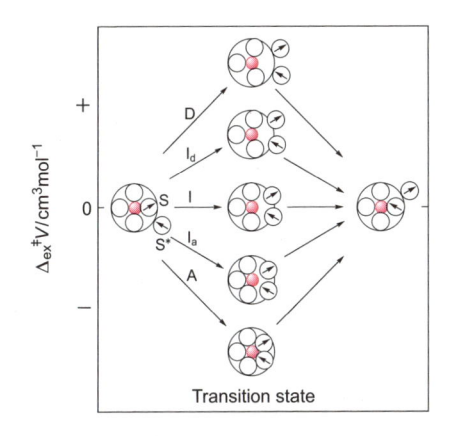

図 7-5 溶媒交換反応の活性化体積と反応機構

表 7-4 金属イオンの錯形成反応の活性化体積 (25 ℃, 水溶液中)

金属イオン	反応機構	配位子	$\Delta_{is}^{\ddagger}V/\text{cm}^3\text{mol}^{-1}$	金属イオン	反応機構	配位子	$\Delta_{is}^{\ddagger}V/\text{cm}^3\text{mol}^{-1}$
Ni^{2+}	I_d	succinate^{2-}	+6	Fe^{3+}	I_a	SCN^-	−6.1
		malonate^{2-}	+8			acethydroxamic acid	−10.0
		glycolate$^-$	+11			4-isopropyltropolone	−8.7
		glycinate$^-$	+8			Cl^-	−6.5
		murexide$^-$	+9			H_2O	−5.4
		NH_3	+6.0	$FeOH^{2+}$	I_d	SCN^-	+6.9
		iso-quinoline	+7.4			acethydroxamic acid	+7.7
		pada	+7.7			4-isopropyltropolone	+4.1
		bpy	+5.5			Cl^-	+6.2
		terpy	+6.7			H_2O	+7.0
		H_2O	+7.2				

pada=pyridine-2-azo-4-dimethylaniline　　bpy=2,2'-bipyridine　　terpy=2,2' ; 6',2''-terpyridine

あることがわかる。また，他の金属イオンについても例外なく，会合的機構が示唆される反応系では負の $\Delta_{is}^{\ddagger}V$ の値が，解離的機構が示唆される反応系では正の $\Delta_{is}^{\ddagger}V$ の値が得られている。このことより，活性化体積の正負は配位子置換反応の機構の判別に有効であることがわかる。

　溶媒交換反応は，4 章で述べたように，leaving ligand も entering ligand も溶媒分子であるため，正反応と逆反応は等価である。A. E. Merbach らは自ら開発した高圧 NMR 装置により多くの金属イオンの溶媒交換反応の活性化体積

$\Delta_{ex}^{\ddagger}V$ を測定し,「遷移状態に至る過程で交換に関与しない溶媒分子の結合状態は変わらない」と仮定し, 図 7-5 のように $\Delta_{ex}^{\ddagger}V$ の大小を反応機構と直接関連付けた。この仮定に基づく議論は多くの批判を受けたが, 溶媒交換反応は錯形成反応において entering ligand が溶媒分子である場合にすぎず, その反応機構は錯形成の反応機構と一致するはずである。実際, 同一金属イオンの $\Delta_{ex}^{\ddagger}V$ は錯形成の $\Delta_{is}^{\ddagger}V$ とよく似た値が得られているため (表 7-4), $\Delta_{ex}^{\ddagger}V$ は反応機構の判定の基準になり得ると考えられる。

7-2-3 溶液内反応の体積変化

溶液内反応に対する圧力効果は, 反応に伴い体積変化がある反応系に対してのみ現れる。高速反応測定装置である圧力ジャンプ装置 (6-3-2 項参照) では, 体積変化を伴う可逆反応系のみ測定可能である。体積変化の大きい反応は, 塩類や酸塩基の反応のようなイオンの関与する反応であり, 反応に伴い電荷が生成したり消滅したりする反応である。このような反応では電縮により溶媒和が著しく変化するため, 体積が大きく変化し, 溶液の密度の変化が起こる。

有機反応の中には $-50\ \mathrm{cm^3 mol^{-1}}$ という非常に大きな負の活性化体積の値を持つ反応や溶媒依存性の大きい反応がある[21,22]。低誘電率の溶媒ほど活性化体積の値が負になり, 加圧によるより大きい加速効果が期待できる。そのため, 遷移状態で電荷分離を生じる有機反応の場合には, 活性化体積の溶媒依存性が大きく現れる。

活性化体積の値が $-50\ \mathrm{cm^3 mol^{-1}}$ でこの値が圧力に依存せずに定数であり, 反応が一次反応であると仮定すると, 式 (7-9) を積分 (1 atm から p atm まで) することにより, 式 (7-24) が得られ, 25 ℃では 5000 気圧下の速度定数は 1 気圧下の約 2 万倍になる。これは, 1 気圧下で 99% (7 半減期) 反応するのに 10 日かかる反応でも, 5000 気圧下では 1 分以内に反応が終わることを示している。

$$\frac{k_p}{k_1} = \exp\left(-\frac{\Delta^{\ddagger}V}{RT}p\right) \qquad (7\text{-}24)$$

7-3 イオン液体中における金属錯体の反応と錯形成

　水，有機溶媒に次ぐ新たな溶媒としてイオン液体への関心が急速に高まっている[23〜25]。中性塩でありながら低い融点を持つという物理化学的な特性と，極めて小さな蒸気圧や不燃性，強い選択的溶解性，電気伝導性・熱伝導性，環境保全性など，溶媒としての特性が研究者にとって大きな魅力となっている。これまで報告されてきたイオン液体についても溶媒として広範な性質が示されていることから，各種のカチオンとアニオンの組み合わせにより膨大な種類の溶媒が分子設計可能となり，このことも研究者を引きつける要因となっている。イオン液体は，広義には融点が 100 ℃未満の中性塩とされるが，習慣的には室温で液体状態をとる「室温イオン液体」を指す場合が多い。

　イオン液体の存在が明らかにされたのは歴史的に古く，電解質溶液に関する Walden 則で有名な P. Walden がすでに 1914 年にエチルアンモニウム硝酸塩（EAN）の融点が 12 ℃と大変低いことを発表している。EAN は水と似た性質を持ち，例えば，その中でのミセル形成について，D. F. Evans らが 1982 年頃に研究している。Evans は EAN 中での界面活性剤のミセル形成の傾向が溶媒の凝集能力の指標であるゴードンパラメータ（5-4 節参照）からうまく説明できることを指摘している。イオン液体も通常の溶媒と同様にプロトン性イオン液体（PIL）と非プロトン性イオン液体（AIL）とに分けて論じられるが[26]，EAN は最も単純な PIL である。PIL は水素結合によるネットワーク構造を形成し，粘性はやや高くなる傾向がある。一般に AIL に比べて親水的で金属塩や金属錯体などの電解質を溶かしやすい。よって，PIL は錯体化学から見ても重要な溶媒である。

　一方，イオン液体研究の主流を占める AIL 系は，構造式 1 に示すように多彩なカチオンやアニオンの組み合わせで数多くの種類が研究されている。極性はエタノールに近く，単独の溶媒として金属塩の溶解度は一般にあまり高くない。A. P. Abbott らは，塩化コリンのような金属溶解を助けるプロトン性カチオンが共存した混合溶媒（共融塩）中で錯形成を系統的に研究している[27]。

　イオン液体を溶媒に，金属錯体を溶質にすると，そこに新たな溶液錯体化学が展開されるが，金属錯体とイオン液体との関わりについてはもう 1 つの側面がある。それは，イオン液体がサーモトロピック液晶や分子性ガラス（低分子

(a) 代表的なカチオン（$R_1 \sim R_4$ はアルキル基。非対称な方が融点が低い）

Imidazolium　　Pyrrolidinium　　Ammonium

Alkylsulfate　　Trifluoromethanesulfonate　　Bis(trifluoromethanesulfonyl)amide (= TFSA)　　PF_6^-　BF_4^-　NO_3^-

(b) 代表的なアニオン

構造式 1

化合物から成る安定なガラス状態）と同様に，分子構造と分子間力の微妙な組み合わせの結果生じる一種の中間相または中間状態の超分子溶液系として捉えられる点である。特に遷移金属を分子内に含むイオン液体系は機能性の高い超分子溶液系になり，5-4 節で記述した金属錯体超分子溶液系の延長線上に位置付けることができる。以下，金属錯体の溶液化学の立場から，イオン液体を捉え解説する。

7-3-1　反応溶媒としてのイオン液体

　その特性を生かして水や有機溶媒中では実現できない金属錯体触媒の利用がイオン液体中で可能となる。パラジウムやロジウム，イリジウムなど貴金属の金属錯体触媒で電気的に中性のものは，疎水的なイオン液体に溶解しやすいことから，水ともエーテルとも混ざらないイオン液体中，例えば，[bmim]PF_6 (bmim = butylmethylimidazolium) 中で，有機化学反応を行わせることにより，これらの金属錯体触媒を含むイオン液体を再生可能な第三の触媒相として利用できる。特に，イオン液体が溶解しやすい相手と溶解しにくい相手とを選別する傾向にあることが，触媒作用を持つ反応媒体としての使い勝手を良くしてい

る。また，多くの金属錯体触媒，例えば，パラジウム(II)やランタノイド(III)の錯体がイオン液体中で活性化することが知られている[23, 28, 29a]。その機構について不明な点も多いが，イオン液体を構成するカチオンまたはアニオンが金属に弱く配位できるためと考えられている。さらに，多くのイオン液体が熱的に安定であることも重要で，200℃前後の高温で溶液内反応を行わせることができるため，反応の促進に都合が良い。このように利点の多いイオン液体を金属錯体触媒の反応媒体に用いた数多くの有機合成反応の研究がなされているが，報告は定性的なものになりがちである。

一方で，イオン液体の基本的な物性が広範に調べられている。金属錯体の溶液内反応に関連した重要なパラメータとして，溶媒の極性を表す E_T 値（1-1節参照）がある。イミダゾリウム系の AIL の E_T 値は上述のようにエタノールと同じ程度の50前後の値で，上述のEANではそれより10ほど大きく水に近い。E_T 値を基にした反応への溶媒効果について，次のような定量的な研究がなされている。

R.van Eldik らは，溶媒としてイオン液体（[bmim]TFSA）を取り上げ，白金やパラジウム錯体の配位子置換反応への溶媒効果を調べ，水，メタノールと比較した[30a]。彼らは錯体として構造式2に示す+1価の白金(II)錯体を，求核試薬として−1価のヨウ化物イオンと無電荷のチオ尿素を取り上げ，表7-5に示されるような塩化物イオンとの間の配位子置換反応の二次反応速度定数 k_2 を求めた。この反応速度定数は，Pt–Cl 結合の切断と関係しているが，その大きさの順は，水≫メタノール≈[bmim]TFSA となり，溶媒の E_T^N 値（E_T 値を水の場合1になるように $E_T^N = (E_T - 30.7)/32.4$ の関係式を用いて規格化した極性の指標）の順とほぼ一致した。また，いずれの反応も活性化エントロピー

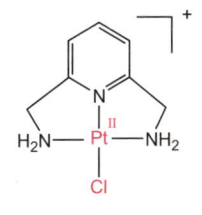

構造式2

表7-5 白金錯体(構造式2)における塩化物イオンとヨウ化物イオンあるいはチオ尿素との置換反応に対する二次速度定数と活性化パラメータへの溶媒効果 [30a]

求核試薬	溶媒	極性 (E_T^N)	$10^3 k_2$ (25 ℃) [$M^{-1}s^{-1}$]	$\Delta^{\ddagger}H$ [kJ mol^{-1}]	$\Delta^{\ddagger}S$ [J K^{-1}mol^{-1}]	$\Delta^{\ddagger}V$ [cm^{3}mol^{-1}]
I$^-$	水	1.000	253±2	58±1	−62±3	−6.9±0.3
I$^-$	メタノール	0.762	15.3±0.2	69±1	−51±4	−10.0±0.2
I$^-$	[bmim]TFSA	0.642	32.1±0.2	66±1	−53±5	−14.1±0.4
チオ尿素	水	1.000	1620±10	49±1	−77±4	−10.4±0.5
チオ尿素	メタノール	0.762	385±2	63±1	−42±4	−6.6±0.1
チオ尿素	[bmim]TFSA	0.642	277±3	49±1	−92±2	−13.9±0.2

$\Delta^{\ddagger}S$ と活性化体積 $\Delta^{\ddagger}V$ が負となる(表7-5)ことから,会合的交替機構(4-3-1項参照)で進むと考えられるが,$\Delta^{\ddagger}V$ について,ヨウ化物イオンとチオ尿素とで以下に述べるように異なる傾向を示した。ヨウ化物イオンでは,活性錯合体が電気的に中性になるため,反応物に比べて活性錯合体における静電場による溶媒の体積収縮への効果が極性の大きな溶媒ほど小さくなり,これは $\Delta^{\ddagger}V$ に対し正に寄与する。その結果,極性の大きな溶媒ほど活性化体積の絶対値が小さくなり,活性化体積は極性の順に水>メタノール>[bmim]TFSAとなった。すなわち,活性化体積は溶媒の構造より極性に依存している。これに対して,無電荷のチオ尿素では,反応物の金属錯体も活性錯合体も同様に静電場による溶媒の体積収縮への効果が効く。この場合,溶媒の構造性が支配的となり,水と[bmim]TFSAの間では,$\Delta^{\ddagger}V$ の値は互いに近くなる。この系で溶媒の極性よりは構造性が支配的になることは,ここで用いた溶媒の中で最も構造性の小さいメタノール中で $\Delta^{\ddagger}S$ も $\Delta^{\ddagger}V$ も絶対値が最も小さくなることからも裏付けられる。また,表7-5 に示すように,[bmim]TFSA 中では,ヨウ化物イオンの場合でもチオ尿素の場合でも,電荷の有無に関係なく,$\Delta^{\ddagger}V$ は同程度の大きな負の値を持つ。その理由として,[bmim]TFSA 中では溶媒を構成している [bmim]$^+$ と TFSA$^-$ とで互いによく配列された組織構造を形成しており,反応の活性錯合体が形成されても,その組織構造があまり大きな影響を受けないためと説明された。

続いて,同じ研究グループにより,半減期がミリ秒のオーダーになる比較的速い反応についても,構造式3の白金(II)錯体のチオ尿素による配位子置換反応が研究された[30b]。水,メタノールに比べてイオン液体([C$_2$mim]TFSA)中

における二次反応速度定数が最も小さかった。これは，TFSA$^-$が白金(II)にaxial 配位し，チオ尿素が白金(II)に近づくのを妨害するためとされた。イオン液体中におけるこれらの金属錯体の配位子置換反応は，溶解度の制限があって，反応種の濃度が極めて低く抑えられているため，不純物として含まれるごく微量の水の影響についても十分検討する必要がある。

構造式 3

　一方，金属錯体の電子移動反応では，イオン液体の構成物質が溶質として存在する場合に顕著な効果が観測されている。フェロセン型の金属錯体 $(C_5Me_5)_2M(II)$ (Me = methyl, M = Fe, Co) のジクロロメタン中における酸素による酸化反応は，金属錯体に対しおよそ100倍モル量の[bmim]X (X = SbF_6^-, PF_6^-, BF_4^- など) を添加すると，反応が劇的に促進された[30c]。これは，金属錯体と酸素の反応により生成した酸素ラジカルアニオン (O^{2-}) が[bmim]$^+$のイミダゾリウム環のC2位の水素原子に配位して安定化することによると考えられる。また，対アニオンの効果もあり，この反応を促進する順は $SbF_6^- > PF_6^- > BF_4^- \gg Cl^-$ となり，C2プロトンの酸性度を増大させる順と一致した。

　金属錯体の発光挙動は一般に溶媒など周りの環境による影響を受けやすい。[Yb(tta)$_3$(phen)] (tta = thenoyltrifluoroacetonate) 錯体の近赤外領域の発光強度を比較すると，トルエン中＜固体（粉末）＜イオン液体（[C_{12}mim]Cl・H_2O (C_{12}mim = dodecylmethylimidazolium)) 中の順に大きくなった[31]。これは，希土類では溶媒和による無輻射失活過程が起こりやすいが，イオン液体中ではその寄与が小さくなるためと考えられる。溶媒和力の小さなトルエン中や固体におけるよりもむしろ発光強度が大きくなり，発光寿命も他の媒体中に比べて，やや長くなるという特徴もイオン液体特有の溶媒和構造に起因すると考え

られる。

7-3-2 金属錯体をアニオンとする非プロトン性イオン液体（AIL）

エチルアンモニウム硝酸塩（EAN）を除いて，これまで研究されてきたイオン液体の大部分は AIL である。また，金属錯体がイオン液体の構成イオンを成す場合，アニオンである場合が多い。初期の研究では，アルミニウムや鉄，亜鉛などのクロロ錯体が用いられた。塩化アルミニウムはルイス酸として，Friedel-Crafts 反応や Diels-Alder 反応などの触媒として用いられるが，クロロアルミニウム(III)錯イオンを対アニオンとするイオン液体を用いると極めて触媒効率が良くなる。イオン液体が学術的に注目されだしたのも，このような研究が発端となっている [23, 24, 28, 32]。イオン液体の触媒としての長所は，カチオンとアニオンのモル比によって触媒をルイス酸からルイス塩基まで変化させられる点である。例えば，[bmim]Cl に $AlCl_3$ を過剰に加えると，$Al_2Cl_7^-$ や $Al_3Cl_{10}^-$ の多核錯体を形成し，触媒として有効なルイス酸を含むイオン液体となる。[bmim]Cl と $AlCl_3$ の混合比が 1 対 1 あるいは [bmim]Cl が過剰のとき，アニオンは $AlCl_4^-$ として存在する。Al 以外にも Sn や Fe などの金属のハロゲン化物イオンの錯形成がイオン液体中で調べられ，ルイス酸を含むイオン液体として有機化学反応で重要な触媒に用いられている [28, 32]。また，$FeCl_4^-$ の場合には磁性があるので，有機溶媒を含まない磁性流体を形成する [33]。

イオン液体中で，希土類のランタノイドやアクチノイドにイオン液体の構成アニオンが配位した溶媒和錯アニオンの構造（溶媒和構造に相当）が，イオン液体の構造特異性と関係付けて詳細に調べられている [29a]。$TFSA^-$ はイオン液体のアニオンとして融点や液体の粘性を下げるのに大きな効果があるだけでなく，酸素および窒素の 2 種のドナー性原子を持ち，また，2 つの SO_2 基を持つことから，金属イオンに単座または二座で配位できるため，いくつかの配位状態をとることができる。そして，硬い酸として分類される希土類金属イオンには窒素原子よりも酸素原子が優先的に配位する。イオン液体中で希土類金属イオンがいかなる溶媒和構造を持つかに対し，精密 X 線解析から得られる結晶構造に関する情報は有用である。少し分子構造を変えて結晶化させて，イオン液体中での溶媒和構造についてのより豊富な情報が間接的に得られる。ところ

で，やや水分を含む wet な場合には，水が優先的に配位する。水分を極力取り除いた dry な条件下では TFSA⁻ は希土類金属と二座で配位し，1：4 錯体を形成する。結晶解析の結果を基に分子動力学シミュレーションを行うことにより，イオン液体についての詳細な溶液構造が描かれている。第一遷移金属のTFSA 錯体についても溶媒和に関する研究がなされている[29b]。

7-3-3　金属錯体をカチオンとするイオン液体

　イオン液体中での遷移金属の特性を生かすにはカチオン側に遷移金属が含まれるとその効果がより大きく現れ，しばしば特徴的な挙動を示す。しかし，カチオンの電荷が高くなり融点も高くなる傾向があるため，このようなイオン液体は比較的限られている。構造式 4 に示した銀(I)や亜鉛(II)のイミダゾリウム錯体の塩は，イミダゾリウム配位子が融点を下げる効果があるため，イオン液体となる傾向にある[34]。亜鉛(II)のイミダゾリウム錯体は＋2 の電荷を持つが，室温イオン液体となる数少ない例である。また，フェロセン型金属錯体においてもイミダゾリウム型配位子を導入することにより融点が低下し，室温イオン液体となる例が報告されており[35]，N,N-ジメチルプロピオンアミドの第一遷移金属(II)過塩素酸塩も室温近くで液体になるとされている[36]。

　比較的単純な構造をとる銀(I)や亜鉛(II)のアルキルアミンやアルキルエチレ

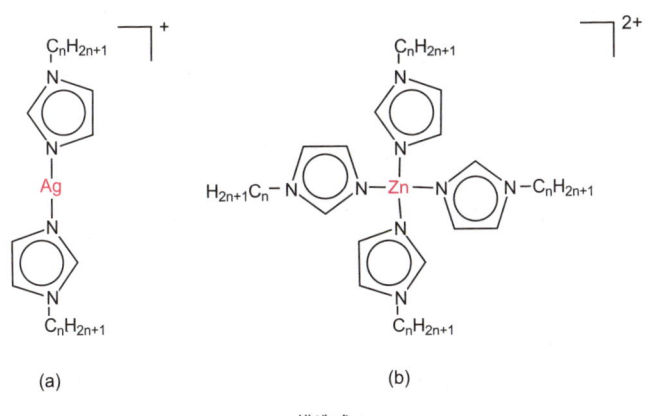

構造式 4

ンジアミン系の錯体が合成され，それらの塩の特異的な性質が調べられている。その中のいくつかは室温イオン液体になる [37a,b]。特に，アルキルエチレンジアミン金属錯体は，錯体構造を系統的に変化させて，イオン液体の様々な性質への錯体構造の効果を見るのに都合が良い。5-4 節で述べられているようにアルキルエチレンジアミン金属錯体は混合溶媒中でマイクロエマルションやリオトロピック液晶を広範に形成するが，溶媒がなくても銀(I)のオクチルおよびドデシルエチレンジアミン錯体の硝酸塩（5 章，構造 5 (a)；$n = 3, 5$）は 100 ℃未満でサーモトロピック液晶，すなわち，広義のイオン液体を形成する。特に，配位子が枝分れ構造をとる N-2-エチルヘキシルエチレンジアミンが配位した金属錯体では硝酸塩も室温イオン液体になり，さらに，対イオンに PF_6^- や $TFSA^-$ のようなフッ素原子の多いアニオンを用いると，ヘキシルやオクチル誘導体でも室温で液体となる。これらは液体状態でナノサイズの集合構造を形成することが，透過型電子顕微鏡（TEM）を用いて，Ag をプローブにしてモニターすることによって直接確かめられた（図 7-6；イオン液体は，高真空中で液体状態を保つことができるため，液体状態の構造を電子顕微鏡で直接観察できる利点がある）。また，図 7-6 に示されたイオン液体に，$NaBH_4$ 水溶液を加えて還元すると，粒子径の揃った銀ナノ粒子を形成することが示された。銀のナノ粒子は，マイクロエマルション（有機溶媒-水の混合溶媒系）から創成

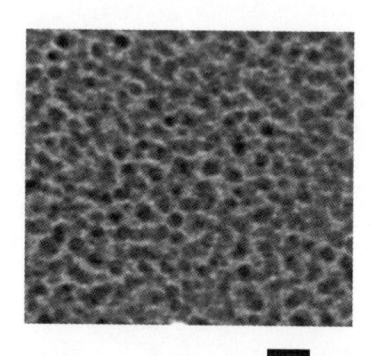

図 7-6　ビス（エチルヘキシルエチレンジアミン）銀(I)硝酸塩の室温液体状態での透過型電子顕微鏡（TEM）写真。黒ずんだ部分が銀イオンの集合を示している [37b]

する方法が最もオーソドックスであるが，その手法に比べて粒子サイズの揃いが良く，粒子の密度もより高いものが，有機溶媒を用いないグリーンな方法で得られるという利点がある。

上述のアルキルエチレンジアミン系で銀イオンをプロトンに置き換えたエチレンジアミニウム塩についても，プロトン性イオン液体（PIL）が生成することが明らかにされている[37c]。遷移金属イオンがルイス酸であることから，銀(I)錯体の塩およびPILの物理的な性質を相互比較して統一的に論じて行くことができる。また，このタイプのPILは，錯形成能力の強い極性基を持つため，遷移金属を溶かし込みやすく，錯形成に関する新たなコンセプトに基づいた研究が展開できる。

イオン液体が，静電相互作用に支配されているにも関わらず融点が低くなる原因として，各構成イオンの非対称でフレキシブルな分子構造や対イオン同士の疎な相互作用が挙げられる[23, 25]。一方で，その特異な性質を説明する上で，ナノサイズの構造形成の重要性が小角X線散乱の実験やコンピューターシミュレーションから指摘されている[37b, 38]。この点において液晶と並び論じることができる。金属イオンがイオン液体中で濃縮される場合やナノサイズ領域の反応が起こる場合にその特異性が高められるようである。正に，溶液錯体化学の観点からも今後このようなナノ領域における研究の発展が期待できる。

7-4 光励起状態における金属錯体の溶媒和と反応性

光励起状態では分子内の電子はエネルギーの高い別の軌道へ"プロモーション"しているため，一般的に基底状態と比べて電子分布が異なる。そのため，電子分布により支配される分子の持つ極性，安定構造，溶媒との親和性，他分子との反応性などは基底状態とは異なったものとなる。すなわち，光励起により基底状態の分子について普通に起こっていた"化学"を一変させることができる。光励起状態は過渡的な状態でありエネルギーの高い軌道にある電子はいずれ元の軌道に戻るが，その際光あるいは熱を放出する。このときの発光をスペクトルや寿命として観測するか，過渡的な光励起状態での吸収スペクトルを測定することで励起分子の"化学"を調べることができる。ここではこれまでに数多く研究されている$4d^6$電子配置を持つ$[Ru^{II}(bpy)_3]^{2+}$（bpy = 2,2'-bipyridine）

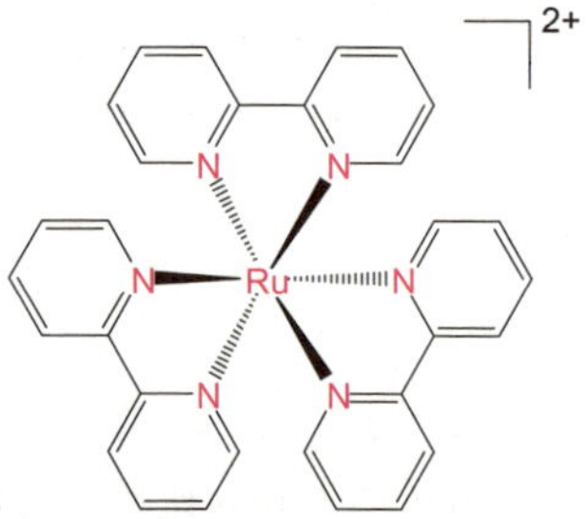

図 7-7 [Ru(bpy)$_3$]$^{2+}$錯体の構造

錯体（図 7-7）およびその類縁体を中心に光励起状態での反応性と溶媒和について述べる。

7-4-1 電子の局在化 [39, 40]

[Ru^{II}(bpy)$_3$]$^{2+}$錯体は電荷移動（metal-to-ligand charge-transfer, MLCT）に帰属される吸収帯が 450 nm 付近に観測される。MLCT 励起により 1 つの bpy 上に電子が移動し，金属上に正孔を生じる（[Ru^{III}(bpy)$_2$(bpy$^-$)]$^{2+}$）ため，大きな遷移双極子モーメントが誘起される。その結果，モル吸光係数 15000 M^{-1} cm^{-1}（M = mol dm^{-3}）程度の強い吸収と，強い発光が観測される（水溶液中における発光量子収率・発光寿命は，それぞれ，$\phi = 0.04$，$\tau = 0.6\,\mu s$ である）。1 重項（^{1}MLCT）励起状態への光励起はフェムト（f, 10^{-15}）秒のオーダーで起こり，その後交換交差により 3 重項（^{3}MLCT）励起状態へと緩和して，^{3}MLCT 状態からリン光を発する。^{1}MLCT 状態から ^{3}MLCT 状態への項間交差は 100 fs 程度で起こり，大きなスピン軌道相互作用のためその量子収率はほとんど 1 である。現在では，上記のように電子の局在化が支持されているが，MLCT 励起状態で Ru から移動した電子は，1 つの bpy に局在化するか，3 つの bpy に非局在化するかについて論争があった。固体状態における低温での発光スペクトルからは電子は非局在化している結果が得られたが，各種スペクトルや Raman 散乱では局在化している結果が得られた。また，偏光吸収や過渡 Raman では，配位子間を電子がホッピング（配位子間電子移動）している結果が得られた。その後，C$_2$H$_5$OH－CH$_3$OH（4：1）混合溶媒中，ガラス転位温

度に近い 130 K において，溶媒の粘性を高くした状態で，ナノ秒時間分解発光スペクトルが測定された．このスペクトルには，光励起直後の非局在化状態から局在化状態へのスペクトル変化が観測され，発光状態では局在化していることが示された．また，室温溶液中においてもフェムト秒時間分解吸収異方性 (r) により，局在化が観測された．異方性 r は，偏向した励起光に対して並行・垂直なプローブ光を使って過渡吸収を測定し，得られた透過光強度をそれぞれ $I_\parallel$, $I_\perp$ として $r = (I_\parallel - I_\perp)/(I_\parallel + 2I_\perp)$ の関係により求められる．図 7-8 に示すように，いずれの溶媒中でも，プロモーションした電子が 3 つの bpy に非局在化して分布している状態 (D_3) での $r = 0.55$ から 1 つの bpy に局在化して分布 (C_2) したことを示す $r = 0.4$ への偏光解消ダイナミクスが観測されている．

$$[\text{Ru}(\text{bpy})_3]^{2+}(D_3) \xrightarrow{h\nu} {}^*[\text{Ru}(\text{bpy})_3]^{2+}(D_3) \to {}^*[\text{Ru}(\text{bpy})_3]^{2+}(C_2) \quad (7\text{-}25)$$

その緩和時間は，130 K において，$\tau = 59$ fs (CH_3CN 中)，131 fs ($\text{CH}_3\text{CH}_2\text{CN}$ 中)，173 fs ($\text{CH}_3(\text{CH}_2)_2\text{CN}$ 中) と見積もられ，溶媒によって異なっていることが明らかとなった．この値は溶媒分子の慣性モーメント，$I = 7.38 \times 10^{-46}$ kg m^2 (CH_3CN)，1.31×10^{-45} kg m^2 ($\text{CH}_3\text{CH}_2\text{CN}$)，$2.36 \times 10^{-45}$ kg m^2 ($\text{CH}_3(\text{CH}_2)_2\text{CN}$) と良い相関があり，局在化プロセスは溶媒の慣性ダイナミクスに支配されてい

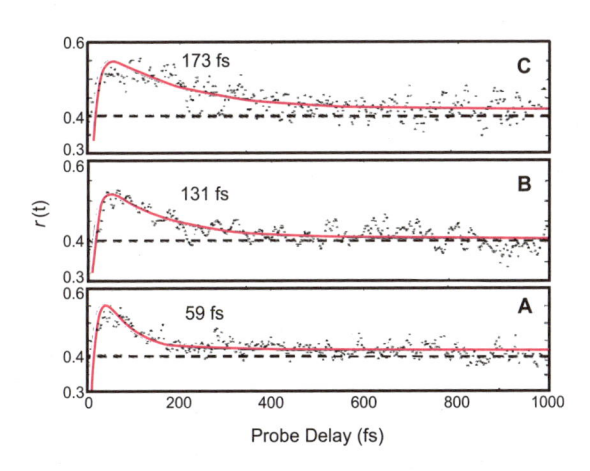

図 7-8　[Ru(bpy)$_3$]$^{2+}$ の時間分解吸収異方性とその溶媒効果 [40]
(A : CH_3CN，B : $\text{CH}_3\text{CH}_2\text{CN}$，C : $\text{CH}_3(\text{CH}_2)_2\text{CN}$)

ることが示唆された。

7-4-2　励起状態での酸塩基平衡（25 ℃水溶液）[41〜43]

2,2'-ビピラジン（bpz, 図 7-9）やシアノ基を配位子として持つ錯体では，配位子へのプロトン付加が関与する酸塩基平衡が存在する。基底状態での酸解離定数 K_a は pH に対する吸光度の変化（滴定曲線）から見積もることができるが，MLCT 励起状態での酸解離定数 K_a^* は，大きく分けて以下の二通りで求めることができる。

図 7-9　2,2'-ビピラジン

(1) 発光滴定曲線

pH 変化に対して等吸収点を示す波長で光励起し，発光スペクトルの強度を pH に対してプロットした滴定曲線を作成する（図 7-10）。あるいは，発光寿命を pH に対してプロットして滴定曲線を作成する。後者における滴定曲線で変曲点を示す pH を使って，励起状態での酸解離定数 K_a^* を，

$$pK_a^* = pH + \log(\tau_a/\tau_b) \tag{7-26}$$

から求めることができる。ここで，τ_a はプロトン付加した錯体の発光寿命，τ_b

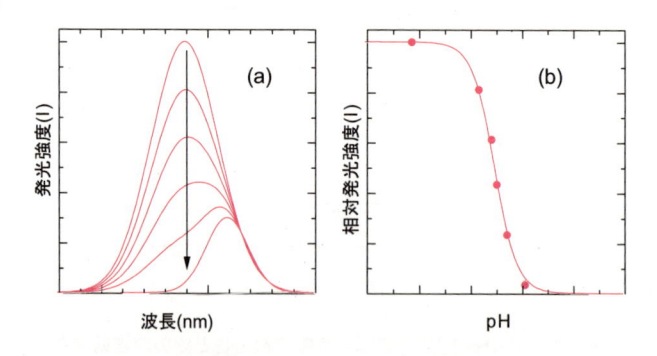

図 7-10　発光スペクトルの酸濃度依存性(a)および発光強度から得られる滴定曲線(b)

はプロトンが付加していない錯体の発光寿命である。

$[Ru(bpz)_3]^{2+}$ では6段階のプロトン付加平衡があるが，$[Ru(bpz)_2(bpzH)]^{3+}$ の基底状態での酸解離定数は $K_a = 10^{2.2}$ M，$[Ru(bpz)_3]^{2+}$ および $[Ru(bpz)_2(bpzH)]^{3+}$ の発光寿命は，それぞれ $\tau_b = 900$ ns，$\tau_a = 50$ ns であることから，励起状態の酸解離定数に対して $K_a^* = 10^{-2.0}$ M が得られている。光励起状態では電荷移動が起こった bpz 上の電荷密度が増大するため，塩基性が増大（$pK_a^* - pK_a = 4.2$）している。

$$^*[Ru(bpz)_2(bpzH)]^{3+} \rightleftarrows {}^*[Ru(bpz)_3]^{2+} + H^+ \qquad (7\text{-}27)$$

(2) Förster サイクル

図 7-11 に示されるような錯体（M）とプロトン付加錯体（MH$^+$）の吸収あるいは発光スペクトルの 0-0 バンドエネルギー（ΔE_M, ΔE_{MH}），および，基底状態の pK_a から熱力学的サイクル（Förster サイクル）を考え，pK_a^* を算出することができる。すなわち，基底状態と励起状態での酸解離平衡においてエントロピー変化が等しい（$\Delta S = \Delta S^*$）と仮定すると，pK_a^* は次式で与えられる。

$$pK_a^* = pK_a - \frac{\Delta E_M - \Delta E_{MH}}{2.303\,RT} \qquad (7\text{-}28)$$

$[Ru(bpy)_2(CN)_2]$ 錯体には次の酸解離平衡がある。

$$[Ru(bpy)_2(CNH)_2]^{2+} \rightleftarrows [Ru(bpy)_2(CN)(CNH)]^+ + H^+ \qquad (7\text{-}29)$$

$$[Ru(bpy)_2(CN)(CNH)]^+ \rightleftarrows [Ru(bpy)_2(CN)_2] + H^+ \qquad (7\text{-}30)$$

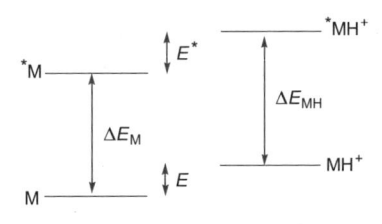

図 7-11 Förster サイクル

この酸塩基平衡の酸解離定数（それぞれ，K_{a1}, K_{a2}）は，吸収スペクトル変化から，それぞれ，$K_{a1} = 1.18$ M, $K_{a2} = 0.74$ M と見積もられた。プロトン付加が起こると最低励起状態が MLCT 状態から bpy 配位子の π, π^* 励起状態へと変化するため，単純な発光滴定曲線は得られない。そのため，Förster サイクルから励起状態での酸解離定数が算出された（$K_{a1}^* = 10^5$ M, $K_{a2}^* = 10^2$ M）。励起状態では電子はルテニウムから bpy に移動するため，CN 基への逆供与が減少した結果，その窒素原子上の電子密度は小さくなり，酸性度が増大することが理解できる。

7-4-3　発光消光機構（25 ℃水溶液）[44]

溶液中に錯体以外の分子やイオンが共存すると，錯体との間に光化学反応，光電子移動，光エネルギー移動などが起こり，錯体の発光強度は減少し，発光寿命は短くなることがある。これを発光消光（luminescence quenching）と呼び，このような共存分子やイオンを消光剤（quencher）と呼ぶ。消光剤濃度に対する発光強度あるいは発光寿命のプロット（Stern-Volmer プロット）は，光励起分子と消光剤との反応速度，反応機構，溶液内相互作用などを知る手がかりとなる。消光剤濃度を [Q]，錯体の発光量子収率（発光強度）を ϕ，発光寿命を τ とし，消光剤がない場合の発光量子収率を ϕ_0，発光寿命を τ_0 として，ϕ, τ と [Q] の関係式を以下に示す。これらの式は，錯体（M）と消光剤が反応しても消光剤の濃度変化が無視できる条件（[Q] ≫ [M]）において有効で，測定結果の解析を容易に行なうことができる。消光メカニズムは大きく分けて，(1) 静的消光，(2) 動的消光，(3) 静的＋動的消光，の 3 つのパターンに分類される。

(1)　静的消光

基底状態で M と Q が会合体を形成して無発光性物質（MQ）を生成するが，光励起状態で相互作用がない場合の消光反応である。このときの Stern-Volmer 式は，

$$\phi_0/\phi = 1+K[\mathrm{Q}], \ \tau_0/\tau = 1 \qquad (7\text{-}31)$$

となる。ここで，$K = [\mathrm{MQ}]/[\mathrm{M}][\mathrm{Q}]$ は基底状態での MQ の生成定数である。

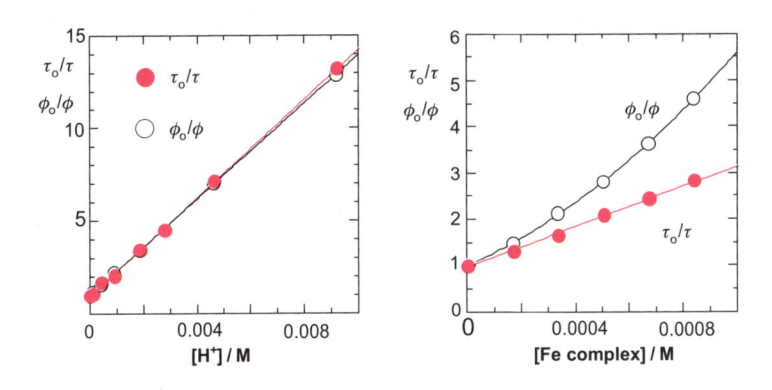

図 7-12 ［Ru(bpy)$_2$(bpz)］$^{2+}$の発光消光に関する Stern–Volmer プロット：（左図）［H$^+$］による動的消光，（右図）［Fe(CN)$_6$］$^{3-}$による電子移動消光（動的消光と静的消光が同時に起こっている例）

(2) 動的消光

基底状態では Q との相互作用による消光はなく，励起状態でのみ電子移動，エネルギー移動などによる反応が起こる場合であり，

$$\phi_\mathrm{o}/\phi = 1 + k_\mathrm{q}\tau_\mathrm{o}[\mathrm{Q}], \quad \tau_\mathrm{o}/\tau = 1 + k_\mathrm{q}\tau_\mathrm{o}[\mathrm{Q}] \tag{7-32}$$

で表される。ここで，k_qは消光速度定数である。［Ru(bpy)$_2$(bpz)］$^{2+}$錯体のプロトンによる消光反応は，動的消光の典型的な例であり，ϕ_o/ϕおよびτ_o/τは，いずれも 1 を通る直線となり，その傾きは一致する（図 7-12）。消光剤のないときの寿命は$\tau_\mathrm{o} = 88$ ns であることから，消光速度定数k_qは10^{10} M^{-1}s^{-1}であり，消光反応が拡散律速で起こっていることがわかる。

(3) 静的＋動的消光

静的消光と動的消光が同時に起こる場合であり，

$$\phi_\mathrm{o}/\phi = (1+K[\mathrm{Q}])(1+k_\mathrm{q}\tau_\mathrm{o}[\mathrm{Q}]), \quad \tau_\mathrm{o}/\tau = 1+k_\mathrm{q}\tau_\mathrm{o}[\mathrm{Q}] \tag{7-33}$$

で表される。発光寿命から求めたものは 1 を通る直線となるが，発光量子収率から求めたものは放物線となる。それぞれの式から，消光速度定数k_qと基底状態での会合体の生成定数Kを求めることができる。例として，イオン強度 0.01

Mのときの[Fe(CN)$_6$]$^{3-}$錯体による[Ru(bpy)$_2$(bpz)]$^{2+}$錯体の発光消光反応を示す。図7-12のようにτ_0/τおよびϕ_0/ϕをプロットしたものを，それぞれ直線と放物線でフィッティングして，$k_q = 2.47 \times 10^{10}$ M^{-1}s^{-1}および$K = 720$ M^{-1}が算出された。

7-4-4 酸化的・還元的消光およびエネルギー移動消光（25 ℃水溶液）[45]

基底状態の[Ru(bpy)$_3$]$^{2+}$の酸化および還元に対する酸化還元電位は，それぞれ，E(Ru^{3+}/Ru^{2+}) = $+1.26$ V vs. SCE，E(Ru^{2+}/Ru$^+$) = -1.28 V vs. SCEであるが，光励起状態では，生じた金属上の正孔と配位子上の局在化電子のため，E(Ru^{3+}/*Ru^{2+}) = -0.86 V vs. SCE，E(*Ru^{2+}/Ru$^+$) = $+0.84$ V vs. SCEとなり，より強い還元剤になり，同時により強い酸化剤ともなる。電子受容体・供与体が共存する場合には，電子移動反応が起こり発光が消光される（酸化的消光および還元的消光）。また，励起状態での過剰なエネルギー（2.12 eV）を他の分子に移行する（エネルギー移動）際にも消光される。

これらの消光過程の典型的な例を以下に示す。励起Ru錯体ではエネルギー的に[Cr(CN)$_6$]$^{3-}$錯体を酸化・還元することはできないが，励起エネルギーを与えることはできる。このことは増感された励起Cr錯体（^2E_g状態）からのリン光が観測されることで確認できる。

$$*[\text{Ru(bpy)}_3]^{2+} + [\text{Cr(CN)}_6]^{3-}(^4A_{2g}) \rightarrow [\text{Ru(bpy)}_3]^{2+} + *[\text{Cr(CN)}_6]^{3-}(^2E_g) \quad (7\text{-}34)$$

$$*[\text{Cr(CN)}_6]^{3-}(^2E_g) \rightarrow [\text{Cr(CN)}_6]^{3-}(^4A_{2g}) + h\nu \quad (7\text{-}35)$$

これに対して[Cr(bpy)$_3$]$^{3+}$錯体は容易に励起Ru錯体を酸化できる。

$$*[\text{Ru(bpy)}_3]^{2+} + [\text{Cr(bpy)}_3]^{3+} \rightarrow [\text{Ru(bpy)}_3]^{3+} + [\text{Cr(bpy)}_3]^{2+} \quad (7\text{-}36)$$

このときの速度定数として$k = 3.3 \times 10^9$ M^{-1}s^{-1}が得られている。電子を受容して生成した[Cr(bpy)$_3$]$^{2+}$錯体の吸収スペクトルが観測されることから励起Ru錯体が酸化される酸化的消光が起こっていることが確認される。この吸収帯は速やかに次の逆電子移動により消失する。

$$[\text{Ru}(\text{bpy})_3]^{3+} + [\text{Cr}(\text{bpy})_3]^{2+} \xrightarrow{k=2\times10^9\text{M}^{-1}\text{s}^{-1}} [\text{Ru}(\text{bpy})_3]^{2+} + [\text{Cr}(\text{bpy})_3]^{3+} \quad (7\text{-}37)$$

励起 Ru 錯体が還元される還元的消光の例は，Eu_{aq}^{2+} (aq は水和イオンであることを示す) との反応である．

$$*[\text{Ru}(\text{bpy})_3]^{2+} + \text{Eu}_{aq}^{2+} \xrightarrow{k=2.8\times10^7\text{M}^{-1}\text{s}^{-1}} [\text{Ru}(\text{bpy})_3]^{+} + \text{Eu}_{aq}^{3+} \quad (7\text{-}38)$$

Eu_{aq}^{2+}，Eu_{aq}^{3+} はいずれも吸光係数が小さいため吸収スペクトルには現れないが，$[\text{Ru}(\text{bpy})_3]^{+}$ に基づく 500 nm の吸収と 450 nm の $[\text{Ru}(\text{bpy})_3]^{2+}$ の吸収帯の消失が観測される．ここでも逆向きの電子移動が観測される．

$$[\text{Ru}(\text{bpy})_3]^{+} + \text{Eu}_{aq}^{3+} \xrightarrow{k=2.7\times10^7\text{M}^{-1}\text{s}^{-1}} [\text{Ru}(\text{bpy})_3]^{2+} + \text{Eu}_{aq}^{2+} \quad (7\text{-}39)$$

7-4-5 プロトン移動消光 (25 ℃水溶液) [44, 46, 47]

動的消光の例で示した $[\text{Ru}(\text{bpy})_2(\text{bpz})]^{2+}$ 錯体 (M) は酸性水溶液中でプロトンによって拡散律速で消光されるため，その消光速度定数 (k_q) が拡散速度定数 (k_d) と等しい．この反応はイオン間の反応であるので，k_d はイオン間の静電ポテンシャルを考慮した次の関係式にしたがう．

$$k_d = k_d^{\circ} \exp\left\{\frac{2z_M z_H A\sqrt{I}}{1+Ba\sqrt{I}}\right\} \quad (7\text{-}40)$$

$$k_d^{\circ} = \frac{4\pi N_A (D_M + D_H) z_M z_H s}{1000\{\exp(z_M z_H s/a) - 1\}} \quad (7\text{-}41)$$

ここで，z_M と z_H は，錯体およびプロトンの電荷，D_M と D_H は，それぞれの拡散係数である．a は各イオンを球体と見なしたときの半径の和で，イオン間の最近接距離に相当する．その他については 3-1 節 (式 (3-13)〜式 (3-15)) と 3-2 節 (式 (3-23)) で示されている．イオン強度 I の平方根に対して消光速度の対数をプロットすると図 7-13 のようになり，イオン強度の増加にしたがって速度定数 k_d が大きくなっている．無関係イオンの添加によりイオン間の静電反発が緩和されていることがわかる．これから，$I = 0$ のとき $k_d^{\circ} = 6\times10^9$ M^{-1}s^{-1}，$a = 11$ Å が得られた．このような大きな a の値は，錯体の半径を 6 Å 程度とすると，プロトンは H_9O_4^+ のようなクラスターとして存在している

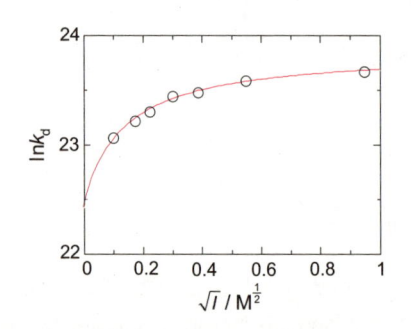

図 7-13　消光速度定数とイオン強度 I の関係

ことを示唆している。

[Ru(bpy)$_2$(bpz)]$^{2+}$(M) 錯体は，基底状態で水溶液中のプロトンと平衡状態にあり，[Ru(bpz)$_2$(bpzH)]$^{3+}$(MH$^+$) の酸解離定数は $K_a = 190$ M ($I = 0.09$ M) である。基底状態でのプロトン付加速度定数，逆反応の解離速度定数を，それぞれ k_f, k_b とし，*M, *MH$^+$ の発光寿命を，それぞれ τ_1, τ_2 とすると，錯体とプロトンの反応は図 7-14 のスキームで表わされる。*M の発光寿命は $\tau_1 = 88$ ns であるが，*MH$^+$ からの発光は観測されないので，発光寿命から *MH$^+$ の励起寿命を知ることはできない。しかし，錯体に対してプロトン濃度大過剰条件（[H$^+$] = 5.8 M）の水溶液中で，光励起後の吸光度の時間変化を測定することによって，*MH$^+$ の寿命を見積もることができる。この条件下では基底状態にある錯体はほとんどが MH$^+$ の状態になっているので，光励起すると *MH$^+$ の吸収が現れるとともに MH$^+$ の吸収の消失が観測される。その後，時

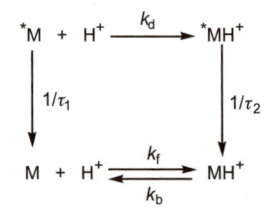

図 7-14　反応スキーム

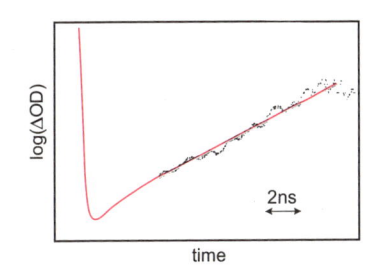

図 7-15　[H^+] = 1.2 M におけるレーザー励起後の 480 nm での吸収リカバリ（ΔOD），点線は実測値，実線はそのシミュレーション

間と共に MH^+ の吸光度が回復し，その時間変化を解析した結果，励起寿命が $\tau_2 = 2$ ns と見積もられた。基底状態で M と MH^+ が共存している [H^+] = 1.2 M では，観測された吸収変化は図 7-15 のようになり，これを最小二乗法により解析すると，$k_f = 1.8 \times 10^8 \text{ s}^{-1}$，$k_b = 1.7 \times 10^7 \text{ M}^{-1}\text{s}^{-1}$ が得られた。

7-5　反応中間体・短寿命種の構造

7-5-1　時間分解 XAFS 法

XAFS 法は特定原子近傍（おおよそ 5 Å 以内）の局所構造と電子状態（価数など）を高い精度で決定できる手法であり，試料の状態を問わず，比較的希薄な試料においても，目的元素を選択的に非破壊で観測できる点に特徴がある。物質が化学変化している動的な過程において，どの時間に何がどのような構造と電子状態で存在しているのかを原子レベルで知ることができれば，化学反応のメカニズムを直接理解することが可能になる。そのための実験手法として，XAFS スペクトルを短時間で測定する時間分解 XAFS 法が開発されている。

XAFS スペクトルは通常，試料へ照射する X 線のエネルギーを順次移動して強度の測定を繰り返すことによって得られる。この手法では 1 スペクトルの測定に 10 ～ 15 分以上を要する。X 線のエネルギーを高速に掃引しながら強度測定する方法がクイックスキャン XAFS 法（QXAFS 法）であり，1 スペクトルの測定に要する時間は 10 秒程度である。さらに，高速に XAFS スペクトルを測

定する方法として，図 7-16 に概念図を示す分散型光学系を用いる Dispersive XAFS 法（DXAFS 法）がある[48]。

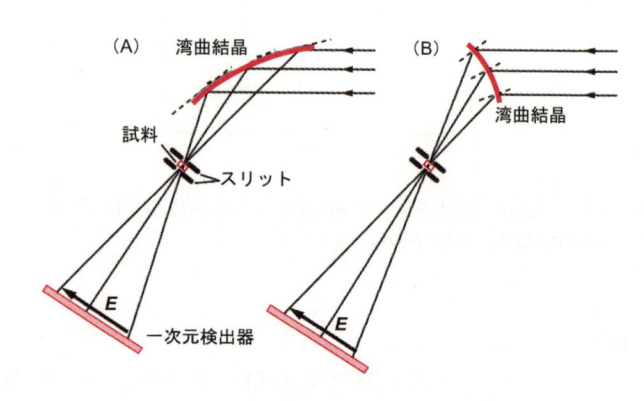

図 7-16　DXAFS 装置の光学系概念図
分光結晶で反射させるブラッグ型（A）と結晶を透過させるラウエ型（B）

X 線の単色化は分光結晶を用いて行うが，ほぼ平行な白色 X 線に対して湾曲させた分光結晶を適切な角度で配置する。このとき，分光結晶上の位置によって結晶表面への X 線入射角が連続的に変化するため，XAFS スペクトルを得るのに必要な X 線エネルギー領域全体が水平方向に分散する。分散 X 線が集光する位置に試料を設置し，試料を透過させ，その後に発散する透過光を一次元検出器によって位置敏感に検出することで，目的のエネルギー領域全体を一度に測定することが可能となる[49]。

DXAFS 装置の時間分解能は X 線光源の強度と一次元検出器の読み出し速度によって律せられる。実験室規模の X 線光源を用いた装置の場合，解析に耐える S/N 比の XAFS スペクトルを得るには秒オーダーの積算が必要である[50]。強力な X 線光源である放射光を用いた場合，一次元検出器として用いるフォトダイオードアレイや CCD の読み出し時間が律速となり，おおよそミリ秒程度が限界の時間分解能となる[51]。この時間スケールは，例えば，迅速混合法（6-3-1 項参照）によって開始される溶液内化学反応を追跡するには非常に好都合である。図 7-17 には時間分解 DXAFS 装置に組み込んで使用するストッ

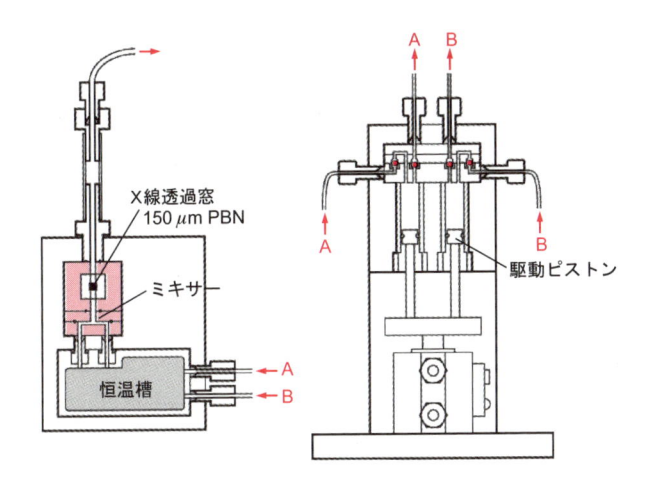

図7-17 時間分解XAFS装置に用いられるストップトフローユニット

プトフローユニットを示した。不感時間を減らすために溶液を混合するミキサー部は観測窓の直ぐ近くに置くことが重要であり，また，X線に対して透明な観測窓を用いる必要がある。紫外可視光に用いられる石英やサファイア，赤外光に用いられるKBrなどは何れも重い元素を含むために不適切であり，原子番号が小さく化学的に安定な窒化ホウ素が適している。

酸性水溶液中における$[Fe(CN)_6]^{3-}$のL-アスコルビン酸による$[Fe(CN)_6]^{4-}$への還元反応について，時間分解XAFS装置を用いて測定したFeのK吸収端付近のXANESスペクトル変化を図7-18に示す。

反応の進行と共にX線吸収端のエネルギーが低エネルギー側へシフトし，Fe中心がFe(III)からFe(II)へ還元されたことが明確に示される。また，等吸収点が観測されることから単一の過程で反応が進行しており，ヘキサシアノ鉄錯体に対してL-アスコルビン酸が十分過剰になる濃度条件で測定したために，X線吸光度の時間変化は指数関数で良く再現される。種々のpHで測定した結果を挿入図に示しているが，pHの増大と共に還元速度が上昇する挙動は可視吸収スペクトルで得られた結果と一致し，速度定数も誤差範囲内で一致している。XANESスペクトルは注目元素の価数などの電子状態を敏感に反映し，また，

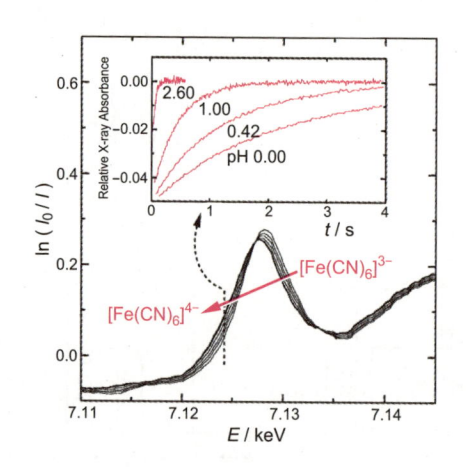

図 7-18　酸性水溶液中における [Fe(CN)$_6$]$^{3-}$ の L-アスコルビン酸による [Fe(CN)$_6$]$^{4-}$ への還元反応の時間分解 XANES スペクトル

EXAFS スペクトルは局所構造の情報を含むため，それらを時間分解で観測することにより，溶液内で進行する化学反応の反応メカニズムを原子レベルで明らかにすることが可能となる。

　以下では，そのような目的で時間分解 XAFS 法を適用して溶液内化学反応のメカニズムを解明した研究例を 2 件紹介する。どちらにおいても，反応の過渡過程に存在する短寿命な反応中間体の構造を知ることにより，その反応の本質を理解することに成功している。

7-5-2　反応中間体：ヘテロ 2 核ポルフィリンの構造

　Cu(II) などの金属(II)イオンがポルフィリン環内に取り込まれて金属ポルフィリン錯体を形成する反応は，半減期が数時間にもおよぶ比較的遅い配位子置換反応である。ところが，この反応系内に Hg(II) イオンのようなイオン半径の大きい金属(II)イオンが共存すると，反応速度が著しく加速されることが知られている。

　Hg(II) イオンが過剰に存在する条件下においては，ポルフィリンに 2 個の Hg(II) イオンが結合した状態で存在しており，そこに Cu(II) イオンが混合され

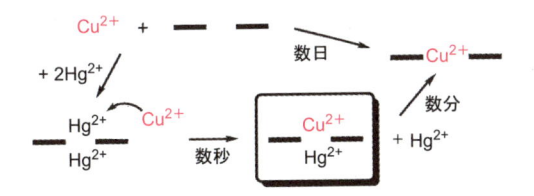

ると，一方のHg(II)イオンが迅速にCu(II)イオンに置換されたヘテロ2核ポルフィリン中間体（$[Cu(por)Hg]^{2+}$：por＝ポルフィリン）を形成し，引き続いてCu(II)イオンがポルフィリン環内に取り込まれる反応が進行すると理解されている。

このような反応中間体の構造を解析するには時間分解XAFS法の適用が最も適しており，その当時はまだ放射光を光源とする時間分解XAFS装置は存在しなかったが，実験室規模のX線発生装置を光源とする時間分解XAFS装置の開発とそれを用いた構造解析が大瀧らによって試みられ，図7-19に示す構造が明らかにされた[52]。

実験結果は，ポルフィリン由来の2個のN原子と溶媒の水に由来する4個のO原子がCu(II)イオン近傍に存在するとしたモデルで最も良く再現され，ヘテロ2核ポルフィリン中間体のポルフィリンはCu(II)イオンとHg(II)イオ

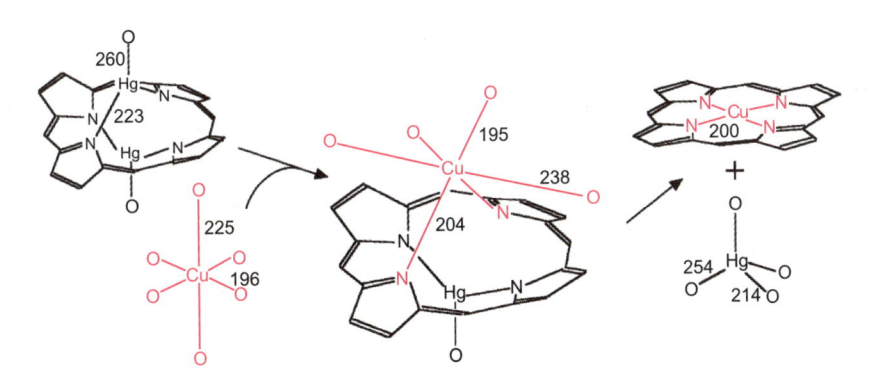

図7-19 ヘテロ2核ポルフィリンの構造と金属ポルフィリン錯体生成反応メカニズム
図中の数値は結合距離で，単位はpm（$1\ pm = 10^{-12}\ m = 0.01\ Å$）である

ンを架橋していることが示された。得られたCu(II)イオン周りの結合長に関する詳細な解析から，ポルフィリンの2個のN原子はCu(II)イオンのエカトリアル位にシス配座で配位していると解釈され，残り2個のN原子がHg(II)イオンに結合することから，ポルフィリン骨格がサドル型に変形していることが明らかになった。基底状態におけるポルフィリンは平面状が最も安定であり，平面構造のままでは金属イオンを環内に取り込むのは困難である。Hg(II)イオンのようなイオン半径の大きな金属イオンによってポルフィリン環が変形されると，そこを導入の起点として平面状の金属ポルフィリン錯体が速やかに形成されると理解することができる。本項の内容については，4-2-3項（ポルフィリンの錯形成反応）も参照していただきたい。

7-5-3 反応中間体：ペルオキソクロム化学種の構造

有害なクロム(VI)化学種を過酸化水素によって還元無害化する全反応は式（7-42）で表される。

$$2HCrO_4^- + 3H_2O_2 + 8H^+ \rightleftharpoons 2Cr^{3+} + 3O_2 + 8H_2O \quad (7\text{-}42)$$

この反応過程の初期には，過酸化水素がクロム中心に配位したと考えられるペルオキソクロム中間体が存在する（式（7-43））。

$$HCrO_4^- + 2H_2O_2 + H^+ \rightleftharpoons CrO(O_2)_2 + 3H_2O \quad (7\text{-}43)$$

濃青色のペルオキソクロム中間体は極めて迅速に生成し，暫くすると酸素を放出しながら無害なCr(III)イオンまで還元される（式（7-44））。

$$2CrO(O_2)_2 + 6H^+ \rightleftharpoons 2Cr^{3+} + 3O_2 + H_2O_2 + 2H_2O \quad (7\text{-}44)$$

ストップトフロー装置による迅速混合によって式（7-43）で生成するペルオキソクロム中間体を作り出し，時間分解XAFS法によってCrのK吸収端での測定を行うことにより，反応中間体中のクロム中心の電子状態並びに周辺の局所構造の解析が行われている[53]。

実験で得られたペルオキソクロム中間体のXANESスペクトルには吸収端前のピークが明瞭に観測された。この吸収端前ピークは反応物であるクロム酸イ

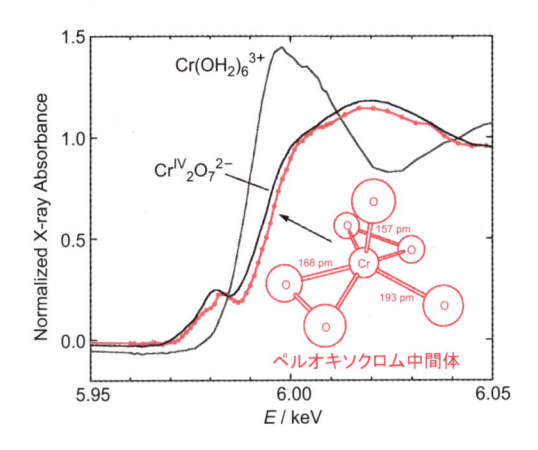

図 7-20　ペルオキソクロム中間体の XANES スペクトルと構造

オンなどの Cr(VI) 化学種で見られる特徴的なピークであり，ペルオキソクロム中間体内の Cr 中心が 6 価であることを証明している．反応途中でペルオキソクロム中間体が定量的に存在する時間帯の EXAFS スペクトルも抽出され，その解析から，ペルオキソクロム中間体内の Cr(VI) 中心近傍には 1 個のオキソ酸素，4 個のペルオキソ酸素，1 個の水由来の酸素が配位しており，擬五角錐型の 6 配位構造であることが示された（図 7-20）．

クロム酸イオンと過酸化水素の反応で生成するペルオキソクロム中間体は，ピリジン（py）や 2,2'-ビピリジン（bpy），1,10-フェナントロリン（phen）などの芳香族アミンが共存するエーテルで抽出することにより，安定なペルオキソクロム錯体となる．

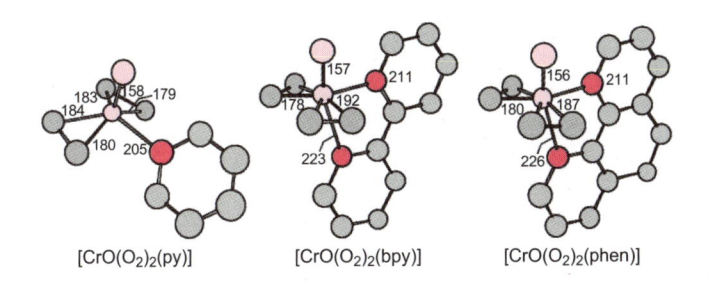

[CrO(O$_2$)$_2$(py)]　　[CrO(O$_2$)$_2$(bpy)]　　[CrO(O$_2$)$_2$(phen)]

それらの結晶構造とペルオキソクロム中間体の構造を比較すると，反応中間体中のクロム–ペルオキソ酸素間距離（168 pm）が安定な錯体での対応する結合長（178 〜 192 pm）に比べて著しく短いことがわかる。ペルオキソクロム中間体での結合長の短縮は，配位する水分子の電子供与性が芳香族アミン配位子に比べて低いためと考えられるが，その短縮によってペルオキソ酸素からCr(VI)中心への分子内電子移動反応の活性化障壁が低下し，ペルオキソクロム中間体では引き続いて Cr(III) までの還元反応が進行すると理解される。このような解釈は反応スキームを記述するだけでは得られない。反応速度論的な解析によって反応の経路を明らかにした上で，反応の過渡過程に存在する短寿命な反応中間体の構造を決定することにより，その溶液内化学反応を本質から理解することが可能となる。

7-5-4 超高速時間分解 XAFS 法

DXAFS 法や QXAFS 法では X 線光源が連続光であると仮定している。第三世代までの放射光源で得られる X 線は半値幅が約 100 ps 程のパルス光であるが，そのパルス周波数が高いためにミリ秒よりも長い観測時間では連続光として扱って差し支えない。放射光光源で得られるパルス X 線特性を逆に積極的に利用すると，そのパルスの時間幅を分解能としての時間分解測定が可能になる。

概念図を図 7-21 に示すように，試料励起用のパルスレーザー（ポンプ光）と XAFS 測定のための X 線パルス（プローブ光）のタイミングを合わせ，ポンプレーザーからプローブ X 線までの遅延時間を変化させることによって，X 線パルス幅 100 ps までの時間分解能が達成される。この場合，プローブ X 線のエネルギーを掃引しつつ，遅延時間を変えながらの時間分解測定を繰り返すことになる。この手法では目的とする短寿命化学種のサンプリングに高い再現性が要求されるものの，光励起された金属化学種の局所構造など，従来は知る術がなかった短寿命化学種の構造にアプローチすることができる。

また，パルス X 線特性を利用する時間分解 XAFS 法を図 7-16 に示した DXAFS 光学系と組み合わせることにより，図 7-21 の測定では大量の試料が必要となるデメリットが克服できる。短い時間幅で電気的な窓を開けることが可

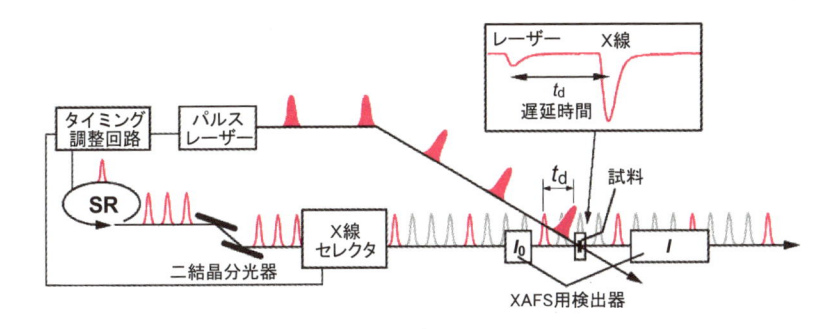

図 7-21 放射光源のパルス X 線特性を利用する超高速時間分解 XAFS 法

能な一次元検出器を用いることにより，たった1パルスの X 線のみで XAFS スペクトルを得るための技術開発が進められている。

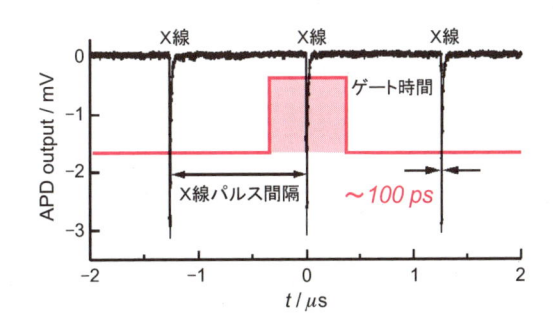

図 7-22 に標準的な金属箔試料での測定結果を示す。まだ1パルスのみでは EXAFS の解析に耐える S/N 比のスペクトルは得られていないが，今後の検出器技術の進歩により，1パルスのみの X 線による電子状態や局所構造の解析が可能になると期待される。

さらに，放射光光源が次世代へと展開すると X 線パルスの時間幅が約3桁程度短縮されることが期待されており，化学反応の途中に短時間しか存在しない超短寿命な不安定化学種の構造解析も夢物語ではないと期待される。そのような化学種は化学反応の特質を規定する重要な鍵物質であり，短寿命（＝反応

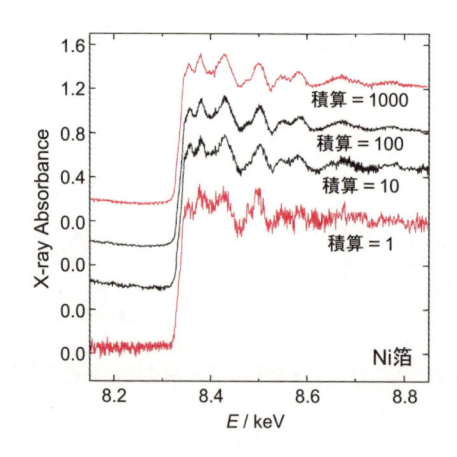

図 7-22　DXAFS 法によって測定された 1 パルス X 線での XAFS スペクトル

活性）な化学種の構造解明によって拓かれる新しい溶液化学の展開が期待される。

7-6　溶液界面の錯体化学
7-6-1　溶液界面

　溶液界面として気体/液体界面があるが，その大きさは池や海の表面から大気中の霧粒子の表面，あるいは細かい気泡が内包されている食品，生体内臓器，汚水ばっ気処理水や浮遊選鉱水などまで実に幅が広い。しかし，錯体やイオンの大きさから見れば，どの界面も十分にその面積が広く，界面の微視的な構造や界面において特徴的に見られる反応などの化学的な考察を同様に行っても差し支えないように思われる。また，溶液界面には有機溶媒と水溶液の液/液界面もあるが，これは多くの有機化学反応や溶媒抽出の反応場であり，さらに生体の細胞膜を介しての物質移動の制御場でもある。これらの反応機構を正しく理解するには界面の構造と界面に存在するイオン・錯体の溶媒和状態の知識が必要であろう。しかし現在我々が手にする界面の解析手段は限られており，溶液の界面は未だ多くのなぞに包まれた世界である。

　ここでは近年の直接的な観測法の発展により理解が急速に深まってきた気/

液界面について解説を行う。液/液界面の研究にも気/液界面の研究手段や知識は役立つものと思われる。

7-6-2 溶液界面のイオン濃度

そもそも溶液界面にどれだけの量のイオンが存在するのであろうか。これは古くから興味をそそられる課題であったが，実験によって決定することは殆ど不可能な課題でもあった。電荷を持つイオンは誘電率の高い溶液内部で静電エネルギー的に安定であり，気/液界面，あるいは誘電率の低い有機溶媒/水溶液界面では相対的に不安定であるので，界面あるいは有機溶媒から遠ざかると考えられていた。

一方，界面張力の実験値から熱力学的な考察によりイオンの界面濃度を求めることができることも古くから知られていた。コロイド界面化学の入門書[54]

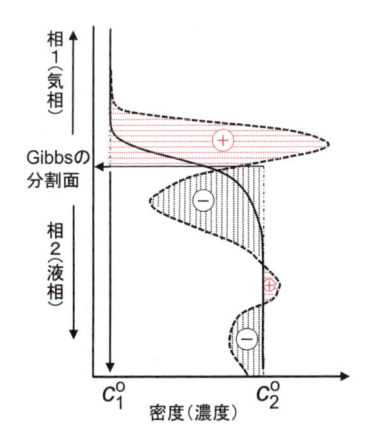

図7-23 界面過剰濃度 Γ を定義するためのグラフ。実線が溶媒分子，破線が溶質の濃度を表す。C_2^o は両者の基準バルク濃度（相2）である。もし相1が気相であるなら C_1^o は0とみなせる。ここで相1と相2の分割面を上にある溶媒分子の物質量（正の過剰量）が下で欠乏しているもの（負の過剰量）と等しくなるように選ぶ。これをGibbsの分割面と呼び，これを用いると溶媒分子の Γ が0となる。ここで溶質の Γ を求めるには，Gibbsの分割面を用いて上の図のハッチングした面積を気相から液相の内部まで積分する。この例では溶質分子は溶媒層を覆って強く界面吸着しており，Γ 値が正であってもよさそうであるが，バルクよりも低濃度（負号で示した）領域もあるので全体を積分すると Γ 値が正となるとは限らない

に必ず記述があるので，ここでは詳しい説明を省くが，界面張力 γ を溶液濃度 C の関数として測定するなら，式 (7-42) から界面過剰濃度 Γ を求めることができる。

$$\Gamma = -\frac{1}{nRT} \cdot \frac{d\gamma}{d \ln C} \qquad (7\text{-}42)$$

この式は一定の温度，圧力下，溶質濃度が十分に低くて理想溶液としてふるまう条件のもとで導かれる Gibbs 吸着等温式の変形である。n は溶質が 1 : 1 の電解質であるなら 2 となる。

この Γ は，図 7-23 に示す正負の符号を持つハッチング部分の積算面積に相当する。実験から表面濃度を求めることは極めて困難であったため，この方法が表面濃度を決定する唯一つの実用的なものであった。

式 (7-42) によれば Γ が正，つまり界面に溶質が濃縮・吸着する場合は濃度とともに界面張力が減少する。このような溶質は界面活性剤と呼ばれる。

7-6-3　NaCl などの単純な無機塩の界面濃度

さて，無機塩水溶液の気/液界面（以後これを「表面」と称することにする）の表面張力測定によると γ は塩の濃度とともに増加することから無機イオンは溶液表面から遠ざかることがわかった（Γ が負となる）。この挙動はイオン－溶媒間の静電的相互作用から予想されるものと一致し，何ら不都合がないものであった。ところが，近年，溶液の界面を直接観察できる種々の高度な分光学的研究法が開発され，溶液表面に無機イオン，特に陰イオンが吸着することが明らかになってきた。さらに，理論計算とコンピュータ能力の急激な発展から多くの溶媒分子やイオンを含む溶液モデルについて分子シミュレーション計算が行われ，「ハロゲン化物イオンが水面に析出する」との結果が次々に報告[55,56]される事態となって，イオン溶液表面に関する知識は一変したのである。

7-6-4　ハロゲン化物イオンの表面吸着

ハロゲン化ナトリウム水溶液表面の分子動力学計算結果を図 7-24 に示す。左側にイオンと溶媒水分子の分布例（スナップショット），右側にイオンおよび溶媒水分子の濃度分布を示している。

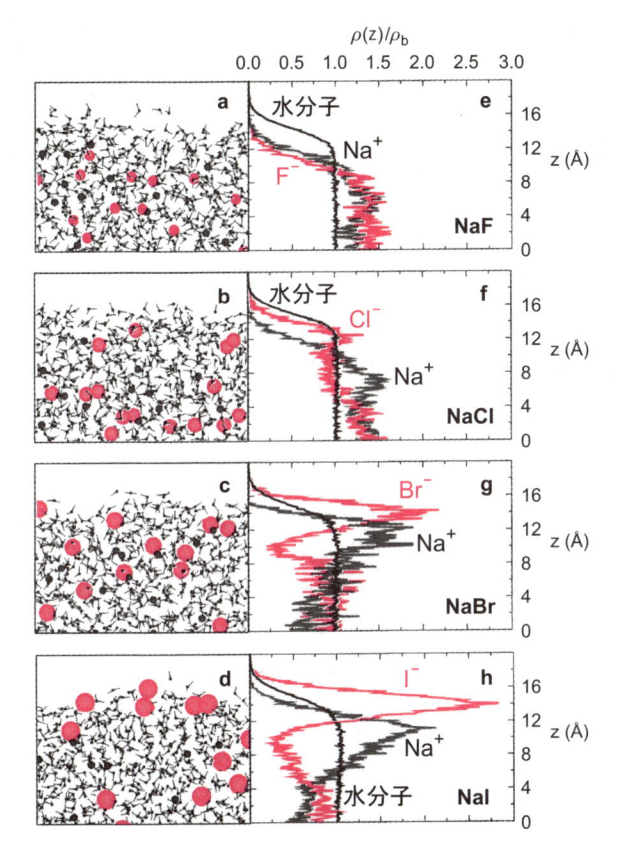

図 7-24 分子動力学計算による水溶液表面付近の状態[57]。左側の丸印がそれぞれのハロゲン化物イオンを示す。右側グラフの横軸はバルク濃度 $\rho_b = 1$ とした比濃度を示す

　NaF の場合には表面は水分子で覆われており，Na^+ も F^- も溶液内部に分布している。しかし，NaCl，NaBr，NaI となるにつれてハロゲン化物イオンが表面に析出してくる。一方，Na^+ は常に溶液内部に潜り込んでいる。

　NaI 溶液を見ると，I^- が水和水分子をいくつか脱ぎ捨てて（脱水和）水面に出ており，表面ではバルク濃度の 2 倍以上に濃縮している。逆に水面下ではこのイオンが欠乏している領域が存在する。Na^+ と I^- の存在領域は互いにずれており，層状に電荷の分離が起こっている。

さて，この分子動力学計算結果を簡単にまとめるとつぎのようになる。
① 小さなハロゲン化物イオンは古典的な溶液界面の描写に従った濃度分布をしている。つまり，界面へ負吸着する
② 大きなハロゲン化物イオンは古典的なモデルでは理解できない挙動をとる。電荷を持つにもかかわらず，水溶液表面に析出・濃縮する

7-6-5 ハロゲン化物イオン表面吸着の実験的証拠

溶液界面を直接観察する実験法がいくつか開発されている。単純な無機塩水溶液についての測定はハロゲン化物イオンが水面に吸着することを示した。例えば，強力なレーザー光を界面に照射して，SHG (Second Harmonic Generation)，SFG (Sum Frequency Generation) 信号を得る手法がある。これらの分光法は界面にのみ敏感であるが，さらにこのレーザー光波長をイオンのCTTS (Charge Transfer to Solvent) 波長に合わせることで界面のイオンを高感度に検出することができる。この実験はI^-が水面に析出することを見出した[58,59]。

また，X線光電子分光法（XPS）を適用してKBr, KI水溶液表面の[Br^-]/[K^+]，[I^-]/[K^+] 濃度比を見たところ，明らかにBr^-, I^-がK^+よりも多く検出され，特にI^-が高濃縮していた[60]。

7-6-6 界面活性イオンの表面濃度定量

表面張力から決定されたΓは熱力学的な裏づけがあるにしろ，実験から直接表面濃度を測定できれば非常にありがたい。なぜなら，式（7-42）を用いるには，わずかに濃度を変えた溶液の表面張力の違いを高精度に測定することが必要で，とても面倒だからである。しかし，最近，全反射XAFS法[61]により，この表面濃度の直接決定が可能となった。この方法では，X線を0.06度という極めて小さな角度で溶液表面に入射し，表面で全反射させる。表面での全反射現象を利用していること，X線の波長が極めて短いことからX線は溶液表面数nmにしか侵入せず（このX線光をevanescent波と呼ぶ），表面敏感な元素分析ができる。X線の波長を変えながら測定すれば，いわゆるXAFS測定となり，表面に存在する元素の濃度だけではなく，その溶媒和構造まで解析できる。

7 特殊環境下の溶液錯体化学

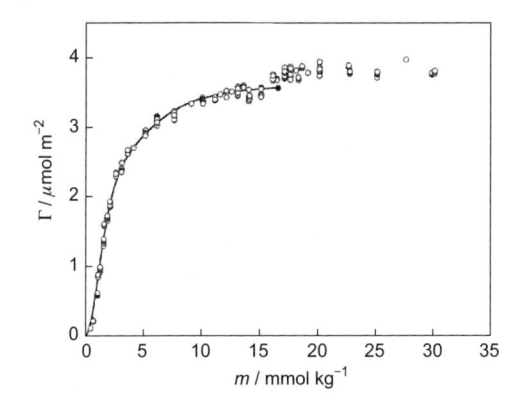

図 7-25 臭化ドデシルトリメチルアンモニウム（DTAB）水溶液表面におけるDTABの表面過剰濃度 Γ（表面張力測定から決定したもの）（実線●），および Br^- 濃度（Br K 端全反射 XAFS から決定したもの）（○印）[62]。横軸は DTAB のバルク質量モル濃度

図 7-25 に臭化ドデシルトリメチルアンモニウム（DTAB）水溶液の表面張力測定から決定した DTAB の表面過剰濃度 Γ（実線）を示した。DTA^+ は界面活性陽イオンであり，10 mmol kg^{-1} ほどの質量モル濃度（m）があればほぼ表面に飽和吸着する。表面の陽電荷を中和するため，この陽イオンに伴って Br^- が表面に析出する。この Br^- 濃度を全反射 XAFS 法により定量した結果が図の○印である[62]。ただし，全反射 XAFS 法は相対濃度しか与えないので適当な係数を掛けている。バルク濃度 m の低い領域から飽和領域まで，これら 2 つのまったく異なった方法による表面濃度の変化の様子は見事に一致している。

7-6-2 項で述べたように表面張力から求める Γ は上相から下相まで表面層領域全体を積算したものであり，バルク濃度を変化させた溶質についてだけ値付けができるものである。ちなみに図 7-24 を見ると溶液表面層の 1 ないし 2 nm（10 ～ 20 Å）の厚さにわたって濃度が大きく変化している。DTAB 水溶液についても表面における濃度変化領域がこのオーダーであると仮定すれば，この領域は全反射 XAFS 法の検出可能領域に含まれる。Γ は表面層近傍における [DTA^+] と [Br^-] の両者の濃度変化すべてを積算した値であり，一方，全反射 XAFS 法は表面層 [Br^-] の積算値しか与えない。しかし，十分な厚さの平

均値を考えるなら電気的中性を満たすため,［DTA$^+$］＝［Br$^-$］であり,表面張力と全反射 XAFS の実験は同じ表面濃度の値を与えることとなる。全反射 XAFS 法の表面敏感性は 7-6-5 項で紹介した研究法よりもかなり低いが,このことがかえって Γ 値の検証に使えることになった。反面,この方法では単純な塩水溶液の陰イオンの表面析出を検出できない。

7-6-7　陰イオンの Hofmeister 序列

　XAFS 法は元素選択性分析法であるので,Br$^-$ 以外の陰イオンが同時に存在しても Br$^-$ だけの表面濃度を決定できる。このことを利用すると表面に吸着した界面活性陽イオンへの Br$^-$ と Cl$^-$ の競合吸着を解析できる。その結果,Cl$^-$ よりも Br$^-$ の方が強く表面に吸着することが直接確認できた[63]。7-6-5 項で紹介したように界面活性陽イオンを含まない単純な無機塩水溶液においても大きな陰イオンの方が水面に析出しやすい。分子動力学計算を用いた研究によると,大きな陰イオンは大きな分極率を持つことがこの理由であるとしている。

　ハロゲン化物イオンは互いによく似た陰イオンであるが溶液化学的な振る舞いはずいぶん異なる。タンパク質の変性や溶解度は無機塩の添加で変化するが,その添加効果は陽イオン種間での差は小さく,陰イオンの種類によって大きく異なることが知られており,添加効果の順序は Hofmeister 序列と呼ばれる。さらにその順序は溶液化学の種々の異なった場面に共通して現れることもよく知られている。例えば,陽イオン性界面活性剤をミセル化するのに必要な濃度は,Cl$^-$ ＞ Br$^-$ ＞ I$^-$ となるし,陰イオン交換樹脂への吸着の強さは Cl$^-$ ＜ Br$^-$ ＜ I$^-$ となる。これらの現象は小さなイオンの方が電荷－電荷間の静電的相互作用が大きいこととは相容れないものである。これを説明するためにイオンの実効的な溶媒和半径が用いられた。また,親水的－疎水的,水構造形成－構造破壊などの概念で多くの説明がなされている。ここでは,これらバルク溶液内での議論は他に譲って,界面の XAFS 研究結果を紹介するなら,界面活性イオンに伴って溶液表面に集積する Br$^-$ の水和数がバルク中よりも少なく,脱水和していること[64,65],また陰イオン交換樹脂に吸着した Br$^-$ も脱水和していること[66,67]を述べるにとどめる。このような脱水和を伴う現象を議論する際には,脱水和のギブズエネルギー変化をきちんと考慮に入れなければならない。

7-6-8 溶液表面の金属錯体

わずかな濃度の Zn^{2+}，Cd^{2+}，Pb^{2+} などを含む水溶液の表面に高級脂肪酸を展開すると強固で安定な単分子膜を形成する。その単分子膜中での金属イオンの錯体構造は知られていなかったが，全反射 XAFS 法を用いて Zn^{2+} の配位構造を解析してみると 4 配位四面体構造をとっていた[68]。ちなみに，このイオンはバルク水溶液中では 6 配位八面体構造をとっている。

平面錯体や直線状の錯体ならば，水面で選択的な配向をして凝縮している可能性がある。これを確かめるには全反射 XAFS を直線偏光を用いて測定すればよい。通常用いるシンクロトロン放射光は水平面内で電場振動をしている直線偏光である。これを特殊な方法で垂直に振動する偏光に変えることができる。これら 2 種の偏光によって得られた XAFS スペクトルの一例を図 7-26 に示す。

水面上の平面型亜鉛錯体は $1s \rightarrow 4p_z$ 遷移に帰属されるピークを垂直偏光でのみ出現させることから，水面に平行に吸着していること，また亜鉛イオンは面に垂直な配位座に溶媒を配位させていないことがわかった[69]。ちなみに，溶媒に溶かしたものは溶媒分子を配位させているため吸収端前ピークが現れな

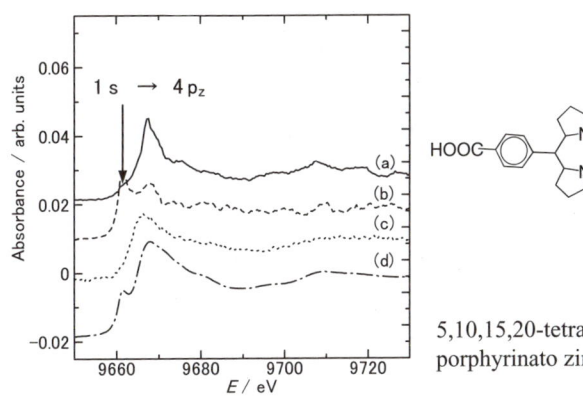

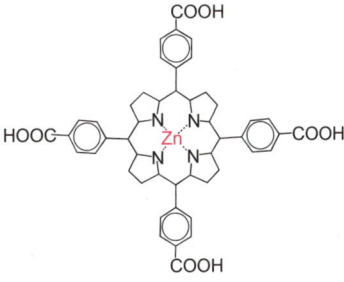

5,10,15,20-tetrakis(carboxyphenyl)-porphyrinato zinc(II)

図 7-26 水溶液表面に吸着した平面型亜鉛ポルフィリン錯体の Zn K 端全反射 X 線吸収スペクトル[69]。(a) 水面と平行な面内で電場振動をする直線偏光を用いて測定したもの，(b) 水面に垂直な偏光を用いたもの，(c) 錯体を酢酸エチルに溶かしたもの，(d) 錯体の乾燥粉末のスペクトル

い。この例は4個のカルボキシル基同士が錯体を互いに連結させて水面に広がっていると考えられる。この種の錯体の周囲の官能基の変更，あるいは，錯体の表面濃度の変化に伴う錯体の配向角度の変化について研究が行われている[70, 71]。

参考文献

1) 近年，室温近辺以下に融点を持つ金属塩も見出されており，イオン液体として注目されている。詳しくは，7-3節を参照されたい。
2) R. Noyori ed., Special Issue on Supercritical Fluids, *Chem. Rev.*, **99**, 353-634 (1999).
3) 齋藤正三郎編，『超臨界流体の科学と技術』三共ビジネス (1996).
4) 荒井康彦監修，『超臨界流体のすべて』テクノシステム (2002).
5) 阿尻雅文監修，『超臨界流体とナノテクノロジー』CMC 出版 (2004).
6) C. M. Wai, S. Wang, *J. Chromatogr. A*, **785**, 369 (1997).
7) N. G. Smart, T. Carleson, T. Kast, A. A. Clifford, M. D. Burford, C. M. Wai, *Talanta*, **44**, 137 (1997).
8) J. A. Darr, M. Poliakoff, *Chem. Rev.*, **99**, 495 (1999).
9) C. Erkey, *J. Supercrit. Fluids*, **17**, 259 (2000).
10) A. Ohashi, K. Ohashi, *Solvent Extr. Res. Devel., Jpn.*, **115**, 11 (2008).
11) S. L. Wallen, C. R. Yonker, C. L. Phelps, C. M. Wai, *J. Chem. Soc., Faraday Trans.*, **93**, 2391 (1997).
12) 日本化学会編，『第5版実験化学講座5 化学実験のための基礎技術』第2章 超臨界流体，丸善 (2005).
13) T. Umecky, M. Kanakubo, Y. Ikushima, *J. Phys. Chem. B*, **106**, 11114 (2002); *J. Phys. Chem. B*, **115**, 10622 (2011).
14) P. Raveendran, Y. Ikushima, S. L. Wallen, *Acc. Chem. Res.*, **38**, 478 (2005).
15) A. Ohashi, H. Hoshino, J. Niida, H. Imura, K. Ohashi, *Bull. Chem. Soc. Jpn.*, **78**, 1804 (2005).
16) Y. Meguro, S. Iso, Z. Yoshida, *Anal. Chem.*, **70**, 1262 (1998).

17) J. P. Hanrahan, K. J. Ziegler, J. D. Glennon, D. C. Steytler, J. Eastoe, A. Dupont, J. D. Holmes, *Langmuir*, **19**, 3145 (2003).
18) K. Ishihara, Y. Kondo, M. Koizumi, *Rev. Sci. Instrum.*, **70**, 244 (1999).
19) T. Asano, W. J. le Noble, *Chem. Rev.*, **78**, 407 (1978).
20) R. van Eldik, T. Asano, W. J. le Noble, *Chem. Rev.*, **89**, 549 (1989).
21) A. Drljaca, C. D. Hubbard, R. van Eldik, T. Asano, M. V. Basilevsky, W. J. le Noble, *Chem. Rev.*, **98**, 2167 (1998).
22) R. van Eldik, ed., *Inorganic High Pressure Chemistry: Kinetics and Mechanisms* (Elsevier, Amsterdam, 1986).
23) 北爪智哉, 渕上寿男, 沢田英夫, 伊藤敏幸, 『イオン液体 —常識を覆す不思議な塩—』コロナ社 (2005).
24) 北爪智哉, 北爪麻己, 『イオン液体の不思議』工業調査会 (2007).
25) イオン液体研究会編, 『イオン液体の科学—新世代液体への挑戦』丸善 (2012). 出版予定.
26) T. L. Greaves, C. J. Drummond, *Chem. Rev.*, **108**, 206-237 (2008).
27) A. P. Abbott, G. Frisch, K. S. Ryder, *Annu. Rep. Prog. Chem., Sect. A*, **104**, 21-45 (2008).
28) a) T. Welton, *Chem. Rev.*, **99**, 2071-2083 (1999).
    b) P. J. Dyson, T. J. Geldbach, *Metal Catalysed Reactions in Ionic Liquids*, Springer (2005).
29) a) K. Binnemans, *Chem. Rev.*, **107**, 2592-2614 (2007).
    b) K. Fujii, T. Nonaka, Y. Akimoto, Y. Umebayashi, S. Isiguro, *Anal. Sci*, **24**, 1377-1380 (2008).
30) a) C. F. Weber, R. Puchta, N. J. R. van Eikema Hommes, P. Wasserscheid, R. van Eldik, *Angew. Chem., Int. Ed.*, **117**, 6187-6192 (2005).
    b) P. Illner, S. Kern, S. Begel, R. van Eldik, *Chem. Commun.*, 4803-4805 (2007).
    c) D. S. Choi, D. H. Kim, U. S. Shin, R. R. Deshmukh, S-gi Lee, C. E. Song, *Chem. Commun.*, 3467-3469 (2007).
31) L. N. Puntus, K. J. Schenk, J-C. G. Bünzli, *Eur. J. Inorg. Chem.*, 4739-4744 (2005).
32) N. V. Plechkova, K. R. Seddon, *Chem. Soc. Rev.*, **37**, 123-150 (2008).

33) S. Hayashi, H. Hamaguchi, *Chem. Lett.*, 1590-1591 (2004).
34) I. J. B. Lin, C. S. Vasam, *J. Orgnomet. Chem.*, **690**, 3498-3512 (2005)
35) a) Y. Gao, B. Twamley, J. M. Shreeve, *Inorg. Chem.*, **43**, 3406-3412 (2004).
    b) Y. Miura, F. Shimizu, T. Mochida, *Inorg. Chem.*, **49**, 10032-10040 (2010).
36) S. Ishiguro, Y. Umebayashi, K. Fujii, R. Kanzaki, *Pure Appl. Chem.*, **78**, 1595-1609 (2006).
37) a) J.-F. Huang, H. Luo, S. Dai, *J. Electrochem. Soc.*, **153**, J9-J13 (2006).
    b) M. Iida, C. Baba, M. Inoue, H. Yoshida, E. Taguchi, H. Furusho, *Chem. -Eur. J.*, **14**, 5047-5056 (2008).
    c) M. Iida, S. Kawakami, E. Syouno, H. Er, E. Taguchi, *J. Colloid Interf. Sci.*, **356**, 630-638 (2011).
38) a) A. Triolo, O. Russina, H.-J. Bleif, E. Di Cola, *J. Phys. Chem. B*, **111**, 4641-4644 (2007).
    b) L. P. N. Rebelo, J. N. C. Lopes, J. M. S. S. Esperança, H. J. R. Guedes, J. Lachwa, V. N-Visak, Z. P. Visak, *Acc. Chem. Res.*, **40**, 1114-1121 (2007).
39) J. Ferguson, E. R. Krausz, M. Maeder, *J. Phys. Chem.*, **89**, 1852 (1985).
40) A. T. Yeh, C. V. Shank, J. K. McCusker, *Science*, **289**, 935 (2000).
41) R.S.Becker 著, 神田慶也訳, 『けい光とりん光』東京化学同人 (1974).
42) R. J. Crutchley, N. Kress, A. B. P. Lever, *J. Am. Chem. Soc.*, **105**, 1170 (1983)
43) S. H. Peterson, J. N. Demas, *J. Am. Chem. Soc.*, **101**, 6571 (1979).
44) K. Shinozaki, O. Ohno, Y. Kaizu, H. Kobayashi, M. Sumitani, K. Yoshihara, *Inorg. Chem.*, **28**, 3680 (1989).
45) A. Juris, V. Balzani, F. Barigelleti, S. Campagna, P. Belser, A. von Zelewsky, *Coord. Chem. Rev.*, **84**, 85 (1988) and references therein.
46) W. Rybak, A. Haim, T. L. Netzel, N Sutin, *J. Phys. Chem.*, **85**, 2856 (1981).
47) K. Shinozaki, Y. Kaizu, H. Hirai, H. Kobayashi, *Inorg. Chem.*, **28**, 3675 (1989).
48) T. Matsushita, R. P. Phizackerley, *Jpn. J. Appl. Phys.*, **20**, 2223-2228 (1981).
49) 稲田康宏, 丹羽尉博, 野村昌治, 放射光, **20**, 242-249 (2007).
50) Y. Inada, S. Funahashi, H. Ohtaki, *Rev. Sci. Instrum.*, **65**, 18-24 (1994).
51) Y. Inada, A. Suzuki, Y. Niwa, M. Nomura, *AIP Conf. Proc.*, **879**, 1230-1233 (2006).

52) H. Ohtaki, Y. Inada, S. Funahashi, M. Tabata, K. Ozutsumi, K. Nakajima, *J. Chem. Soc., Chem. Commun.*, 1023-1025 (1994).
53) Y. Inada, S. Funahashi, *Z. Naturforsch.*, **52B**, 711-718 (1997).
54) D. H. エベレット著,関 集三監訳,『コロイド科学の基礎』217-222,化学同人 (1992).
55) T. Ishiyama, A. Morita, *J. Phys. Chem. C*, **111**, 721 (2007).
56) P. Jungwirth, D. J. Tobias, *Chem. Rev.*, **106**, 1259 (2006).
57) P. Jungwirth, D. J. Tobias, *J. Phys. Chem. B*, **105**, 10468 (2001).
58) P. B. Petersen, J. C. Johnson, K. P. Knutsen, R. J. Saykally, *Chem. Phys. Lett.*, **397**, 46 (2004).
59) P. B. Petersen, R. J. Saykally, *Annu. Rev. Phys. Chem.*, **57**, 333 (2006).
60) S. Ghosal, J. C. Hemminger, H. Bluhm, B. S. Mun, E. L. D. Hebenstreit, G. Ketteler, D. F. Ogletree, F. G. Requejo, M. Salmeron, *Science*, **307**, 563 (2005).
61) I. Watanabe, H. Tanida, S. Kawauchi, M. Harada, M. Nomura, *Rev. Sci. Instrum.*, **68**, 3307 (1997).
62) T. Takiue, Y. Kawagoe, S. Muroi, R. Murakami, N. Ikeda, M. Aratono, H. Tanida, H. Sakane, M. Harada, I. Watanabe, *Langmuir*, **19**, 10803 (2003).
63) K. Kashimoto, K. Shibata, T. Matsuda, M. Hoshide, Y. Jimura, I. Watanabe, H. Tanida, H. Matsubara, T. Takiue, M. Aratono, *Langmuir*, **24**, 6693 (2008).
64) M. Harada, T. Okada, I. Watanabe, *J. Phys. Chem. B*, **107**, 2275 (2003).
65) M. Aratono, K. Shimamoto, A. Onohara, D. Murakami, H. Tanida, I. Watanabe, T. Ozeki, H. Matsubara, T. Takiue, *Anal. Sci.*, **24**, 1279 (2008).
66) T. Okada, M. Harada, *Anal. Chem.*, **76**, 4564 (2004).
67) M. Harada, T. Okada, *J. Chromatogr. A*, **1085**, 3 (2005).
68) I. Watanabe, H. Tanida, S. Kawauchi, *J. Am. Chem. Soc.*, **119**, 12018 (1997).
69) H. Tanida, H. Nagatani, I. Watanabe, *J. Chem. Phys.*, **118**, 10369 (2003).
70) H. Nagatani, H. Tanida, T. Ozeki, I. Watanabe, *Langmuir*, **22**, 209 (2006).
71) J. L. Ruggles, G. J. Foran, H. Tanida, H. Nagatani, Y. Jimura, I. Watanabe, I. R. Gentle, *Langmuir*, **22**, 681 (2006).

8 溶液錯体化学と他分野の接点

はじめに

　溶液錯体化学で扱われる事項の多くは，溶液中の金属イオンや錯体が関わる周辺分野とも密接な関係がある。これからの溶液錯体化学の展開を考えるとき，また，近年における学問・研究の学際性を考えるとき，周辺分野との連携が重要な課題の1つといえる。他分野で扱う溶液に対する理解だけでなく，そこで見出される新しい溶液内現象を説明し研究を発展させようとするとき，溶液錯体化学における基本知識や基本概念は有用である。この章では，錯体合成化学，超分子化学，生物無機化学，分析化学の分野を取り上げ，その分野の専門家が溶液錯体化学との接点と考えられる幾つかの課題について解説する。

8-1　錯体合成化学と溶液錯体化学の接点

　錯体合成化学にとって，多くの錯体は溶液内反応で合成することから，溶液化学あるいは溶液錯体化学の知識は不可欠である。錯体合成に際して重要なことは，いかにして，効率よく短時間で，高収率で，純度のよい目的生成物を分離・単離するかである。まず，目的錯体が決まれば，適当な出発錯体なり金属塩と配位子を選び，それらを溶かす反応溶媒を溶解度，錯体形成（錯形成）の反応性，安定度や反応温度（溶媒の沸点）などを考慮して決める。反応後の目的錯体は多くの場合は，固体として単離するが，それには生成物の反応溶媒中での溶解度が関わってくる。反応生成物が，反応溶液から反応が進行するにしたがって沈殿して，単離できる場合がある。しかし，多くは生成物が反応溶液に溶解したままであるので，沈殿させるために反応液を濃縮したり，共通イオンを加えたり，生成物が溶けにくい溶媒を加えて溶解度を下げるか，沈殿剤で対イオンを変えて難溶性塩とする。あるいは，溶媒抽出法で，目的錯体を反応溶液から分離する場合がある。また，生成物の精製や異性体の分離には，溶解度差による分別沈殿法や液体クロマトグラフィーが用いられる。得られた生成

物の再結晶には,適当な溶媒に溶かして,温度や溶媒による溶解度差を利用する。このような生成反応時と生成物の分離精製時の溶媒の選択ばかりでなく,合成反応で用いられている配位子置換反応,異性化反応,電子移動反応,酸化還元反応などの錯形成反応とそれらに大きな影響をおよぼす溶媒和やイオン会合といった現象は,まさに溶液錯体化学の中心的な研究課題であり,それらの接点がいかに大きいかがわかる。現在,膨大な数の金属錯体が日々合成され,報告されているが,これらの錯体は個性豊かな中心金属元素と多様な配位子からなっていて,錯体合成を限られた頁数で体系的にまとめることは困難である。

そこで,ここでは錯体合成化学の原点に返って,おもに最も基本的なウェルナー型アンミン(NH_3)錯体とエチレンジアミン(en = $H_2NCH_2CH_2NH_2$)錯体や芳香族ジイミン錯体の合成法を比較して,溶液錯体化学との接点を探る。

8-1-1 置換活性錯体の合成と錯形成平衡

置換活性錯体とは,0.1 M(M = mol dm^{-3})濃度,25 ℃での配位子置換反応が1分以内に完結する錯体であり,低スピン型を除いた第一遷移金属錯体のほとんどが含まれる。これらの錯体は配位子と混ぜると,ほとんどの場合は瞬間的に反応が起こり平衡になる。例えば,Ni(II)塩とCu(II)塩の水溶液にアンモニア水を加えると初めは水酸物が沈殿するが,過剰のアンモニア水には溶けて,配位子置換反応が起こる。生成する種々のアンミン錯体は,加えるアンモニアの量を調整することで単離できる。Ni(II)錯体では,$[Ni(NH_3)_6]^{2+}$ や $[Ni(NH_3)_5(H_2O)]^{2+}$ が生成して平衡になる。$[Ni(NH_3)_6]^{2+}$ はいろいろな陰イオンと比較的溶解度の低い塩を生成して単離できるが,$[Ni(NH_3)_5(H_2O)]^{2+}$ は硫酸塩としてのみ得られる。$[Ni(NH_3)_4(H_2O)_2]^{2+}$ よりアンミン配位子数の少ないアンミン錯体は水溶液からは得られない。これに対して,en錯体は,Ni^{2+} とenの混合水溶液中の平衡状態にある $[Ni(en)(H_2O)_4]^{2+}$,$[Ni(en)_2(H_2O)_2]^{2+}$ や,$[Ni(en)_3]^{2+}$ を化学量論的に Ni^{2+} : en 比を調整することで容易に合成できる。一方,Cu(II)錯体の場合は,生成するのは,$[Cu(NH_3)_4]^{2+}$ であって,$[Cu(NH_3)_6]^{2+}$ はJahn-Teller歪みのために生成しにくいことは,安定度定数から容易にわかる。en錯体は,キレート効果によって,安定化するために,$[Cu(en)_2]^{2+}$ だけでなく $[Cu(en)_3]^{2+}$ も得られている。芳香族ジイミンの

2,2'-bipyridine (bpy) や 1,10-phenanthroline (phen) 錯体でも，同様の傾向が見られる。これらは段階的に反応が進み，逐次安定度定数 K から予想される通りである。しかし，Fe(II)錯体では，[Fe(phen)(H$_2$O)$_4$]$^{2+}$ と [Fe(phen)$_2$(H$_2$O)$_2$]$^{2+}$ の逐次安定度定数 $\log K_1 = 5.9$ と $\log K_2 = 5.4$ は正常な傾向 $(K_1 > K_2)$ であるが，本来 $K_1 > K_2 > K_3$ であるべき K_3 については，[Fe(phen)$_3$]$^{2+}$ で $\log K_3 = 10.0$ と異常に大きく，$K_1 > K_2 \ll K_3$ と不規則になっている。これは，[Fe(phen)(H$_2$O)$_4$]$^{2+}$ と [Fe(phen)$_2$(H$_2$O)$_2$]$^{2+}$ が高スピン型で配位子場安定化エネルギーは小さいが，[Fe(phen)$_3$]$^{2+}$ になると phen 配位子の π 逆供与性によって配位子場が強くなって，低スピン型錯体になり，配位子場安定化エネルギーが大きくなるためである。

8-1-2 置換不活性錯体の合成と錯形成反応
(1) 水溶液中での合成と配位子置換反応

置換活性錯体と違って，置換不活性な Co(III)錯体と Cr(III)錯体のアンミン錯体の合成は大きく異なる。一般に，Co(III)錯体と Cr(III)錯体の合成には，それぞれ，市販されている Co(II)塩 CoCl$_2$·6H$_2$O と Cr(III)塩 CrCl$_3$·6H$_2$O などを用いる。これらの水溶液とアンモニア水の反応では，Co(II)イオンは酸化を伴う複雑な反応が起きる。しかし，Cr(III)イオンでは水酸化クロムが沈殿するだけである。いずれの場合も，簡単には配位している水分子や塩化物イオンがアンモニアと置換せずに，目的のアンミン錯体を得ることはできない。一般に，アンミンやアミン錯体では，Co(III)錯体は Cr(III)錯体より安定である。このことは，[M(en)$_2$(H$_2$O)$_2$]$^{3+}$ ＋en からの [M(en)$_3$]$^{3+}$ の生成に関する平衡定数 K（25 ℃，水溶液）は，Co(III) は $\log K = 13.5$ で，Cr(III) は $\log K < 10.2$ であることからもわかる。

1) コバルト(III)錯体の合成と触媒反応
Ⓐ [Co(NH$_3$)$_6$]Cl$_3$[1)]

Co(III)錯体の多くは，Co(II)塩から空気，PbO$_2$ や H$_2$O$_2$ で酸化して簡単に合成される。CoCl$_2$·6H$_2$O とアンモニア水の反応溶液を空気酸化して，最も容易に得られる Co(III) 錯体は [CoX(NH$_3$)$_5$]$^{n+}$ や [CoX$_2$(NH$_3$)$_4$]$^{n+}$ であって，[Co(NH$_3$)$_6$]$^{3+}$ は比較的生成しにくい。これは，反応機構と関連していて，反

応中間体として［$Co^{II}O_2(NH_3)_5$］$^{2+}$や［$(NH_3)_5Co^{II}O_2Co^{II}O_2(NH_3)_5$］$^{4+}$が生成するためである[2]。［$Co(NH_3)_6$］$Cl_3$を得るには，触媒として［$Ag(NH_3)_2$］$^+$が使われたが，今では，活性炭が有効な触媒となって，高収率の合成法（式 (8-1)）が確立している。

$$4CoCl_2 \cdot 6H_2O + 4NH_4Cl + 20NH_3 + O_2 \xrightarrow{活性炭} 4[Co(NH_3)_6]Cl_3 + 26H_2O \quad (8\text{-}1)$$

Ⓑ ［$Co(en)_3$］Cl_3 [3]

トリスエチレンジアミン Co(III) 錯体［$Co(en)_3$］Cl_3は，［$Co(NH_3)_6$］Cl_3と同様に，空気酸化法では直接合成するのは難しいが，活性炭を触媒とすることで，高収量で得られる。溶液錯体化学との接点に関しては，この活性炭の触媒作用に注目して，光学活性ジアミン 1,2-propylenediamine (pn) や 1,2-$trans$-cyclohexanediamine (chxn) のトリス（ジアミン）錯体のそれぞれのジアミンの緩衝液中，100℃でジアミン配位子の交換反応が起こって，ジアステレオマー［$Co(R,R\text{-}chxn)_n(S,S\text{-}chxn)_{3-n}$］$^{3+}$や［$Co(R\text{-}pn)_n(S\text{-}pn)_{3-n}$］$^{3+}$間で平衡になることがわかった。またこれらのジアステレオマー間の平衡定数と熱力学的パラメータが見積もられている[4]。

Ⓒ Λ-［$Co(en)_3$］$^{3+}$ の不斉合成と電子移動反応 [5]

この錯体の光学対掌体は，次のような不斉合成で得られる。

［$Co(en)_3$］$^{3+}$の活性炭を触媒とする合成反応で，対イオンに L-酒石酸イオン (L-tart^{2-} = $C_4H_4O_6^{2-}$) を用いると，置換活性なジアステレオマーの一方の (+)$_{589}$-Λ-［$Co^{II}(en)_3$］(L-tart) が酸化されて，難溶性の (+)$_{589}$-Λ-［$Co^{III}(en)_3$］Cl(L-tart) として沈殿する（式 (8-2)，式 (8-3)）。反応溶液中の置換活性な (−)$_{589}$-Δ-［$Co^{II}(en)_3$］(L-tart) はラセミ化（式 (8-2)）して，(+)$_{589}$-Λ-［$Co^{II}(en)_3$］(L-tart) が生成し，これが酸化されて (+)$_{589}$-Λ-［$Co^{III}(en)_3$］Cl(L-tart) が沈殿する（式 (8-3)）。また，(+)$_{589}$-Λ-［$Co^{II}(en)_3$］$^{2+}$は，酸化により生成した (−)$_{589}$-Δ-［$Co^{III}(en)_3$］Cl(L-tart)（式 (8-4)）との電子移動反応によっても難溶性の (+)$_{589}$-Λ-［$Co^{III}(en)_3$］Cl(L-tart) として沈殿する（式 (8-5)）。

不斉合成反応は次のようになっている。

$$Co(II)(L\text{-tart}) + 3en \rightarrow (+)_{589}\text{-}\Lambda\text{-}[Co^{II}(en)_3](L\text{-tart}) \rightleftarrows (-)_{589}\text{-}\Delta\text{-}[Co^{II}(en)_3](L\text{-tart}) \quad (8\text{-}2)$$

$$(+)_{589}\text{-}\Lambda\text{-}[Co^{II}(en)_3](L\text{-tart}) + HCl + 1/4 O_2 \xrightarrow{\text{活性炭}} (+)_{589}\text{-}\Lambda\text{-}[Co^{III}(en)_3]Cl(L\text{-tart})\downarrow + 1/2 H_2O \quad (8\text{-}3)$$

$$(-)_{589}\text{-}\Delta\text{-}[Co^{II}(en)_3](L\text{-tart}) + HCl + 1/4 O_2 \xrightarrow{\text{活性炭}} (-)_{589}\text{-}\Delta\text{-}[Co^{III}(en)_3]Cl(L\text{-tart}) + 1/2 H_2O \quad (8\text{-}4)$$

$$(-)_{589}\text{-}\Delta\text{-}[Co^{III}(en)_3]^{3+} + (+)_{589}\text{-}\Lambda\text{-}[Co^{II}(en)_3]^{2+} + Cl^- + L\text{-tart}$$
$$\rightarrow (-)_{589}\text{-}\Delta\text{-}[Co^{II}(en)_3]^{2+} + (+)_{589}\text{-}\Lambda\text{-}[Co^{III}(en)_3]Cl(L\text{-tart})\downarrow \quad (8\text{-}5)$$

Ⓓ **[M(phen)$_3$]$^{3+}$ (M = Co(III), Cr(III)) の不斉合成と電子移動反応** [6]

類似の不斉合成反応として，[M(phen)$_3$]$^{3+}$ (M = Co(III), Cr(III)) の光学分割がある。この場合，Co(II)Cl$_2$·6H$_2$O と Cr(II)SO$_4$·5H$_2$O から，吐酒石（酒石酸アンチモンカリウム = K$_2$[Sb$_2$(L-C$_4$H$_4$O$_6$)$_2$]·3H$_2$O）を用いて，ジアステレオ選択的に難溶性ジアステレオマー Λ-[M^{II}(phen)$_3$][Sb$_2$(L-C$_4$H$_4$O$_6$)$_2$] のみが単離され，それぞれ，塩素とヨウ素を酸化剤として，高収率で Λ-[Co^{III}(phen)$_3$]$^{3+}$ と Λ-[Cr^{III}(phen)$_3$]$^{3+}$ が得られる。この場合は，もう一方のジアステレオマー Δ-[M^{II}(phen)$_3$][Sb$_2$(L-C$_4$H$_4$O$_6$)$_2$] は溶液に残るが，置換活性であるので，ラセミ化し，Λ-[M^{II}(phen)$_3$][Sb$_2$(L-C$_4$H$_4$O$_6$)$_2$] が得られる。これは難溶性であるので，平衡系から順次除かれて，不斉生成される Λ-[M^{II}(phen)$_3$][Sb$_2$(L-C$_4$H$_4$O$_6$)$_2$] を酸化することで，目的の Λ-[M^{III}(phen)$_3$](ClO$_4$)$_3$ として高収率で得られる。

Ⓔ **シアノ混合配位子錯体の合成と配位子置換反応**

[Co(NH$_3$)$_6$]$^{3+}$ や [Co(en)$_3$]$^{3+}$ は水溶液中では，極めて安定であるが，NaCN と活性炭を混合した水溶液を，低温で長時間撹拌しておくと，それぞれ，平衡混合物 [Co(CN)(NH$_3$)$_5$]$^{2+}$, [Co(CN)$_2$(NH$_3$)$_4$]$^+$, [Co(CN)$_3$(NH$_3$)$_3$] や cis-[Co(CN)$_2$(en)$_2$]$^+$ と trans-[Co(CN)$_2$(en)$_2$]$^+$ が得られる[7]。同様の反応がクロム(III)錯体 [Cr(en)$_3$]$^{3+}$ でも見つかっていて，cis-[Cr(CN)$_2$(en)$_2$]$^+$ と trans-[Cr(CN)$_2$(en)$_2$]$^+$ が得られている[8]。このような活性炭の存在する反応条件では，本来置換し難いアンミンやアミン配位子がシアン化物イオンと順次置換反

2) クロム(III)錯体 [Cr(NH$_3$)$_6$]X$_3$ の合成と酸化還元反応 [9]

Co(III)錯体についで代表的なウェルナー型錯体である Cr(III)錯体の合成法は，Co(III)錯体とはかなり異なる。クロム(III)塩とアンモニア水の直接反応では不溶性の水酸化クロム(III)が生成する。置換活性な Cr(II)塩は空気中では不安定で，直ぐに酸化されるために，簡単な空気酸化法を用いることはできない。

[Cr(NH$_3$)$_6$]X$_3$ は，二クロム酸カリウムをエタノールで還元して，一旦クロム(III)塩を生成してから，亜鉛末で還元したクロム(II)塩の溶液にアンモニアと塩化アンモニウム混合溶液を働かせ，ゆっくりと空気酸化する方法で得られている。この反応液に硫酸鉄(II)アンモニウムを加えると生成率が上がる。急激な空気酸化による [(NH$_3$)$_5$(OH)Cr(NH$_3$)$_5$]Cl$_5$ の生成を避けるために，ゆっくり空気酸化する必要がある。これは，反応中間体の Cr^{2+}-NH$_3$ 系の安定度定数が，Cu^{2+}-NH$_3$ 系のように Jahn-Teller 歪みがあるので，[Cr(NH$_3$)$_6$]$^{2+}$ はあまり生成していないためである。

(2) 濃ハロゲン化水素酸水溶液中での合成と錯形成反応
1) [CoX$_2$(N)$_4$]X 型錯体の合成と異性化反応

trans-[CoCl$_2$(NH$_3$)$_4$]HSO$_4$ は，*cis*-[Co(H$_2$O)$_2$(NH$_3$)$_4$]Cl$_3$ を濃硫酸に溶かして，冷却しながら，濃塩酸を加えると，2日後に硫酸水素塩として緑色長針状結晶がほぼ定量的に析出する [10]。この合成反応は，後述のエチレンジアミン(en)錯体 *trans*-[CoCl$_2$(en)$_2$]X と似ていて，濃塩酸中での異性化反応である。

cis-[CoCl$_2$(NH$_3$)$_4$]Cl は，Co(CH$_3$COO)$_2$・4H$_2$O と NaNO$_2$ をアンモニア水に溶かし，空気酸化して得られる *cis*-[Co(NO$_2$)$_2$(NH$_3$)$_4$]NO$_2$ に，濃塩酸を作用させると定量的に幾何構造を維持して目的錯体が析出する [11]。溶液化学的観点からは，ニトリト-κN 錯体（ニトロ錯体）*cis*-[Co(NO$_2$)$_2$(NH$_3$)$_4$]$^+$ の水溶液は非常に安定であることは明らかであるので，逆に，*cis*-[CoCl$_2$(NH$_3$)$_4$]Cl の水溶液に亜硝酸ナトリウムを加えると，*cis*-[Co(NO$_2$)$_2$(NH$_3$)$_4$]NO$_2$ を得る。ニトリト-κN 錯体は，濃塩酸中では配位子置換反応が起こってクロリド錯体（クロロ錯体）になる。

これらのアンミン錯体に対応するエチレンジアミン錯体 *trans*-

[CoCl$_2$(en)$_2$]X と cis-[CoCl$_2$(en)$_2$]X は，次のようにして合成される[12]。塩化コバルト(II)とエチレンジアミンのモル比1：2の混合水溶液に空気を吹き込んで酸化して，濃塩酸を加えて加熱濃縮すると，トランス異性体の塩化物塩酸塩 trans-[CoCl$_2$(en)$_2$]Cl·2HCl·2H$_2$O が緑色結晶して得られる。この結晶を110℃に熱して結晶水と HCl がとれた緑色粉末 [CoCl$_2$(en)$_2$]Cl が得られる。これを水に溶かした溶液を蒸発乾固して得られた紫色固体がシス異性体 cis-[CoCl$_2$(en)$_2$]Cl である。これを塩酸に溶かして濃縮すると trans-[CoCl$_2$(en)$_2$]Cl·2HCl·2H$_2$O にもどる。トランス体は塩酸酸性溶液中で安定で溶解度も低くて結晶化する。中性水溶液中では，シス体へ異性化して平衡がずれて，濃縮乾固することでシス体になる。つまり，シス異性体とトランス異性体は次式のように幾何異性化して100％相互変換できる。

$$\text{trans-[CoCl}_2\text{(en)}_2\text{]Cl} \underset{\text{水溶液加熱}}{\overset{\text{塩酸}}{\rightleftarrows}} \text{cis-[CoCl}_2\text{(en)}_2\text{]Cl} \tag{8-6}$$

いずれの錯体も水溶液中では不安定で，異性化やアクア化しやすいことは，錯体反応論の研究によって明らかにされている。例えば，酸加水分解反応では，反応生成物のアクア錯体 [CoCl(H$_2$O)(en)$_2$]Cl は，トランス異性体 trans-[CoCl$_2$(en)$_2$]Cl からはシス体が35％で，トランス体は65％であるが，シス異性体 cis-[CoCl$_2$(en)$_2$]Cl からは，75％のシス体，25％のトランス体が生成する[2,13]。これらの合成反応では，幾何異性体を定量的に作り分けることができる。このような合成と反応論の結果の違いは，濃度，温度や液性などの反応条件の違いによるものと考えられる。

2) trans-[CrX$_2$(N)$_4$]X 型錯体の合成と配位子置換反応

trans-[CrCl$_2$(NH$_3$)$_4$]Cl や trans-[CrCl$_2$(en)$_2$]Cl は，trans-[CrF$_2$(NH$_3$)$_4$]Cl や trans-[CrF$_2$(en)$_2$]Cl を塩化水素ガスで飽和した濃塩酸の懸濁液を室温で放置すると，緑色沈澱して得られる。同様の方法で trans-[CrBr$_2$(en)$_2$]Br·H$_2$O と trans-[CrI$_2$(en)$_2$]ClO$_4$·H$_2$O はそれぞれ濃臭化水素酸と濃ヨウ化水素酸を用いると合成できる[14]。このフルオリド錯体（フルオロ錯体）は水溶液中では，クロリド錯体と違って容易にアクア化しない。フッ化物イオンは，塩化物イオンはもとより，臭化物イオン，ヨウ化物イオンよりも分光化学系列では上位で

あるが，F^-とプロトンとの強い相互作用によって，Cr-F の F^- が引き抜かれて，過剰のハロゲン化物イオンと置換する。このことは，*trans*-$[CrF_2(3,2,3\text{-tet})]^+$ (3,2,3-tet = 1,10-diamino-4,7-diazadecane ($NH_2(CH_2)_3NH(CD_2)_2NH(CH_2)_3NH_2$)) におけるソルバトクロミズム（配位子場吸収スペクトル）および ^2HNMR の化学シフトの溶媒効果から見出された溶媒のアクセプター数（電子受容性の尺度）(1-1 節および付表 1 参照）と角重なりモデル（AOM）パラメータとの相関関係[15]とも符合している。すなわち，溶媒のアクセプター数が大きく電子受容性の強い濃ハロゲン酸中では，プロトンとCr-F のフッ化物イオンとの相互作用が強くなり，Cr-F の σ 結合性が弱くなって，Cr-F の結合解裂が起こりやすくなるものと考えられる。

(3) 非水溶媒中での合成と錯形成反応

1) Cr(III)エチレンジアミン錯体の合成と配位子置換反応における溶媒効果

$[Cr(en)_3]Cl_3$ を合成するために，$CrCl_3\cdot6H_2O$ の水溶液にエチレンジアミン (en) を加えても，アルカリ性になるので，水酸化クロム(III)が沈殿するだけである。$CrCl_3\cdot6H_2O$ から $[Cr(en)_3]Cl_3$ を直接容易に高収率で合成するには，次のような非プロトン性溶媒の DMSO (dimethyl sulfoxide)（以下，溶媒分子が配位子として作用するときは小文字で示す）を用いる方法がある[16]。

$$CrCl_3\cdot6H_2O + 6dmso \rightarrow [Cr(dmso)_6]Cl_3 + 6H_2O \qquad (8\text{-}7)$$

$$[Cr(dmso)_6]Cl_3 + 3en \rightarrow [Cr(en)_3]Cl_3 + 6dmso \qquad (8\text{-}8)$$

$CrCl_3\cdot6H_2O$ の DMSO 溶液を，DMSO の沸点 (189 ℃) 近くまで加熱して，共沸で水分を蒸留して除き，得られた紫色錯体 $[Cr(dmso)_6]Cl_3$ の溶液に，3倍モル量に少し過剰のエチレンジアミンをかきまぜながら少しずつ加えるとまもなく黄色沈殿を生成する。

同じ非プロトン性溶媒でも，DMF (*N,N*-dimethylformamide) を用いると，生成錯体は異なる。$CrCl_3\cdot6H_2O$ の DMF 溶液中の水を共沸で除いてから，エチレンジアミンを加えると，*cis*-$[CrCl_2(en)_2]Cl$ が得られる[16a, 17]。この場合，次の反応式のように，dmf 分子が 4 つ配位した *cis*-$[CrCl_2(dmf)_4]Cl$ が中間体となり，これにエチレンジアミンが反応して，*cis*-$[CrCl_2(en)_2]Cl$ が生成すると

考えられる。

$$trans\text{-}[CrCl_2(H_2O)_4]Cl \cdot 2H_2O + 4dmf \to cis\text{-}[CrCl_2(dmf)_4]Cl + 6H_2O \quad (8\text{-}9)$$

$$cis\text{-}[CrCl_2(dmf)_4]Cl + 2en \to cis\text{-}[CrCl_2(en)_2]Cl + 4dmf \quad (8\text{-}10)$$

このような反応溶媒 DMSO と DMF で、中間体が $[Cr(dmso)_6]Cl_3$ と $cis\text{-}[CrCl_2(dmf)_4]Cl$ と異なるのは、溶媒の電子供与性（ドナー数）(1-1 節および付表1参照）の違いによるものであろう。

2) 芳香族ジイミン錯体の合成と配位子置換反応における溶媒効果

$cis\text{-}[CrCl_2(phen)_2]Cl$ や $cis\text{-}[CrCl_2(bpy)_2]Cl$ は、$CrCl_3 \cdot 6H_2O$ と phen (1,10-phenanthroline) や bpy (2,2'-bipyridine) のメタノール溶液を3時間加熱還流すると、赤褐色の生成物として得られる[18]。この場合、メタノールに代わって、$cis\text{-}[CrCl_2(en)_2]Cl$ の合成法にならって、無水 $CrCl_3$ の DMF 溶液 ($CrCl_3 \cdot 6H_2O$ の DMF 溶液から共沸で水を除去して得られる溶液）に phen や bpy を反応させると、反応途中で難溶性緑色結晶の $[CrCl_3(phen)dmf]$ や $[CrCl_3(bpy)dmf]$ が析出する[19]。これは生成錯体の溶解度が反応溶媒の DMF 中で小さいためと考えられる。

対応する Co(III) 錯体 $cis\text{-}[CoCl_2(phen)_2]Cl$ は、沸騰している phen のメタノール溶液に無水 $CoCl_2$ を加えると、赤褐色溶液が得られる。これを-60 ℃に冷やして、液体塩素を加えて沈殿する灰色固体が目的錯体である[20]。この合成法の酸化剤は液体塩素であるが、過酸化水素水で酸化すると緑色錯体を得られる。この錯体が緑色であるので、エチレンジアミン錯体との類推から、トランス異性体 $trans\text{-}[CoCl_2(phen)_2]Cl \cdot HCl \cdot 3H_2O$ と同定されていた[21]。しかし、Schäffer らは、元素分析値と ^1HNMR を注意深く再検討して、塩化物ではなく、$[CoCl_4]^{2-}$ 塩の $cis\text{-}[CoCl_2(phen)_2]_2[CoCl_4] \cdot 2H_2O$ で、過酸化水素水による酸化反応は 2/3 しか酸化されていないことを明らかにした[20]。

$cis\text{-}[CoCl_2(phen)_2]Cl$ や $cis\text{-}[CrCl_2(phen)_2]Cl$ およびそれらと類似の芳香族イミン配位子 bpy 錯体は、対応する脂肪族アミンの en 錯体と違って、アクア化はしにくい[17]。これは、σ 供与性の脂肪族アミン配位子が硬い塩基であるのに対して、π 逆供与性の芳香族ジイミン配位子が軟らかい塩基となることと関

係している。すなわち、$cis\text{-}[CrX_2(bpy)_2]^+$ の角重なりモデルパラメータと ^{2}HNMR シフトの考察から明らかなように、bpy が軟らかい塩基として配位した $\{M(bpy)_2\}$ の空いた 2 つの配位座は軟らかい酸となる。したがって、$\{M(bpy)_2\}$ や $\{M(phen)_2\}$ の空いた配位座と比較的軟らかい塩基の塩化物イオンとの親和性が、硬い酸塩基と軟らかい酸塩基則（HSAB 則）（3-3-1(6)目参照）によって、硬い塩基のフッ化物イオンよりも大きくなるためと考えられる[22]。

3) トリフルオロメタンスルホン酸（トリフレイト）錯体を合成原料とする種々の錯体合成と置換活性配位子の置換反応

Scott と Taube らは、電子吸引性の強い CF_3 基を有するトリフルオロメタンスルホン酸イオン（$CF_3SO_3^-$）（通称トリフレイト（triflate））が配位すると、過塩素酸イオンに次いで優れた脱離基となることを、$[Cr(CF_3SO_3)(H_2O)_5]^{2+}$ の合成と反応性の研究で 1971 年に明らかにした[23]。その後、Sargeson らが無水トリフルオロメタンスルホン酸 HCF_3SO_3 中でクロリド錯体を加熱後、エーテルで CF_3SO_3 塩として取り出す一般的な方法を確立した[24〜27]。

例えば、アンミン錯体 $[Cr(CF_3SO_3)(NH_3)_5](CF_3SO_3)_2$ は、次式のように、$[CrCl(NH_3)_5]Cl_2$ に無水トリフルオロメタンスルホン酸を加え、室温で 3 日間放置した後、ジエチルエーテルを加えると、ピンク色の沈殿として得られる。

$$[Cr^{III}Cl(NH_3)_5]Cl_2 + HCF_3SO_3 \rightarrow [Cr^{III}(CF_3SO_3)(NH_3)_5](CF_3SO_3)_2 + HCl\uparrow$$
(8-11)

同様の方法で、$[M(CF_3SO_3)(NH_3)_5](CF_3SO_3)_n$（$M = Co(III), Ru(III), Rh(III), Ir(III), Pt(IV)$）は反応温度を 100 ℃で行えば、生成・単離できる。また、メチルアミン錯体 $[M(CF_3SO_3)(NH_2CH_3)_5](CF_3SO_3)_n$ は同様にして、室温での反応で得られる。反応温度の違いは、原料錯体の安定性によるもので、$Cr(III)$ のアンミン錯体とメチルアミン錯体は、不安定なために、室温で反応を行う必要がある。

$cis\text{-}$ または $trans\text{-}[CoCl_2(en)_2]Cl$ から、$cis\text{-}[Co(CF_3SO_3)_2(en)_2](CF_3SO_3)$ だけが得られる。この $trans$ 体から cis 体への異性化は一般的に cis 体が極性溶媒中で安定であることと一致している。一方、対応する $Rh(III)$ と $Ir(III)$ 錯体の

cis- と *trans*-$[MCl_2(en)_2]Cl$ は，それぞれ，構造を維持して，*cis*- と *trans*-$[M(CF_3SO_3)_2(en)_2](CF_3SO_3)$ が生成する。これは，Co(III) 錯体よりも，安定度が大きく，立体構造が維持されやすいためである。

CF_3SO_3 錯体は，容易に種々の有機溶媒に溶けて，置換活性な溶媒とも容易に交換するので，多目的出発錯体として，錯体合成へ広範に応用されている。

(4) おわりに

これまで見てきたように，錯体合成化学は，置換活性錯体では，溶液錯体化学の知見を活用できる場合が多いが，置換不活性錯体では，反応条件が違うので，単純には比較し，議論することができない。しかし，合成反応を溶液錯体化学の観点から検討することで，合成法を改良することができ，また，合成反応がヒントとなって溶液錯体化学に新しい知見をもたらすことがある。今後，このような錯体合成化学と溶液錯体化学の接点を通して，それぞれの知見を共有し，活用することで互に発展することが期待される。

8-2 超分子化学と溶液錯体化学の接点

8-2-1 水中おける金属錯体の自己組織化

金属錯体の自己集合は，超分子化学において最もめざましく展開されている分野である [28)]。溶液系の分子錯体は，有限の分子量を有する超分子錯体と，低次元系超分子錯体に大別される（図 8-1）。有限系超分子錯体の象徴的な研究例として，Lehn らは，ビピリジンのオリゴマー配位子 **1** と Fe(II) イオンから対アニオンの種類に依存して **1**：Fe(II) ＝ 5：5 あるいは 6：6 の超分子錯体 $[Fe(II)]_5(\mathbf{1})_5$，$[Fe(II)]_6(\mathbf{1})_6$ が得られることを示した（図 8-2）[29〜31)]。これらの超分子構造が制御されるのは，溶液系で形成されうる様々な構造のうち，最終的に熱力学的に最も安定な構造が選択されていることを意味する。ここで，電気的中性の配位子を用いて金属錯体を形成させれば，形成される超分子錯体は金属イオン由来の電荷を有することになり水に溶解する。Fujita らは，$[Pd(II)en](NO_3)_2$ 錯体を鎹（かすがい）とする方法論により，例えば配位子 **2**，**3** を構成要素とする三角柱型超分子錯体 **4** を構築した [32)]。この内孔の深さは柱配位子 2 の長さにより制御可能であり，決められた数の疎水性ゲスト分子が内包される。金属イオンと配位子の自己集合により形成される超分子錯体において，配位子

8 溶液錯体化学と他分野の接点

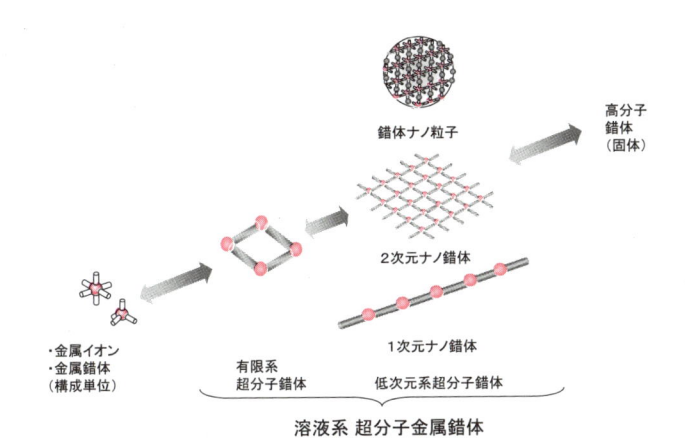

図 8-1 溶液系における超分子金属錯体

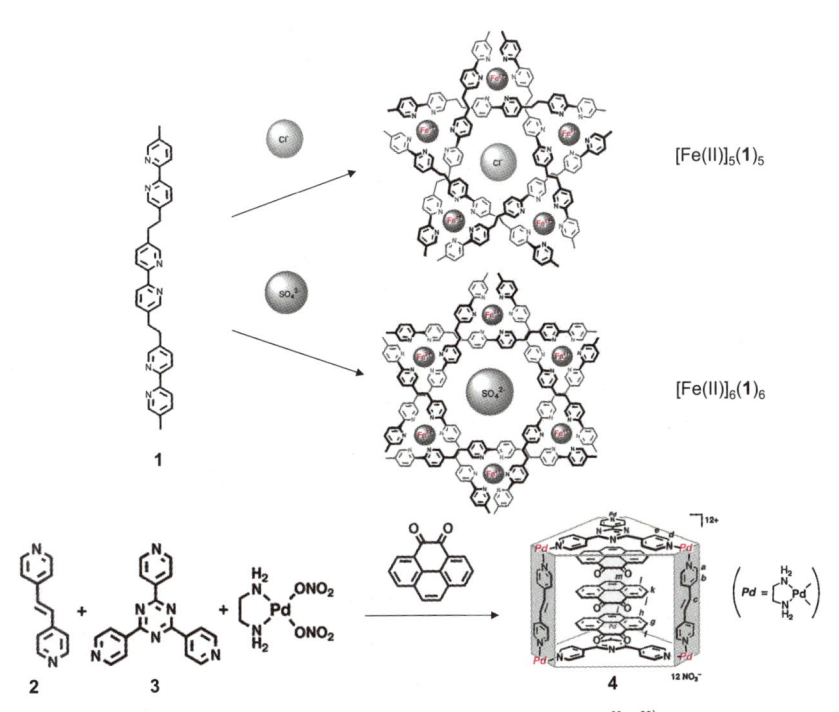

図 8-2 溶液系における有限系超分子金属錯体 [29〜32]

315

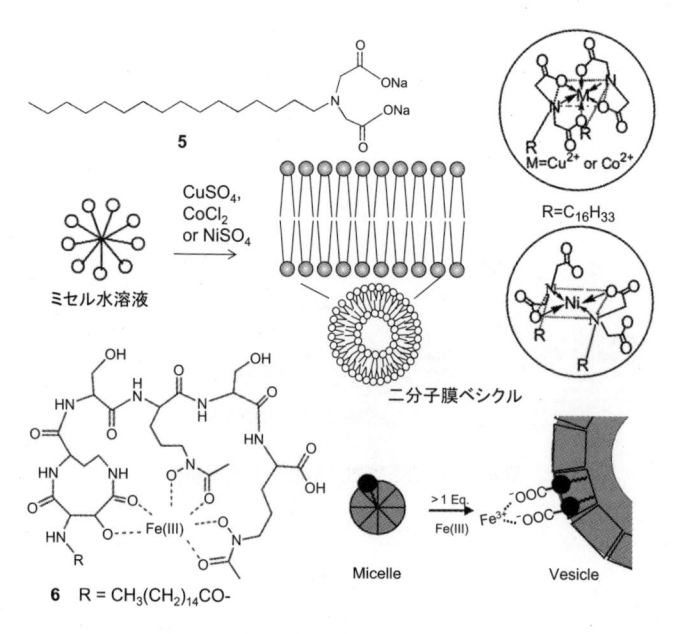

図 8-3 溶液系における両親媒性金属錯体による二分子膜形成 [38, 41]

　の分子構造と電荷はその分散性や構造を決める最重要因子であり，アニオン性の多座配位子を用いた場合には，金属イオンのカチオン電荷と釣り合うために電気的中性の配位高分子（固体）となる [33]。有限系超分子錯体の詳細については，錯体化学会選書⑤「超分子金属錯体」[28] を参照されたい。
　溶液系における超分子錯体には，有限系超分子錯体の他に，一次元，二次元，あるいは三次元的な集積構造を有する低次元系超分子錯体が含まれる（図8-1）。金属錯体を含む超分子ポリマーは，溶媒に親和性がある二座配位子を導入することにより得られる [34]。金属錯体を水中で二次元に集積するアプローチとしては，配位子にアルキル長鎖を導入して両親媒性の金属錯体とし，二分子膜（ベシクルなど）を構築する方法論が知られている [35, 36]。一般に，1本のアルキル長鎖を有する両親媒性金属錯体は水中でミセルを形成するが [37]，金属イオンとの錯形成により 2 本鎖型の両親媒性分子となる場合，二分子膜ベシクルを与える例 [35, 38, 39] が報告されている（$(M(5)_2, M = Cu(II), Co(II), Ni(II),$

8 溶液錯体化学と他分野の接点

図 8-4　車輪型 Mo_{154} クラスターによるベシクル型構造体の形成 [43]

図 8-3)[38]。両親媒性の金属錯体は生体系にも存在する。例えば，微生物により産生される1本鎖型界面活性剤 **6** は，Fe(III)イオンに結合するシデロフォアであるが，過剰の Fe(III)イオン存在下ではミセルからベシクルへ構造転移することが知られている。この構造変化は，Fe(III)イオンが錯体親水部のカルボキシレート基を架橋するためと考えられた [40]。その後，Cd(II)，Zn(II)，La(III)イオンによっても多層ベシクルへの構造変化が認められている [41]。このように，両親媒性金属錯体においては，濃度や温度などの他に，金属錯体の持つ電荷とアルキル鎖の鎖長，親水基に対するアルキル鎖数，親水基間の静電的反発の緩和，金属イオンによる架橋高分子錯体形成 [42] などが，その集合構造を決めるための因子となる。

　両親媒性を導入した金属錯体が，水中でミセルやベシクルなどの集合構造をとることは通常の両親媒性化合物の場合と照らし合わせると理解しやすい（図8-3)。一方，Liu らは，$\{Mo_{154}\}$ 型の車輪型混合原子価ポリオキソモリブデン酸塩クラスターについて光散乱および透過型電子顕微鏡（TEM）観察を行い，平均半径約 45 nm（1 nm $= 10^{-9}$ m $= 10$ Å）のほぼ単分散なベシクル構造を与えることを報告した [43]。このポリオキソモリブデン酸塩系ベシクルの形成は，短距離力であるファンデルワールス引力と長距離力である静電斥力との間の微妙な相互作用に基づき，車輪型クラスター間およびベシクル内部に封入された水分子の水素結合によって安定化されたためと考察されている。同様なベシクル状構造の形成は，球状のヘテロポリ酸 $\{Mo_{72}Fe_{30}\}$ においても示唆されている（図8-4）[44]。ポリオキソモリブデン酸等の非両親媒性物質によるベシクル

317

の形成については，慎重な検証を必要とすると考えられるが，金属錯体の溶液超分子化学を展開する上で，両親媒性の分子設計（常識）に必ずしも捕われない発想が重要なことを示している．

8-2-2　有機媒体中おける金属錯体の自己組織化—超分子錯体と溶媒効果

溶液錯体化学と超分子の接点は，溶液中における金属錯体の自己集積による超構造形成現象のみならず，その性質が溶液系において如何にユニークであるかが主題となろう．その観点において，これまで固体物性科学分野で研究対象とされてきた集積型金属錯体を，溶液錯体化学の研究対象に変換する意義は大きいと考えられる．一次元金属錯体に有機溶媒への溶解性を付与するアプローチとして，

① 静電的相互作用を利用して脂質などの分子集合体により被覆する手法 [34, 45～48]

② 架橋配位子に直接アルキル基を導入する手法 [49～51]

が開発されている．①の脂質被覆一次元金属錯体の例として，カチオン性のハロゲン架橋白金混合原子価錯体（$[Pt(en)_2][Pt(Cl)_2(en)_2]$）$^{4+}$とアニオン性脂質 **7**（図 8-5）からなる $[Pt(en)_2][Pt(Cl)_2(en)_2]$(**7**)$_4$ はクロロホルムなどの有機溶媒に分散できる．この藍色分散液中で一次元錯体鎖の電荷移動吸収（CT, Pt(II) → Pt(IV)）の極大波長は 597 nm（2.08 eV）に観測された [46, 52]．これは，$[Pt(en)_2][Pt(Cl)_2(en)_2](ClO_4)_4$ 結晶の吸収極大（$\lambda_{max} = 456$ nm, 2.72 eV）[53] に比べ著しく低エネルギー側にシフトしており，LUMO-HOMO エネルギーギャップが大きく減少していることを示している．脂質のスルホン酸基が密にパッキングするために，Pt(II)-X-Pt(IV) 間距離が縮まり，Pt(II) の d_z^2 軌道と架橋ハロゲンの p_z 軌道の重なりが大きくなって，一次元鎖に沿った電荷移動（CT）励起子の非局在化が促進されたためと考えられる．また，この分散液は可逆的なサーモクロミズムを示し，60 ℃に温めると無色になるが，冷却すると再び藍色に着色した．この結果は，脂質のアルキル鎖の熱ゆらぎによって一次元錯体鎖の解離が促進されるが，冷却に伴い脂質の分子配列秩序が回復すると，ハロゲン架橋構造が再構築されることを示している．すなわち，脂溶性一次元金属錯体においては，分子の自己集合と錯体鎖（一次元電子構造）の形成

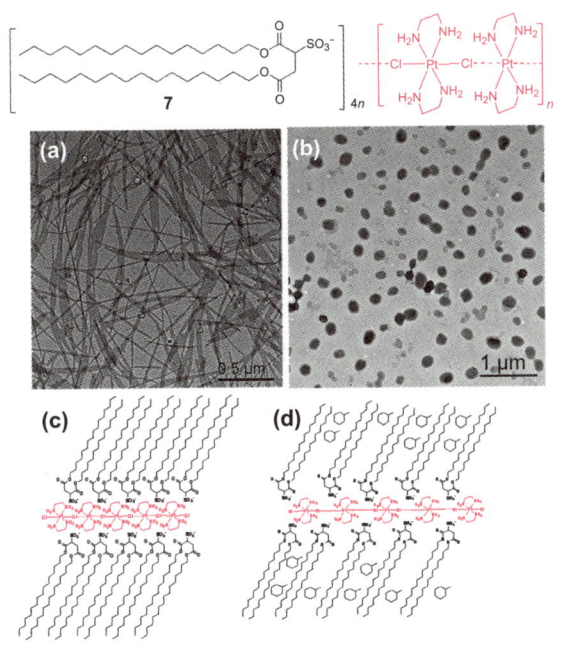

図 8-5　[Pt(en)$_2$][Pt(Cl)$_2$(en)$_2$](**7**)$_4$ の有機溶媒中における電子顕微鏡写真（加熱冷却後）ならびに分子組織化構造の模式図。(a), (c)：クロロホルム中，(b), (d)：メチルシクロヘキサン中 [52]

が連動する。この加熱-冷却処理を施した後のクロロホルム溶液の電子顕微鏡観察では結晶性のナノファイバー構造が観察された（図 8-5(a)）[52]。一方，[Pt(en)$_2$][Pt(Cl)$_2$(en)$_2$](**7**)$_4$ をメチルシクロヘキサンに分散すると固体試料やクロロホルム中と同じ藍色を示すものの，この分散液を 90 ℃まで加熱し一次元架橋構造を解離させた後，再び室温に戻すと，赤色の分散液を与えた（λ_{max} = 469 nm, 2.64 eV）。電子顕微鏡観察ではナノ粒子が確認され（図 8-5(b)）[52]，加熱-冷却処理により再構成された [Pt(en)$_2$][Pt(Cl)$_2$(en)$_2$](**7**)$_4$ においては，脂質アルキル鎖の溶媒和が促進されること（脂質の分子専有面積が大きくなることに対応，(c) → (d)）や，非極性媒体中においてカチオン性錯体とアニオン性脂質の静電的相互作用がより強まること等の理由によって，一次元鎖の共役電子状態が直接，あるいは間接的に溶媒効果を受けることを示している。種々

の溶媒中で，この加熱分散-冷却プロセス後の CT 吸収極大波長を溶媒の極性パラメータである E_T 値（1-1-6 項，巻末付表 1 参照）に対してプロットしたところ，良好な直線関係が得られ，誘電率の低い溶媒中においては，CT 吸収が高エネルギー側にシフトすることが明らかとなった[52]。このように，従来，固体科学の研究対象であった $[Pt(en)_2][Pt(Cl)_2(en)_2]$ 錯体は，脂質を対イオンとして導入することにより，ナノファイバー錯体として種々の有機溶媒に分散でき，その自己集積特性や電子状態をダイナミックに制御することが可能である。

脂溶性一次元金属錯体に対する溶媒効果は，脂質 **8** で被覆された Fe(II) トリアゾール錯体 Fe(II)(R-trz)$_3$(**8**)$_2$（図 8-6）のスピンクロスオーバーについても調べられている[34,54]。一般に，溶液中においては，固体状態に比べてスピンクロスオーバー温度は低下し，また，錯体間の協同効果も期待できないために，ゆるやかなスピン平衡が観測される。ところが驚くべきことに，高スピン (HS) 状態にある無色の固体 Fe(II)(R-trz)$_3$(**8**)$_2$ をトルエンに分散させると，紫色（低スピン状態，LS）の分散液が得られた。AFM 観察より，Fe(II)(R-trz)$_3$(**8**)$_2$ はトルエン中において幅 20～30 nm のナノワイヤーとして分散していることが解った。この結果は，固体状態で不安定な LS 錯体が，溶液中のナノワイヤー状態では著しく安定化されることを意味しており，

① 固体状態における一次元錯体の歪みが溶液分散系で緩和されること
② イオン性の Fe(II) トリアゾール錯体が低極性溶媒のトルエンに（脂質の助けを借りて）分散しており，疎溶媒性効果あるいは強いイオン対形成の影響 (chemical pressure) を受けていること
③ 極性の高い HS 錯体が低極性溶媒中で不安定化されること

などが理由として考えられる。溶媒を系統的に変化させた結果，低スピン錯体の安定化と溶媒の誘電率とに相関が認められ，②あるいは③の効果の寄与が確認されている[54]。また，溶液分散系であるにも関わらず，Fe(II)(R-trz)$_3$(**8**)$_2$ は加熱に伴い急峻かつ可逆的なスピン状態の変化 (LS → HS) を示した。AFM 観察の結果，このスピン状態変化は一次元鎖のフラグメント化を伴っており，配位環境（配位元素の種類）を保ちつつ金属-配位結合の強度（距離）の変化により引き起こされるスピンクロスオーバー現象と区別するために "ス

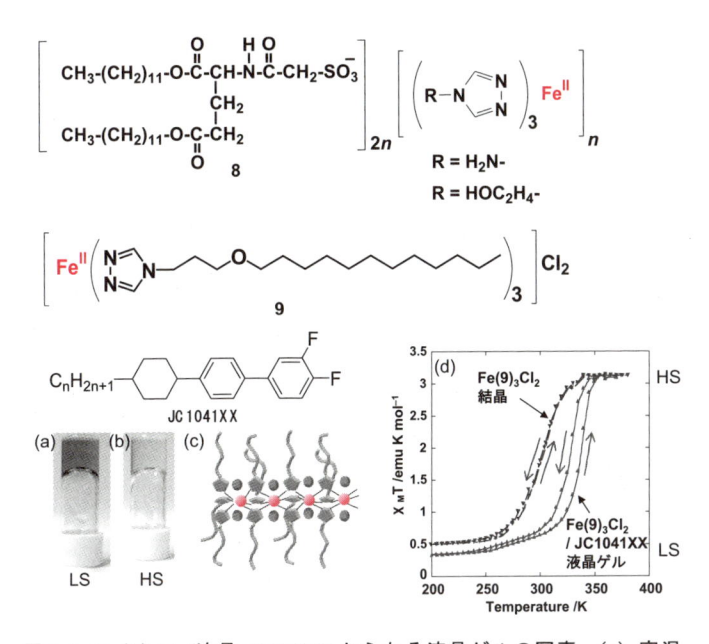

図 8-6　Fe($\bf 9$)$_3$Cl$_2$ /液晶 JC1041XX からなる液晶ゲルの写真。(a) 室温，LS 状態，(b) 80℃，HS 状態，(c) 一次元錯体の構造模式図，(d) Fe($\bf 9$)$_3$Cl$_2$ 結晶ならびに液晶ゲルにおける $\chi_M T$ 値の温度依存性[59]

ピンコンバージョン"と呼ばれている[54]。従来，擬一次元金属錯体は溶媒に一次元主鎖を保ったまま分散できないために，このような溶媒効果を検討することはできなかったが，脂質のような脂溶性の高い分子を金属錯体の対イオンとして導入する超分子パッケージング法により，溶媒が一次元主鎖におよぼす影響を調べることが可能となった。金属錯体と被覆分子や溶媒との相互作用が，錯体の構造や機能発現にとり極めて重要な役割を演じることは明らかであり，金属錯体の潜在的な機能を引き出すための強力な方法論を提供している。近年，この超分子パッケージング法は拡がりをみせ，二官能性ターピリジンを架橋配位子とする Fe(II) 高分子錯体とジアルキルリン酸からなる脂質被覆一次元錯体[55]，Cu(I) バソフェナントロリンジスルホン酸とジアルキルアンモニウム塩からなるイオン対[56]について，ラングミュアブロジェット膜やサーモトロピック液晶の形成が検討されている。

一次元金属錯体の分散媒体として液晶を用いることも可能である。1,2,4-トリアゾールにアルキルエーテル鎖を導入した脂溶性配位子 **9**（図 8-6）を架橋配位子とする Fe(II) 錯体 Fe(**9**)$_3$Cl$_2$ は、紫色の固体として得られ、Fe(II) イオンは低スピン状態 (LS, S = 0) にある[57, 58]。この錯体をクロロホルムに溶解すると淡黄色のゲルを与え、TEM 観察では幅約 3 ～ 4 nm からなる一次元錯体ナノワイヤー（図 8-6(c)）が観測された。クロロホルム溶液中において Fe(II) は高スピン状態 (HS, S = 2, 薄黄色) にあるが、これは、配位子のアルキル鎖がクロロホルムにより溶媒和され、また、溶液中における熱振動の効果もあいまって、配位子 N–Fe(II) 間の距離が大きくなり、LS 構造が不安定化されたものと考えられる[58]。一方、Fe(**9**)$_3$Cl$_2$ はネマティック液晶 JC1041XX にも分散でき、紫色 (LS) の液晶ゲルを与えた（図 8-6(a)）[59]。クライオ電子顕微鏡 (Cryo-TEM) 観察においては、一次元錯体鎖がバンドル化した幅 40 ～ 50 nm のナノファイバーが観察され、これにより液晶がゲル化されている。液晶ゲルを加熱すると 80 ℃付近で無色となるが、液晶ゲルの構造は保たれる（図 8-6(b)）。興味深いことに、磁化率測定において Fe(**9**)$_3$Cl$_2$ は固体状態で 300 K にスピン転移温度を与えるが（図 8-6(d)）、液晶ゲル中ではスピン転移温度が 334 K へ上昇し、また、固体状態では観測されなかった熱履歴が認められた。このことは脂質被覆型の Fe(II)(R-trz)$_3$(**8**)$_2$ と同様、非極性溶媒中において脂溶性一次元 Fe(II) 錯体における LS 状態の安定化（または HS 状態の不安定化）が起こることを示している。このように、擬一次元金属錯体を脂溶性に変換するアプローチにより、様々な溶媒を対象として新しい超分子金属錯体の溶液化学が展開されつつある。

8-2-3　金属錯体ナノ粒子の化学

　有限系の超分子錯体とは異なり、一般に無限三次元架橋構造を溶液に分散させることは難しい。一方、近年、配位高分子からなるナノ粒子の形成が報告されている[29, 30]。Mirkin らは、金属イオン M'(= Zn(II), Cu(II), Ni(II)) と二官能性配位子 **10** のピリジン溶液にジエチルエーテルを添加すると、配位高分子から成る粒径～ 1.6 μm のマイクロ粒子が形成されることを見いだした（図 8-7(a)）[60]。その後、有機溶媒中で二官能性配位子と金属イオンを混合すること

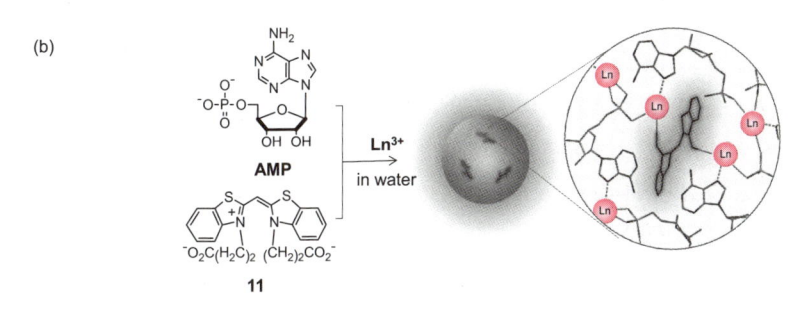

図 8-7 (a) ピリジン中における配位高分子マイクロ粒子の形成[60]。
(b) 水中におけるヌクレオチド・ランタノイドの配位ネットワークとナノ粒子の形成，ならびにゲスト分子 11 の包接現象[66]

により，配位高分子から成るナノ〜マイクロ粒子の形成が相次いで報告された[61〜63]。

一方，君塚らは水中において，ヌクレオチドとランタノイドイオンを混合するだけで，ナノ粒子が形成されることを見い出した[64〜68]。たとえば，アデノシン 5'-リン酸 (AMP) 二ナトリウム塩と塩化ガドリニウム ($GdCl_3$) 水溶液を室温で混合すると，直ちに無色の沈殿が生成し，走査型電子顕微鏡 (SEM) により粒径約 40 nm の球状粒子が観察された (図 8-7(b))[65]。このナノ粒子は高濃度条件においては水中で凝集し沈殿するが，その表面をポリスチレンスルホン酸ナトリウム塩やコンドロイチン硫酸 C ナトリウム塩などのアニオン性ポリマーで被覆すれば，分散させることが可能である。エネルギー分散型蛍光 X 線 (EDX) 分析によりナノ粒子の組成を調べたところ，P (リン):Gd^{3+} = 3:2，すなわち電気的中性を満たす組成であること，また，粉末 X 線回折 (PXRD)

よりナノ粒子はアモルファスであり，赤外吸収スペクトルからAMPのリン酸基とアデニン基の両方が，Gd^{3+}イオンに配位したネットワーク構造をとっていることが確認された。従来，配位高分子からなるナノ粒子を作成する場合，界面活性剤やポリビニルピロリドンなどの高分子を用い，バルク固体の形成を抑制するアプローチがとられる[69,70]。

一方，水中におけるヌクレオチドとランタノイドイオンのナノ粒子形成においては，界面活性剤のような添加剤や逆ミセル等を必要としない。これは，ナノ粒子形成における核形成と成長がはやいプロセスであること，さらに，生成したナノ粒子が堅固な配位ネットワークからなるために，融着して無限固体に至るプロセスが抑制されているためと考えられる。水中におけるヌクレオチド・ランタノイド複合ナノ粒子の形成は，他の希土類金属塩化物（$M(III)Cl_3$, M = Sc, Y, La, Ce, Pr, Nd, Sm, Eu, Tb, Dy, Ho, Er, Tm, Yb, およびLu）やヌクレオチド（グアノシン5'-リン酸（GMP），シチジン5'-リン酸（CMP）やウリジン5'-リン酸（UMP）など）を用いた場合にも確認された[65]。$Gd(III)$イオンを用いたヌクレオチドナノ粒子はMRIの陽性造影剤として応用可能であり，また，ナノ粒子内部の配位結合ネットワークに疎水性相互作用や静電的相互作用を駆動力としてゲスト分子を取り込ませることができる。ヌクレオチド水溶液と種々の蛍光色素を混合し，これにランタノイドイオンを添加してナノ粒子を形成させたところ，カルボキシル基を有する色素が効率よく取り込まれた[65,66,68]。すなわち，アニオン性のゲスト分子はまずランタノイドイオンと静電的に相互作用しており，このため，ヌクレオチドを添加して生成する配位ネットワーク中に取り込まれやすいものと考えられる。また，半導体ナノ粒子のようなナノサイズ物質も，ヌクレオチド・ランタノイドイオンの配位ネットワークで被覆することが可能である[68]。このように様々なサイズ，形のゲスト分子をヌクレオチド・ランタノイドイオンからなる配位高分子ネットワークが取り囲みナノ粒子を形成する現象は，丁度水中で，溶質が水素結合のネットワーク（水和殻）によって覆われる現象を彷彿とさせるものであり，君塚らはこの現象を"Adaptiveな自己組織化"と呼んでいる[65,66,68]。このAdaptiveな自己組織化は，"まず最初にホスト分子ありき"の超分子化学とは異なる視点であり，超分子錯体の溶液化学における新しい研究領域として展開できるものと期待される。

8-2-4 今後の展望

以上述べたように，一次元高分子錯体を従来の固体科学分野に留めず，溶液分散系のナノワイヤーとして取り扱うことができ，従来の固体錯体化学，溶液錯体化学にないユニークな現象が見いだされている。また，水中において配位ネットワークを形成させることによって，Adaptive な自己組織化現象を実現できる。これらは，溶液錯体化学と超分子化学の新しい接点として，新しい研究領域「金属錯体の自己組織化に基づくソフトナノマテリアル化学」に繋がるものと期待される。

8-3 生物無機化学と溶液錯体化学の接点

"生物無機化学"は，多くのタンパク質の活性に金属イオンがなぜ必須であるかを無機化学から解明しようとする新しい研究分野である。後に，生命エネルギーの源である酸素を水にするシトクロム c 酸化酵素や水から酸素を産み出す光合成系物質の活性に金属イオンが必須であることがわかり，生命に関係がない"無機"という言葉の由来は誤りであったことが明白となった。生命現象における金属の重要性はいたるところに見られ，今や"生物無機化学"の分野は金属タンパク質から医薬品や遺伝子まで広がっている。ここでは，錯体化学会選書①「生物無機化学」では扱われていない溶液錯体化学に隣接した境界分野について述べる。

ヒトの血清中の金属濃度は海中の金属濃度と相関があることから，生命は海から生まれたと考えられている。これは，生命発生時に，金属イオンとタンパク質等の物質が水溶液中で相互作用した結果であり，金属イオンが水に溶けることは生命の化学反応が水溶液中で行われることと関係がある。金属イオンがいかに配位子と結合し，いかに機能を発揮するかは，溶液錯体化学の問題である。生命が膜という仕切りを作って進化することにより，全体が平衡系ではなく非平衡系となったが，各部分は平衡系として扱えるので，溶液錯体化学の研究手法・結果が応用できる。複雑な金属酵素を，エッセンスが詰まった簡単な低分子錯体を使ってシンプルに解析する手法は，初期の生物無機化学分野の研究で汎用され，その中で溶液錯体化学の手法が頻用された。近年は，金属タンパク質の配位構造モデルが実際の構造を反映しない場合も多いことや，技術（X

線結晶構造解析など）の進歩により，金属タンパク質そのものを研究する例が増えている．しかし，溶液化学的観点からタンパク質・核酸そのものを扱う試みは今後の課題となっている．

8-3-1 物質認識に重要な弱い相互作用の研究 [71, 72]

物質間の弱い相互作用は生体機能に欠かせない物質認識（酵素-基質間，抗原-抗体間，薬物-受容体間等）に重要な役割を果たす（3-3-2 項参照）．しかし，その相互作用は弱く溶液中での検出が困難なため，X線結晶構造解析により得られる結晶中の構造を見て議論されることが多く，真の動的姿を見るには溶液側からの研究が必須である．モデル系での系統的研究に混合配位子錯体とその安定度定数を用いる方法には，配位子間の弱い相互作用によって錯体が安定化されるため，その相互作用の強さと構造依存性が簡単にわかり，置換活性な金属錯体を用いれば，加える配位子を変えるだけで済むという利点がある．水溶液中の混合配位子錯体の組成と安定度定数は，pH 滴定法を用いて精度よく容易に得られ，相互作用に関する情報を提供することができる．金属イオンは配位子を繋ぎ止める働きをするだけでなく，相互作用を反映するプローブとして使うことができる．この金属イオンをプローブとする手法は分子内相互作用だけでなく，分子間会合の研究にも利用できる有用な方法である．

(1) 核酸インターカレーターの塩基選択性

DNA 二重らせんの核酸塩基間に自らの芳香環を挿入するインターカレーター剤は抗ガン剤にもなる．表 8-1 に，核酸インターカレーターである白金(II)平面錯体と核酸成分との会合の平衡定数（会合定数）K，エンタルピー変化 ΔH，エントロピー変化 ΔS の値を示す．[Pt(phen)(en)]$^{2+}$ 錯体（phen = 1,10-phenanthroline, en = ethylenediamine）との log K は遊離の phen との場合より大きな値を示し，phen との相互作用は Pt(II) に配位していることが重要であることを示唆している．表 8-1 中の [Pt(phen)(en)]$^{2+}$ 錯体-モノヌクレオチド間の会合定数 log K は互いに類似した値であるが，ΔH の値に大きな違いがみられる．すなわち，NH$_2$ 基を有するアデニン塩基やグアニン塩基を持つ AMP^{2-} や GMP^{2-} との会合は大きな負の ΔH の値（-26 kJ mol^{-1}）を示すことである．

8 溶液錯体化学と他分野の接点

表 8-1 白金(Ⅱ)錯体と核酸成分とのスタッキング相互作用による会合の log K, ΔH, ΔS (25 ℃, イオン強度 $I = 0.1$ mol dm^{-3}(NaCl)) [71]

X–Y	log K	ΔH/kJ mol^{-1}	ΔS/J K^{-1} mol^{-1}
X–Adenosine			
X = [Pt(phen)(en)]$^{2+}$	2.21	−15.8	−11
X = [Pt(bpy)(en)]$^{2+}$	1.91	−14.2	−11
X = [Pt(bpy)(gly)]$^{+}$	1.72		
X = phen	1.33		
[Pt(phen)(en)]$^{2+}$–Y			
Y = AMP^{2-}	2.51	−25.6	−38
Y = GMP^{2-}	2.49	−26.2	−40
Y = IMP^{2-}	2.34	−11.9	5

bpy = 2,2'-bipyridine, gly = glycinate, AMP^{2-} = adenosine-5'-monophosphate, GMP^{2-} = guanosine-5'-monophosphate, IMP^{2-} = inosine-5'-monophosphate

モノヌクレオチド　　AMP塩基　　GMP塩基　　IMP塩基

[Pt(phen)(en)]$^{2+}$ 錯体-モノヌクレオチド間の相互作用様式は X 線結晶構造解析から芳香環の環が向き合った face-to-face 型芳香環スタッキングで，電荷移動（CT）吸収帯が観察され，対応する ^{195}Pt NMR シフトがみられることから，Pt(Ⅱ) が相互作用の源であるが，直接的には相互作用に関与せず，図 8-8 のように Pt-phen-核酸塩基が HOMO-LUMO 相互作用していると考えられる。Pt-phen-核酸塩基間の電荷移動相互作用は，NH$_2$ 基の電子供与性によって強められるため，AMP^{2-}，GMP^{2-} との会合の ΔH は大きな負の値を持つと考えられ，

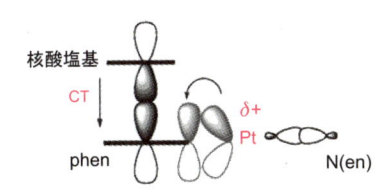

図 8-8　金属錯体特有のスタッキング機構

NH$_2$ 基がない IMP^{2-} と大きな違いがあることがわかる。このような [Pt(phen)(en)]$^{2+}$ 錯体の塩基選択性は薬（抗ガン剤等）として有用と考えられる。

(2) 金属酵素反応場と疎水場の密接な関係 [73]

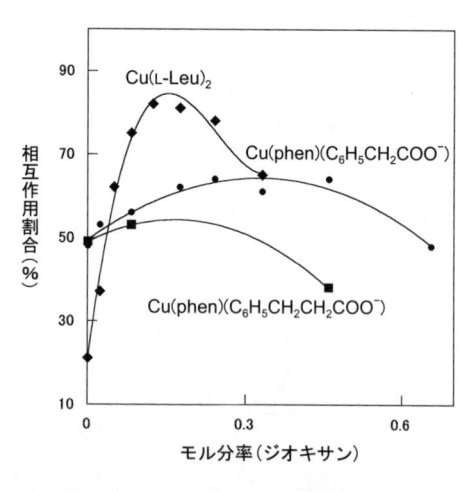

金属酵素反応場は疎水的な環境にあると考えられているが，どの程度疎水的なのかを評価した例は多くない。ジオキサン（またはエタノール）-水混合溶媒中における Zn^{2+} にモノカルボン酸イオンが配位結合するときの安定度定数は溶媒が疎水的になるほど大きくなることを指標にして，いくつかの亜鉛酵素反応場の疎水性を評価したところ，小さな基質と結合する酵素ほど疎水的な環境を持ち，反応場（金属結合部）が酵素の奥深い場所（酵素中心部）にあることがわかった。一方，金属酵素反応の第一歩である基質認識力と疎水的な環境との対応を調べるため，ジオキサン-水混合溶媒中における Cu(phen)(C$_6$H$_5$(CH$_2$)$_n$COO$^-$)($n=1, 2$) の Cu-phen…C$_6$H$_5$ 間芳香環スタッキングおよび Cu(L-Leu)$_2$ の Leu 側鎖イソブチル基間疎水性相互作用による安定化について，三元錯体の形成されやすさを示す Δlog K 値から算出した相互作用割合（Δlog K 値の差＝1で 90%）として評価した（図 8-9）。相互作用割合はジオキサンのモル分率がある値になった点で極大になる。これは基質認識にあずかる非共

図 8-9 ジオキサン-水混合溶媒中における配位子側鎖間相互作用割合の溶媒組成依存性

有結合性相互作用は非極性，極性双方の性質を持ち，溶媒の極性に応じて最も認識力が強い相互作用様式が変化するためと考えられ，酵素反応場では多様な認識が行われていることが示唆された。

8-3-2 血液中の平衡系に関する研究[74]

血液は血清と血餅からなり，溶液成分の血清にはアルブミン等のタンパク質のほか，低分子として金属イオン，アミノ酸，有機酸，無機塩が含まれる。血清中で形成される可能性のある金属錯体のすべてについて，あらかじめ安定度定数を決定しておき，血清中の各成分の濃度からpH 7.4の血清中で形成されている錯体の割合を推定することが試みられている。表8-2に，血清中の低分子銅(II)錯体の計算結果を示す。ヒスチジン（His）とグルタミン（Gln）あるいはトレオニン（Thr）の混合配位子錯体の割合が高くなっているが，特定の組合せが有利となる理由として，His側鎖COO^-とGln側鎖$CONH_2$あるいはThr, Ser側鎖OH間の水素結合が考えられた。His側鎖COO^-はCu(II)に対しアキシャル配位し，GlnあるいはThr, Serの側鎖と水素結合を形成し錯体を安定化させている。

この研究の延長線上に希薄溶液中の金属医薬品の溶存状態の研究がある。通常，mM（M = mol dm^{-3}）濃度で形成されている錯体をμM以下の濃度にすると金属と配位子間の結合が切れる場合が多い。薬理作用が高活性のものはμM以下の濃度でも活性があるので，投与した金属錯体が解離して低活性になる可能性を考慮すべきである。

高分子化合物の溶液内平衡は低分子化合物の場合とは異なると考えられていたが，血清アルブミンのように柔軟な構造を持つタンパク質（分子量約6万）は，低分子化合物と同様のpH滴定による扱いが可能であることがわかってき

表8-2 安定度定数を使って計算された血清中の銅(II)錯体の割合[74]

Cu(II)錯体	%	Cu(II)錯体	%
Cu(His)(Gln)	19	Cu(His)(Lys)	4
Cu(His)$_2$	16	Cu(His)(Gly)	4
Cu(His)(Thr)	15	Cu(His)(Asn)	4
Cu(His)(Ser)	8	Cu(His)(Val)	4
Cu(His)(Ala)	5	Cu(His)(Leu)	4

た[75]。100以上の極性アミノ酸を持つアルブミンは,物質を取り込むときに様々な極性アミノ酸を動かしてH^+を放出あるいは吸収するため,H^+を調べる手法が有用となる。この結果,従来の蛍光法,分子ふるい法では判別できなかった2種以上の物質のアルブミン結合,アルブミン上の薬物間相互作用,および,金属-薬物間相互作用の存在が判明した。例えば,抗炎症薬サリチル酸Cu(II)錯体は分解して,Cu^{2+}とサリチル酸がアルブミンの別々の場所に結合する。血中の0.6 mMの血清アルブミンは薬物のみならず,栄養素である金属イオンや有機酸等を運搬する重要な役割を担っており,血中での平衡シミュレーションから薬の飲み合せや金属を含めた薬物間相互作用等の解明への応用が期待される。

8-3-3 反応中間体の研究 [74, 76]

反応中間体の研究としてH. Taubeの電子移動の業績が有名であるが,同様の研究がタンパク質を使って行われた。タンパク質の電子移動の速度は低分子化合物の場合に比べて遅いが,生体系では電子移動速度を速くする何らかの機構が存在すると考えられている。プラストシアニンは,銅を活性部位に持つ電子移動タンパク質であるが,表面で正負電荷間の静電的結合が起こるとアロステリック効果により銅の配位構造がゆがみ,電子を受け入れやすくなることが単純なリシンペプチド(Lysine peptide)を用いたモデル実験から示された(図8-10)[76]。

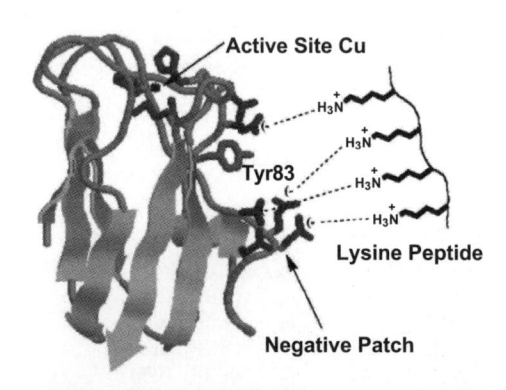

図 8-10　電子移動を促進する銅酵素プラストシアニン-基質間相互作用

8 溶液錯体化学と他分野の接点

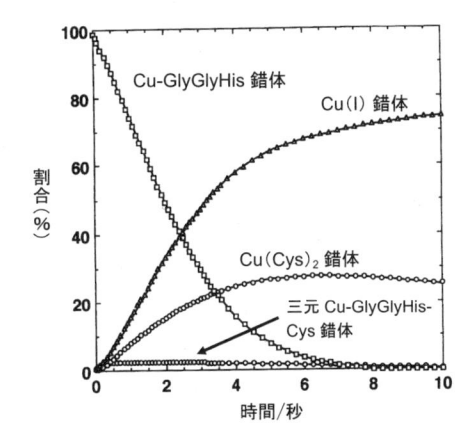

図 8-11 Cu(GlyGlyHis)錯体から Cu(Cys)$_2$ への配位子交換反応

血液中で，Cu^{2+} は，分子量約 6 万の血清アルブミンの N 末端に結合し，N 末端 NH_2，2 個のアミド脱プロトン CON^-，および，His イミダゾールが配位している。アルブミン分子は大きいため膜を通過できず，ドナーの交換（配位子交換）が起こって Cu^{2+} が細胞内へ輸送されると考えられている。アルブミン N 末端の配位をトリペプチド GlyGlyHis で模倣した Cu(GlyGlyHis)は他の配位様式をとる Cu(GlyGlyGly)とは異なり，アミノ酸 X(X = His, Cys)への Cu^{2+} の引渡しは数秒以上と遅い（図 8-11）。N 末端 NH_2 から数えて 4 番目のドナーが安定な配位を形成する His イミダゾールであるため，中間体である混合配位子錯体 Cu(GlyGlyHis)(X)（X：単座配位，二座配位の 2 種類）は不安定となり，大部分は単座配位中間体から元の安定な Cu(GlyGlyHis)に戻り，一部が X と反応して CuX_2 へ配位子交換され，X = Cys ではその後 Cu(II)が還元されて Cu(I)錯体になることがストップトフローを用いた反応速度の研究から結論された。反応速度を支配する中間体は X（ドナー）が Cys（$-S^-$）の場合には少し認められ，His（3 位 N）では認められなかった。pH 滴定による研究からは三元 Cu(GlyGlyHis)(His)錯体を主とする報告とごく少量存在するとの相反した結果が報告されていたが，配位子交換過程では三元錯体はわずかにしか存在しないことが明らかとなった。安定な中間体形成には H^+ が同時に供

給されることが重要であることは，酸性溶液中で配位子交換速度が速くなることから推定された。したがって，Cu^{2+} の輸送には His イミダゾールより Cysteine ドナー SH を経由する方が放出される H^+ により素早く配位子交換できることが示唆された。

8-3-4　核酸-カチオン相互作用[77]

生体系で重要な物質の中で，核酸はリン酸部位があるため必然的にアニオンであり，Mg^{2+} などの金属イオンやポリアミンなどのポリカチオンとの共存が必須である。つまり，核酸には常に酸塩基の化学が絡んでくる。このように電荷を中和する電荷均衡の化学は，遺伝子治療，再生治療等において遺伝子を膜を通して細胞内に運び込む上で重要である。しかし，tRNA 等の結晶構造をみても Mg^{2+} とポリアミンカチオンとで構造的差異ははっきりしない。一般には Mg^{2+} は酵素活性のため反応に用いられ，ポリアミンは構造保持に用いられていることから，結合の強さは Mg^{2+} ＞ポリアミンと信じられていた。これを確認するため，リン酸基-ポリアミン間に $PO_4^{2-}\cdots H^+\cdots N$ 相互作用による酸塩基会合体が形成されることを利用して，フィチン酸（$C_6H_6\text{-}(O\text{-}PO_3)_6^{12-}$）を核酸モデルとして，ポリアミンおよび Mg^{2+} との相互作用の平衡定数を調べたところ，ポリアミン（4N）＞ Mg^{2+} ＞ポリアミン（3N）＞ポリアミン（2N）の関係が得られ，ポリアミン（4N）との相互作用は Mg^{2+} より強いことがわかった。

以上，筆者が関与した生物無機化学分野の溶液錯体化学との境界に位置する若干の研究例を紹介したが，生体溶液内における生体分子の挙動に対するより詳細な理解には，溶液化学的アプローチが必要とされることは明らかである。この境界分野の今後の展開・発展を期待したい。

8-4　分析化学と溶液錯体化学の接点

錯体化学と関連の深い溶液の分析法のなかで，金属イオンの分子認識を中心に取り上げ，さらにいくつかの分子認識法の最前線について述べる。

8-4-1 分析化学と錯体化学

化学の知識体系は入門,基礎,発展,応用,さらには最先端フロンティアと段階的に積み重ねられる。溶液錯体化学は無機化学,有機化学,物理化学,量子化学を基礎とする発展的学問分野である。同様に,分析化学は化学的な測定,分離,精製,検出などの方法について研究する学問領域であり,多くの基礎分野に欠かせないきわめて学際的な学問領域である。たとえば,ほとんどの大学の分析化学の教科書は無機溶液化学,化学熱力学,溶液内平衡反応などの内容からなっており,これらの分野は分析の定量性を検証する上で重要なものである。一方,分析化学独自の試料調製,汚染,妨害元素,定量性など種々の分析法の知識と技術の修得なくしては,他の化学の領域の研究は事実上困難であることも確かである。この意味から分析化学は他の基礎学問の上に立つ学際領域と方法論としての基礎領域の両方を含むことになる。したがって,「分析化学と溶液錯体化学の接点」は学際領域と方法論的領域の観点からみなければならない。

8-4-2 イオン・分子認識と分析化学

金属イオンや陰イオンおよび生体化合物などのイオン・分子認識は錯体化学,有機化学,生物化学,生命科学などにおいてみられる一般的現象であり,学際分野である。分析化学はそれらの検出,分離,定量法として深く関わっている。金属イオンの認識はイオノフォアーやレセプター,酵素,抗体による認識よりも,キレート試薬(分析試薬)が分析化学の目的に使われる。その多くは,分析試薬が金属イオンと反応して着色,発光することにより,金属イオンは検出・定量される。金属イオンの分析には,キレート試薬との相互作用,相互作用の強さに関する知見,特に溶液中で生成する錯体の特性と安定度に関する知見が必要となる。以下に,いくつかの代表的な分析試薬を取り上げ溶液錯体化学との関連についてみてみる。

(1) キレート滴定

1) アミノポリカルボン酸(EDTA, EGTA)

分析化学を代表するキレート試薬はエチレンジアミン四酢酸(EDTA)(3-3-1項,図3-3参照)である。G. Schwarzenbachが1945年に発表した1ページの

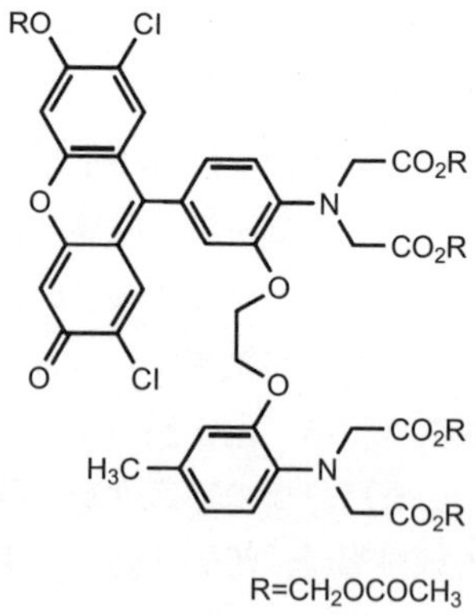

図 8-12　Ca 蛍光色素 Fluo 3-AM

論文がまさに，金属イオン濃度を滴定で求めるキレート滴定の始まりであった。EDTA は多くの金属イオンと安定な 1：1 錯体を生成する。EDTA と金属イオンとの反応は H^+ との競争反応であるので，溶液中の金属-EDTA 錯体の安定度は pH に依存し条件安定度定数の概念が発表された(3-3-1 項参照)。これによって，実際の溶液中の金属-EDTA 錯体の安定度定数や，キレート滴定の最適条件を設定することが可能となった。条件安定度定数と関連して提案された副反応係数（3-3-1 項(8)参照）は EDTA に限らず，溶液中のすべての金属錯体の生成と化学平衡を考える上で欠かせない重要なパラメータである。EDTA と同様に重要なキレート試薬として，EDTA のエーテル誘導体であるエチレングリコール-ビス（2-アミノエチルエーテル）N,N,N',N'-四酢酸（EGTA）（図 3-3 参照）がある。EGTA の特徴は，EDTA に比べて，Ca^{2+} と Mg^{2+} の安定度定数が 10^5 倍も違うことである（$K_{Ca(egta)} = 1.0 \times 10^{11}\,M^{-1}$, $K_{Mg(egta)} = 1.6 \times 10^5\,M^{-1}$ (25 ℃)）($M = mol\,dm^{-3}$)。このため，Mg^{2+} 共存中の Ca^{2+} の滴定や Ca^{2+} のマスキング剤として使われる。EGTA の重要な応用は，細胞内外の情報伝達物質として重要な Ca^{2+} の分析である。Ca-EGTA 錯体は無色であるので，EGTA だけでは Ca^{2+} のマスキング剤としてしか使えないが，EGTA を図 8-12 のように基本骨格に蛍光色素を導入することで，細胞内の Ca^{2+} 濃度の直接測定が可能となった。

2) 着色色素，蛍光色素

EDTA を用いたキレート滴定で多くの金属イオンを直接また簡単に滴定できるので，金属着色色素や蛍光色素の指示薬としての利用は急速に広まった。その反応はつぎのような金属指示薬が配位した金属錯体と EDTA との配位子置換反応である（いずれも電荷省略）。

$$M(BT) + EDTA \rightleftarrows M(EDTA) + BT \qquad (8\text{-}12)$$

ここで，指示薬はエリオクローム・ブラック T（NaH_2BT）(4-1 節参照) で，Schwarzenbach らによって紹介された最初の金属指示薬の 1 つである。pH 7～11 の間では HBT^{2-} の化学種であり青色を呈するが，金属-BT 錯体は赤色を呈する。したがって，金属イオンを EDTA 滴定すると溶液は赤色から青色に変化するので，終点を知ることができる。EDTA 滴定における金属指示薬は多数合成され市販されている。終点で変色が起こるためには M (EDTA) 錯体の条件安定度定数が M (BT) のそれよりはるかに大きくなければならない。

金属指示薬はキレート滴定時の終点決定指示薬としてだけでなく，金属イオンを測定するための吸光光度試薬として次のように使われている。

(2) 吸光光度・蛍光分析試薬としての錯体

金属イオンと反応して発色あるいは蛍光を発する有機試薬は分析化学では 1970 年代に急速に発展した。金属イオンを定量するための高感度と高選択性を有する有機試薬が研究され合成された。その代表的な試薬は，アゾ化合物，イミノ二酢酸基を持つ色素，フェノール基を持つ色素，ポルフィリンなどの大環状色素などである。これらの分析試薬は，配位原子（供与原子）として酸素 (O)，窒素 (N) および硫黄 (S) を含み HSAB 則（硬い酸塩基と軟らかい酸塩基則）(3-3-1(6)目参照) にしたがって金属イオンと結合する。すなわち，硬い塩基は硬い酸（金属）と軟らかい塩基は軟らかい酸と結合する。さらに，金属イオンと反応して色調が変化するほとんどの分析試薬（H_2L）は試薬の水素イオンが解離して代わりに金属イオン（M^{2+}）と結合し錯体 (ML) を生成する，水素イオンと金属イオンの交換反応である（式 8-13）。

$$H_2L + M^{2+} \rightleftarrows ML + 2H^+ \qquad (8\text{-}13)$$

その結果，金属錯体の色は水素イオンが完全に解離した L^{2-} と類似した色になる。

現在までに研究開発されてきたキレート試薬の数は膨大であるのでここでは省略する。成書[78]を参照されることをお勧めする。分析試薬は金属イオンや陰イオンの定量や分離のために発展したが，今日では生体関連物質はじめ分子認識試薬としての用途が多い。以下に，金属錯体が関与した分子認識法の最前線の例を紹介する。

8-4-3 分子認識の最前線
(1) MRI 造影剤[79]

MRI（magnetic resonance imaging；磁気イメージング）造影法は水分子のプロトンの磁場による核スピン緩和時間（T_1）を測定して臓器などのイメージングをする手法である。X線を使う病気診断法に比べて安全性が高いのでMRI法は今日広く診断に利用されている。金属イオンや生体分子に溶媒和した水分子は，水分子の周りの環境に応じてプロトンの緩和時間が異なる。したがって，MRI造影剤は造影したい部位をより良いコントラストで映し出すために，水分子のプロトン緩和時間が目的分子との相互作用によって大きく変化しなければならない。このような働きを持つ物質として常磁性のガドリニウムイオン（Gd^{3+}）がある。水分子のプロトン緩和時間は Gd^{3+} に配位することにより，T_1 が大きく減少する。しかしながら，Gd^{3+} そのものは毒性が強いので，DTPAやDOTA（図8-13）を配位子とする安定な金属錯体として人体に投与されている。さらに，ガドリニウム錯体の様々なアミノポリカルボン酸のエチレン炭素位にベンジル基やアニソール基を導入して錯体を疎水性にすると（図8-14），肝細胞への取り込みが増し，肝臓の造影が良くなる[80]。高分子型の造影剤も多く報告されている（図8-14）。高分子にすることで次のような利点が出てくる。

① 正常血管からの漏れが少なくなり，バックグランドが減少し血管造影剤としての感度が増大する
② 分子の回転運動等が抑制され，金属イオンあたりの緩和能が増強し感度が増大する
③ ガン組織中の血管では高分子化合物はガン細胞へ浸透しガン組織へ蓄積

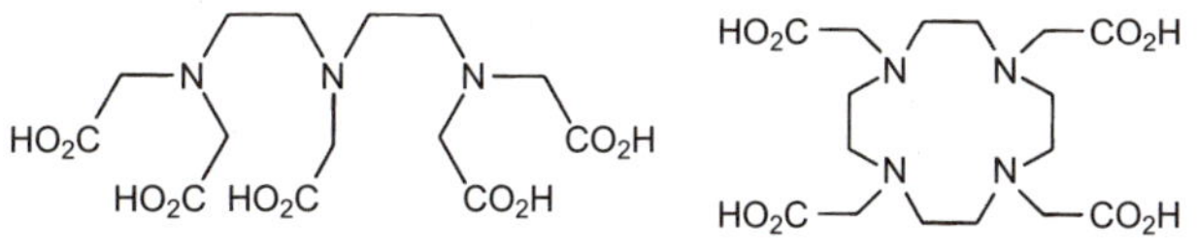

DTPA　　　　DOTA

図 8-13　MRI 造影剤に用いられる代表的な配位子

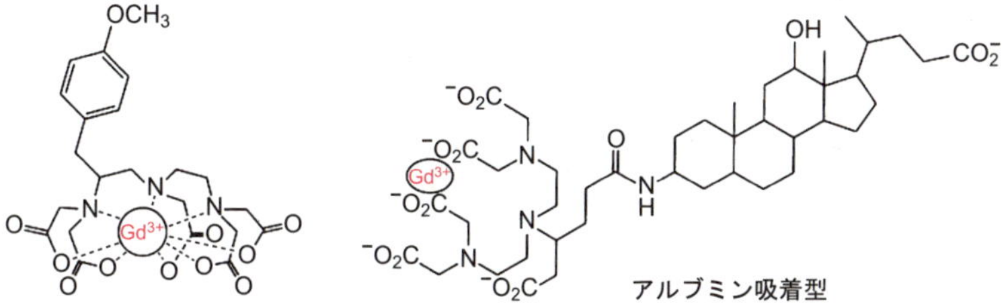

Gd-EOB-DTPA　　　　アルブミン吸着型

図 8-14　低分子，高分子 Gd 錯体の MRI 造影剤

されやすくなる。また，アルブミン吸着型では平衡により徐々に遊離の錯体が生成して腎臓から排出される

最近は，様々な機能を組み込んだ機能化造影剤も報告されている。例えば，細胞表面マーカーや特定タンパク質に結合する部位を持ったターゲッティング型造影剤がある。ガン細胞に多いグルタミントランスポーターや血栓中のフィブリンに結合するペプチド性リガンドを持つものもある。MRI で酵素活性を検出することも可能である。例えば，DOTA のカルボン酸基の 1 つをガラクトースで修飾した酵素応答型造影剤はガラクトースのヒドロキシル基がガドリニムに配位するため水分子が配位できず MRI サイレントであるが，β-ガラクトシダーゼで糖が切断されるとシグナルが生じる。また，カルシウム応答造影剤もある。カルシウムがないと Gd^{3+} はカルボキシル基に配位しているために MRI シグナルはサイレントあるが，Ca^{2+} が共存するとカルボキシル基が Gd^{3+} から解離して MRI シグナルが現れる（図 8-15）。片山らは，エバンスブルー誘導体を持つ造影剤が血管内皮の障害部位に特異的に結合するのを見出し，動脈硬

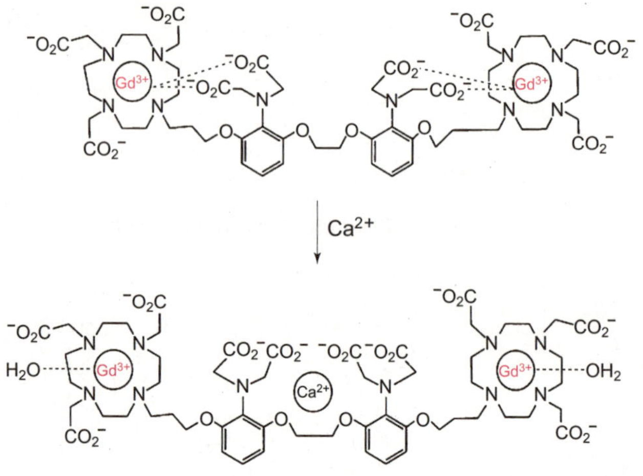

図 8-15　Ca^{2+}応答 MRI 造影剤

化プラークを高感度に造影することに成功した[81]。
(2) 錯形成反応が関与した化学修飾原子力間顕微鏡[82]
1) 修飾探針と基盤表面イオンとの相互作用

原子力間顕微鏡は探針と試料表面との間の微弱な力（$10^{-12} \sim 10^{-11}$ N）を測定し，試料表面の形状を画像化する装置である。したがって，探針を化学修飾すると基盤表面の特定物質の検出と相互作用の強さを知ることができる。木村らは，探針部をクラウンエーテルで修飾し，基盤上のアンモニウムやカリウムイオンの原子間力を測定した（図 8-16）[83]。アンモニウムイオン修飾基盤と 18-クラウン-6 修飾探針を用いてエタノール中で観測された典型的なフォースカーブを図 8-17 に示す。基盤は，表面のアミノ基があらかじめ酸処理によりプロトン付化されたものである。1 つの pull-off（探針が基盤から離れる現象）を示すフォースカーブ（図 8-17A）に加えて，多重のステップを示すカーブも観測された（図 8-17B）。これは，探針-基盤間に形成した複数の相互作用が順次切断されている様子を反映している。カリウムイオンを共存させるとクラウンエーテルとアンモニウムとの相互作用が劇的に減少していることがわかる。(図 8-17C)。

8 溶液錯体化学と他分野の接点

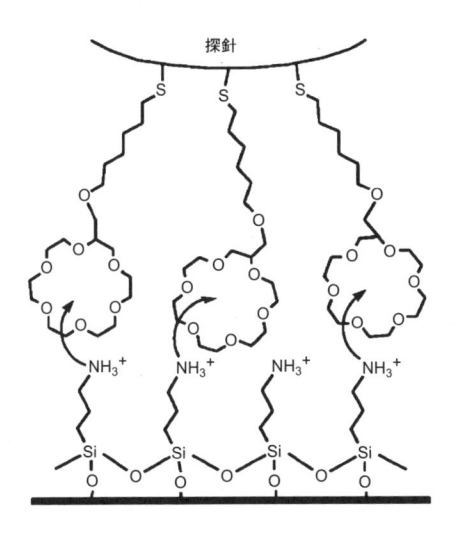

図 8-16 化学修飾原子間力顕微鏡 18-クラウン-6 と $-NH_3^+$ との錯形成力測定模式図

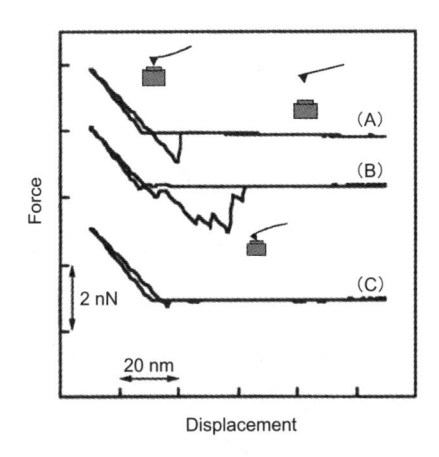

図 8-17 カンチレバーの探針を化学修飾した原子間力顕微鏡で試料基盤表面を走査することにより観測されるフォースカーブ（1 nN = 10^{-9} N）。最大値はカンチレバーが試料表面に付着して斥力が働いている状態。カンチレバーを試料表面から少しずつ遠ざけると引力がある場合はたわみ，限界値に達すると，カンチレバーが試料表面から完全に離れ水平線位置まで戻る。(A) 単一 pull-off，(B) 多重ステップ pull-off，(C) K^+ が共存するとき（過剰な pull-off 曲線は観測されていない）

アンモニウムのクラウンエーテル錯体の結合の強さ（単一力）は自己相関関数法を用いて求めることができる。自己相関関数法は，ノイズを含んだ周期信号からその周期を検出するために使われており，抗原抗体反応のリガンドとレセプター間の相互作用の評価などに対して多数採用されている。18-クラウン-6で修飾した探針とアンモニウム基を導入した基盤で観測された付着力のヒストグラムの自己相関関数をプロットすると，自己相関関数が一定の周期性を持っていることが明らかであり，その周期はおおよそ60 pN（6×10^{-11}N）であった。クラウンエーテル錯体の生成はクラウンエーテルの環の大きさと金属イオンのイオン半径に依存するので，ジベンゾ-18-クラウン-6またはジベンゾ-24-クラウン-8で修飾した探針と基盤上のアンモニウム基との相互作用（付着力）の強さは共存アルカリ金属イオンによって著しく減少する。クラウンエーテル環のサイズに適合するアルカリ金属イオンが共存する場合に（ジベンゾ-18-クラウン-6ではK^+，ジベンゾ-24-クラウン-8ではCs^+），付着力は最小になった。

2） 化学マッピング

木村ら[84]は上記の化学修飾した原子力間顕微鏡を基盤表面のイオンの化学マッピングとして応用した。15-クラウン-5で修飾した探針はK^+と選択的に相互作用して2つの円形状のトポグラフと摩擦力のイメージ画像を与えた（図8-18）。円の直径はマスクに用いられたシリカナノ粒子の大きさに等しく，穴の深さはナノパターン作成の条件と同じになる。このようなサブマイクロス

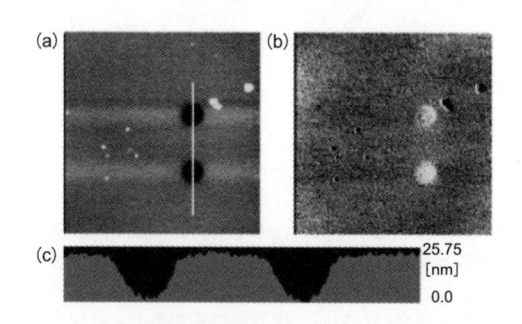

図8-18　K^+とNa^+からなる基盤のトポグラフ（a）と摩擦力（b）のイメージ画像（c）は（a）の直線位置での横断画像

ケールの化学マッピング法が可能となった。直径約 250 nm（1 nm ＝ 10^{-9} m ＝ 10 Å）のホールの中に含まれる K^+ は 4×10^{-19} mol で，サブアットモルの K^+ が検出されたことになる。このように，化学修飾原子間顕微鏡を用いて，超微量の化学物質の検出とマッピング法の成功は，原子間顕微鏡の表面化学分析ツールとしての応用が期待される。

(3) 集積型錯体と分析化学

金属錯体は単量体としての構造や反応性において種々の特性を示すので，上述のように，単量体の金属錯体の特徴が分析化学における検出と分離に広く用いられている。しかし，近年，単量体錯体が集まった集積型錯体における新たな機能の発現が明らかになった。特に，集積型錯体の空隙における水素や酸素のような小分子の濃縮材料として脚光を浴びるようになった。なかでもポルフィリンは集積しやすいので多くの研究がなされている。分析化学において，集積型錯体は新しい検出法や分離材料として使われる。その一例を紹介する。

1) ポルフィリン集積型錯体の分析化学への応用

ポルフィリンはモル吸光係数が大きく，蛍光を発するので，分析試薬としては早くから利用されてきた（4-2-3 項参照）ポルフィリンは平面 4 配位構造を持つので，その錯体のアキシャル位に種々の配位子が結合し，吸収スペクトルや蛍光強度の変化をもたらす。さらに，ポルフィリン（特にメゾポルフィリン）の側鎖を官能基で修飾することによって，種々の物質のセンサーとして用いられている。例えば，ポルフィリン−クランエーテルによるペプチドセンサー，ポルフィリン−テトラブルシンによる ATP センサーなどがある。亜鉛のメゾテトラフェニルポルフィリン（Zn(TPP)）のフェニル基のパラ位に 2,2'-dipyridylamine（dpa）を導入した 5,10,15,20-tera(p-N,N-bis(2-pyridyl)amino)phenylporphyrin zinc(II)(Zn(TPP)-dpa) は dpa 基が種々の金属イオンと結合できるので，それらの高感度センサーとなる。合成されたポルフィリンは Cu^{2+} と反応して蛍光強度を減少させるが，EDTA の添加によって蛍光強度は復元される[85]。すなわち，on-off タイプの蛍光イオノフォアーとしての機能を示す。吸収スペクトルの変化より Cu^{2+} はポルフィリン側鎖の 2 分子の dpa 分子と結合し，ポルフィリンは単量体でなく，(4,4)ネットワークの多量体であると考えられる（図 8-19）。25 μM のポルフィリンに Na^+，Mg^{2+}，Cr^{3+}，Mn^{2+}，

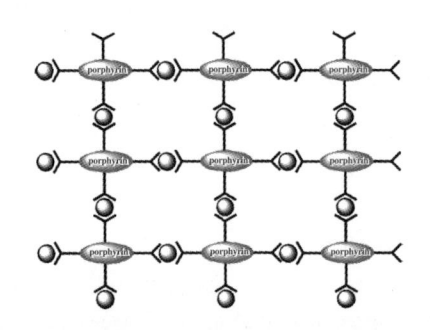

図 8-19 銅（〇印）で架橋した (4,4) ネットワーク亜鉛ポルフィリン錯体

Fe^{2+}, Co^{2+}, Ni^{2+}, Ag^+, Zn^{2+}, Cd^{2+}, Hg^{2+} をそれぞれ $160\,\mu M$ 加えると，蛍光強度は Cu^{2+} の場合だけ著しく減少した．さらに，$50\,\mu M$ の Cu^{2+} と $160\,\mu M$ の Cr^{3+}, Co^{2+}, Ni^{2+}, Zn^{2+}, Cd^{2+} の混合物にポルフィリンを加えると，ほんの少しだけ蛍光強度が減少し，Cu^{2+} の dpa の結合を阻害した．しかし，これらの金属イオンとポルフィリンを含む溶液に Cu^{2+} ($50\,\mu M$) を加えると，蛍光強度は完全に減少した．これらの結果から，次のことがわかる．

① Zn(TPP)-dpa に種々の金属イオンを加えると Cu^{2+} だけが安定な平面ネットワーク構造を持つポルフィリン錯体が生成し，蛍光強度が著しく減少する

② その他の金属イオンは dpa への Cu^{2+} 配位を競争反応によって妨げるが，ポルフィリンの 2 倍の Cu^{2+} が共存すると安定なポルフィリンの平面 (4,4) 集積型錯体が生成する

以上のように，金属イオンと反応し安定な化合物を生成する有機試薬は，すべて金属イオンや生体関連物質の分子認識試薬として用いることができる．

8-4-4 分離化学
(1) 溶媒抽出

分析化学で物質を定量するには，目的の物質とだけ反応するような特異的な分析試薬はまだ開発されていない．抗原-抗体反応を用いる物質の検出法が特異的な分析試薬であるが，その利用は限られている．そのためには目的物質を

妨害物質から分離する必要がある。その分離法の基礎は沈殿法と溶媒抽出法である。金属イオンが反応して水に不溶な錯体化合物を生成する有機試薬は，全て金属イオンの分離試薬および定量試薬として用いることができ，また，錯体化合物の分離はほとんど溶媒抽出法で行われている。特に，長谷川ら[86]によって研究されている希土類元素の溶媒抽出における協同効果（付加錯体生成）は，低誘電率の溶媒中で観測される弱い錯体形成の観点から興味深い。その錯体化合物の溶媒抽出については，成書[87]を参考にされることをお勧めする。

参考文献

1) a) *Inorg. Synth.*, Vol. II, 216.
   b) 日本化学会編，『実験化学講座 11　錯塩化学』18，丸善（1956）．
   c) 『新実験化学講座 8 無機化合物の合成（III）』1204，丸善（1976）．
   d) 『第 4 版実験化学講座 17 無機錯体・キレート錯体』94，丸善（1990）．
   e) 『第 5 版実験化学講座 22　金属錯体・遷移金属クラスター』78，丸善（2004）．
2) 新村陽一，『配位立体化学　改訂版』79，培風館（1981）．
3) 1a) 221; 1b) 19; 1c) 1206; 1d) 95; 1e) 84.
4) S. E. Harnung, B. S. Sørensen, I. Creaser, H. Maegaad, U. Pfenninger, C. E. Schäffer, *Inorg. Chem.*, **15**, 2123 (1976).
5) a) *Inorg. Synth.*, Vol. VI, 186 (1960). b) 1c) 1208.
6) C. S. Lee, E. M. Gorton, H. M. Neumann, H. R. Hunt, Jr., *Inorg. Chem.*, **5**, 1397 (1966).
7) K. Konya, H. Nishikawa, M. Shibata, *Inorg. Chem.*, **7**, 1165 (1968).
8) S. Kaizaki, J. Hidaka, Y. Shimura, *Bull. Chem. Soc. Jpn.*, **48**, 902-905 (1975).
9) a) 森正保，日本化学会誌，**74**，253（1953）．b) 1b) 46; 1c) 1107; 1d) 57; 1e) 32.
10) 1b) 31; 1c) 1232; 1d) 108; 1e) 82.
11) 1b) 32; 1c) 1231; 1d) 107; 1e) 82.
12) a) *Inorg. Synth.* Vol. II, 222-223. b) 1b) 27-28; 1c) 1243-1244; 1d) 112-113; 1e) 90.
13) W. G. Jackson, A.M. Sargeson, *Inorg. Chem.*, **17**, 1348 (1978).

14) a) J. Glerup, C. E. Schäffer, *Inorg. Chem.*, **15**, 1408 (1976). b) 1d) 64, 67; 1e) 36, 39.
15) S. Kaizaki, H. Takemoto, *Inorg. Chem.*, **29**, 4960-4964 (1990).
16) a) E. Pedersen, *Acta Chem. Scand.*, **24**, 3362 (1970). b) 1d) 59; 1e) 33.
17) a) *Inorg. Synth.*, Vol. 26, 24. b) 1d) 66; 1e) 38.
18) F. H. Burstall, R. S. Nyholm, *J. Chem. Soc.*, 3570 (1952).
19) J. A. Broomhead, *Aust. J. Chem.*, **15**, 228 (1962).
20) a) M. P. Hancock, J. Josephsen, C. E. Schäffer, *Acta, Chem. Scand.*, A, **30**, 79-97 (1976).
    b) J. Josephsen, C. E. Schäffer, *Acta, Chem. Scand.*, A, **23**, 2206-2207 (1969).
21) J. D. Miller, R. H. Prince, *J. Chem. Soc., A*, 519 (1969)
22) Y. Terasaki, T. Fujihara, S. Kaizaki, *Eurp. J. Inorg. Chem.*, 3394-3399 (2007) and *ibid*, 3400-3404 (2007).
23) A. Scott and H. Taube, *Inorg. Chem.* **10**, 62-66 (1971).
24) N. E. Dixon, W. G. Jackson, M. J. Lancaster, G. A. Lawrance, A. M. Sargeson, *Inorg. Chem.*, **20**, 470-478 (1981).
25) N. E. Dixon, G. A. Lawrance, P. A. Lay, A. M. Sargeson, *Inorg. Chem.*, **23**, 2940-2947 (1984).
26) N. J. Curtis, G. A. Lawrance, P. A. Lay, A. M. Sargeson, *Inorg. Chem.*, **25**, 484-488 (1986).
27) *Inorg. Synth.*, Vol. 24, 243-291 (1986).
28) 藤田誠, 塩谷光彦 編著,『錯体化学会選書5 超分子金属錯体』三共出版 (2009).
29) J.-M. Lehn, *Chem. Soc. Rev.*, **36**, 151 (2007).
30) B. Hasenknopf, J.-M. Lehn, B. O. Kneisel, G. Baumand D. Fenske, *Angew. Chem. Int. Ed. Engl.*, **35**, 1838 (1996).
31) B. Hasenknopf, J.-M. Lehn, N. Boumediene, A. Dupont-Gervais, A. Van Dorsselaer, B. Kneisel and D. Fenske, *J. Am. Chem. Soc.*, **119**, 10956 (1997).
32) Yamauchi, Y., Yoshizawa, M., Akita, M., Fujita, M, *Proc. Natl. Acad. Sci. U. S. A.*, **106**, 10435 (2009).
33) S. Kitagawa, R. Kitaura, S. Noro, *Angew. Chem. Int. Ed.*, **43**, 2334 (2004).

34) 君塚信夫, 『錯体化学会選書 5 超分子金属錯体』藤田誠, 塩谷光彦　編著, 319-333, 三共出版 (2009).
35) S. Munñoz, G. W. Gokel, *Inorg. Chim. Acta.*, **250**, 59 (1996).
36) A. Song, J. Hao, *Curr. Opin. Colloid. Int. Sci.*, **14**, 94 (2009).
37) J. Simon, J. Le Moigne, D. Markovisi, J. Dayantis, *J. Am. Chem. Soc.*, **102**, 7247 (1980).
38) X. Luo, S. Wu, Y. Liang, *Chem. Commun.*, 492 (2002).
39) C. Li, X. Lu, Y. Liang, *Langmuir*, **18**, 575 (2002).
40) J. S. Martinez, G. P. Zhang, P. D. Holt, H.-T. Jung, C. J. Carrano, M. G. Haygood, A. Butler, *Science*, **287**, 1245 (2000).
41) T. Owen, R. Pynn, B. Hammouda, A. Butler, *Langmuir*, **23**, 9393 (2007).
42) J. Suh, H. Shim, S. Shin, *Langmuir*, **12**, 2323 (1996).
43) T. Liu, E. Diemann, H. Li, A. W. M. Dress, A. Müller, *Nature*, **426**, 59 (2003).
44) T. Liu, *J. Am. Chem. Soc.*, **124**, 10942 (2002).
45) N. Kimizuka, N. Oda, T. Kunitake, *Chem. Lett.*, **695** (1998).
46) N. Kimizuka, N. Oda, T. Kunitake, *Inorg. Chem.*, **39**, 2684 (2000).
47) N. Kimizuka: *Adv. Mater.*, **12**, 1461 (2000).
48) N. Kimizuka, *Adv. Polym. Sci.*, **219**, 1 (2008). ならびにその参考文献
49) K. Kuroiwa, T. Shibata, A. Takada, N. Nemoto, N. Kimizuka, *J. Am. Chem. Soc.*, **126**, 2016 (2004).
50) O. Roubeau, A. Colin, V. Schmitt, R. Clérac, *Angew. Chem. Int. Ed.*, **43**, 3283 (2004).
51) T. Fujigaya, D-L. Jiang, T. Aida, *Chem. Asian. J.*, **2**, 106 (2007).
52) K. Kuroiwa, N. Oda, N. Kimizuka, *Sci. Tech. Adv. Mater.*, **7**, 629 (2006).
53) Y. Wada, T. Mitani, M. Yamashita, T. Koda, *J. Phys. Soc. Jpn.*, **54**, 3143 (1985).
54) H. Matsukizono, K. Kuroiwa, N. Kimizuka, *J. Am. Chem. Soc.*, **130**, 5622 (2008).
55) V. A. Friese, D. G. Kurth, *Curr. Opin. Colloid. Int. Sci.*, **14**, 81 (2009).
56) F. Camerel, P. Strauch, M. Antonietti, C. F. J. Faul, *Chem. Eur. J.*, **9**, 3764 (2003).
57) N. Kimizuka, T. Shibata, *Polym. Prep. Jpn.*, **49**, 3774 (2000).
58) K. Kuroiwa, T. Shibata, S. Sasaki, M. Ohba, A. Takahara, T. Kunitake, N. Kimizuka, *J. Polym. Sci. A, Polym. Chem.*, **44**, 5192 (2006).

59) K. Kuroiwa, H. Kikuchi, N. Kimizuka, *Chem. Commun.*, **46**, 1229 (2010).
60) M. Oh, C. A. Mirkin, *Nature*, **438**, 651 (2005).
61) H. Maeda, M. Hasegawa, T. Hashimoto, T. Kakimoto, S. Nishio, T. Nakanishi, *J. Am. Chem. Soc.*, **128**, 10024 (2006).
62) I. Imaz, J. Hernando, D. R-Molina, D. Manspoch, *Angew. Chem. Int. Ed.*, **47**, 1 (2008).
63) W. Lin, W. J. Rieter, K. M. L. Taylor, *Angew. Chem. Int. Ed.*, **47**, 2 (2008).
64) C. Aimé, R. Nishiyabu, R. Gondo, K. Kaneko, N. Kimizuka, *Chem. Commun.*, 6534 (2008).
65) R. Nishiyabu, N. Hashimoto, T. Cho, K. Watanabe, T. Yasunaga, A. Endo, K. Kaneko, T. Niidome, M. Murata, C. Adachi, Y. Katayama, M. Hashizume, N. Kimizuka, *J. Am. Chem. Soc.*, **131**, 2151 (2009).
66) R. Nishiyabu, C. Aimé, R. Gondo, T. Noguchi, N. Kimizuka, *Angew. Chem. Int. Ed.*, **48**, 9465 (2009).
67) C. Aimé, R. Nishiyabu, R. Gondo, N. Kimizuka, *Chem. Eur. J.*, **16**, 3604 (2010).
68) R. Nishiyabu, C. Aimé, R. Gondo, K. Kaneko, N. Kimizuka, *Chem. Commun.*, **46**, 4333 (2010).
69) T. Uemura, S. Kitagawa, *J. Am. Chem. Soc.*, **125**, 7814 (2003).
70) M. Yamada, M. Arai, M. Kurihara, M. Sakamoto, M. Miyake, *J. Am. Chem. Soc.*, **126**, 9482 (2004).
71) A. Odani, T. Sekiguchi, H. Okada, S. Ishiguro, O. Yamauchi, *Bull. Chem. Soc. Jpn.*, **68**, 2093-2102 (1995).
72) 小谷 明, 化学工業, **53**, 405-409 (2002).
73) H. Sigel, R. B. Martin, R. Tribolet, U. K. Haring, R. Malini-Balakrishnan, *Eur. J. Biochcm.*, **152**, 187-193 (1985).
74) T. Kiss, A. Odani, *Bull. Chem. Soc. Jpn.*, **80**, 1691-1702 (2007).
75) 小谷 明, 特願 2010-000263.
76) O. Yamauchi, A. Odani, S. Hirota, *Bull. Chem. Soc. Jpn.*, **74**, 1525-1545 (2001).
77) A. Odani, R. Jastrzab, L. Lomozik, *Metallomics*, **3**, 735-743 (2011).
78) 平野四蔵編, 『無機応用比色分析』 共立出版 (1979).

79) 片山佳樹, 化学, **61**, 23 (2006).
80) D. W. Zhang, Z. Y. Yang, S. P. Zhang, R. D. Yang, *Phar. Bull.*, **54**, 406 (2006).
81) T. Yamamoto, K. Ikuta, O. Oi, K. Abe, T. Uwatoku, F. Hyodo, M. Murata, N. Shigetani, K. Yoshimitsu, H. Shimokawa, H. Utsumi, Y. Katayama, *Bioorg. Med. Chem. Lett.*, **14**, 2787 (2004).
82) 門晋平, 木村恵一, 分析化学, **55**, 369 (2006).
83) 木村恵一, 門晋平, ぶんせき, **12**, 752 (2003).
84) S. Kado, H. Yanao, Y. Nakahara, K. Kimura, *Chem. Lett.*, **38**, 58 (2009).
85) Y-Q Weng, F. Yue, Y-R Zhong, B-H Ye, *Inorg. Chem.*, **46**, 7749 (2007).
86) Y. Hasegawa, S. Tamaki, H. Yajima, T. Kobayashi, T. Yaita, 19th International Solvent Extraction Conference, Proceedings, Chilie (2011).
87) a) 田中元治, 『溶媒抽出の化学』共立出版 (1977).
　　b) 田中元治, 赤岩英夫, 『溶媒抽出化学』裳華房 (2000).

9 溶液錯体化学の将来展望

はじめに

本章では，溶液錯体化学の発展を目指し，錯体化学における溶液錯体化学の役割と課題について吟味・検討したのち，その将来展望と今後への期待を客観的・専門的観点から論じる。本章により，これからの溶液錯体化学における研究の方向性を見いだせることを期待する。

9-1 溶液錯体化学のこれまでと今後への期待

化学の十字路としての錯体化学は基礎科学から機能中心の応用科学的分野へと変貌しつつある。ハイテク，エネルギー，資源，環境，生命など身近な問題と関係した研究課題が多くなった近年の錯体化学の中で溶液錯体化学はどのように位置づけられ，どのような形で将来が展望できるであろうか。

溶液錯体化学あるいは無機溶液化学は，錯体化学発展の歴史の中で，無機・分析化学分野において，反応の平衡論，速度論，構造論を中心として発展してきた。平衡論的研究は，無機化学，分析化学，地球化学における金属イオンを含む溶液の研究に始まり，HSAB，錯体形成の安定度定数，配位子場安定化などの概念を生み出し，溶存錯体の構造解析，溶媒和，イオン会合・疎水性会合と会合体の静的・動的構造，第二配位圏の構造，有機溶媒・混合溶媒系における溶媒和・錯形成・配位構造など，より高度の溶質-溶質-溶媒相互作用に対する溶液化学の研究へと発展した。その応用分野として，現在の溶液系の超分子化学，生物無機化学，界面・液晶・イオン液体系の錯体化学の研究がある。速度論的研究は，錯形成・配位子置換・異性化・酸化還元反応などの反応速度と反応機構の研究に始まり，置換活性・不活性，酸化還元の内圏型・外圏型反応機構などの概念や電子移動の Marcus-Hush 理論を生み出し，反応種や反応中間体の構造や寿命の解明と，それに基づく反応機構のより詳細な解明を目指す方向へ向かっている。また，速度論的研究の対象も，有機金属錯体，多核錯体，

9 溶液錯体化学の将来展望

集積型錯体，ヘテロポリ酸，ランタノイド錯体など，周期表中の全元素の化合物群へと幅を拡げてきている。

このような歴史を持つ無機・分析化学の流れを汲む溶液錯体化学の基礎的研究は近年少なくなってきている。その一方で，機能・応用を目指した錯体化学および関連諸分野が隆盛してきた。そのキーワードとして，物質（変換，創製），エネルギー（移動，変換，輸送，貯蔵），分子（認識，識別，センサー），活性（触媒，光，表面・界面，生理）などが含まれるが，その研究対象の少なくない部分が溶液内あるいは溶液界面における現象である。機能・応用を目指すこれらの研究の中で，新奇な反応や現象が数多く見出されている。このように，広く錯体化学の全分野を俯瞰すれば，溶液錯体化学は，反応を中心とした，溶液内現象を探求する分野として，今後の錯体化学の展開・発展に必ずや大きく寄与するに相違ない。

基礎から応用までに関わる溶液錯体化学が新たな展開を行ない発展するためには，無機・分析化学の視点から，視野を拡大し，他分野との間に「新しい境界線（故大瀧仁志先生の言葉）」を持つこと，上記の他分野の研究の発展・深化に寄与することが重要であろう。つまり，各分野における溶液系の研究遂行にあたっては，従来の溶質間相互作用，溶存種の化学平衡，反応速度と反応機構の研究のみならず，溶存構造や溶媒との相互作用を考慮した研究が行えるよう，また，それらの研究結果について，溶液錯体化学が築き上げてきた基礎的知識に基づいた定量的議論・考察を可能ならしめる基礎と応用・分野間の交流や協力関係を構築することが必要である。

その一方で，溶液錯体化学の分野においては，平衡・溶存状態と速度・構造・電子状態を総合した溶液内現象の解明を目指した，以下のような独自の展開が期待される。

① 反 応

錯体化学とその関連分野で扱われる物質の溶液内における静的・動的性質，構造，反応性の理解を目指す。反応機構の研究に関してはスペキュレーションを減らし，実験事実に基づいた議論の展開を目指す。かつて大瀧プロジェクトで目標の1つとされた反応中間体の検出，中間体の性質・構造の解明，短寿命種の構造解析法の開発が望まれる。その点で，近年報告されている光

励起後の短寿命種の構造解析の研究は注目に値しよう。

反応素過程の研究に関しては，現在は活性化パラメータやその他の間接的な情報に基づいて行われることが多い。例えば，配位子置換反応でのD，I，A機構といった反応機構も推定レベルを超えない。反応素過程への理解を深めるためには，理論的研究や溶液化学との接点である溶媒の静的・動的役割の究明なども必要であろう。光励起により生成された短寿命中間体の性質と反応性，溶媒との相互作用についての研究は，反応機構や反応素過程の究明の有力な手段としてもっと注目されるべきである。合成化学的研究の中でも，興味深い反応中間体がしばしば検出されている。反応のデザインや精密制御も，時代の流行である機能追求の手段としてのみならず，反応機構や反応素過程の追求のための手段にできる時代が到来している。

② 溶質間相互作用

単離・結晶化することができない重要な錯体や会合体は少なくない。これらの平衡化学種の生成定数や構造の決定に関する更なる研究と，低濃度化学種の構造解析法の開発が期待される。例えば，海水や天然水中の有機物と結合した金属元素，糖類と相互作用している金属イオン，花色素やムギネ酸など天然物中の錯体・超分子金属錯体などがその研究対象として挙げられる。溶液系の超分子化学は，溶液錯体化学を総合化したものと見なすこともでき，溶液錯体化学の主要な一分野のはずである。溶液錯体化学の研究手法は，生体中の金属イオンが関与する反応，平衡，構造の理解・解明に対しても有用である。酵素の基質特異性，反応特異性に対する機構解明や，特異性分析試薬の開発などの特異性の機能発現を目的とした応用分野における分子設計は溶液錯体化学の一部である。さらに，溶液錯体化学は核燃料処理や希少金属の回収・再生においても寄与できよう。

③ 溶質-溶媒間相互作用

各種の溶液内反応で長く溶媒効果として処理されてきた多くの現象に対して分子レベルでの本格的解明を行なうことが望まれる。錯体の溶媒和構造，第二配位圏の構造，メゾスコピック領域の構造，構造ゆらぎとミクロ相分離，選択的溶媒和，溶媒和ダイナミクスなどは溶液錯体化学の重要な課題である。イオン液体，液晶，ミセルなどの組織性媒体と金属イオン・錯体との相互作

用についての研究も発展が期待される。

　有機金属錯体や集積型錯体などの合成研究では溶媒に対する関心が薄いが、溶媒分子との相互作用に注目することにより新しい展開がありうる。溶液と同じ凝集系である結晶固体を研究対象とする結晶工学や配位空間の化学における、結晶水や結晶溶媒と結晶格子を形成する分子やイオンとの相互作用は、いわば溶質-溶媒分子間相互作用であるし、格子空間を利用したホスト-ゲスト相互作用は、いわば静的な「溶媒効果」であると見なすこともできる。

④　極端条件下の溶液錯体化学

　超臨界流体などの極端状態や特殊環境下での化学平衡や化学反応,例えば,地球内部や深海底チムニーの高圧・高温下、表面・界面やイオン液体中における金属イオンや錯体の状態と挙動、光励起により生じた極短寿命種の状態と挙動など。これらの研究により得られる極端条件下における新しい知識と既存知識の統合が現象の理解・深化に役立つと共に、溶液錯体化学の知識や概念の拡大と一般化へとつながると期待される。

⑤　理論的取り組み

　溶液中の錯体の諸性質を理論的に扱うには、6-4節で示されているように、溶媒分子との相互作用をいかに取り扱うかが要点である。溶媒効果の理論的一次近似は静電相互作用・多極子相互作用に対して溶媒の誘電率を考慮することである。近年、錯体の電子状態に対しても、連続誘電体モデルにより、このレベルで溶媒効果が容易に計算できるようになった。反応の遷移状態の研究など、さらに多くの系へ適用されることが期待される。一方、個々の溶媒分子を考慮したより高次の方法として、量子力学と統計力学とを組み合わせた方法が開発され、錯体の静的電子状態のみならず、溶媒和構造、溶媒和自由エネルギー、反応の自由エネルギー変化などを扱えるようになった（6章）。これらの方法がさらに多くの実験系や実験が困難な系へ適用されることにより、溶液内の錯体の様々な挙動への理解が深まると期待される。1-1節で解説されているドナー数、アクセプター数といった経験的な溶媒パラメータの理論的記述については今後の課題である。溶存錯体の諸反応における反応の素過程に対する理論的記述や反応速度の理論的予測も可能となる時

代の到来を期待したい。

錯体化学は純粋な基礎科学として新奇な無機化合物群"錯塩"の合成開発に始まり，"配位"の概念により学問として体系化され，現在は応用の時代を迎えている。一方で，"配位"の概念の普遍化としての超分子化学の確立により基礎と応用を包含した新しい学問展開も始まっている。まさに学問のらせん的発展の典型であり，ボイラーの熱効率の研究から熱力学が，溶鉱炉の温度測定・黒体放射から量子力学が生まれたように，現在の応用とハイテクの時代は新しい基礎科学の始まりなのかもしれない。

錯体化学討論会における現在の討論分野は，錯体の合成と性質，錯体の構造と電子状態，錯体の反応（と平衡），有機金属錯体，生物無機化学，錯体の機能と応用の6分野に大別されている。錯体の合成と有機金属錯体の分野は反応そのものであり，生物無機化学，機能と応用の分野においても"反応"が内容の1つの大きな核となっている。"反応"を共通課題として溶液の錯体化学の新しい芽が応用分野から芽吹いてくることを期待したい。

（立屋敷哲）

9-2 専門分野から見た将来展望と今後への期待

9-2-1 複雑な錯体化学反応に対して溶液錯体化学の手法がどこまで迫れるか

金属錯体が関与する化学反応は単純な酸塩基反応から光合成，生体内金属酵素反応，均一系触媒反応など非常に複雑なものまで含まれる。その多くが溶液内で進行することを考えると，金属錯体反応の溶液化学はこれら複雑な反応場で起こる多段階反応に対する溶媒の役割を研究対象とすることができる。錯体化学に限らず広く化学を俯瞰した際，反応機構，反応物質の構造・電子状態，遷移状態，反応中間体などが，X線構造解析，スペクトロスコピー，真空中孤立系測定，理論計算などから明らかにされてきた。しかしながら，溶液内反応に対しては，考慮すべき溶媒の関わり方が詳細に論じられることは少なく，単に溶媒効果として取り扱われてきたことが多い。電子移動に関するMarcus-Hush理論では，溶媒を連続誘電体としてとらえた溶媒の再配列エネルギーを考慮して，かなりの成功を収めているが，溶媒分子を統計的集団として扱っており，金属錯体分子と溶媒分子との局所的近距離相互作用や溶媒和構造，あるいは，溶媒のドナー性・アクセプター性による反応性の違いなどを取り入れて

議論することは困難であった。溶液錯体化学はこの点に対して大いに関与できると考えられる。

　溶液構造や熱力学パラメータを求める溶液化学では，反応種および溶媒分子が短時間で繰り広げる反応について議論しようとしても，すべての動的過程の時間平均化されたものが得られるだけで，反応のダイナミクスを把握することが難しい。分子の光励起状態からのエネルギー緩和過程には，溶媒へ熱として励起エネルギーを放出する無放射遷移が深くかかわっており，実験的にも理論的にも研究が進んでいるが，溶媒はあくまで熱浴でしかない。また，超高速分光や MD 法などにより極短時間での反応におよぼす溶媒の影響を解明されてきているが，多段階反応過程が含まれる生体内反応を記述することは困難である。これらの点に関しても溶液錯体化学の手法がどの程度寄与できるかが今後の課題であると考える。

（篠﨑一英）

9-2-2　溶液内錯体の理論・計算－現状と展望

　計算化学によるアプローチ（6-4 節）の利点は，溶液内における錯体の挙動を分子レベルで理解できる点にある。今後も計算機環境の整備が進むことを考えると，これまで確立されてきた理論計算の手法を用いて，実験研究者も手軽に計算が行えるようになっていくものと期待される。

　それと同時に，理論計算はその裾野を広げ，溶液内における金属錯体の種々の問題に展開されていくと考えられる。例えば，液体論と量子化学計算を組み合わせた RISM-SCF 法は，金属錯体の溶媒和構造の記述（6-4 節参照）のみならず，溶液内における反応の自由エネルギー変化も扱える（実際の計算例として，Hayaki *et al., Chem. Phys. Lett.*, **458**, 329 (2008) がある）。溶液内化学反応を理解する上で，信頼性のある自由エネルギー面に基づく議論が重要であることは言うまでもなく，今後こうした方法論の開発と汎用化が進んでいくものと期待される。

　一方，溶媒和構造や自由エネルギーだけでなく動的現象も調べることができる MD 法の重要性も無視できない。遷移金属錯体に対しては，信頼性のある相互作用ポテンシャル関数の構築が難しいことが多いため，ポテンシャル関数の整備だけでなく，量子化学計算を組み合わせたより第一原理的な MD 法も

多く展開されていくと考えられる。その際，現在も発展を続けている量子化学の諸方法が適用されることで，理論研究で扱える対象がさらに広がっていくことが期待される。例えば，従来の MD 計算では主に基底状態を研究対象にするものが多かったが，時間依存密度汎関数法（TD-DFT）を用いた QM/MM-MD 計算や，錯体溶液全体に対する *ab initio* MD 計算に基づくことで，いくつかのスピン状態や電子励起状態も対象に含めた研究が広がっていくこと等が考えられる（最近の研究例として，Moret *et al., J. Phys. Chem. B*, **113**, 7737 (2009), Daku and Hauser, *J. Phys. Chem. Lett.*, **1**, 1830 (2010) 等があげられる）。他にも多くの研究対象や方法があると思われるが，少なくとも MD 法が今後も溶液中における金属錯体の諸問題に適用され，分子レベルでの理解につながっていくことは間違いないであろう。

〔佐藤啓文・井内　哲〕

9-2-3　極端条件下の溶液錯体化学

極端条件下の溶液錯体化学は，高温・高圧，マイクロ・ナノメートルの微小空間，地中・深海など極めて特殊な環境を対象とし，その場測定装置の開発や新しい方法論の探索など，常に溶液錯体化学の基礎領域と密接な関係がある。一方で，通常の条件では隠れていた遅い反応あるいは速い反応が検出できることがあるなど，新しい発見から既存の知識を拡張，深化することが強く望まれる。超臨界流体の技術分野でも，超臨界 CO_2 抽出における金属イオンの錯形成や高温・高圧の亜臨界水中における金属触媒の挙動など，溶液錯体化学の有用性が広く認識されつつある。これらの研究は，環境・エネルギー分野での利用を始めとして，生命現象の追求や材料科学への展開など多岐に渡る応用が望め，学術的な進歩と併せて，今後さらに発展するものと期待される。

〔金久保光央〕

9-2-4　イオン液体と錯体化学

環境負荷低減の点から，常温で液体の有機電解質であるイオン液体が期待されている。アルキル基を非対称に導入した有機陽イオンが特徴である。有機化学反応やナノ粒子合成の溶媒に加え，放射性同位体の分離・回収や CO_2 吸収剤など機能付与した溶媒として，また，電気化学デバイス電解質や磁性流体，

真空中の潤滑剤など機能性材料としての応用は多岐にわたる。イオノゲルなど高分子材料や両親媒性分子との複合化のように超分子・高分子化学での利用価値も高く，セルロース溶解や酵素反応などナノバイオ分野で注目されている。リチウム電池や磁性流体への応用では，金属イオンや金属錯体がイオン伝導や電子移動，磁性など機能の本質を担っており，金属錯体との接点でもある。

水や非水溶媒の分子性液体にはないイオン液体の特異性が注目されているが，これは相互作用の多様性に基づいている。イオン液体のイオン間相互作用は，遠距離で働く強いクーロン力が支配的であるものの，アルキル鎖間には疎水性相互作用が働く。水素結合部位を持つプロトン性イオン液体もある。相互作用の多様性は，イオン液体の液体構造に見ることができる。最近，陽イオン骨格と陰イオンからなるイオンドメインとアルキル鎖が会合した疎水性ドメインが，それぞれナノスケールで分離したイオン液体の特異的な液体構造が示された。特異的な構造がユニークな溶解特性や反応場効果を生み出すと考えられる。

応用や実用化では，イオン液体の粘性の高さが問題となる。イオン液体は，溶媒であるイオンの配向や回転が遅く，種々の緩和過程の遅延を引き起こす。このようなイオン液体の特異的な動的側面を積極的に利用することもできる。一方で，溶媒や液体としてのイオン液体の諸物性，ならびに，イオン液体溶液の性質が分子レベルで十分に理解されているとはいえず，巨視的な物性や機能を基礎的な立場から分子論に立脚して解明することが望まれる。この点で溶液錯体化学が果たす役割は大きい。

（梅林泰宏）

9-2-5　組織体溶液と溶液錯体化学

近年の超分子化学研究の進歩は，錯体化学という学問を大きく変貌させると同時に，遷移金属を含む系の重要性は超分子化学分野で増大している。超分子化学分野では，これまで学問的進歩が遅れていた固体超分子系の研究の発展が著しいが，一方で溶液錯体化学の果たす役割も大きい。かつて，篠田耕三先生が「溶液と溶解度（第三版）」（丸善）の中で説かれた，体系化されていない「組織体溶液（＝超分子溶液）論」確立の重要性は，錯体の溶液化学の場合にもそのまま当てはまると考えてよい。超分子化学分野の今後の発展は溶液錯体化学

の重要性を一層増して行くであろう．そして，超分子化学の分野は新しい概念が生まれやすい状況にあり，またそれを築いて行く必要があろう．イオン液体研究の近年の急速な発展はその好例と見なせるのではないか．遷移金属を含むという錯体化学の特徴が超分子溶液系でいかに存在感を増していくか，意識して研究を進めて行く必要があろう．また，今後の錯体の溶液化学の研究では，モデル化合物を新規に合成して物性を測ることによって，普遍的な法則を見つけて行く姿勢も必要性を増してくると思われる．

（飯田雅康）

9-2-6 生命科学に対する溶液錯体化学の寄与

生命科学において化学的な見方・実験が重要視される近年の潮流からみて，溶液錯体化学が生命科学の本拠であるタンパク質，核酸を扱えば大きな寄与が可能である．例えば，血中金属や薬物運搬体である分子量 6 万のアルブミン系の平衡は低分子同様に解析可能で，安定度定数が使える．金属タンパク質の電子移動は比較的解明されてきた感があるが，同時に重要なタンパク質のプロトン移動はどうだろうか．生命科学の研究者達は酸塩基についての研究を避けてきたきらいがあり，溶液錯体化学が活躍できる場は十分に残されている．いやむしろ，DNA と薬物の会合解析に使用する DNA 濃度は分子として一重鎖，二重鎖など何を基準に用いれば質量作用則に合うのか，等々，解決すべきことは多い．

よく考えてみると，すべての生命科学反応は，溶液中で行われており，会合体や複合体・錯体を形成する反応が多い．これは，溶液錯体化学の問題であり，扱っている物質の分子量が大きいという点が違うだけである．生命科学者達と議論するとき，しばしば，溶液錯体化学における基本的知識や考え方を知らないことに驚かされる．他分野の研究者に溶液錯体化学の有用性をわかってもらうには，溶液錯体化学者が自らの研究スタイルで生命科学に入り込んでいくことが必要と思われる．その上で，他分野と議論するだけの研究背景を共有すれば，間違いなく溶液錯体化学に目がいくはずである．

近年は生命科学の研究も，ヒト社会への貢献を求められる時代になってきた．アルブミンの平衡研究は薬の飲み合せに役立つ等々，社会への成果還元を目指して研究を行っている．このような観点が今までの溶液錯体化学には欠けてい

たように思われる。こうしてみると溶液錯体化学は，ようやく基礎が固められたばかりの学問であり，生命科学をはじめとして広がり行く可能性を秘めた領域と見ることができる。他分野の研究者では不可能な研究を溶液錯体化学の研究者は行うことができ，またそうやって社会のリクエストに答えるべきである。

　生命科学と溶液錯体化学の接点を考えたとき，可能な接点は多いのに繋がっている点は少ない。少しでも多くの方に両分野の繋がりを増やしていただくことを希望して止まない。

（小谷　明）

付表1 代表的溶媒の溶媒パラメータ（比誘電率 ε_r, ドナー数 DN, アクセプター数 AN, E_T 値, 溶解パラメータ δ）（各溶媒パラメータの説明については1-1節参照）

溶媒（略号）	ε_r(25 ℃)	DN	AN	E_T/kcal mol^{-1}	δ/(cal cm^{-3})$^{1/2}$
アセトニトリル（AN）	36.0	14.1	19.3	45.6	11.9
アセトン	20.7	17.0	12.5	42.2	9.62
アニリン	6.9^a	35		44.3	10.3
イソプロピルエーテル	3.9	19		34.1	7.06
エタノール	24.5	20	37.1	51.9	12.78
エチレングリコール	37.7	20	43.4	56.3	14.6
1-オクタノール	10.3^a	32	30.4	48.1	10.3
n-オクタン	1.95^a	0		31.1	7.55
クロロベンゼン	5.62	3.3	11.9	36.8	9.5
クロロホルム	4.8^a	4	23.1	39.1	9.3
酢酸	6.15^a	20	52.9	55.2	13
酢酸エチル	6.0	17.1	9.3	38.1	8.91
酢酸メチル	6.7	16.3	10.7	38.9	9.46
シアン化ベンジル	18.4	15.1	17.7	42.7	
ジエチルエーテル	4.3^a	19.2	3.9	34.5	7.53
四塩化炭素	2.23	0	8.6	32.4	8.6
1,4-ジオキサン	2.21	14.8	10.8	36.0	9.73
シクロヘキサン	2.02	0	1.6	30.9	8.2
1,2-ジクロロエタン（DCE）	10.36	0	16.7	41.3	9.8
ジクロロメタン	8.9	1	20.4	40.7	
N,N-ジメチルアセトアミド（DMA）	37.8	27.8	13.6	42.9	10.8
ジメチルスルホキシド（DMSO）	46.7	29.8	19.3	45.1	13
N,N-ジメチルホルムアミド（DMF）	36.7	26.6	16	43.2	12
N-メチルホルムアミド（NMF）	182.4	27	32.1	54.1	
炭酸エチレン	89.6^c	16.4		48.6	
炭酸プロピレン（PC）	64.4 (66.1^a)	15.1	18.3	46.0	
テトラヒドロフラン（THF）	7.39	20.0	8.0	37.4	9.32
1,1,3,3-テトラメチル尿素	23.1^a	29.6	9.2	40.9	
2,2,2-トリフルオロエタノール（TFE）	27.68^a	～0	53.3	59.8	
トルエン	2.38	0.1	6.8	33.9	8.9
ニトロベンゼン（NB）	34.8	4.4	14.8	41.2	10
ニトロメタン（NM）	37.3^a	2.7	20.5	46.3	12.6
二硫化炭素	2.64^a	2	7.5	32.8	10
ピリジン	12.3	33.1	14.2	40.5	10.8
1-ブタノール	17.51	29	32.2	49.7	11.6
2-ブタノール	16.56		30.5	47.1	
イソブタノール	17.93	37	35.5	48.6	
t-ブタノール	12.47	38	27.1	43.3^b	10.6
n-ブチロニトリル	20.3^a	16.6		42.5	10.5
1-プロパノール	20.3	30	33.7	50.7	11.9
2-プロパノール	19.9	36	33.5	48.4	11.5
プロピオニトリル	27.2^a	16.1	19.7	43.6	10.7
ヘキサメチルホスホルアミド（HMPA）	30^a	38.8	9.8	40.9	

溶媒（略号）	ε_r(25 ℃)	DN	AN	E_T/kcal mol^{-1}	δ/(cal cm^{-3})$^{1/2}$
n-ヘキサン	1.88	0	0	31.0	7.3
ベンゼン	2.28	0.1	8.2	34.3	9.15
ベンゾニトリル	25.2	11.9	15.5	41.5	
1-ペンタノール	13.9	25	31	49.1	10.9
ホルムアミド (FA)	111.0^a	24	39.8	55.8	17.8
水	78.3	18.0 (32^d)	54.8	63.1	23.4
無水酢酸	20.7^a	10.5	18.5	43.9	
メタノール	32.7	19	41.3	55.4	14.5
リン酸トリブチル	6.8 (8.3^a)	23.7	9.9	38.9	
リン酸トリメチル	20.6^a	23.0	16.3	43.6	

a ＝ 20 ℃，b ＝ 30 ℃，c ＝ 40 ℃，d ＝経験的に得られた値

索　引

あ 行

亜鉛ポルフィリン錯体　299, 342
アクア化　95, 96, 310, 312
アクア金属錯イオン　86, 87
アクア錯体　42, 122, 130, 178, 310
アクセプター数(AN)　5, 8, 9, 29, 39, 52, 58, 177, 183, 185, 186, 311
アクセプター数(AN) <表2-1>　30
アクセプター数(AN) <付表1>　359
アクチノイド　270
圧力ジャンプ　231, 257, 264
アネーション　95, 96
アミド(系)溶媒　16-18, 32, 33, 55
アミノ基　16, 140, 142, 153, 338
アミノ酸　89, 90-93, 159, 329-331
亜臨界水　13, 354
アルキルエチレンジアミン　171, 175, 272, 273
安定度(一般)　73-84
安定度定数(一般)　63, 66
安定度定数(生成定数)　73, 74, 77, 81, 84
安定度定数(金属イオン半径依存性)　77
安定度定数(硬さ軟らかさ依存性)　81
安定度定数(混合配位子錯体)　84-93, 326
安定度定数(Jahn-Teller歪み)　305, 309
安定度定数(逐次安定度定数)　306
安定度定数(疎水的環境)　328
安定度定数(血清中の銅(II)錯体)　329
安定度定数(条件安定度定数)　334, 335
安定度定数(EDTA錯体)　334, 335

イオノゲル　355
イオン液体　2, 3, 22, 23, 169, 175, 212, 265-273, 354-356
イオン会合(一般)　5, 7, 67, 137, 220, 305, 348
イオン会合(外圏・内圏イオン対)　72, 232

イオン会合(金属錯体の)　136-143, 147, 148, 150-153, 223
イオン会合(理論)　8, 19, 67-72
イオン会合吸収帯　73
イオン会合定数(アセトニトリル中)　19
イオン会合定数(イオン強度効果)　66, 73
イオン会合定数(外圏錯体形成)　136, 139, 150-152
イオン会合定数(測定法-電気伝導度)　220, 221
イオン会合定数(理論)　67-69, 139
イオン会合の標準エンタルピー変化　71
イオン会合の標準エントロピー変化　71
イオン会合の熱力学パラメータ　137
イオン会合の熱力学パラメータ <表5-2>　138
イオン化溶媒　6
イオン間の最近接距離　64, 67, 68, 85, 139, 220, 281
イオン間相互作用　5, 63, 65, 70, 138, 355
イオン強度(拡散速度定数)　281, 282
イオン強度(活量係数理論)　64-67, 123
イオン強度(自己集合)　169
イオン強度(電子移動反応)　123
イオン強度(伝導度理論式)　220
イオン強度(平衡定数)　66, 73, 84, 85, 92, 151, 222, 279, 327
イオン選択性電界効果トランジスタ電極　212
イオン対　8, 72, 136, 137, 140, 169, 220, 225, 253, 262, 321
イオン対形成　5, 7, 8, 68, 220, 320
イオンの水和のパラメータ <表2-4>　44
イオンの溶媒和自由エネルギー <表1-1>　8
イオン雰囲気　65, 70, 169
移行活量係数　224
移行(の)エンタルピー　28, 31, 32, 38-40

移行(の)エントロピー　39
移行(の)ギブズエネルギー(自由エネルギー)　28, 31, 39, 89, 90, 134, 212
異性化反応　95, 96, 305, 309
位相因子　204
位相シフト　207
異方性　149, 173, 275
イミダゾリウム　3, 4, 22, 267, 269, 271
イミダゾリウムイオンの構造式　266
イミダゾリウム錯体　271
陰イオン交換樹脂　298

運動(の)自由度　35, 39, 41, 42, 159

液晶　165, 166, 170, 172-176, 265, 272, 321, 322, 350
液晶形成　166, 170, 173, 174
液体クロマトグラフィー　304
液体構造(一般)　1, 34, 35, 40-42, 158, 242, 355
液体構造(アセトニトリル)　18
液体構造(アセトニトリル-水混合溶媒)　19
液体構造(アセトン)　19
液体構造(アセトン-水混合溶媒)　19
液体構造(アルコール一般)　14
液体構造(アルコール-水混合溶媒)　14
液体構造(イオン液体)　22
液体構造(エタノール)　14
液体構造(過冷却水)　13
液体構造(クロロホルム)　19
液体構造(四塩化炭素)　22
液体構造(ジオキサン)　21
液体構造(ジオキサン-水混合溶媒)　21
液体構造(ジクロロメタン)　20
液体構造(ジメチルスルホキシド)　18
液体構造(ジメチルスルホキシド-水混合溶媒)　18
液体構造(N,N-ジメチルホルムアミド)　16
液体構造(第三級ブタノール)　14

361

液体構造(超臨界水)　13
液体構造(テトラヒドロフラン)　21
液体構造(テトラフラン-水混合溶媒)　21
液体構造(トルエン)　21
液体構造(1-プロパノール)　14
液体構造(1-プロパノール-水混合溶媒)　15, 16
液体構造(2-プロパノール-水混合溶媒)　16
液体構造(ベンゼン)　21
液体構造(ホルムアミド)　16
液体構造(水)　11
液体構造(メタノール)　14
液体構造(N-メチルホルムアミド)　16
液体構造性　58-60
液体論　241, 243, 353
液絡電位　213
エチルヘキシルエチレンジアミン錯体　272
エチレンジアミン　79, 150, 305-312
エネルギー移動消光　280
エレクトロクロミズム　180
塩効果　162
塩析　162
エントレーナ　255
円(偏光)二色性(CD)　141, 150-153, 155, 230
塩溶　162, 164
温度ジャンプ(法)　231, 257

か 行

外圏イオン対　58, 70-73, 100
外圏イオン対形成　70, 73
外圏因子　123, 125, 128
外圏型機構(外圏型電子移動反応)　95, 122, 124, 125
外圏錯体　58, 60, 72, 85, 86, 100, 101, 106, 119, 136, 262
会合イオン　69, 70, 72
会合機構　34, 113, 114, 118-121
会合構造　3, 14, 17, 142
会合的機構　102, 263
会合の交替機構　114, 268
会合モデル　14, 152, 154, 157
回転相関時間　254, 255
界面活性イオン　296, 298
界面活性剤　166-176, 257, 265, 294, 298, 317, 324
界面濃度　293, 294
解離機構　34, 113, 114, 118, 119, 121

解離定数の圧力による変化 ＜表7-3＞　261
解離の機構　102, 106, 263
解離の交替機構　114
化学緩和法　231-233
化学修飾(した)原子力間顕微鏡　338, 340
化学ポテンシャル　63
化学マッピング　340, 341
核因子　126
角重なりモデル(AOM)パラメータ　311, 313
核酸　326, 327, 332, 356
拡散律速　97, 100, 131, 232, 262, 279, 281
拡散律速速度定数　131
核スピン緩和時間　336
核トンネル効果　126, 127
加水分解反応　81, 95-98, 100
硬い塩基　81, 312, 313, 335
硬い酸　6, 80, 81, 270, 335
硬い酸塩基と軟らかい酸塩基(HSAB)則　80, 313, 335
硬い溶媒　6, 48
活性化エントロピー　34, 121, 236, 257, 267
活性化自由エネルギー　126, 129, 164, 259
活性化障壁　123-130, 290
活性化体積　34, 121, 236, 257-264, 268
活性化体積(錯形成反応の) ＜表7-4＞　263
活性化パラメータ　34, 121, 257, 268, 350
活性化パラメータへの溶媒効果(白金錯体の) ＜表7-5＞　268
活性錯合体　126, 259, 268
活量　30, 63, 66, 84, 213, 220, 224
活量係数　5, 7, 8, 63-67, 70, 72, 84, 85, 101, 213, 220, 224
カルボキシル基　92, 141, 142, 152, 153, 300, 324, 337
過冷却水　13
還元の消光　280, 281
慣性モーメント　275
緩和時間　18, 21, 115, 171, 235, 236, 254, 275, 336

気/液界面　293, 294
基底状態　30, 34, 115, 125, 128, 178, 243, 273, 276-283, 288, 354
希土類　57, 269-271, 324, 343
逆転領域　127, 129
逆ミセル　168, 169, 257, 324

逆行析出法　252, 253
競合吸着　298
共溶媒　255
供与原子間相互作用　87-89, 93
極限モル伝導度　135, 136, 219, 222, 223
極限モル伝導度(錯イオンの) ＜表6-1＞　223
局在化　10, 30, 205, 274, 275, 280
極性　5, 6, 9, 13, 14, 18, 71, 90, 134, 184, 265, 268, 273, 320, 329
極性溶媒　5, 176, 184, 243, 313
極性パラメータ　176, 177, 320
極端条件　351, 354
キラリティ　156
キラル識別　164, 165
キレート効果　79, 305
キレート錯体(キレート化合物)　77, 158, 160, 164, 253
金属酵素　155, 325, 328, 330, 352
金属錯体液晶　166
(金属)錯体界面活性剤　166, 169-171, 174
金属錯体触媒　266, 267
金属錯体の生成定数 ＜表3-1＞　76
金属ポルフィリン錯体　111, 112, 286, 288
銀ナノ粒子　272

空孔形成　160, 161
空孔形成のエントロピー　161
クラウンエーテル　80, 153, 253, 338, 340
グリーン・サスティナブル・ケミストリー　257
クロム(III)ポルフィリン錯体　118
クロモトロピズム　176, 179
クロロアルミニウム錯イオン　270

結合長変化則　52, 53
結晶イオン半径　7, 43, 44, 47-50, 53, 55, 139, 143, 221
結晶場活性化エネルギー　115-117
結晶場活性化エネルギー(高スピン型) ＜表4-6＞　117
結晶場(の)安定化エネルギー　78, 115, 116
血清　325, 329
血清アルブミン　155, 156, 329-331
ケト-エノール平衡　253
ゲル　321, 322
原子価間電荷移動吸収帯　179
原子間力顕微鏡(AFM)　173, 339
原子散乱因子　198, 200

索　　引

高圧ストップトフロー　　230, 258
高圧 NMR　　254, 258, 263
光学異性体　　153, 155
光学活性　　141, 142, 150, 153-156, 163, 164, 173, 223, 307
光学分割　　164, 165, 308
光学(立体)選択性　　92, 150, 153, 154
項間交差　　274
交差関係　　129-131
格子エネルギー　　26, 134
高スピン　　117, 306, 320, 322
酵素　　155, 194, 325-333, 337, 350
酵素反応　　84, 93, 328, 329, 355
構造因子　　197, 210
構造形成　　46, 273, 298, 318
構造破壊　　46, 48, 140, 298
交替機構　　113, 114, 121
光電子　　203, 204, 278
氷類似(の)構造　　11, 12, 158
ゴードンパラメータ　　168, 169, 265
個別溶媒和数　　37
コロイド　　165, 293
混合原子価　　179, 317, 318
混合配位子錯体　　84-93, 182, 184, 187, 308, 309, 326, 329, 331
混合配位子錯体の生成定数(銅(II)の)<表 3-3>　　88
混合溶媒(一般)　　26, 35-42, 52, 58-60, 134, 265, 272
混合溶媒(アセトニトリル-水)　　19
混合溶媒(アセトン-水)　　19
混合溶媒(アルコール-水)　　14-16
混合溶媒(エタノール-水)　　16, 89, 171, 328
混合溶媒(エタノール-メタノール)　　274
混合溶媒(ジオキサン-水)　　38, 39, 89, 328
混合溶媒(トリフロロエタノール-水)　　38, 39
混合溶媒(プロパノール-水)　　15, 16
混合溶媒(ヘプタン-水)　　175
混合溶媒(メタノール-水)　　16
混合溶媒(DMF-AN)　　40-42
混合溶媒(DMF-DMA)　　59, 60
混合溶媒(DMF-NMF)　　42, 60
混合溶媒(DMSO-水)　　18
混合溶媒(DMSO-AN)　　40, 41
混合溶媒(THF-水)　　21

さ　行

最近接水分子　　143, 144
最近接溶媒和数　　56, 58, 60

錯形成反応(一般)　　2, 83, 95-102, 115, 305, 306, 309, 338
錯形成反応(圧力効果)　　257, 262-264
錯形成反応(イオン液体中)　　265-273
錯形成反応(選択的溶媒和)　　40-42
錯形成反応(速度)　　43, 101, 102, 105, 115, 121
錯形成反応(反応機構)　　34, 70, 100, 103, 106, 115, 121, 264
錯形成反応(ポルフィリン)　　107-113
錯形成反応(溶媒効果)　　6, 7, 11, 26, 29-33, 40, 56, 58, 74
錯形成反応(溶媒の構造)　　34, 55-58
錯形成反応の速度定数(Fe(III)錯体の)<表 4-4>　　105
錯形成反応速度定数(ポルフィリン金属錯体の)<表 4-5>　　113
サーモクロミズム　　179, 180, 182, 188, 318
サーモトロピック金属錯体液晶　　166
酸塩基反応　　95, 97, 105, 352
酸解離定数　　75, 81, 97, 98, 113, 212, 213, 225, 276-278, 282
酸解離定数(励起状態の)　　276-278
酸解離反応　　54, 95, 97, 100, 212-214
酸解離平衡(励起状態の)　　277
酸化還元のウインドー(電位窓)　　3
酸化還元反応　　95, 96, 166, 305, 309
酸加水分解　　96, 310
酸化的消光　　280
三元錯体　　84, 328, 331
散乱原子　　203, 204

ジアステレオマー(ジアステレオ異性体)　　171, 307, 308
ジェミニ型界面活性剤　　173, 176
ジオキサン　　21, 38, 39, 89, 93, 155, 156, 328
ジカルボン酸イオン　　141, 142, 150-153
ジカルボン酸イオンの構造式 <図 5-11>　　152
時間分解 XAFS　　283, 285-291
時間分解吸収　　275
時間分解発光　　275
時間平均構造　　11
自己解離定数　　212, 214
自己集合　　165-171, 314, 318
自己組織化　　314, 318, 324, 325
示差走査熱測定(DSC)　　216

脂質　　318-322
磁性流体　　270, 354
室温イオン液体　　265, 271, 272
周期構造　　149
修飾探針　　338
重水　　3, 51
集積型錯体　　341, 342, 349, 351
酒石酸イオン　　142, 153, 307
小角 X 線散乱　　22, 273
小角中性子散乱　　16, 21
条件生成定数　　83, 84
条件速度定数　　229, 231
消光剤　　278, 279
消光速度定数　　279-282
蒸発エンタルピー　　11
蒸発エントロピー　　1, 3
触媒　　54, 110, 257, 266, 270, 307, 354
触媒作用　　111, 112, 266, 307
触媒反応　　13, 112, 306, 352
親水性　　6, 14, 141, 167, 175
親水疎水バランス(HLB)　　167, 168
迅速混合法　　227-230, 232, 233, 284
迅速反応測定　　227-236
振動分光　　36, 59
進入配位子　　114, 118-120
水素結合(溶媒-溶媒間)　　3, 11-19, 21, 35, 42, 46, 51, 58-60, 144, 158, 265, 324
水素結合(溶質-溶媒間)　　5, 18, 134, 146, 148, 161, 180, 255, 317
水素結合(溶質-溶質間)　　137, 140, 142, 146-148, 153-155, 165, 166, 169
水素結合(溶質分子内)　　90, 91, 93, 97, 329
水素結合性　　6, 14, 35, 58
水素結合構造　　45, 158
水和　　39, 42-47, 51, 74, 92, 98, 136, 140, 143, 170, 243
水和イオン　　34, 40, 42, 74, 117, 281
水和クラスター　　40
水和構造(金属イオンの)　　39, 42, 43, 46, 78, 136
水和構造(錯体の)　　136, 142, 243, 244
水和数　　298
水和熱　　78, 79
水和(の)エンタルピー　　43, 44, 78, 79
水和のエントロピー　　43, 44
水和のギブズ(自由)エネルギー　　43, 44
水和の熱力学　　43-45
水和モデル　　45, 46, 98

363

スタッキング　88, 89, 92, 93, 142, 163, 166, 170, 174, 327
スタッキング相互作用の熱力学パラメータ　<表 8-1>　326
ストークス半径　44, 45, 135, 136, 221
ストークス半径(錯イオンの)　<表 5-1>　135
ストップフロー EXAFS 法　112
ストップフロー　228-230, 258, 288, 331
スピン軌道相互作用　274
スピンクロスオーバー　320
スピンコンバージョン　320
スピン平衡　320

正常ミセル　168, 170
生成速度定数　101, 102
生成速度定数(Ni(II)錯体の)　<表 4-2>　101
生成速度定数(Ni(II)内圏錯体の)　<表 4-3>　102
生成定数(一般)　63, 73, 74, 278
生成定数(外圏イオン対)　72
生成定数(外圏錯体)　86, 101, 262
生成定数(会合体)　279
生成定数(硬さ軟らかさ依存性)　80
生成定数(キレート効果)　79, 158
生成定数(金属イオン電荷依存性)　78
生成定数(金属イオン半径依存性)　77
生成定数(混合配位子錯体)　84, 86-89, 227
生成定数(自由エネルギーとの関係)　81
生成定数(条件生成定数)　83, 84
生成定数(全生成定数)　74, 85, 211
生成定数(測定法一般)　210-212
生成定数(測定法-電位差滴定)　212-214
生成定数(測定法-熱測定)　216, 217
生成定数(測定法-溶媒抽出)　226, 227
生成定数(疎水性相互作用による安定化)　89
生成定数(多座配位子錯体)　74, 75, 76
生成定数(逐次生成定数)　73, 85, 226
生成定数(銅(II)混合配位子錯体)　88, 89
生成定数(ポルフィリン錯体)　109, 113

生成定数(溶媒効果)　30, 56, 74
生成定数(LFER)　82, 212
生成の熱力学パラメータ(CuCl$_4^{2-}$の)　<表 2-3>　41
正則溶液　167
正則溶液論　5, 10, 11, 161
静的消光　278, 279
静電(的)相互作用(溶媒-溶媒間)　243, 273
静電(的)相互作用(溶質-溶媒間)　5, 7, 45, 51, 117, 243, 294
静電(的)相互作用(溶質-溶質間)　4, 7, 78, 137, 141, 142, 162, 298, 318, 319, 324
静電(的)相互作用(溶質分子内)　90, 91, 92, 93
正の水和　45, 46
生物無機化学　325, 348, 352
生命科学　16, 18, 150, 333, 356
積層構造　149
接触イオン対　58, 140, 143, 148, 232
全安定度定数　74
遷移状態　115-117, 120, 121, 126, 128, 154, 164, 204, 259, 264
線形解析法　233
全生成定数　74, 79, 85, 211, 226
選択的溶媒和　35-42, 58-60, 134
線広幅化法　233
造影剤　324, 336, 337, 338
相関関数　197, 242
双極子遷移　204, 205
組織体溶液　167, 355
疎水効果　141
疎水性　6, 14, 89, 90, 139, 141, 158, 160-162, 164, 175, 254, 328, 336
疎水性イオン会合　141
疎水性会合　145, 162, 164
疎水(性)結合　155, 159
疎水性水和　136, 158-160, 170
疎水性水和殻　145
疎水性水和構造　136, 142, 159
疎水性相互作用　88-93, 137, 141, 142, 157-167, 216, 324, 328
疎水性パラメータ　89
疎水的な相互作用　153, 172
疎溶媒性効果　320
ソルバトクロミズム　176-188, 311

た　行

第一水和殻　40, 43, 46, 50, 98, 99
第一水和殻の構造　48
第一水和殻の水分子　43, 47-51

第一水和殻水分子(構造パラメータ)　<表 2-5>　49
第一配位圏　43, 72, 114, 115, 161, 180
第一溶媒殻　42, 54-60, 72
第一溶媒殻(アミド溶媒中の構造パラメータ)　<表 2-7>　56
第二水和殻　43, 47, 98, 99
第二水和殻の水分子　46, 47, 51
第二水和殻水分子(構造パラメータ)　<表 2-6>　52
第二配位圏　147, 158, 200, 201
第二配位圏の構造(一般)　134, 143-150, 210
第二配位圏の構造([M(bpy)$_3$]$^{2+}$)　143
第二配位圏の構造([M(bpy)$_3$]$^{3+}$)　143
第二配位圏の構造([M(en)$_3$]$^{3+}$)　147
第二配位圏の構造([M(NH$_3$)$_4$]$^{2+}$)　146
第二配位圏の構造([M(NH$_3$)$_6$]$^{3+}$)　146
第二配位圏の構造([M(ox)$_3$]$^{3-}$)　148
第二配位圏の構造([M(phen)$_3$]$^{2+}$)　143
第二配位圏の水分子　146, 201
第二溶媒殻　42
脱水和　80, 295, 298
脱溶媒和　34, 41, 42, 58, 137, 138, 140, 143
脱離配位子　114, 118-121
炭酸　256
炭酸テトラクロロエチレン(TCEC)　53
短寿命種　283, 349-351
短寿命中間体　350
断熱反応　127
タンパク質　150, 155, 156, 159, 298, 325, 326, 329, 330, 337, 356
単分子膜　172, 299

置換活性　121, 122, 307, 308, 309, 313, 314, 348
置換活性錯体　305, 306, 314
置換基定数　54
置換不活性　150, 155, 306
置換不活性錯体　306, 314
逐次安定度定数　306
逐次生成定数　73, 85
超構造形成　318
抽出曲線　225
抽出定数　226

索　引

中性子同位体置換　　14
超音波吸収　　115, 232
超純水　　218
超熱力学的近似　　28, 31
超分子　　149, 165, 318
超分子化学　　304, 314, 324, 325, 355
超分子(金属)錯体　　166, 314-316, 318, 322, 324
超分子パッケージング法　　321
超分子ポリマー　　316
超分子溶液　　165-167, 266, 355
超臨界水　　13, 210, 257
超臨界ストップトフロー法　　230
超臨界二酸化炭素　　251
超臨界流体　　2, 13, 230, 249-257
超臨界流体の物性値＜表7-1＞　　250
直線自由エネルギー関係　　81, 212

低極性溶媒　　21, 134, 320
定常状態近似　　118
ディスク状の液晶　　170
低スピン　　305, 306, 320, 322
テトラド効果　　79
電位差滴定　　210, 212, 213
電荷移動　　73, 178, 243, 244, 274, 277, 318
電荷移動吸収　　178, 179, 318, 327
電荷移動相互作用　　92, 327
電気伝導度　　138, 139, 141, 218, 219, 230
電子移動反応(一般)　　96, 121-131, 305
電子移動反応(イオン液体)　　269
電子移動反応(発光消光)　　280
電子移動反応(分子内)　　129, 290
電子移動反応(不斉合成)　　307, 308
電子移動反応(立体選択性)　　150, 153-155
電子供与性　　36, 86, 290, 312, 327
電子顕微鏡　　173, 272, 317, 319, 322, 323
電子交換反応　　126, 129, 130
電子交換反応速度定数　　129, 131
電子対供与性　　29, 34
電子対受容体　　29, 53
電子配置　　115, 117, 119, 177, 201, 238, 273
電縮　　44, 135, 141, 260, 262, 264
伝導度　　218-222
電場ジャンプ法　　231
同位体標識法　　115
透過型電子顕微鏡(TEM)　　173, 272, 317

動径構造関数　　204, 207
同形置換法　　46, 47, 55, 143, 146, 200, 210
動径分布関数　　17, 46-48, 50, 51, 65, 68, 143-149, 194, 198-202, 242, 243
統計力学　　158, 237-242
動的消光　　278, 279, 281
ドナー数(DN)　　5, 8, 9, 29, 40, 52, 56, 58, 74, 164, 177, 184, 185, 312
ドナー数(DN)＜表2-1＞　　30
ドナー数(DN)＜付表1＞　　359
ドナー性・アクセプター性　　5, 8-10, 29-33, 36, 39-42, 52-60, 134, 164, 180-188, 270
トランス効果　　121

な 行

内殻軌道　　203, 204, 205, 208
内圏イオン対　　71, 72
内圏因子　　124, 125, 126, 128
内圏型機構　　95, 122
内圏錯体　　58, 60, 72, 100-102, 262
ナノサイズ　　174, 272, 273, 324
ナノファイバー　　319, 320, 322
ナノ粒子　　13, 272, 319, 322-324, 340, 354
ナノワイヤー　　320, 322, 325

二酸化炭素　　2, 219, 251
二状態理論　　127, 128
2量体　　14, 17, 21, 159

ヌクレオチド　　323, 324, 326, 327
ヌクレオチド・ランタノイド　　323, 324

熱測定　　210, 212, 216, 217
熱滴定曲線　　217
粘性率　　17, 18, 45, 161, 162, 220, 250, 254, 255

は 行

配位高分子　　322-324
配位子円錐角　　53-56
配位子交換　　331, 332
配位子交換反応　　95, 96, 331
配位子置換反応(一般)　　84, 95, 98-100, 113-115, 120, 236, 269, 286, 305, 306, 309, 335
配位子置換反応(反応機構)　　113, 118-121, 263, 350
配位子置換反応(シアノ混合配位子錯体の)　　308

配位子置換反応(白金(II)錯体の)　　267, 268
配位子置換反応(平面4配位錯体の)　　119
配位子置換反応(芳香族ジイミン錯体の)　　312
配位子置換反応(ポルフィリン錯体の)　　118, 119
配位子置換反応(Cr(III)エチレンジアミン錯体の)　　311
配位子置換反応(trans-[$CrX_2(N)_4$]X型錯体の)　　310
配位子場　　8, 56, 78, 182, 306, 311
配位子場(の)安定化エネルギー　　78, 306
配位水分子数　　50
配位力　　5, 52, 74
配置積分　　241
発光挙動　　269
発光寿命　　269, 274, 276-279, 282
発光消光　　278-280
発光滴定曲線　　276, 278
発光量子収率　　274, 278, 279
発色要因　　177
バルク水　　98, 99
パルスX線　　290-292
反応素過程　　350
反応体積　　231, 258-260
反応体積(プロトン解離反応の)＜表7-2＞　　260
反応中間体　　84, 110, 112, 114, 118-120, 283, 286-290, 309, 330
ピエゾクロミズム　　179, 182
光励起状態　　249, 273-280, 353
非局在化　　30, 79, 274, 275, 318
非極性溶媒　　176, 184
非経験的(ab initio)電子状態理論　　238
微視的相分離　　15, 19, 22, 23
非水溶媒　　2, 26, 52, 55-59, 74, 115, 168, 236
歪んだポルフィリン　　112
非接触イオン対　　58
非断熱性　　126, 127
ヒドロキソ錯体　　84
比熱　　1, 3, 216
非プロトン性イオン液体　　265, 270
非プロトン性溶媒　　6, 18, 35, 40, 42, 154, 183, 311
微分熱測定　　217
比誘電率→誘電率
比誘電率(ε_r)＜付表1＞　　359
標準酸化還元電位　　27, 131
表面(界面)過剰濃度　　293, 294, 297

365

表面(界面)吸着　293, 294, 296
表面(界面)張力　168, 171, 250, 252, 256, 293-298

1,10-フェナントロリン(phen)　89, 153, 156, 161, 289
物質認識　326
フーリエ変換　197, 198, 204, 207
フェロセン型(の)金属錯体　269, 271
フォースカーブ　338, 339
フォトクロミズム　180
付加錯体　227, 343
不感時間　229, 232, 285
負吸着　296
副反応係数　83, 334
副反応係数(EDTAの)＜表3-2＞　83
不斉収率　155
不斉合成　307, 308
負の水和　45, 46
部分モル体積　16, 44, 134, 135, 161, 221, 258-262
部分モル体積(錯イオンの)＜表5-1＞　135
プロトン移動消光　281
プロトン移動反応　97, 100
プロトン移動反応(速度定数)＜表4-1＞　97
プロトン解離速度定数　282
プロトン解離反応　260
プロトン性イオン液体　265, 273, 355
プロトン性溶媒　6, 19, 35, 40, 42, 168, 183
プロトン付加　83, 97, 105, 214, 225, 276-278
プロトン付加速度定数　98, 282
プロトン付加定数　75, 225
プロトン付加反応　98, 100
分光測定　210, 211, 215, 216
分散力　5, 10
分子間力　5, 10, 166, 250, 251, 266
分子軌道計算　22, 205, 209, 210
分子シミュレーション　54, 237, 239-243, 294
分子性ガラス　265
分子性の溶媒　2
分子動力学計算　294, 295, 296, 298
分子動力学シミュレーション　22, 271
分子動力学法　240
分子認識　332, 333, 336, 342
分析化学　224, 332, 333, 341, 348
分配係数　224

分配比　224-227
分別沈殿法　304
平均滞在時間　235
平均プロトン付加数　214
ベシクル　168, 316, 317
ベタイン　9, 10
ヘテロ2核(金属)ポルフィリン　112, 286, 287
ペルオキソクロム中間体　288-290
偏光解消ダイナミクス　275
放射光　197, 284, 287, 290, 291, 299
飽和吸着　297
ポテンシャル関数　241-244, 353
ポルフィリン　107-113, 286-288, 341
ポルフィリンの構造＜図4-2＞　107
本質的活性化障壁　128-130

ま　行

マイクロエマルション　165, 168-170, 174, 175, 272
ミクロ相分離　350
水交換反応　116, 236
水交換反応(速度定数)＜表6-3＞　236
水(の)構造　21, 44-46, 140, 210, 298
ミセル　165, 168-173, 265, 298, 316, 317
密度汎関数法　239, 354
密度ゆらぎ　58, 145, 251
無極性溶媒　5, 176
メソスコピック構造　15
メソスコピック領域　350
モル伝導度　136, 218-222
モンテカルロ法　240, 241

や　行

軟らかい塩基　81, 312, 313, 335
軟らかい酸　81, 313, 335
軟らかい溶媒　6
ヤーンテラー効果　87, 209
誘起CD　152, 153
有機リン系化合物　253
有効イオン半径　44, 135, 139, 221

有効イオン半径(錯イオンの)＜表5-1＞　135
誘電率(比誘電率)(イオン間相互作用)　5, 7, 8, 19, 64-67, 71, 85, 123, 136, 137, 220
誘電率(比誘電率)(イオン-溶媒相互作用)　7, 43, 124, 293
誘電率(比誘電率)(錯形成)　264, 343
誘電率(比誘電率)(自己集合・組織化)　169, 320
誘電率(比誘電率)(超臨界流体)　250, 253
誘電率(比誘電率)(溶媒構造)　12, 13, 17-19
誘電率(比誘電率)(溶媒の性質)　1, 3-5, 7, 8, 58, 162, 359
陽イオン性界面活性剤　171, 298
溶液界面(表面)　195, 196, 292-299
溶解度曲線　252, 253
溶解度(溶媒の性質)　6, 14, 304, 305, 310
溶解度(塩類)　26-28, 38, 40, 176, 184
溶解度(無電荷物質)　158, 160-162, 176, 312
溶解度(超臨界流体中)　13, 251-256
溶解度(イオン液体中)　265, 269
溶解度(塩添加効果)　162, 298
溶解度(合成反応溶媒中)　304, 305, 312
溶解度積　27
溶解熱($\Delta_{soln}H°$)＜表2-2＞　39
溶解(の)エンタルピー　26-28, 31, 158, 160
溶解のエントロピー　27, 158, 160, 161
溶解のギブズエネルギー(自由エネルギー)　27, 28, 158, 160
溶解パラメータ　5, 10, 11, 168
溶解パラメータ(δ)＜付表1＞　359
溶媒間移行エンタルピー　28, 38, 39
溶媒間移行エンタルピー($\Delta_tH°$)＜表2-2＞　39
溶媒間移行(の)ギブズ(自由)エネルギー　28, 212
溶媒効果(一般)　30-33, 351
溶媒効果(陰イオン・配位子の)　9
溶媒効果(会合の)　168
溶媒効果(活性化パラメータの)　268
溶媒効果(共役電子状態の)　319

索　引

溶媒効果(錯形成反応の)　7, 30-33
溶媒効果(錯形成平衡の)　5, 30-33, 74
溶媒効果(時間分解吸収異方性の)　275
溶媒効果(自己集合の)　168
溶媒効果(自己組織化の)　318
溶媒効果(電子移動の)　122, 124
溶媒効果(配位子置換反応の)　267, 311, 312
溶媒効果(ラセミ化の)　164
溶媒効果(立体因子の)　55
溶媒効果(DMFとNMA中の)　29
溶媒効果(NMR化学シフトの)　311
溶媒交換反応　33, 95-100, 106-108, 113-117, 233, 236, 258, 263, 264
溶媒交換反応の活性化エンタルピー　236
溶媒交換反応の活性化エントロピー　236
溶媒交換反応の活性化体積　263
溶媒交換(反応)(の)の速度　33, 34, 108, 109, 115, 117, 121, 233-236
溶媒抽出　3, 162, 165, 224-227, 292, 304, 342, 343
溶媒(の)構造　11-23, 134, 136, 268
溶媒の構造性　136, 268
溶媒の性質　1-11
溶媒パラメータ　4-10, 29, 30, 351
溶媒パラメータ＜付表1＞　359
溶媒和(金属イオンの)　26-33
溶媒和(金属錯体の)　134-136
溶媒和(光励起状態)　273, 274
溶媒和イオン　26, 28, 74, 137
溶媒和エネルギー　5, 26-28, 31, 38-40, 74, 251
溶媒和エンタルピー　26, 28, 39
溶媒和エントロピー　26
溶媒和殻　40, 42, 54-60, 72
溶媒和構造(界面の)　296
溶媒和構造(金属イオンの)　33, 42, 52, 55-60, 72, 270
溶媒和構造(錯体の)　243, 269, 350-353
溶媒和数　34, 36, 37, 55-60
溶媒和(ギブズ)自由エネルギー　7, 8, 134, 164, 212, 242, 351
溶媒和半径　298
溶融塩　2, 167
横緩和と時間　115, 235, 236
横緩和速度　234, 236
弱い相互作用　11, 22, 91, 93, 155, 200, 326

ら　行

ラセミ化速度　164
ラセミ化　141, 154, 155, 163-165, 307, 308
ラセミ化(反応の)機構　163, 164
ラセミ体　153, 155
ランタノイドイオン　34, 48-51, 57, 58, 77, 78, 323, 324
ランタノイド(元素)　77, 79, 255, 270
ランタノイド収縮　50, 57
ランタノイド(の)錯体　267, 349

リオトロピック金属錯体液晶　166
立体障害　29, 33, 34, 55-59, 80, 88, 92, 108
立体選択性　92, 142, 150-157
立体置換基定数　54
立体反発　54, 156
量子化学　237-239, 243, 244, 353
両親媒性(金属錯体)　166, 316-318
両親媒性(分子)　168, 169, 355
両親媒性(溶媒)　14
両性溶媒　6
臨界充填パラメータ(CPP)　168
臨界点　13, 14, 249-255

ルイス酸　18, 29, 270, 273

連続フロー法　228, 229
連続変化法　222

欧文索引

A機構　113, 114, 350
ACAC (Hacac; acac-)　74-77, 82, 253
AFM　173, 320
AN(アセトニトリル)　18, 29, 36, 40-42, 359
AOM　311
$AsPh_4^+$　28, 38

B3LYP　239
Bell-Evans-Polanylの原理　54
bicontinuous型マイクロエマルション　175
Bjerrum(の)理論　69, 70, 139
[bmim]$^+$　22, 266-270
Born-Harberサイクル　31
Born式　7, 43, 45, 134
BPh_4^-　28, 38
bpyの構造式＜図5-3＞　144
bpzの構造式＜図7-9＞　276
Brfnfstedの塩基性　86

B-Z変換　157
B-係数　45, 162
β-ジケトナト錯体　176, 254, 255
β-ジケトン　253-256

CFSE　78
cisoid錯体　171
[C$_n$mim]$^+$　4, 22, 269
CO_2　213, 250-257
CPP(critical packing parameter)　168, 171, 173
Cryo-TEM　322
CT　178, 188, 318, 320, 327
CTTS　296
CyDTA(cydta)　75, 76, 82

d-d遷移　177, 178, 180
de Broglieの熱波長　242
D機構　113, 114
Debye-Hückel(理論)　8, 65, 67, 219
Debye-Hückel(の理論)式　66, 123
Debye-Waller因子　204
Debyeの式　198-200
DFT(Density Functional Theory)　239, 254
disordered region　98, 99
DMA(N,N-ジメチルアセトアミド)　29, 32, 33, 37, 55-60, 359
DMF(N,N-ジメチルホルムアミド)　16-19, 29, 32, 36, 37, 40-42, 55-60, 107, 109, 183-186, 188, 235, 311, 312, 359
DMFの構造式　＜図1-6＞　16
DMSO(ジメチルスルホキシド)　18, 19, 29, 36, 40-42, 183, 184, 186, 311, 312, 359
DNA　150, 156, 157, 326, 356
DV-Xα分子軌道法　205
DXAFS　284, 290, 292

EDTA(edta)　75-79, 82, 83, 97, 99, 154, 223, 333-335, 341
EGTA(egta)　75, 76, 82, 333, 334
Eigen(Eigen-Wilkins)機構　85, 102, 108, 232, 262
EPSR(Empirical Potential Structure Refinemnet)計算　11, 13, 14, 18, 21
E_T値　5, 9, 29, 30, 267
E_T値＜付表1＞　359
EXAFS(法)　55-57, 112, 194, 203-207, 286, 289, 291
Eyring式　126
ε_r(比誘電率)＜付表1＞　359

FEFF 204
Fe(II)トリアゾール錯体 320
Förster サイクル 277
Fuoss(の)理論 69, 70, 71
Fuoss の式 85, 87, 101, 262

Gibbs 吸着等温式 294
Glueckauf の式 135, 221
Gran 法 213
Gutmann 8, 9, 29, 52

Hammett 則 54, 81
Hartree-Fock 法 237
HEDTA(hedta) 75, 76, 79, 82
HLB(Hydropile-lipophile balance) 167, 168, 174, 175
Hofmeister 序列 298
HSAB 則 80, 313, 335

I 機構 113, 114
I_a 機構 105, 114
I_d 機構 102, 105, 114
Inter-Valence band 179
IR 19, 59, 215, 255
Irving-Williams 系列 78

Jahn-Teller 効果 33, 78, 116, 117
Jahn-Teller 歪み 305, 309
Jones-Dole 式 45, 161

K 吸収端 203, 285, 288

Lambert-Beer 則 215
Langford と Gray(の分類) 102, 113, 262
Levenberg-Marquardt 法 211
LFER 81, 82, 212
LFSE(Ligand Field Stabilization Energy) 78
LMCT 178, 183
London 力 5, 10

Marcus-Hush(の)理論 122-124, 348, 352
Marcus の逆転領域 129
Marcus の交差関係 130
Marcus 理論 127, 243
MD 法 240, 243, 353, 354
MD(Molecular Dynamics)シミュレーション 22
medium overlap 124
MLCT 178, 183, 274, 276, 278
MP2 法 238
MRI 324, 336, 337
$[M(acac)_3]$(M=Al, Cr, Co) 160, 161, 164, 165, 176, 254, 255
$[M(bpy)_3]^{n+}$(M=Cr, Fe, Co, Ni, Ru) 135, 136, 138, 139, 143-145, 162, 178, 223, 273-275, 280, 281
$[M(CN)_6]^{n-}$(M=Cr, Fe, Co) 96, 143, 178, 223, 279, 280, 285, 286
$[M(en)_3]^{n+}$(M=Cr, Co, Ni, Cu, Rh) 135, 136, 138-141, 147, 150-155, 223, 305-308, 311
$[M(en)(phen)]^{2+}$(M=Pd, Pt) 135, 149, 223, 326-328
$[M(hfa)_3]$(M=Al, Cr) 254, 255
$[M(NH_3)_6]^{n+}$(M=Cr, Co, Ni, Ru, Rh, Ir) 72, 135, 136, 138-141, 146, 147, 222, 223, 243, 244, 305-309
$[M(ox)_3]^{n-}$(M=Cr, Co, Rh) 135, 138, 143, 148, 155, 156, 223
$[M(phen)_3]^{n+}$(M=Cr, Fe, Co, Ni, Ru) 96, 135, 136, 138, 139, 141-145, 153, 156, 157, 162-165, 183, 223, 306, 308

Nernst 式 213
Newton-Raphson 法 211
Newton 冷却則 216
NMF(N-メチルホルムアミド) 16-18, 42, 60, 215, 359
NMR 法 36, 115, 209, 215, 232-236
normal region 129
Nozaki-Tanford 89
NTA(nta) 74-76, 82

Onsager の理論 220

PAF(Pulsed Accelerated Flow)法 228-230
PCM 法 243
Pfeiffer 効果 153
pH 滴定 212, 325, 329, 331
phen の構造式<図 5-3> 144
planar 体 56
precursor 123
proton ambiguity 105
Pt(II)(錯体) 120, 121, 135, 136, 146, 147, 149, 179, 223, 267-269, 318-320, 326-328
Pt(IV)(錯体) 179, 223, 313, 318-320
$[Pt(en)_2][PtCl_2(en)_2](ClO_4)_4$ 179, 318
π-back donation 182
π-π 相互作用 21, 88, 89

QM/MM 法 243, 354
QXAFS 法 283, 290

Raman 36, 59, 215, 274
Raoult の基準 224
RISM(Reference interaction site model) 241
RISM-SCF 法 243, 244, 353
RMC(Reverse Monte Carlo)計算 16, 19, 20, 22
$[Ru(bpy)_2(bpz)]^{2+}$ 279-282
$[Ru(bpy)_2(CN)_2]$ 277
$[Ru(bpz)_3]^{2+}$ 277

salting 係数 162
$SbCl_5$ 8, 9, 29, 53
SPT(scaled particle theory) 160, 161
$SC-CO_2$(抽出) 251, 252, 254, 256
Schrödinger 方程式 237, 238
Schwarzenbach 333, 335
SEM 323
Setschenow 式 162
SCS(sterically cotrolled substitution)機構 106
Stern-Volmer プロット 278, 279
successor 124
Swift-Connick の式 115, 235

$tart^{2-}$(tartrate ion) 138, 142, 153, 307, 308
TATB 仮定 28, 38
TEM 173, 272, 317
$TFSA^-$ 266-268, 270-272
TPP 107-110, 119, 341, 342
TPPS 107, 109, 111, 112
transoid 錯体 171

Walden 積 136

XAFS 194, 203, 206, 283-292
XAFS(全反射) 296-299
XANES 203-210, 285-289
X 線回折 11-21, 46-52, 55, 143, 150, 194-197, 210, 323
X 線散乱法 36
X 線吸収分光法 194, 195
X 線光電子分光法(XPS) 296

Yokoyama-Yamatera 理論 69, 139

著者略歴

『編著者』

横山　晴彦　（よこやま　はるひこ）　　（2章3節, 3章1節, 3章2節,
横浜市立大学名誉教授　　　　　　　　　　　5章1節, 6章2節）
名古屋大学大学院理学研究科博士課程単位取得退学（1973年）　理学博士

田端　正明　（たばた　まさあき）　　　（3章3節, 4章2節, 8章4節）
佐賀大学名誉教授
名古屋大学大学院理学研究科修士課程修了（1970年）　理学博士

『著　者』

飯田　雅康　（いいだ　まさやす）　　（5章4節, 7章3節, 9章2節）
奈良女子大学大学院自然科学系研究院　教授
名古屋大学大学院理学研究科博士課程中退（1975年）　理学博士

井内　哲　（いうち　さとる）　　　　　　（6章4節, 9章2節）
名古屋大学大学院情報科学研究科　助教
京都大学大学院理学研究科博士後期課程修了（2005年）　博士（理学）

石黒　慎一　（いしぐろ　しんいち）　　　　（2章1節, 2章2節）
九州大学名誉教授
東京工業大学大学院理工学研究科博士課程修了（1974年）　工学博士

石原　浩二　（いしはら　こうじ）　　（4章1節, 4章2節, 7章2節）
早稲田大学先進理工学部　教授
名古屋大学大学院理学研究科博士課程（後期課程）単位取得退学（1983年）　理学博士

稲田　康宏　（いなだ　やすひろ）　　　　（6章3節, 7章5節）
立命館大学生命科学部　教授
名古屋大学大学院理学研究科博士課程（前期課程）修了（1992年）　博士（理学）

稲毛　正彦　（いなも　まさひこ）　　　　　（4章2節, 4章3節）
愛知教育大学教育学部　教授
名古屋大学大学院理学研究科博士課程（後期課程）単位取得退学（1985年）　理学博士

梅木　辰也　（うめき　たつや）　　　　　　　　（7章1節）
佐賀大学大学院工学系研究科　助教
東北大学大学院理学研究科博士課程後期3年の課程修了（2003年）　博士（理学）

梅林　泰宏　（うめばやし　やすひろ）　（2章4節, 6章2節, 9章2節）
新潟大学大学院自然科学研究科　教授
九州大学大学院理学研究科博士後期課程修了（1997年）　博士（理学）

小谷　明　（おだに　あきら）　　　　（3章3節, 8章3節, 9章2節）
金沢大学大学院医薬保健学総合研究科　教授
大阪大学大学院薬学研究科博士課程単位取得退学（1981年）　薬学博士

海崎　純男　（かいざき　すみお）　　　　　　　（8章1節）
大阪大学名誉教授・同ベンチャービジネスラボラトリー特任教授
大阪大学大学院理学研究科博士課程単位取得退学（1971年）　理学博士

金久保　光央　（かなくぼ　みつひろ）　　　（7章1節，9章2節）
独立行政法人産業技術総合研究所　主任研究員
上智大学大学院理工学研究科博士後期課程修了（1996年）　博士（理学）

君塚　信夫　（きみづか　のぶお）　　　　　（8章2節）
九州大学大学院工学研究院　教授
九州大学大学院工学研究科修士課程修了（1984年）　工学博士

栗崎　敏　（くりさき　つとむ）　　　　　　（6章1節）
福岡大学理学部　助教
福岡大学大学院理学研究科博士課程後期修了（1994年）　博士（理学）

佐藤　啓文　（さとう　ひろふみ）　　　　　（6章4節，9章2節）
京都大学大学院工学研究科　教授
京都大学大学院理学研究科博士後期課程修了（1996年）　博士（理学）

澤田　清　（さわだ　きよし）　　　　　　　（1章1節，3章3節，6章2節）
新潟大学名誉教授
名古屋大学大学院理学研究科博士課程中退（1972年）　理学博士

篠﨑　一英　（しのざき　かずてる）　　　　（7章4節，9章2節）
横浜市立大学大学院生命ナノシステム科学研究科　教授
東京工業大学理工学研究科博士後期課程修了（1990年）　理学博士

田浦　俊明　（たうら　としあき）　　　　　（5章2節）
愛知県立大学大学院情報科学研究科　教授
広島大学大学院理学研究科博士課程後期修了（1979年）　理学博士

髙木　秀夫　（たかぎ　ひでお）　　　　　　（4章4節）
名古屋大学物質科学国際研究センター　准教授
東京工業大学大学院理工学研究科博士課程修了（1983年）　工学博士

立屋敷　哲　（たちやしき　さとし）　　　　（9章1節）
女子栄養大学　教授
名古屋大学大学院理学研究科修士課程修了（1973年）　理学博士

福田　豊　（ふくだ　ゆたか）　　　　　　　（5章5節）
お茶の水女子大学名誉教授
金沢大学大学院理学研究科修士課程修了（1968年）　理学博士

藤原　照文　（ふじわら　てるふみ）　　　　（5章3節）
広島大学大学院理学研究科　教授
広島大学大学院理学研究科博士課程単位取得退学（1978年）　理学博士

山口　敏男　（やまぐち　としお）　　　　　（1章2節）
福岡大学理学部　教授
東京工業大学大学院総合理工学研究科博士課程修了（1978年）　理学博士

脇田　久伸　（わきた　ひさのぶ）　　　　　（6章1節）
福岡大学理学部　教授
東京教育大学大学院理学研究科博士課程修了（1972年）　理学博士

渡辺　巌　（わたなべ　いわお）　　　　　　（7章6節）
立命館大学総合理工学研究機構　客員教授
大阪大学大学院理学研究科修士課程修了（1969年）　理学博士

錯体の溶液化学
2012年5月25日 初版第1刷発行

Ⓒ 編著者 横 山 晴 彦
　　　　 田 端 正 明
　発行者 秀 島　　功
　印刷者 鈴 木 渉 吉

発行所 三 共 出 版 株 式 会 社
郵便番号 101-0051
東京都千代田区神田神保町3の2
振替 00110-9-1065
電話 03 3264-5711　FAX03 3265-5149
http://www.sankyoshuppan.co.jp

社団法人 日本書籍出版協会・社団法人 自然科学書協会・工学書協会　会員

Printed in Japan　製版印刷・アイ・ピー・エス　製本・壮光舎印刷

JCOPY <(社)出版者著作権管理機構 委託出版物>
本書の無断複写は著作権法上での例外を除き禁じられています．複写される場合は，そのつど事前に，(社)出版者著作権管理機構（電話 03-3513-6969，FAX 03-3513-6979, e-mail:info@jcopy.or.jp）の許諾を得てください．

ISBN 978-4-7827-0641-1

基礎物理定数表

物理量		記号	数値	単位
真空の透磁率 [a,b]	permeability of vacuum	μ_0	$4\pi \times 10^{-7}$	$N\,A^{-2}$
真空中の光速度 [a]	speed of light in vacuum	c, c_0	299 792 458	$m\,s^{-1}$
真空の誘電率 [a,c]	permittivity of vacuum	$\varepsilon_0 = 1/\mu_0 c^2$	$8.854\,187\,817\ldots \times 10^{-12}$	$F\,m^{-1}$
電気素量	elementary charge	e	$1.602\,176\,487(40) \times 10^{-19}$	C
プランク定数	Planck constant	h	$6.626\,068\,96(33) \times 10^{-34}$	$J\,s$
アボガドロ定数	Avogadro constant	N_A, L	$6.022\,141\,79(30) \times 10^{23}$	mol^{-1}
電子の質量	electron mass	m_e	$9.109\,382\,15(45) \times 10^{-31}$	kg
陽子の質量	proton mass	m_p	$1.672\,621\,637(83) \times 10^{-27}$	kg
中性子の質量	neutron mass	m_n	$1.674\,927\,211(84) \times 10^{-27}$	kg
原子質量定数 (統一原子質量単位)	atomic mass constant (unified atomic mass unit)	$m_u = 1\,u$	$1.660\,538\,782(83) \times 10^{-27}$	kg
ファラデー定数	Faraday constant	F	$9.648\,533\,99(24) \times 10^4$	$C\,mol^{-1}$
ハートリーエネルギー	Hartree energy	E_h	$4.359\,743\,94(22) \times 10^{-18}$	J
ボーア半径	Bohr radius	a_0	$5.291\,772\,085\,9(36) \times 10^{-11}$	m
ボーア磁子	Bohr magneton	μ_B	$9.274\,009\,15(23) \times 10^{-24}$	$J\,T^{-1}$
核磁子	nuclear magneton	μ_N	$5.050\,783\,24(13) \times 10^{-27}$	$J\,T^{-1}$
リュードベリ定数	Rydberg constant	R_∞	$1.097\,373\,156\,852\,7(73) \times 10^7$	m^{-1}
気体定数	gas constant	R	8.314 472(15)	$J\,K^{-1}\,mol^{-1}$
ボルツマン定数	Boltzmann constant	k, k_B	$1.380\,650\,4(24) \times 10^{-23}$	$J\,K^{-1}$
万有引力定数 (重力定数)	gravitational constant	G	$6.674\,28(67) \times 10^{-11}$	$m^3\,kg^{-1}\,s^{-2}$
重力の標準加速度 [a]	standard acceleration of gravity	g_n	9.806 65	$m\,s^{-2}$
水の三重点 [a]	triple point of water	$T_{tp}(H_2O)$	273.16	K
理想気体 (1 bar, 273.15 K) のモル体積	molar volume of ideal gas (at 1 bar and 273.15 K)	V_0	22.710 981(40)	$L\,mol^{-1}$
標準大気圧 [a]	standard atmosphere	atm	101 325	Pa
微細構造定数	fine structure constant	$\alpha = \mu_0 e^2 c/2h$	$7.297\,352\,537\,6(50) \times 10^{-3}$	
		α^{-1}	137.035 999 676(94)	
電子の磁気モーメント	electron magnetic moment	μ_e	$-9.284\,763\,77(23) \times 10^{-24}$	$J\,T^{-1}$
自由電子のランデg因子	Landé g factor for free electron	$g_e = 2\mu_e/\mu_B$	$-2.002\,319\,304\,362\,2(15)$	
陽子の磁気モーメント	proton magnetic moment	μ_p	$1.410\,606\,662(37) \times 10^{-26}$	$J\,T^{-1}$

a) 定義された正確な値である。
b) 磁気定数 magnetic constant ともよばれる。
c) 電気定数 electric constant ともよばれる。

カッコの中の数値は最後の桁につく標準不確かさを示す。

「化学と工業」, 65(4) より転載